食品与消费品
安全监管技术丛书

玩具安全评价及检测技术

WANJU ANQUAN PINGJIA JIJIANCE JISHU

陈 阳 主编　　黄理纳 劳泳坚 副主编

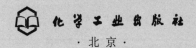

化学工业出版社
·北京·

本书收集了最新最全的国际上的玩具安全法规标准，从玩具机械物理安全、玩具燃烧安全、电玩具安全、玩具化学安全四个方面介绍了国际上主要玩具安全法规标准的要求，内容详细，针对性强，适用于玩具企业、玩具检测机构以及从事玩具贸易的有关技术人员阅读，对于指导其开展玩具设计开发、生产、经营、检测等方面的工作都非常有意义。本书同时也适合大专院校玩具专业和专业培训机构作为教材使用。

图书在版编目（CIP）数据

玩具安全评价及检测技术/陈阳主编. —北京：化学工业出版社，2015.6

（食品与消费品安全监管技术丛书）

ISBN 978-7-122-23895-5

Ⅰ.①玩… Ⅱ.①陈… Ⅲ.①玩具-安全评价-世界②玩具-安全性-检测-世界 Ⅳ.①TS958.07

中国版本图书馆 CIP 数据核字（2015）第 095006 号

责任编辑：成荣霞　　　　　　　　　　　　文字编辑：李锦侠
责任校对：宋　玮　　　　　　　　　　　　装帧设计：王晓宇

出版发行：化学工业出版社（北京市东城区青年湖南街 13 号　邮政编码 100011）
印　　刷：北京永鑫印刷有限责任公司
装　　订：三河市宇新装订厂
710mm×1000mm　1/16　印张 23　字数 449 千字　2015 年 8 月北京第 1 版第 1 次印刷

购书咨询：010-64518888（传真：010-64519686）　售后服务：010-64518899
网　　址：http：//www.cip.com.cn
凡购买本书，如有缺损质量问题，本社销售中心负责调换。

定　　价：98.00 元　　　　　　　　　　　　　　　版权所有　违者必究

食品与消费品的质量安全与消费者的健康安全和环境安全息息相关，因此备受民众的关注。食品、消费品种类繁多，质量安全影响因素复杂，伴随人们生活水平的提高和经济全球化的进程，庞大的生产、贸易体系和复杂的消费环境使得食品、消费品质量安全问题益发严峻，人们面临越来越多来自化学品危害、放射性危害、微生物污染等方面的风险，这不仅威胁消费者的健康和权益，打击消费者信心，也削弱了政府监管威望，并给产业带来严重的负面影响。

中国现已经成为世界第二大经济体，尤其在食品和消费品领域，无论是生产、贸易还是消费总量，中国均位居世界前列，但在食品、消费品质量安全状况总体趋好的同时，中国所面临的食品、消费品质量问题仍不容忽视。近年来食品、消费品质量安全事件时有发生，而中国食品和消费品生产中小企业居多，地区发展不均衡、城乡发展水平差距大、民众质量安全意识薄弱的现实使得这一问题愈发凸显。以出口为例，欧盟非食用消费品快速预警通报系统（RAPEX）对华产品通报的占比总体呈现上升趋势，由 2006 年的 50%、2012 年的 58% 上升到 2013 年的 64%。2013 年，美国消费品安全委员会（CPSC）共发布不安全产品召回通报 290 起，其中 198 起产品召回的产地在中国（含中国台湾和中国香港），约 2947 万件，占其全球召回总量的 68.28%，同比增长 5.5%。可以说，质量安全问题已成为制约中国食品、消费品走向世界的重要影响因素。

食品和消费品质量安全的敏感性和复杂程度，使得应对食品和消费品质量安全问题不仅在中国，同时在国际上也是一项极具挑战性的任务。近年来，各国政府、企业和研究机构不断加大投入，积极开展食品和消费品质量安全的研究和控制工作，针对食品、消费品的技术法规及标准一直处在快速发展和更新中，这给食品、消费品的管理和检验检测工作提出了更高的要求和挑战。相对于国际发达国家的水平，我国现阶段针对食品和消费品质量安全的管理和研究工作，尤其在风险评估、市场监管、分析检测技术等方面，与国际先进水平相比较仍还有不小的差距。作为中国检验检疫系统重要的技术支撑机构，广东检验检疫技术中心长期跟踪和研究食品、消费品质量安全问题，依托下设的多个食品、消费品国家检测重点实验室和高素质专家队伍，一直积极参与食品、消费品的风险评估和检测技术研究，积累了大量的信息和经验，致力为中国的食品、消费品质量安全控制提供技术支撑。

为了促进食品、消费品质量提升，加强检验检测技术交流，提高我国食品、消费品检验检测技术水平，我们编撰了这套《食品与消费品安全监管技术丛书》。

丛书涉及食品、消费品质量安全管理和分析技术的诸多方面。丛书的编者均系国内消费品检验检测行业的知名专家，书中不仅有相关产品安全评估和检验检测的基础知识，还有他们多年来工作经验的总结和国内外最新研究成果的分享。因此本丛书既具有较高的学术水平，又具有很强的实践价值，不仅对于消费品监管和检测从业人员是一套能提供理论和实践经验的工具书，而且对从事食品、消费品研发、生产、贸易、销售工作，以及有关专业的大专院校师生也有着很高的参考价值。

由于编者水平有限，丛书中错漏、不妥之处在所难免，敬请读者批评指正。

郑建国
2015 年 6 月

中国是世界上最大的玩具制造国和出口国，全球约有 70％的玩具在中国生产。由于儿童缺乏对自身的保护能力，如果玩具设计生产不当，会危及儿童的安全及影响其健康发育。为保护儿童的安全健康，世界各国对玩具安全均制定了严格的法律法规和标准，同时配合以市场准入制度来加强对进口玩具产品的监管，近年来国际上对玩具安全的要求有日趋严格之势。随着中国加入 WTO 以来，玩具逐渐成为我国最重要的出口轻纺产品之一，但同时在对外贸易中我国玩具制造业又是遭受国外技术性贸易措施影响最严重的行业之一。

为帮助我国玩具制造和检测人员全面了解国际上主要玩具安全法规标准的要求，积极有效地应对国外技术性贸易措施，减少出口企业在国际贸易中可能遭受的风险，促进玩具贸易的发展，保障儿童的安全健康，广东出入境检验检疫技术中心玩具婴童用品实验室编写了本书。旨在向相关企业、测试机构提供检测项目全面、检测技术和标准先进的实用技术指南，同时将本实验室 20 多年来一线检测人员在测试工作中积累的宝贵工作经验与读者分享。

本书的主要特点是：除了详细介绍了国际上各主要玩具进口国的安全法规标准要求及测试方法以外，还在"安全分析"部分详细分析了每一标准条款的要求主要是考虑和针对什么安全隐患及危害，这部分的分析对帮助读者了解玩具标准制定者设定该条款要求的背景及原因，从而更好地理解掌握标准要求非常有帮助，特别是对玩具标准中的机械物理、燃烧、电安全测试部分中的许多难以理解及容易产生歧义的条款。另外，在"安全评价"部分，由一线检测人员结合多年的实际检测经验，详细分析如何根据样品的检测情况，对检测结果是否符合标准条款要求进行评价判定，对提高读者的标准应用能力及检测能力非常有帮助。

玩具安全主要包括机械物理、燃烧、化学、电安全等方面。本书共分四章，第一～三章由李骏奇、李诗礼、杜凤娟、钟树洪、罗燕玲负责编写，内容分别为玩具机械物理安全、燃烧安全、电安全，主要介绍了欧盟、美国、中国玩具标准的机械物理、燃烧、电安全测试要求和测试方法，以及相关的安全分析和安全评价。此三章还包括了中国玩具标准与欧美标准在机械物理、燃烧、电安全测试要求方面的对比，以及对一些典型不合格案例的分析。第四章"玩具化学安全"由李金玲、蚁乐洲负责编写，内容主要包括欧盟、美国、中国、加拿大、日本等国对玩具化学安全的要求，玩具重金属元素、增塑剂测试方法与安全评价，以及对一些典型不合格案例的分析。本书主编为陈阳，副主编为黄理纳、劳泳坚。

本书适用于玩具企业、玩具检测机构以及从事玩具贸易的有关技术人员，对于指导其开展玩具设计开发、生产、经营、检测等方面的工作都非常有意义。本书同时也适合大专院校玩具专业和专业培训机构作为教材使用。

编者尽可能地收集最新最全的国际上的玩具安全法规标准，并力求在准确理解标准的基础上全面阐述有关技术标准的内容。由于编者水平有限，而且时间非常仓促，书中难免存在错误和遗漏，恳请广大读者在使用过程中多提宝贵意见，以便日后进行修订。

编者

2015.6

目 录

第**1**章
玩具机械物理安全

1.1 欧洲玩具标准 EN71-1：2011+A3：2014

注释：下面各标题后括号中注明的是对应的玩具标准条款的编号，以方便读者查阅。

1.1.1 材料清洁度（4.1）

1.1.1.1 标准要求

玩具及用于玩具的材料应在视觉上清洁、无污染。对材料应用裸眼观察进行评估而不应放大观察。

1.1.1.2 安全分析

该要求用于确保玩具上所使用的材料应是新的；或者，如果是再生材料，那么危险物质的污染等级不能超过新材料，不能出现动物或寄生虫的污染。

由于儿童具有活泼好动的天性，卫生保健方面的意识和观念较弱，在玩耍玩具时，玩具除了长时间接触手部外，还会与身体皮肤、脸部甚至口部有大量的接触；而且年幼的儿童对于病菌等的抵抗力远远不如青少年和成人，所以玩具的设计和制造应当要符合卫生和清洁要求，从而避免传染、疾病或污染带来的风险。

1.1.1.3 测试方法与安全评价

在良好的光照条件下，用肉眼观察，检查玩具上的材料是否清洁、无污染，比如是否有灰尘、油污等污渍和来自动物或害虫的污染。

如果玩具上的材料清洁、无污染则评定为合格。

1.1.2 组装（4.2）

1.1.2.1 标准要求

如果玩具供儿童组装，则本标准的要求适用于可供儿童使用的每一部件和组装后的玩具。组装玩具的要求不适用于组装过程给玩具提供了重要玩耍价值的玩具。

如果玩具用于成人组装，该要求适用于组装后的玩具。

如果适合，用于组装的玩具应附有详细的组装说明，说明中应指出是否有必要由成人组装或在使用前由成人检查组装是否正确。

1.1.2.2 安全分析

该要求用于防范应在玩耍前组装好但未被正确组装的玩具所产生的危险（例如乘骑玩具，在实际中，运输时处于非装配状态）。

该要求只适用于从安全角度而言非常重要的安装操作。因此，像塑料模型套装等玩具虽然也需要组装，但并不包括在内。

显而易见地，对儿童建造所用的物品不可能建立任何安全准则，如搭建玩耍的积木块。

1.1.2.3 测试方法与安全评价

检查玩具是否必须装配起来才能玩耍，并且如果不正确装配就可能产生危害。对于这类从安全观点来看重要的组装玩具，检查其是否附有详细的组装说明，而且该说明是否指出必须由成人来组装玩具或在使用前由成人检查组装是否正确。

如果没有详细的组装说明，或该说明既未指出必须由成人组装又未指出在使用前由成人检查组装是否正确，则判定为不合格。

1.1.3 柔软塑料薄膜（4.3）

1.1.3.1 标准要求

对于含有柔软塑料薄膜的玩具，如果薄膜面积大于 $100mm \times 100mm$ 而且没有衬底，应符合以下要求：

① 进行塑料薄膜厚度测试，平均厚度应不小于 $0.038mm$；

② 打孔，且在任意最大为 $30mm \times 30mm$ 的面积上，孔的总面积至少占 1%。

对于塑料气球，①的要求适用于双层塑料薄膜（即：测量厚度时不充气或不破坏气球）。

1.1.3.2 安全分析

该要求用于防范由于柔软塑料膜覆盖在儿童脸部或被吸入而导致的窒息。

很薄的塑料薄膜可能会吸附在儿童的口鼻上，形成真空，堵塞呼吸的通道，使其不能呼吸。如果薄膜厚度大于 $0.038mm$，则风险显著减小。

1.1.3.3 测试方法与安全评价

检查软性塑料薄膜是否有衬底，如有衬底，则不用进行测试。

对于无衬底而且面积大于 $100mm \times 100mm$ 的薄膜，在薄膜上取任一面积至少为 100mm×100mm 的区域（视薄膜的面积大小及厚度均匀性等具体情况，通常需要取多个区域）。然后取这区域的任一条对角线上 10 个距离相等的点，使用测厚仪来测量这 10 个点的厚度；求出其算术平均值，即为薄膜平均厚度。

对于薄膜平均厚度小于 0.038mm 的，则检查薄膜上是否有孔。如果有，则用带有 30mm×30mm 开口的金属板框取薄膜上孔面积可能最小的区域（用肉眼观察），再用游标卡尺测量这些区域内的所有孔的直径。如果这些孔不是规则的圆孔或者太小，则用投影仪来测量。计算孔的总面积，然后计算气孔率。

按照上述的标准要求进行评定。

1.1.4　玩具袋（4.14）

1.1.4.1　标准要求

开口周长大于 380mm 并用抽拉线作封口的玩具袋应符合以下要求：

① 用透气材料制作；

② 至少有 1300mm² 的通风面积，可以通过最少间隔为 150mm 的两个通气孔或任何一个等效的通风面积来达到此要求。等效单个通风面积示例见图 1-1。

1.1.4.2　安全分析

该要求用于防范不透气而且通风面积不足的玩具袋套在儿童头部引起的窒息危害。

1.1.4.3　测试方法与安全评价

检查玩具袋的开口是否采用抽拉绳作为封闭手段，如果是，则用钢直尺测量玩具袋的开口周长，如果开口周长大于 380mm，则适用于该要求。

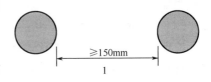

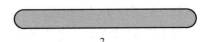

图 1-1　通风面积示例

1—全部通风面积，大于等于 1300mm²；
2—等效单个通风面积，大于等于 1300mm²

检查玩具袋所用材料是否由透气的材料制成。可以先从材料的外观判断，一般地，没有打孔的塑料薄膜是不透气的，而布料是透气的。如果玩具袋所用材料是不透气的，则测量玩具袋上的总通风面积，如果玩具袋上只有一个孔洞，则用适当的方法进行测量和计算。比如，对于最常见的圆形孔洞，可用游标卡尺测量其直径，计算其面积。如果玩具袋上的孔洞不止一个，则用游标卡尺或者钢直尺测量这些孔洞之间的距离。并用游标卡尺测量这些孔洞的直径，计算出总面积。

如果玩具袋没有采用抽拉绳作为封闭手段或者开口周长不大于 380mm，则评定为合格。

对于开口周长大于 380mm 并使用抽拉绳作为封闭手段的玩具袋，如果由透气材料制成，则评定为合格；或者其通风总面积大于或等于 1300mm²，则也为合格。

1.1.5　玻璃（4.5）

1.1.5.1　标准要求

可触及玻璃可用于制造 36 个月及以上儿童使用的玩具，只要符合以下条件：

① 玻璃的使用是玩具功能所必需的；（如：光学玩具、玻璃灯泡、实验套组中的玻璃）；

② 用于增强刚性作用的纤维玻璃；

③ 以实心的玻璃弹子或玩具娃娃的实心玻璃眼睛形式存在；

④ 其他形态的玻璃元件（如玻璃珠），在进行跌落测试和冲击测试后，不会呈现可触及的危险锐利边缘或可触及的危险锐利尖端。

1.1.5.2　安全分析

该要求用于防范由于玻璃破裂而引起的划伤危害，如锐利边缘。

应尽可能避免使用可触及玻璃，除非玩具功能必需，否则不要使用。

瓷器，如用于玩具茶具，应仅适用于 36 个月及以上儿童。破裂瓷器的危险众所周知。

1.1.5.3　测试方法与安全评价

检查所有的可触及部件是否是用玻璃制造的。可以使用普通的钢制刀片切削该种材料，如果能被刀片削下或者划出刀痕，就不是玻璃。

对于供 36 个月以下儿童使用的玩具，无论在进行相关试验前后，如果发现有可触及的部件使用了玻璃，则不合格。

对于供 36 个月及以上儿童使用的玩具，如果用玻璃制造的可触及部件并非用于标准要求所述的四种情况，则不合格。

1.1.6　膨胀材料（4.6）

1.1.6.1　标准要求

该要求不适用于种植箱中的种子。

玩具或玩具部件中的膨胀材料，如果在进行扭力测试、拉力测试——一般要求、跌落测试、冲击测试和压力测试前、后能够完全容入小零件试验器，则要进行膨胀材料测试，在任何方向上均不能膨胀超过 50%。

如果膨胀材料被封闭在浸泡时会破裂的材料中，则在移除该可破裂的材料后进行测试，仍需符合标准的要求。

1.1.6.2　安全分析

该要求用于防范被吞下后会剧烈膨胀的玩具所产生的危险。此类玩具或此类玩具的部件，一旦被吞下，则可能会堵塞肠道，从而导致致命事故。如果经 24h、48h 或 72h 的浸泡测试后，玩具在任意方向的膨胀率超过 50%，则认为玩具不合格。一个实例是"成长蛋"：由若干块塑料拼合成蛋壳的造型，里面装着膨胀材料，在浸泡过程中蛋壳会被膨胀材料胀裂而打开。

1.1.6.3　测试方法与安全评价

将玩具或部件放置在温度为（20±5）℃、相对湿度 40%～65% 的环境中处理至少 7h。用卡尺在 x、y、z 方向测量玩具或任何玩具部件的最大尺寸，然后将玩具完全地浸入温度为（37±3）℃的去离子水中（24±0.5）h。确保水量足够，使得在试验结束时玩具或部件仍能浸在水中。

用镊子取出部件。如果因为机械强度不够，部件不能取出，则视为通过测试。

使多余的水分干燥 1min，重新测量部件的尺寸。

重新测量后，再次将玩具或部件完全地浸入去离子水中，重复上述程序 2 次，即分别在浸泡 24h、48h 和 72h 后测量。

沿 x、y、z 方向计算相对于初始尺寸的膨胀百分比，并检查在浸泡 24h、48h 和 72h 后各方向的膨胀率是否超过 50%。

如果待测样品的任何一个尺寸膨胀超过 50%，则不合格。

如果玩具在浸泡 24h 或 48h 后已经不符合要求，则无需后续测试。

如果样品由于机械强度不足，无法用镊子取出，则认为样品通过测试。

1.1.7　边缘（4.7）

1.1.7.1　标准要求

可触及边缘不能有任何不合理的潜在伤害风险。对金属和玻璃边缘进行锐利边缘测试。如果判为锐利，则视为存在潜在危险锐利边缘。如边缘未通过测试，则应考虑玩具预期使用中是否会产生不合理的划伤风险。边缘可进行折叠、卷曲或成螺旋状处理，使其不可触及，也可用塑料或其他类似材料覆盖。但不管边缘用哪种方式处理，都要进行锐利边缘测试。

标准中提到了搭接的定义：如果最大厚度为 0.5mm 的金属片与下垫面之间的间隙大于 0.7mm，则金属片的边缘应符合要求。

包括紧固件（如螺丝帽）在内的金属和刚性的聚合材料边缘，不能有引起刺伤或擦伤的毛刺。柔软的聚合材料（如聚烯烃）上的飞边不视作毛刺。

作为玩具功能所必需的，危险锐利功能性边缘可用在供 36 个月及以上儿童使用的玩具上。应当在玩具的包装上（适用时，也需在使用说明中）提醒使用者注意这类边缘存在的潜在危险。而电导体、显微镜的载玻片和盖玻片的边缘无需警告。

1.1.7.2　安全分析

该要求用于防范玩具锐利边缘的危险。本标准仅涉及金属和玻璃边缘，因为没有适合塑料边缘的测试方法。然而，制造商在设计玩具和加工过程中，应尽可能避免锐利塑料边缘。

为测定边缘是否真的有风险，即儿童玩耍玩具时，这边缘是否有划破儿童皮肤的可能，可以用锐利边缘的测试方法，再辅以主观判定。因为尽管根据测试判为锐利，但该玩具边缘可能并不会产生显著风险。

可以用手指沿边缘划动来判定边缘上是否存在着毛刺，如果其粗糙度使其不能通过锐利边缘测试器的测试，则不符合要求。一般认为电导体必定会有锐利边缘（如在电池盒中）。然而，这种危险被视作次要特性，且允许这种边缘存在。

1.1.7.3　测试方法与安全评价

（1）测试方法原理

将一层自粘胶带贴着在锐利边缘测试仪的心轴上，使心轴抵着被测试的可触及边缘旋转 360°，测量胶带被割破的长度，并计算出百分比。

（2）锐利边缘测试仪

如图 1-2 所示。

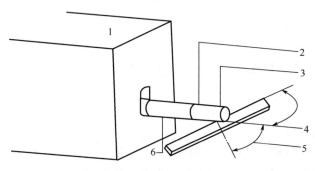

图 1-2　锐利边缘测试仪

1—任何合适的设备，便携式或固定式，可施加已知的力并围绕心轴旋转；2—向心轴施加（6±0.5）N 的力；3—单层自粘胶带；4—测试边缘与心轴成（90±5）°角；5—调整角度以找到最不利的测试位置；6—在测试过程中心轴转动一整圈

自粘胶带应是压敏聚四氟乙烯（PTFE）高温绝缘带。绝缘带的宽度大于等于 6mm。测试中，绝缘带的温度应保持在（20±5）℃。

（3）测试方法

将玩具支起，使得心轴施力时被测试的可触及边缘不会产生弯曲或移动。确保支架到被测边缘的距离不少于 15mm。

如果为了测试某一边缘不得不拆卸玩具的某些部分，而被测试边缘的刚性会因此受到影响，则边缘支起后，要使其刚性大致相当于组装完好的玩具上这一边缘的刚性。

用一层胶带包裹心轴，为进行测试提供充足的面积。

用胶带包裹后的心轴放置的位置应使其轴线与平直边缘的边线成（90±5）°角，或与弯曲边缘的检测点的切线成（90±5）°角，同时当心轴旋转时，胶带与边缘最锐利部分接触（即最不利的测试位置）。

在胶带中央向心轴施加（6±0.5)N 的力，并使心轴在测试边缘上绕轴线旋转 360°，心轴旋转过程中要保证心轴与边缘之间没有相对运动。如果采用上述程序会引起边缘弯曲，则应向心轴施加使其边缘恰好不能弯曲的最大的力。

将胶带从心轴上取下，不得让胶带割缝扩大或划痕发展为割缝。测量胶带被切割的长度，包括任何间断切割长度。测量测试中与边缘接触的胶带长度。计算测试中被割破的胶带长度百分比。

（4）安全评价

如果上述的百分比数值大于 50％，则该边缘被评定为锐利边缘，即被视为潜在的危险锐利边缘。评估这些边缘以确定在考虑玩具可预见性使用时是否产生不合理的受伤风险。如果潜在的危险锐利边缘被确定为在考虑玩具可预见性使用时会产生不合理的受伤风险则不合格。

对于金属（包括紧固件，如螺钉头）和刚性聚合材料的边缘，如果有能造成损伤或擦伤的毛刺则不合格。注意柔软聚合材料（如聚烯烃）的溢料不被视为毛刺。

如果玩具含有功能性的切割边缘，而玩具不是只供 36 个月及以上的儿童使用，则评定为不合格；或玩具的包装上和附带的使用说明中没有提醒注意此类边缘的潜在危险的语句也评定为不合格。

注：用作电导体和显微镜的载玻片和盖玻片的薄片的边缘无需警告语。

1.1.8　尖端和金属丝（4.8）

1.1.8.1　标准要求

金属丝和可触及尖端不能有造成任何不合理伤害的潜在风险。在锐利尖端测试中，尖端如被判为锐利，则视为存在潜在危险锐利尖端。如尖端未通过测试，则应考虑玩具的可预见性使用，判定是否存在不合理的潜在伤害风险。

铅笔尖端和类似的书写绘画工具的尖端不被视为锐利尖端。作为玩具功能所必需的危险锐利功能性尖端可用在供 36 个月及以上儿童使用的玩具上。应当在玩具的包装上（适用时，也需在使用说明中）提醒使用者注意这类尖端存在的潜在危险。而用于电导体的尖端无需警告。

为了改变玩具或玩具部件的形状或位置等，设计为可弯曲和供弯曲的金属丝和其他金属部件（例如软体填充玩具），按照"供弯曲的金属丝及其他金属部件的测试方法"测试时，不应断裂并产生危险锐利尖端或穿透玩具表面的突出物。

目的不是设计成用于弯曲、但在玩耍时可能偶然或随机弯曲的金属丝，按照"可能弯曲的金属丝的测试方法"测试，不应断裂并产生危险锐利尖端或穿透玩具表面的突出物。

玩具表面和可触及边缘上的裂片，考虑到玩具的可预见使用，不应存在不合理的伤害风险。

1.1.8.2　安全分析

该要求用于防范由玩具上的锐利尖端所导致的皮肤等的刺伤危害，然而不包括可能对眼睛造成的伤害，因为眼睛太脆弱难以防护。为测定尖端是否真的有危险，可用锐利尖端的测试方法，再辅以主观判定。有些玩具上的尖端尽管根据测试判为锐利，但可能并不产生危险，如试管刷的尖端，如用作玩具，它们太软而不会刺伤皮肤。而对于 36 个月以下的儿童，根据测试方法不认为是锐利尖端的，也可能产生危险，供 36 个月以下儿童使用的玩具，一般要求对横截面积小于等于 2mm 的尖端提出要求。

设计为供弯曲的金属丝和其他金属部件，以及可能被弯曲的金属丝，不论是否被其他材料覆盖，均应进行弯曲性测试，以确定其不会断裂并产生锐利尖端。设计为供弯曲的金属丝和其他金属部件应进行 30 个循环的测试，可能被弯曲的金属丝应进行 1 个循环的测试。设计为供弯曲的金属丝和其他金属部件通常被用在适合 36 个月以下儿童使用的软体填充玩具中。这类金属丝一旦断裂，最终将会刺破玩具表面并造成危险。设计为供弯曲的金属丝和其他金属部件通常也会在其他类型玩具中使用，用于使玩具硬化或保持外形。可能被意外弯曲的金属丝，如玩具上的天线。

而至于目的不是设计成用于弯曲、但在玩耍时可能偶然或随机弯曲的金属丝的要求，并不适用于例如 U 形或 L 形横截面的金属丝，这类金属丝通常会在玩具雨伞的辐条中使用。

如果玩具中的金属丝按照测试方法中的描述不能被弯曲，则不需测试，测试中不应将金属丝从玩具中取出。

1.1.8.3　测试方法与安全评价

（1）测试方法原理

用尖端测试仪测试可触及锐利尖端，观察被测试的尖端是否插入尖端测试仪并达到规定的深度。

（2）尖端测试仪

如图 1-3 所示。

（3）测试方法

使用模拟手指确定被测试的尖端是否可触及。

以适当的方式固定、夹持玩具，使得尖端在测试过程中不会产生移动。在大多数情况下，不需直接支撑尖端，但根据需要，可在距被测试尖端不少于 6mm 处加以支撑。

如果为了测试某一尖端应拆卸玩具的某些部分，而上述被测试的尖端刚度因此受到影响，可固定好尖端，使其刚度大致相当于组装完好的玩具上这一尖端的刚度。

调整尖端测试仪：先拧松锁环，再旋转锁环，使其向指示灯装置前移足够距

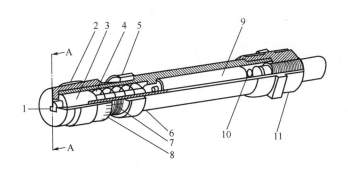

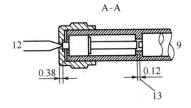

图 1-3　尖端测试仪（单位：mm）

1—测试口；2—测试帽；3—感应头；4—负载弹簧；5—锁环；6—筒体；7—校正参考标记；8—千分
尺分度；9—03 干电池；10—电子接触弹簧；11—指示灯装置和调节螺母；12—测试点；13—足够
锐利的尖端可以插入测试口，并将感应头压缩 0.12mm，从而使间隙闭合。电路完全闭合，
指示测试灯亮起——锐利尖端测试不合格

离，以露出筒体上的校正参考标记。顺时针方向旋转测试帽，直到指示灯点亮。逆时针旋转测试帽，直到感应头移动到距接触电池（0.12±0.02）mm 的位置。

注：如果测试帽上含测距刻度，则依照校正参考标记，逆时针旋转测试帽至适合的刻度即可得到上述间隙。然后转动锁环，直到锁环紧靠住测试帽，此时测试帽固定锁定。

以尖端刚性最强的方向将其插入测试帽的测试口，并施加 4.5N 的外力以尽量压紧弹簧，不要使尖端与测试口边缘刮擦或挤压尖端通过测试口。

观察指示灯是否闪亮。

（4）安全评价

锐利尖端测试仪的指示灯发亮，则该被测试的尖端被认为是具有潜在危险的锐利尖端。供 36 个月以下儿童使用的玩具上的横截面直径或最大尺寸小于或等于 2mm 的金属端点和金属丝，也被视为具有潜在危险的锐利尖端。评估该具有潜在危险的锐利尖端在玩具可预见的使用中是否会产生不合理的受伤风险。如果会产生不合理的受伤风险，则评定为不合格。

如果玩具中的锐利尖端是玩具功能所必需的，而且玩具是供 36 个月及以上的儿童用的，并且在包装上和附带的使用说明中带有警告语提醒注意这种尖端的潜在危险，那么就合格；作为电导体的部件的尖端被视为功能性尖端，不需要警告。

如果玩具表面或者玩具可触及边缘处含有碎片，经评估在玩具可预见的使用中会产生不合理的受伤风险，则不合格。

1.1.9 突出物（4.9）

1.1.9.1 标准要求

以突出方式存在并对儿童构成刺伤危险的管子和刚性部件应加以保护。在进行保护件拉力测试时，该保护件不能脱落。玩具伞伞骨的末端应予以保护，进行保护件拉力测试时，假如该保护件脱落，那么按锐利边缘和锐利尖端测试，伞骨末端不能有锐利的边缘和尖端。另外，假如保护件脱落，则伞骨直径最小应为2mm，其末端应无毛刺，且修整光滑，接近半球形。

1.1.9.2 安全分析

该要求用于防范玩具使用者跌倒在突出物或玩具的刚性部件（如玩具自行车手把杆、手拉车杆、玩具推车框架）上而可能引发的撞伤或皮肤刺伤情况。这些突起部件应加以防护。除玩具滑板车外保护的尺寸和形状还没有规定，但它应有足够大的面积。该要求涉及儿童跌倒在玩具上会引起的危险，这只关系到直立或近于直立的突出物。玩具测试应在其最不利的位置上进行。如果小玩具上有突出物，其末端在压力下会倾翻，那么不可能产生危险。

1.1.9.3 测试方法与安全评价

检查形成突出物的管件或刚性部件是否加以保护，若有可分离的保护件，则要进行保护件拉力试验。形成突出物的管件或刚性部件，若有保护件，并且保护件在拉力试验中不会脱落，则评定为合格。

如果形成突出物的管件或刚性部件没有加以保护，或保护件在拉力试验中脱落，则检查管件或刚性部件，看其结构、直径和长度、硬度是否会使跌倒在静止的玩具上的儿童受伤。例如，如果突出物是在小玩具上的，当它的末端受力时玩具会倾倒，那么它不大可能存在刺伤危险。将玩具放置在水平的桌面或地面上，检查玩具上突出的管件或刚性部件是否处于竖直或近似竖直向上的姿态，可以用手掌、前臂等部位以适当的力度、速度向下拍在这些管件或刚性部件的末端上，检查玩具是否能稳定放置，不会轻易地倒下，并在这过程中注意感觉管件或刚性部件是否会让手掌等部位感到较强的刺痛。在评估管件或刚性部件是否会对儿童构成刺伤危险时，需比较谨慎，需综合考虑管件或刚性部件的硬度、突出长度、直径及玩具是否能稳定放置等多个因素，而标准也未作出各个指标的定量限值。突出长度较长、直径较小的管件或刚性部件如果在能稳定放置的玩具上，处于竖直或近似竖直向上的姿态，则构成较高的刺伤危险。这类管件或刚性部件如果没有加以保护，或保护件在拉力试验中脱落，则评定为不合格。

检查玩具伞辐条末端是否加以保护，对其保护件按保护件拉力试验进行测试，如果保护件被拉出，则按边缘测试和尖端测试进行测试，检查辐条末端是否没有锐利边缘和锐利尖端，及测量辐条的最小直径，检查其末端是否没有毛刺及有光滑的、圆形的和近似球状的磨光加工。玩具伞辐条末端没有加以保护，或保护件在拉力试验中脱落，且辐条末端出现下列任何一种情况的，则评定为不合格：

① 有锐利边缘；

② 有锐利尖点；

③ 辐条最小直径小于 2mm；

④ 辐条末端有毛刺；

⑤ 辐条末端没有光滑的、圆形的和近似球状的磨光加工。

1.1.10　相对运动的部件（4.10）

1.1.10.1　标准要求

（1）折叠和滑动机构

该要求不适用于潜在座位表面宽度小于 140mm 的玩具。

具有折叠和滑动机构的玩具应符合如下要求。

① 具有手柄或其他结构部件能折叠而压在儿童身上的玩具推车和婴儿车，则应最少有一个主锁定装置及一个副锁定装置，二者应直接作用于折叠机构上。当玩具安装好后，至少其中一个能自动工作。进行玩具推车和婴儿车测试时，玩具不能倒塌，锁定装置和安全制动装置不能失效。结构相同的两个装置（如锁环），分别在玩具的左右侧，视为一个锁定装置。玩具推车或手推车如可能在其中一个安全锁失效的情况下部分竖立，则在此种状态下按玩具推车和婴儿车进行测试。这类玩具推车或婴儿车的例子如图 1-4 所示。

注：部分竖立指使用者可能误以为玩具已完全竖立的情况。

② 不存在手柄或其他结构部件能折叠而压在儿童身上的玩具推车或婴儿车，则至少有一个锁定装置或安全制动装置，这些装置可以是手动的。进行玩具推车和婴儿车测试时，玩具不能倒塌，锁定装置和安全制动装置不能失效。玩具推车或婴儿车如可能在没有安全锁定的情况下部分竖立，则在此种状态下按规定方法进行测试。这类玩具推车或手推车例子如图 1-5 所示。

③ 其他易倒塌玩具上的折叠机构（如：熨衣板、折叠椅、桌子等）如有剪切的运动，则应当有一个安全制动或锁定装置。当进行其他易倒塌玩具测试时，玩具不能倒塌，或锁定装置不能失效；并且作剪切运动的移动部件之间的间隙最小为 12mm。

④ 除了上述①、②、③所述的玩具，其他带有折叠或滑动机构，供承载或

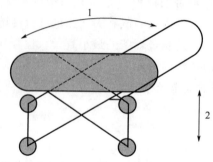

图1-4　具有手柄或其他结构部件能折叠而压在儿童身上的玩具推车或婴儿车示例
1—手柄运动；2—底盘运动

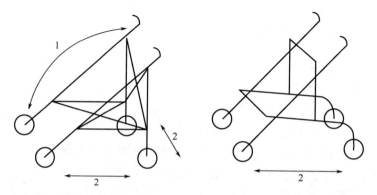

图1-5　不存在手柄或其他结构部件能折叠而压在儿童身上的玩具推车或婴儿车示例
1—手柄运动；2—底盘运动

能够承载儿童重量，并且会伤害儿童手指的玩具，其移动部件之间的间隙如能插入直径5mm的圆杆，则也应能插入直径12mm的圆杆。

（2）驱动机构

下述①和②的要求不适用于不足以伤害手指或身体其他部分的驱动机构，也不适用于供承载儿童体重的玩具的传动机构。

驱动机构和发条钥匙应符合如下要求。

① 驱动机构应该封装，当进行跌落测试和冲击测试时，不能有可触及的危险锐利边缘、危险锐利尖端或其他压伤手指或身体其他部分的部件暴露出来。

② 大型和重型玩具的驱动机构应加以封闭，进行倾翻测试时，不能有可触及的危险锐利边缘、危险锐利尖端或其他压伤手指或身体其他部分的部件暴露出来。

③ 发条的钥匙或启动手柄的形状和尺寸应使钥匙或手柄与玩具主体之间的间隙如果能插入直径5mm的圆杆，则也能插入直径12mm的圆杆。钥匙或手柄上的任一孔洞都不能插入直径5mm的圆杆。

（3）铰链

如果铰链连接的任一部件质量小于 250g，则该要求不适用。

玩具如有两个部件是通过一个或多个铰链连接，并且在组装以后沿铰链线的边缘之间有空隙，则该间隙如能插入直径 5mm 的圆杆，也应能插入直径 12mm 的圆杆。

（4）弹簧

标准对螺簧和盘簧两类弹簧作出了要求。

① 螺簧：线圈状的弹簧，可为压缩弹簧或拉伸弹簧，见图 1-6。具体又分为以下两种。

压缩弹簧：当对弹簧施加的压力消除后，能恢复原状的弹簧。

拉伸弹簧：当对弹簧施加的拉力消除后，能恢复原状的弹簧。

② 盘簧：钟表发条型弹簧，见图 1-7。

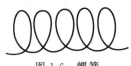

图 1-6　螺簧

图 1-7　盘簧

这两类弹簧应符合以下要求。

a. 如果盘簧的两个相邻簧圈之间的间隙在任何使用位置大于 3mm，则盘簧应不可触及。

b. 如果拉簧在受到 40N 的拉力时，两个相邻的簧圈之间的距离大于 3mm，则应不可触及。该要求不适用于撤力后不能恢复到原来位置（即：超过弹性限度）的弹簧。

c. 如果压簧处于静止，相邻两个簧圈之间的距离大于 3mm，并且玩具使用时，该弹簧能承受大于等于 40N 的力，则压簧应不可触及。该要求不适用于弹簧在受到 40N 的压力撤力后不能复原，或缠绕于玩具的另一元件（如导棒），使得可触及探头在相邻簧圈之间插入深度不超过 5mm 的弹簧。

1.1.10.2　安全分析

（1）折叠和滑动机构

该要求用于防范折叠玩具（不论能否支撑儿童体重）由于突然和不可预料的倒塌而产生的压伤、割伤和夹伤的部分而非全部的危险。同时也用于防范儿童陷入正在倒塌的玩具推车或婴儿车，以及在玩耍时被玩具夹到手指的危险。当儿童试图坐或爬入玩具推车时，如果玩具推车倒塌并且手柄掉下来砸在儿童的头或喉咙上，都会发生致命的事故。对于此类推车有必要像全尺码推车那样安上两个独立的锁定和/或安全装置。有些折叠婴儿手推车没有设计因倒塌会掉在玩具上的手柄，当推车倒塌时，在一侧发生折叠。这种玩具不被认为会导致同样严重的危害，所以无需安装两个独立的锁定装置。然而，一般认为要消除所有在使用中出现的夹伤危害是不可能的。制造商应尽量减少那些危险，如在移动部分留有 12mm 的间隙或使用安全制动装置。在设计带有折叠或滑动部分的玩具时，应十分当心，运动部件的剪切移动应尽可能避免。①、②和③包含了可能发生倒塌的玩具，④指带有移动部件并且供承载或者能够承载儿童体重的玩具（如：可乘骑拖拉机上的挖掘设备），而不包括较小的玩具。

（2）驱动机构

该要求用于防范玩具被破坏而使锐利边缘和尖端暴露出来所导致的割伤和刺伤危险。同时也用于防范因手指误入发条钥匙或发条钥匙与玩具主体间的孔洞而造成的手指夹伤或割伤情况。驱动机构采用封闭形式以防止手指和其他身体部件被挤伤或压伤。由成人组装的玩具在安装后进行测试。小机构（如小车）不包括在内，因为其没有足够的力量夹伤手指。用手指或铅笔插进机构以检查力量的大小。如果驱动装置变为可触及，且移动部件可能产生挤伤手指或对儿童造成其他伤害，则被视为不符合本条款的要求。

（3）铰链

该要求用于防范因铰链线活动间隙的改变而可能产生的压伤危险。这类危害是由于带有铰链的部件处于某个位置时允许手指插入，但处于另一位置时则不能。该要求只适用于铰链装置的两部分质量均大于等于 250g，并且铰链的移动部分可构造成"门"或"盖"的情况。门或盖在本标准中可解释为延展表面和铰链延长线的闭合面。其他没有明显平面或铰链线的铰链部件可以视为折叠机构类。该要求涉及：手指在沿铰链线边缘之间在与铰链线平行的表面之间造成的误入和压伤。不包括组装物的其他边缘和表面。该要求仅涉及在门或盖闭合/开启时，由铰链线边缘施加的不可忽略的力，不能指定一个铰链面来代替铰链线。制造商应特别考虑这一点，尽可能减少相关危险，如：靠近铰链线的移动部件间留 12mm 的间隙。

（4）弹簧

该要求用于防范带有弹簧的玩具压伤或刺伤手指、脚趾和身体其他部分的危险。

1.1.10.3　测试方法与安全评价

（1）具有手柄或其他结构部件能折叠而压在儿童身上的玩具推车和婴儿车

对玩具进行预处理：打开、折叠 10 次。

在水平面上安装玩具，锁上锁定机构，装载合适的负载，确保该负载的重量由玩具框架承载。如有必要，可使用支撑物以避免座位材料受损。调整负载位置，使框架受到最不利的负载，持续 5min。检查是否可能不使用其中一个锁定装置，而部分竖立玩具。如果可以，在部分竖立位置进行上述加载测试。如果主体上的座位可从底架上拆卸下来，该测试也应在底架上进行，可以使用合适的支撑物来支持负载。

检查玩具是否倒塌，以及锁定机构是否持续有效操作。

（2）不存在手柄或其他结构部件能折叠而压在儿童身上的玩具推车或婴儿车

对玩具进行预处理：打开、折叠 10 次。

将玩具竖立于水平面上，锁上锁定机构，装载合适的负载，确保该负载的重量由玩具框架承载。如有必要，可使用支撑物以避免座位材料受损。调整负载位置，使框架受到最不利的负载，持续 5min。检查是否可能不使用其中一个锁定装置，而部分竖立玩具。如果可以，在部分竖立的位置进行上述加载测试。

检查玩具是否倒塌，以及锁定机构或安全刹车否仍有效和没有脱开。

（3）其他折叠玩具

安装玩具。抬起玩具，当玩具沿水平面倾斜（30±1）°时，观察锁定装置是否失效。

在（10±1）°的斜面上竖立起玩具，并在其折叠部件处于最不利的位置上。锁上锁定装置，以适当的砝码加载 5min，砝码置于儿童可能乘坐以及使折叠部分处于最不利的位置。确保负荷由框架承受。如有必要，可使用支撑物使座位材料免受破坏。

检查玩具是否倒塌或锁定装置是否脱开。

（4）驱动机构

检查玩具中的驱动装置是否有足够的力量夹伤手指或身体的其他部分。如果玩具中的驱动装置有足够的力量夹伤手指或身体的其他部分，那么，对于大型笨重的玩具，如果玩具中的驱动装置未加以适当的封闭，以使其在相关测试过程中，有可触及的锐利边缘或可触及的锐利尖端，或者会产生夹伤手指或身体其他部分的危险，则评定为不合格。对于其他玩具，如果玩具中的驱动装置没加以适当的封闭，以使其在相关测试过程中，有可触及的锐利边缘或可触及的锐利尖端，或者会产生夹伤手指或身体其他部分的危险，则评定为不合格。

玩具上的发条锁匙或启动手柄，在任意转动位置处与玩具主体之间，如果可以插入 ϕ5mm 的金属圆杆而不可以插入 ϕ12mm 的金属圆杆，则评定为不合格。

玩具上的锁匙或手柄上的任何孔，如果可以插入 ϕ5mm 的金属圆杆，则评定为不合格。

（5）铰链

转动由铰链连接的两个部件，在此过程中用 ϕ5mm 的金属圆杆试验是否可插入沿着铰链线的组装边缘上任意一点的间隙。如果 ϕ5mm 的金属圆杆可插入此间隙，则再用 ϕ12mm 的金属圆杆试验是否也可插入此间隙。在上述试验中，如果转动部件在任意位置中可插入 ϕ5mm 的金属圆杆而不能插入 ϕ12mm 的金属圆杆，则使用工具拆下由铰链连接的部件，可用电子天平称量其质量。如果在铰链转动的任意位置，铰链机构的铰链线间隙可插入 $\phi5mm$ 的金属圆杆而不能插入 $\phi12mm$ 的金属圆杆（即间隙在 5mm 和 12mm 之间），且构成铰链机构的两个部件质量都不小于 250g，则评定为不合格。

> 注：在实际检测中，如果玩具明显很小、很轻，可以在使用金属圆杆试验前，先称量整个玩具的质量。若质量小于 500g，表明其中一个部件的质量小于 250g，则可豁免上述要求。

（6）弹簧

① 对于盘簧：按可触及性试验确定玩具上的盘簧在静止和工作状态下是否可触及，如可触及，则用 $\phi3mm$ 的金属圆杆检查盘簧在任一使用位置，两个相邻的螺旋间隙是否大于 3mm。若盘簧间隙不均匀，则检查较大的间隙。如果盘簧在静止和工作状态均不可触及，则评定为合格；如果可触及的盘簧相邻的两个螺旋间隙大于 3mm，则评定为不合格。

② 对于拉伸螺旋弹簧：按可触及性试验确定玩具上的拉伸螺旋弹簧在静止或工作状态下是否可以触及，如可触及，使用推拉力计对拉伸螺旋弹簧施加 40N（8.99lb）的拉力，如果需要则先用钳子等工具取下拉伸螺旋弹簧。用 $\phi3mm$ 的金属圆杆试验弹簧相邻两圈的间隙是否大于 3mm。若此间隙不均匀，则试验较大的间隙。撤去拉力，检查弹簧能否回复原位。如果拉伸螺旋弹簧在静止和工作状态下都不可触及，则评定为合格；如拉伸螺旋弹簧相邻两圈的间隙大于 3mm，且撤去拉力后弹簧可回复原位，则评定为不合格。

③ 对于压缩螺旋弹簧：按可触及性试验确定玩具上的压缩螺旋弹簧在静止或工作状态下是否可触及，如可触及则检查弹簧是否缠绕在玩具的另一个构件（如导向杆）上。如是，则用模拟手指＋加长杆插入两个相邻的螺旋间隙，若弹簧间隙不均匀，则插入较大的间隙。用数显卡尺测量探头的插入深度。如果弹簧不是缠绕在另一个构件上，或者模拟手指＋加长杆插入深度超过 5mm，则用 $\phi3mm$ 的金属圆杆试验压缩螺旋弹簧在静止时，其相邻两圈的间隙是否大于 3mm。若弹簧间隙不均匀，则试验较大的间隙。若此间隙大于 3mm，则在玩具使用过程中压缩螺旋弹簧处于最大压缩状态时，用数显卡尺测量弹簧相邻两圈的间隙，并记录。然后使用工具将其取下，用推拉力计对压缩螺旋弹簧施加 40N（8.99lb）的压力，再用数显卡尺测量弹簧相应相邻两圈的间隙大小。比较两次测量值，如果第一次的值等于或小于第二次的值，则说明此压簧在玩具使用时需承受 40N 或更大的压力。撤去压力，检查弹簧能否回复原位。

如果压缩螺旋弹簧在静止和工作状态下都不可触及，则评定为合格。

如果压缩螺旋弹簧缠绕在玩具另一个构件上，且模拟手指＋加长杆插入任意两相邻螺旋的深度不超过 5mm，则评定为合格。

如压缩螺旋弹簧相邻两圈的间隙大于 3mm，且弹簧在玩具使用时需承受

40N 或以上的压力，并且撤去压力后弹簧可回复原位，则评定为不合格。

1.1.11　口动玩具及其他供放入口中的玩具（4.11）

1.1.11.1　标准要求

供放入口中的玩具应符合以下要求。

① 供放入口中的玩具、可拆卸吹嘴和供放入口中的玩具上的其他可拆卸部件，进行小零件测试时不得完全容入小零件圆筒。

② 吹嘴和供放入口中的玩具上的其他部件，口动弹射玩具除外，如果先按浸泡测试，再按扭力测试和拉力测试的一般要求测试后脱落，则进行小零件测试时不能完全容入小零件圆筒。

③ 口动玩具内如含有松散部件，如口哨中的小球或响哨中的簧片，当进行其他口动玩具测试时，不能产生能完全容入小零件圆筒内的物件。安装在气球上的吹嘴，应符合①和②的要求。

④ 口动弹射玩具（例如玩具枪）应有吹嘴，以防止弹射物在进行口动弹射玩具测试时通过，且吹嘴在进行扭力测试和拉力——一般要求测试后不得脱落。

1.1.11.2　安全分析

该要求用于防范供放入口中的玩具、口动玩具或其可分离和可拆卸部件因意外吸入而引起内部窒息的危险。该要求的原理是，这类玩具及其可拆卸部件，以及按照相关要求测试后分离的部件，不得因尺寸太小而被意外吞咽或吸入。该要求的前一版本仅用来防范口动玩具上可拆卸或可分离吹嘴，而根据欧盟指令2009/48/EC 中新的特定安全要求，该要求应扩大为用于防范口动玩具和供放入口中的玩具上的可拆卸或可分离部件。如果吹嘴在口中长期使用后会变湿，应确保其不会发生松脱，即应在扭力和拉力测试前对其进行浸泡测试。然而，浸泡测试不适用于口动弹射玩具，因为这类玩具通常不会长期在口中使用。为确保小部件在口动玩具（如口琴或口哨）使用时不发生松散，这些玩具应进行吸吹测试，使规定量的空气通过玩具。该要求与使用玩具的儿童的年龄无关。

1.1.11.3　测试方法与安全评价

检查供放入口中的玩具、可拆卸吹嘴和供放入口中的玩具上的其他可拆卸部件是否为小零件，对于口动弹射玩具除外的吹嘴和供放入口中的玩具上的其他部件，先按浸泡测试，再按扭力测试和拉力测试后，检查是否有小零件脱落。如果出现小零件脱落，即不合格。

对于口动玩具内如含有松散部件，如口哨中的小球或响哨中的簧片，需要进行其他口动玩具测试，检查测试后是否有小零件脱落。如果出现小零件脱落，即不合格。

对于口动弹射玩具（例如，玩具枪），检查是否有吹嘴，防止弹射物在进行口动弹射玩具测试时通过。另外还需要对吹嘴进行扭力测试和拉力测试，检查是否有小零件脱落。如果出现小零件，即不合格。

1.1.12 气球（4.12）

1.1.12.1 标准要求

橡胶气球的包装应附有警告语。

天然橡胶气球的包装应该指明气球是由天然橡胶制成的。

1.1.12.2 安全分析

气球可由会膨胀的橡胶或塑料制成，由金属化塑料制成的塑料气球通常比乳胶气球更牢固，不会产生同样的窒息危险。所以它们不必附有乳胶气球规定的警告。

乳胶气球不包括在柔软塑料薄膜之内，因为它们不是由塑料制成的。塑料气球通常很牢固，儿童无法把它们拆开，所以塑料薄膜的厚度可用双层薄膜进行测量（即不要把气球剪开）。

由天然橡胶制成的产品对某些人会导致严重的过敏反应。所以应相应标明气球是由天然橡胶制成的。

1.1.12.3 测试方法与安全评价

检查橡胶气球的包装是否附有警告："Warning! Children under eight years can choke or suffocate on uninflated or broken balloons. Adult supervision required. Keep uninflated balloons from children. Discard broken balloons at once.（警告。八岁以下儿童可能被未充气或破裂的气球阻梗或窒息，需要成人监护。不要让儿童拿到未充气的气球，气球破裂后立刻扔掉。）"。

检查天然橡胶气球的包装有没有指出"Made of natural rubber latex（由天然的橡胶制成）"。

对于塑料气球，按软性塑料薄膜进行测试。

1.1.13 玩具风筝和其他飞行玩具的绳索（4.13）

1.1.13.1 标准要求

玩具风筝和其他飞行玩具的绳索如与儿童直接连接，并且其长度超过 2m，则进行绳索电阻率测试，绳索电阻率应超过 $100MΩ/cm$。

应提醒使用者注意放风筝的潜在危险：不要靠近架空电线或在雷电时放风筝。

1.1.13.2 安全分析

该要求用于防范玩具风筝接触到高架电线而使使用者遭受的电击危害。同时也提醒注意在雷雨天气时放风筝的危险。

1.1.13.3 测试方法与安全评价

可使用耐压测试仪进行测试。

将绳索自然拉直，如果整条绳索都是同一种材料，并且整个长度上直径没有明显的变化，则在绳上大致平均地取若干段（视乎绳长），在每段中点做好记号。

将第一段绳索的中间部位自然摆直，平整地放置在设定好距离的测试电极上。将耐压测试电极夹在电极上，开启耐压测试仪电源，选择电阻测量挡，启动测试按键，测试结束后读出电阻值。同样地测试其余待测位置的电阻值。

检查样品有无有以下警告标识："Warning! Do not use near overhead power lines or during thunderstorms." "警告！不要在架空的电力线附近或雷暴中使用。"

如果玩具风筝及其他飞行玩具其绳索的长度超过 2m，则测得各段绳线的绝缘电阻率均大于 $100\text{M}\Omega/\text{cm}$，并且有上述所示的警告标识，则合格。否则不合格。

1.1.14　封闭式玩具（4.14）

1.1.14.1　标准要求

（1）儿童可进入的玩具

儿童可进入的玩具应符合以下要求。

① 有门、盖或类似装置的任何玩具，如果内含连续体积大于 0.03m^3 的空间，并且内部所有尺寸大于或等于 150mm，则至少应有两个畅通的通气孔，每个孔的面积至少为 650mm^2，相距至少 150mm。当玩具以各种位置放在地板上并且靠近两个成相近 90°角的垂直平面（模拟房间的墙角）时，总的通气口面积仍应符合上述要求。

如果连续空间被一个永久性隔离物或栅栏（一个或多个）分隔成内部最大尺寸小于 150mm 的空间，则不需要通气孔。

② 对于有门、盖或类似装置的玩具，从内部施加 50N 或以下的力，则门、盖或类似装置应能打开。

> 注：这一条款显然要求不能在门、盖或类似装置上使用扣子、拉链或类似紧固件。

③ 玩具箱的垂直开口箱盖如果是铰链连接的，则应设置箱盖支撑机构，以防止箱盖突然倒塌或落下。支撑机构对箱盖的支持作用应达到：在离开箱盖关闭位置 50mm 以外但不超过 60°圆弧行程的任何位置上，在箱盖的自重下，箱盖降落距离不超过 12mm。但最后 50mm 的行程无此要求。测试方法参见箱盖的支撑。在按垂直开启的铰链箱盖耐久性测试规定的 7000 次开关测试前后，箱盖支撑机构都应符合上述要求。箱盖支撑机构不应为了确保足够的支撑而要求使用者进行调节；在进行垂直开启的铰链箱盖耐久性测试后，也应无需调节就能满足上述要求。箱盖和支撑机构还应符合铰链的相关要求。垂直开口铰链箱盖的玩具箱

应附有安装和保养说明。

（2）面具和头盔

面具和头盔应符合以下要求。

① 全部包裹住头、不透气材料制成的面具和头盔，应至少有 1300mm² 的通风面积，可以是两个最少间隔 150mm 的通气孔或任意等效单个通风面积。

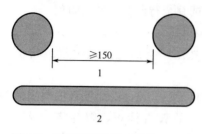

图 1-8　通风面积示例（单位：mm）

1—全部通风面积，大于等于 1300mm²；

2—等效单个通风面积，大于等于 1300mm²

等效单个通风面积示例见图 1-8。

② 罩在脸上的所有硬质材料，如防护镜、太空头盔或面罩，在进行扭力测试、拉力测试——一般要求、跌落测试、冲击测试和压力测试等规定测试的前后，不能出现会落入眼睛的危险锐利边缘、危险锐利尖端或松散部件。

该要求也适用于在眼睛部位开孔的硬质材料玩具和覆盖眼睛的玩具。

③ 仿真防护面具和头盔装置（如摩托车防护罩、工业用防护罩和消防安全帽）的玩具应附有警告语。

1.1.14.2　安全分析

（1）儿童可进入的玩具

该要求用于防范儿童因被完全关在玩具中而造成的窒息危险（如帐篷和玩具箱）。不论其是否设计为容纳儿童，所有由限制空间构成、儿童能进入的玩具都包括在该要求中。即使有通风设施，还是要使儿童能在无外力帮助下，很容易地从限制空间中逃出。引入与玩具箱相关的条款，是为了减少儿童在玩耍时将头放入玩具箱而盖子突然落在儿童颈部，从而夹住颈部和引起窒息的危险。这类玩具箱也具有玩耍价值。

（2）面具和头盔

该要求用于防范封闭头部的面具和头盔因通风面积不足而引起的窒息危害。要求也用于防范因摩托车头盔和类似物件的眼罩破裂而伤害眼睛的危险。软性面具不应紧贴儿童的脸部而造成呼吸困难。

该要求也包括不用于为儿童提供任何保护的仿制防护设备。因此，如护目镜等对儿童确实提供保护作用的物品，不被视作玩具，也不包括在本标准中。

用于眼部保护的太阳镜不属于玩具，而是个人防护装备。然而，具有玩耍价值的儿童用太阳镜应符合 EN71-1 的要求（如锐利边缘）。洋娃娃、玩具熊等的太阳镜，如果这类太阳镜对儿童来说戴起来太小，则被视为玩具。

1.1.14.3　测试方法与安全评价

（1）儿童可进入的玩具

　　测量玩具所封闭的连续空间是否大于 0.03m^3，及内部三维尺寸是否大于或等于 150mm。如果都是则检查玩具是否至少有两个畅通无阻的、面积都大于或等于 650mm^2 的通风孔洞，而且通风孔洞是否相距至少为 150mm。如果用固定的隔板或杆（两个或以上）将连续空间隔开，有效地限制连续空间以使最大内部尺寸小于 150mm，则通风面积不作要求。将玩具以任意方位置于地面并接近两个相交成 $90°$ 的垂直平面（模拟将玩具置于墙角时情形），检查上述通风面积是否受影响。检查玩具的门、盖或类似装置上是否有纽扣、拉链或类似的紧固件。从玩具内部用推拉力计把门、盖或类似装置推开，测量所用的力是否超过 50N。如果玩具所封闭的连续空间不大于 0.03m^3，或者内部三维尺寸小于 150mm，则合格。如果玩具所封闭的连续空间大于 0.03m^3 而且内部三维尺寸大于或等于 150mm，若出现下面任何一种情况，则评定样品不合格：

　　① 没有或只有一个通风孔洞，或者通风孔洞并非畅通无阻；

　　② 通风孔洞的面积并非都大于或等于 650mm^2；

　　③ 通风孔洞相距不足 150mm；

　　④ 将玩具以任意方位置于地面并接近两个相交成 $90°$ 的垂直平面时通风面积受到影响；

　　⑤ 玩具的门、盖或类似装置上有纽扣、拉链或类似的紧固件；

　　⑥ 在玩具内部用 50N 的力不能把门、盖或类似装置打开。

　　(2) 由不透气的材料制成的、完全封闭着头的面罩和头盔

　　如果面罩和头盔上有多个通风孔洞，则用钢直尺或钢卷尺度量这些孔洞之间的距离。如果只有一个孔洞，则用钢直尺或钢卷尺度量它的长度。测量并计算出多个孔洞的总面积或单个通风区域的面积。对于由不透气材料制成的、完全封闭着头的面罩和头盔，如果出现下面任何一种情况则不合格：

　　① 如果有多个孔洞，它们相距小于 150mm；如果只有一个孔洞，它的长度小于 150mm；

　　② 这些孔洞提供的总通风区域的面积小于 1300mm^2。

　　对于覆盖面部或覆盖眼睛的由刚性材料制造的玩具，则对其进行扭力测试、拉力测试、跌落测试、冲击测试、压力测试，在这些测试前后都检查是否产生锐利边缘、锐利尖端或可进入眼睛的松散部件。如果覆盖面部或眼睛的玩具在相关测试前后产生锐利边缘、锐利尖端或可进入眼睛的松散部件，则评定为不合格。

　　检查模仿保护面罩和头盔的玩具（如摩托车头盔、工业安全头盔和消防员头盔）上及其包装上是否有下列警告语，提醒使用者注意这些器具没有实际保护作用。

　　"Warning! This is a toy. Does not provide protection."

　　（"警告！这是玩具，不提供保护。"）

　　模仿保护面罩和头盔的玩具上及其包装上没有警告语，则不合格。

1.1.15 供承受儿童体重的玩具（4.15）

1.1.15.1 标准要求

（1）由儿童或其他方式驱动的玩具

① 一般要求 由儿童或其他方式驱动、能够承载儿童体重的玩具，如：供体重不超过 20kg 的儿童使用的滚轴溜冰鞋、单排轮滑鞋和滑板，三轮车、小车、推车、月亮弹跳鞋和弹簧单高跷，应符合①的要求。

以下②和⑤的要求不适用于后面（2）涵盖的玩具自行车和（5）涵盖的玩具滑板车。

② 警告和使用说明 儿童使用的滚轴溜冰鞋、单排轮滑鞋和滑板在销售时应标明与防护装备相关的警告。

没有自由轮机构或者制动系统的，以及供承载 2 个或 2 个以上儿童体重或空载重量大于等于 30kg 的机械驱动玩具，应标明与缺少刹车相关的警告。

另外，根据⑤的要求不需要制动装置的电动乘骑玩具，如果没有自由轮机构或者制动系统，以及供承载 2 个或 2 个以上儿童体重或空载重量不小于 30kg 的，应标明与缺少刹车相关的警告。

滚轴溜冰鞋、单排轮滑鞋、滑板和带电马达自身可提供足够制动性的电动乘骑玩具无需标注上述警告。

电动乘骑玩具和/或其包装，以及其使用说明，应标注与防护装备相关的警告。

后面（4）涵盖的或电动乘骑玩具最大设计速度的测定测试小于 8.2km/h 的、安装有座位的电动乘骑玩具无需上述警告。

电动乘骑玩具应标明与预定使用年龄组相关的警告。

电动乘骑玩具的包装和使用说明应标明与安全行驶区域相关的警告。

供承载儿童体重的玩具应附带使用、组装和维护说明。应提醒使用者注意使用玩具的潜在危险和应采取的预防措施。

由于结构、强度、设计或其他因素而不适合 36 个月及以上儿童使用的玩具，应标明警告。

③ 强度 进行静态强度和动态强度测试，玩具不应：

a. 产生可触及的危险锐利边缘；

b. 产生可触及的危险锐利尖端；

c. 使驱动机构变为可触及，从而产生能压伤手指或身体其他部分的危险；

d. 倒塌而使玩具不再符合本标准的其他相关要求。

④ 稳定性 要求不适用于：

a. 滚轴溜冰鞋、单排轮滑鞋和滑板；

b. 设计为没有稳定底面的玩具（如：弹簧单高跷、月亮弹跳鞋）；

　　c. 儿童能用脚进行侧面平衡（即腿在侧面的活动不受限），并且座位高度使这一年龄段的儿童坐在玩具上时两脚均能踩到地面（保持前后稳定性），供 36 个月及以上儿童使用的玩具；

　　d. 车轮直线排列的玩具，最外侧车轮的中心间距小于等于 150mm 的轮子视为单轮；

　　进行供承载儿童体重的玩具的稳定性测试时，玩具不应倾翻。

　　⑤ 刹车　要求不适用于：

　　a. 滚轴溜冰鞋、单排轮滑鞋和滑板；

　　b. 用手或脚直接向驱动轮传输动力的玩具；

　　c. 座位高度小于 300mm、能用脚进行有效制动、进行电动乘骑玩具最大设计速度的测定时最大设计速度不超过 1m/s（3.6km/h）的电动乘骑玩具。

　　带有自由轮机构的机械或电动乘骑玩具应有制动系统。如果此类玩具重量大于等于 30kg，则至少一个刹车应能在刹车位置被锁住。

　　进行特定乘骑玩具的刹车性能测试时，玩具移动不应超过 5cm。该要求适用于玩具上的所有刹车，不论该刹车是否为此欧洲标准所必需的。

　　此处的要求不适用于带电马达自身可提供足够制动性的电动乘骑玩具。如满足下列条件，则可认为该马达可提供足够制动性：

　　a. 进行马达制动性能——斜面测试时，玩具车的平均速度小于等于 0.36m/s（1.3km/h）；

　　b. 进行马达制动性能——水平测试时，符合下列要求：

$$FT_1 \geqslant (M+25) \times 1.7 \tag{1-1}$$

　　或

$$FT_2 \geqslant (M+50) \times 1.7 \tag{1-2}$$

　　其中，

　　FT_1：供 36 个月以下儿童用玩具上的最大拉力，单位牛顿（N）；

　　FT_2：供 36 个月及以上儿童用玩具上的最大拉力，单位牛顿（N）；

　　M：玩具重量，单位千克（kg）。

　　电动乘骑玩具应由开关操作，松开开关时，电源自动切断，且玩具不能倾斜。如果有刹车，则使用刹车时，驱动电源应自动切断。

　　⑥ 传动装置和车轮装配　传动装置和车轮装配应符合以下要求。

　　a. 乘骑玩具上的传动链和带、与传动链或带相连的驱动轮、与传动链或带相连的被驱动轮，在儿童肢体最接近传动链的一侧应配有挡板（见图 1-9，A 侧）。在儿童肢体与传动链或带被分隔开的一侧的挡板应完全罩住与传动链或带相连的驱动轮（如：自行车的结构，见图 1-9，B 侧）。

　　对于在使用过程中骑行者的手可接触到传动链或带的乘骑玩具，双侧挡板均应按照 A 侧的样式设计（见图 1-9）。

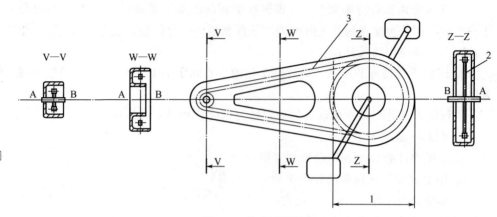

图 1-9　传动链挡板

1—内侧挡板覆盖的范围；2—与传动链相连的前轮；3—链；

A—儿童肢体最近接触传动链的一侧；B—儿童肢体与传动链或带被分隔开的一侧

允许在挡板上使用直径小于等于 5mm 的排水孔。

只有使用工具才能拆卸挡板。

b. 直接用踏板驱动的轮子上不能有宽度大于 5mm 的槽口或开孔。

c. 车轮与车体或车体某一部分（如：挡泥板）之间的间隙如能插入直径 5mm 的圆杆，那么也应能插入直径 12mm 的圆杆。该要求不适用于刹车机构产生摩擦力的表面、玩具滑板车或轮滑鞋。

d. 附带推车手柄的三轮车，在结构上要预防在推车时，踏板等机构夹住儿童的脚（如：自由轮机构或脚支架）。

⑦ 可调座位支柱和手把杆的最小插入标记　任一可调座位支柱和可调手把杆应带有永久性标记，用于表明部件插入玩具主体结构的最小插入深度。最小插入标记位于距支柱或杆的末端不小于支柱或杆的直径的 2.5 倍的位置，且离标记下方邻近的圆周杆材料边至少一杆直径的距离（见图 1-10）。

最小插入标记的要求不适用于以下情况：

a. 带有完全满足尺寸要求的一个或多个固定调节位置；

b. 从设计上已经限定了最小插入深度。

⑧ 电动乘骑玩具　供 6 岁以下儿童使用的电动乘骑玩具应安装有座位。

当进行 8.29（电动乘骑玩具最大设计速度的测定）测试时，电动乘骑玩具的最大设计速度不得超过以下数值。

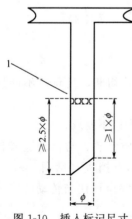

图 1-10　插入标记尺寸

要求的图例

1—永久性标记

a. 供 3 岁以上、6 岁以下儿童使用的玩具：6km/h 或 8.2km/h。最高速度（8.2km/h）仅适用于安装有双位限速装置的玩具，装置处于一个位置时将最大速度限制为 6km/h，另一个位置则限制为不超过 8.2km/h。该装置仅能由成人用工具进行调节，且在售卖时该装置应置于低速位置。

b. 供 6 岁及以上儿童使用的玩具：16km/h。

（2）玩具自行车

① 警告和使用说明　玩具自行车应带有关于玩具用于交通的警告，以及需佩戴防护装备的警告。玩具还应附有组装和维护说明，以及使用和应采取的预防措施的说明。应提醒父母或监护人注意乘骑玩具自行车的潜在危险。

玩具自行车由于其结构、强度、设计或其他因素而不适合 36 个月及以上儿童使用时，应标明警告。

② 刹车要求　带有自由轮机构的玩具自行车应装有两个独立的刹车系统，一个作用于前轮，另一个作用于后轮。

手刹的刹车杆的高度 d 的尺寸如图 1-11 所示，从杆中点测量不能超过 60mm。可调杆的调整范围应保证能达到这一尺寸。刹车杆长度最小为 80mm。

进行玩具自行车的刹车性能测试，玩具移动不能超过 5cm。尽管本标准未作要求，但如果带有固定驱动器的玩具自行车安装有刹车，则该要求同样适用。

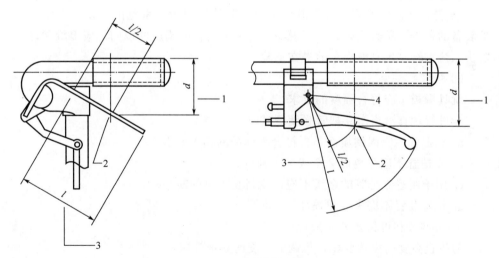

图 1-11　手刹杆尺寸

1—刹车杆高度，d；2—杆的中点；3—杆的长度，l；4—支点

（3）摇马和类似玩具

摇马和类似玩具应符合以下要求。

① 安有弓形底座的摇马或其他摇动玩具，应有一个运动限制，在弓形运动极限内能够承载使用者。目测检查其符合性。

② 进行"稳定性，供承载儿童体重的玩具"测试，玩具不能倾翻。

③ 进行静态强度测试，玩具不能倒塌以至于不符合本标准的相关要求。

④ 由于结构、强度、设计或其他因素而不适合 36 个月及以上儿童使用的玩具，应标明警告。

（4）非儿童驱动的玩具

设计成儿童不能驱动但承受儿童体重的玩具应符合以下要求。

① 进行静态强度测试时，玩具不应倒塌以至于不符合本标准的相关要求。

② 进行"稳定性，供承载儿童体重的玩具"测试时，玩具不能倾翻。该要求不适用于明显不稳定的玩具（如，大球和软体填充玩具动物）。

③ 用于承受儿童体重的玩具，如适用，应提供使用、组装和维护说明。

④ 由于结构、强度、设计或其他因素而不适合 36 个月及以上儿童使用的玩具，应标明警告。

（5）玩具滑板车

① 一般要求　在本标准中，玩具滑板车分为以下两组：

a. 供体重小于等于 20kg 的儿童使用的；

b. 供体重小于等于 50kg 的儿童使用的；

应符合（5）的要求。

② 警告和使用说明　玩具滑板车应标明其适用的体重范围，以及需佩戴防护装备的警告。玩具应附有使用说明和应采取的预防措施的说明。应提醒父母或监护人注意乘骑玩具滑板车的潜在危险。

③ 强度

玩具滑板车应符合强度的要求。

当进行玩具滑板车立把管强度测试时：

a. 立把管不应因倒塌而不再符合本标准的相关要求；

b. 立把管不应分离成 2 个或多个部分；

c. 用于制造立把管的金属不应出现目视可见的断裂；

d. 锁定装置不能失效或损坏。

④ 可调节和可折叠的立把管

为防止高度的突然变化，可调节高度的立把管应：

a. 需使用工具进行调节；

b. 至少具有一个主锁定装置和一个副锁定装置，在调节高度时至少有一个锁定装置能自动锁定。立把管不应被意外分离。

可折叠的立把管，应具有折叠锁定装置。

有可能伤害手指的活动部件间隙，如能插入直径 5mm 的圆杆，应也能插入直径 12mm 的圆杆。具有剪切动作、可能伤害手指的可触及开口不应插入直径 5mm 的圆杆。

⑤ 刹车　如为标明供体重不超过 20kg 的儿童使用的玩具滑板车,则不需要有刹车系统。

其他玩具滑板车应至少有一个作用于后轮的刹车系统,能够有效、平滑地降低速度,不应产生突然的停止。

当进行玩具滑板车的刹车性能测试时,在斜面上用于支撑玩具滑板车的力应小于 50N。

⑥ 车轮尺寸　玩具滑板车的前轮直径应大于等于 120mm。

⑦ 突出部件　玩具滑板车的手柄末端的直径应大于等于 40mm。

1.1.15.2　安全分析

（1）刹车要求

该要求用于防范由于玩具的强度和稳定性不足、玩具车辆刹车性能不好而造成的多种危害。该要求同样用于防范因误入链条传动带和轮子而导致夹伤手指和身体其他部分的危害。

本标准包括最大鞍座高度小于等于 435mm 的自行车。这些小自行车不能也不应用于在街上或高速公路上行驶。EN14765 年幼儿童自行车的安全要求包括最大鞍座高度小于 635mm 但大于 435mm 的自行车。尽管没有使用建议,这些自行车通常被年幼儿童在靠近交通道路的街道使用。关于年幼儿童的设备和/或自行车的使用,某些国家可能有法律规定。

本标准对供体重不超过 20kg 的儿童使用的滚轴溜冰鞋、单排轮滑鞋和滑板也有要求。供体重大于 20kg 的人使用的这些产品适用于运动器材的要求：EN 13613（滑板）、EN 13843（单排轮滑鞋）和 EN 13899（滚轴溜冰鞋）。滚轴溜冰鞋、单排轮滑鞋和滑板要求标明与防护设备相关的警告。电动乘骑玩具也应标明与防护设备相关的警告,除非该玩具是供坐下使用的且能通过稳定性测试,或者最大设计速度不超过 8.2km/h,上述情况中,防护设备被认为是不必要的。

玩具的强度是通过有负载的静态和动态强度测试来确定的,有两个规定的负载,50kg 的用于测试 36 个月及以上儿童使用的玩具,25kg 的用于 36 个月以下儿童使用的玩具。如玩具的使用年龄组不能确定,应使用较大负载测试。对负载尺寸也有规定,然而,如进行弹簧单高跷测试,负载应分布在两个脚踏板上,这就不好规定负载的规格。对于弹簧单高跷,脚踏板强度是安全标准的重点,因为危险多由此引发。

重量是以人体测量数据为基础的,考虑到了玩具使用寿命中的损坏。

稳定性测试不适用于本身就不能提供稳定的玩具,如弹簧单高跷。

供一个或多个儿童乘坐、被其他儿童或成人推动的玩具手推车,是带轮玩具。

如果设计为供承载儿童体重的玩具允许儿童使用脚来提供稳定性,则该要求不适用。如果儿童被完全封闭在玩具内,则该要求适用。儿童可能用脚来维持玩具的稳定性是很自然的。然而，供 36 个月以下儿童使用的玩具应符合稳定性要求。

刹车要求规定所有带有自由轮机构的乘骑玩具应有刹车。带有固定驱动器的玩具豁免该要求。如，在前轮上有踏板的三轮车、踏板小汽车和低速（如<1m/s）电动车，在这些玩具中儿童的脚可用于作刹车。对于没有自由轮机构的乘骑玩具，没有刹车要求，一方面是因为这类车辆不是供在有坡度的场地使用的，另一方面是因为对于这类车辆还没有适用的安全易操作的刹车系统。然而，对于没有自由轮机构的乘骑玩具，如果玩具较重或玩具是供 2 个或 2 个以上儿童同时使用的，则要求在玩具上标明警告，告知使用者和监护人该玩具没有刹车。

电动乘骑玩具应按照两种可用测试方法中的一种进行测试，用以评估该玩具的马达本身是否能提供足够的刹车。最大拉力的完整计算公式为：$(M+25) \times g \times \sin10^\circ$，$\sin10^\circ = 0.173$，$\sin10^\circ \times g = 0.173 \times 9.81 = 1.70$。

对供 6 岁及以上和 6 岁以下儿童使用的电动乘骑玩具，分别规定了最大设计速度的限制。供站立使用的电动乘骑玩具仅允许 6 岁以上儿童使用。对供 6 岁以下儿童使用的玩具的最大设计速度做出限制，是为了在玩具使用过程中便于成人监护。对于供 3 岁及以上至 6 岁以下儿童使用的玩具，如果成人监护者使用工具，可对特定装置的设定进行调节，以使玩具达到高速挡（8.2km/h），则最大设计速度允许超过 6km/h。

（2）摇马和类似玩具

该要求用于防范因摇马和类似玩具的强度和稳定性不足而倾翻导致的危险。该要求同样用于警告成人不应将 36 个月以下的儿童独自留在座位高度超过600mm 的摇动玩具上，以避免造成跌落伤害。

（3）玩具滑板车

3 岁儿童的近似体重（95％的儿童）约为 20kg。14 岁儿童的平均体重约为 50kg。

作为运动器材的滑板车的安全要求见 EN 14619。

应注意到，作为运动器械的滑板车标准适用于供体重 35kg 以上、100kg 以下的使用者使用的滑板车。因此 35～50kg 组别对应两种类型的滑板车，一类被划归为玩具滑板车，另一类属于运动器材。

一般认为，供很小的儿童使用的玩具滑板车没有必要装刹车，因为他们通常不会在高速下运行，并且不会操作刹车。

1.1.15.3 测试方法与安全评价

（1）摇马和类似玩具

若玩具为装有摇摆座的木马或者其他装有摇摆装置的摇摆玩具，目视检查是否有限制其运动极限的装置，以确保乘坐者始终可安坐在座位上。

用钢直尺或者钢卷尺测量预定供乘坐表面的离地面的高度。若高度大于等于

600mm，则检查玩具上是否有符合要求的警告语。

对玩具进行稳定性测试，观察玩具是否会翻倒。（若玩具上带有将玩具固定于地面上的装置，则不用进行这一测试。）

对玩具进行静态强度测试，观察玩具是否会倒塌，并造成与标准要求不符合的危险的情况（如产生可触及利边或可触及尖端等）。

（2）非儿童驱动的玩具

对玩具进行静态强度测试，观察玩具是否会倒塌，并造成与标准相关要求不符合的情况（如产生可触及利边或可触及尖端等）。

对玩具进行稳定性测试，观察玩具是否会翻倒。若玩具上带有将玩具固定于地面上的装置或明显不能视为稳定的玩具（例如大圆球和软填充动物玩具等），不用进行这一测试。

查看玩具上是否有提醒使用者定期检查和维护主要部件的说明。

1.1.16　重型静止玩具（4.16）

1.1.16.1　标准要求

重量超过 4.5kg，供放置在地面但不能承受儿童体重的重型静止玩具，进行稳定性—重型静止玩具测试，不得倾倒。

1.1.16.2　安全分析

该要求用于防范因重型静止玩具的稳定性不足而倾翻导致的危险。

1.1.16.3　测试方法与安全评价

称出玩具质量，若小于或等于 4.5kg 就不必进行随后的试验。将玩具置于与水平面成（5±1）°倾斜的平板上面，使玩具处于最不利于稳定的位置。例如，对于底座是长方形的玩具，其最不利于稳定的位置一般是使其底座的长轴线与水平面平行的位置。调整玩具的各活动部件，设置一个最不利于玩具稳定的位置。检查玩具是否翻倒。

若玩具在测试中不会翻倒，则合格。

1.1.17　弹射玩具（4.17）

1.1.17.1　标准要求

（1）一般要求

弹射物和弹射玩具应符合以下要求。

① 所有硬质弹射物的顶端半径应大于等于 2mm。

② 进行保护件测试时，冲击面使用的弹性材料不能脱落，除非脱落后的材料仍满足本部分的要求。如果冲击面为进行小球和吸盘测试时能够通过模板 E 的吸盘，那么进行扭力测试和拉力测试——一般要求测试后吸盘不能完全脱落。

③ 用弹簧或类似机构作为竖直或近似竖直自由飞行驱动力的飞机旋翼和单

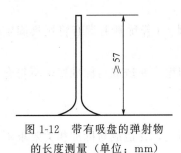

图 1-12 带有吸盘的弹射物
的长度测量（单位：mm）

个推进器，为减少伤害的危险，应在旋翼和推进器的周围用圆环围住。

④ 冲击面为吸盘的弹射物的长度应大于等于 57mm，按照图 1-12 所示测量，吸盘放置在平整表面上，仅受到自重作用。如果弹射物在没有支撑时会倒下，则允许在测量过程中对弹射物进行支撑。进行扭力测试和拉力测试——一般要求测试前后，均应符合本节的要求。这些要求不适用于进行小球和吸盘测试后不能完全通过模板 E 的吸盘，而适用于与弹射物成一个整体的吸盘，也适用于附着在弹射物上的吸盘。

（2）非蓄能弹射玩具

非蓄能弹射玩具应符合以下要求：飞镖状弹射物端部应磨钝或用弹性材料（如橡胶）保护，弹性材料冲击面积应大于等于 $3cm^2$。端部不得用金属材料制成，但允许使用圆盘面积大于等于 $3cm^2$ 的磁性金属作为镖状物的端部。

（3）蓄能弹射玩具

由发射机构推进的弹射物应符合以下要求。

① 进行（弹射物的动能）测试，弹射物的最大动能不应超过以下标准。

a. 对于不含弹性冲击面的刚性弹射物：0.08J。

b. 对于弹性弹射物或有弹性冲击面的弹射物：0.5J（如橡胶）。

② 对于最大动能超过 0.08J 的箭状弹射物，其冲击面应由弹性材料保护（如橡胶）。进行弹射物的动能测试，弹性冲击面单位面积上的最大动能不应超过 $0.16J/cm^2$。

③ 如果弹射机构能够发射非玩具本身提供的物体，应提醒使用者注意潜在危险。

如果玩具能够用大于 0.08J 的动能发射弹射物，应标明警告以提醒使用者注意潜在危险。

> 注：为减少眼睛受伤害的危险，强烈建议制造商在设计时应使玩具不能发射非玩具非配套飞弹的结构。

（4）弓和箭

带箭配售的弓在本标准中视作玩具。

由弓发射的箭应符合以下要求。

① 箭的端部不应用金属制造；但允许使用圆盘面积大于等于 $3cm^2$ 的磁性金属作为端部。

② 进行弓和箭的动能测试，由弓发射的箭的最大动能不得超过上述的（3）①给出的值。

③ 如果箭的最大动能超过 0.08J，应符合（3）中②的规定。应标明警告以提醒使用者注意潜在危险。

1.1.17.2　安全分析

该要求用于防范由弹射玩具和使用不合规定的弹射物引起的某些而非全部的潜在、不可预料的危险。由玩具本身而非儿童决定动能的、具有代表性的玩具为枪或其他弹簧加载装置。豆子枪为带有弹射物（豆子）的玩具的动能大小由儿童吹气力度决定的例子。沿轨道或其他表面驱动的地上车辆玩具，尽管它们包括如在轨道间自由滑动的因素，但不被视作弹射玩具。弹射物的速度用直接或间接方式测量。用吸盘作为冲击面的弹射物可引起致命事故，因此吸盘应足够大或附着得足够紧固，并且一旦吸盘阻塞呼吸道，弹射物应足够长从而使其有助于被拔出。长度大于等于 57mm 的要求同样适用于进行扭力测试和拉力测试，一般要求测试之后，也就是说，如果测试过程中杆断裂，则附着有吸盘的剩余部分的长度在测试后至少应为 57mm。

1.1.17.3　测试方法与安全评价

（1）测试方法

在正常使用条件下测量玩具的动能，使用的方法精确到 0.005J。进行 5 次测量，选择 5 次读数的最大值作为动能。确保能记录读数以得到最大动能。如果玩具有不止一种弹射物，每种弹射物的动能都要进行测量。

对于在弓弦上发射的箭，将其放在弓弦上，使用小于等于 30N 的拉力拉箭至最大位置，但最大不超过 70cm。

（2）安全评价

对于非蓄能弹射玩具若出现下面的任何一种情况则不合格：

① 箭状弹射物的端部没有磨钝，同时也没有用冲击面积至少为 3cm^2 的弹性材料（如橡胶）保护；除用面积为 3cm^2 以上的磁性金属圆盘作箭头外，箭状弹射物的端部使用金属；

② 由弹簧机构或类似机构提供动力垂直地或近似垂直地自由飞行的直升机水平旋翼和单推动器，周边没有保护环。

对于蓄能弹射玩具若出现了下面任何一种情况就不合格：

① 最大动能大于 0.08J 的箭状弹射物或刚性弹射物的冲击面没有弹性材料保护，或弹性冲击面的单位面积承受的最大动能大于 0.16J/mm^2；

② 弹性弹射物或具有弹性冲击面的弹射物，其最大动能值超过 0.5J；

③ 如果弹射机构可发射与玩具非配套的弹射物，或弹射物动能超过 0.08J，没有符合要求的使用说明。

由弓发射的箭若出现了下面任何一种情况就不合格：

① 箭头用金属来制造（面积在 3cm^2 以上的磁性金属圆盘作箭头除外）；

② 最大动能大于 0.08J 的箭头没有弹性材料保护或箭头弹性冲击面的单位

面积承受的最大动能大于 0.16J/mm², 没有符合要求的使用说明;

③ 具有弹性冲击面的箭头, 其最大动能值超过 0.5J。

1.1.18 水上玩具和充气玩具 (4.18)

1.1.18.1 标准要求

水上玩具和在充气阀门处带有气塞的充气玩具应符合以下要求。

① 水上玩具的充气阀门应带有气塞, 且所有带有气塞的水上玩具和可充气玩具的充气阀门应确保气塞能够永久固定在玩具上。进行扭力测试和拉力测试, 一般要求后脱落的气塞或气塞部件, 进行小零件圆筒测试时不得完全容入小零件圆筒。

② 当水上玩具充气后, 气塞应能被推入玩具, 使其突出于玩具表面的高度不超过 5mm。

③ 应标明警告以提醒使用者注意使用水上玩具的潜在危险。

此外, 未充气时最大尺寸超过 1.2m 的可充气水上乘骑玩具 (如: 大型充气动物), 应符合 EN 15649-3 漂浮休闲用品中 A2 级设备的要求。

1.1.18.2 安全分析

该要求用于防范因空气从阀门泄漏, 水上玩具的浮力突然丧失而导致的危险。同时也用于提醒成人和儿童在深水中使用这些玩具的危险。此外, 该要求也用于防范因意外吸入阀门处的气塞而导致的窒息危险。本标准包括能够承受儿童体重并且用于浅水、一般在成人监督下使用的充气玩具, 也包括阀门处带有气塞的充气玩具。任何类型充气玩具的阀门上的气塞不应脱落。水上玩具的气塞应加以保护以防止意外拆卸。单向阀通常便于玩具的充气。大于 1.2m 的充气船和充气床垫不属于玩具, 而是属于《通用产品安全指令》中的漂浮休闲用品。如充气海豚和充气鳄鱼等水上乘骑玩具属于玩具的范畴, 与其尺寸无关; 但如果上述玩具大于 1.2m 则适用特殊安全要求, 因为这类玩具被认为是会随风漂流的, 且会因此而存在漂入深水的风险。这类玩具应符合 EN 71-1 和 EN 15649-3 中适用的要求 (包括 EN 15649-3 中参考引用的 EN 15649 其他部分的要求)。此外, 手臂带属于个人防护设备, 漂浮辅助物属于游泳辅助设备, 均不属于玩具。

1.1.18.3 测试方法与安全评价

(1) 测试方法

检查玩具上的充气吹口上是否都有塞子。对塞子进行扭力和拉力测试, 检查塞子是否脱落; 如果塞子脱落了, 则进行 (小零件) 测试。对于可充气的水上玩具, 将玩具充气后, 检查塞子是否可推入到玩具内; 用数显卡尺测量塞子外露于玩具表面的高度。检查水上玩具是否符合下述的要求: 水上玩具和它们的包装应带有以下警告语:

"Warning! Only to be used in water in which the child is within its depth and under supervision. "

"警告！只能用于水深不超过儿童身高的水中并在成人监护下使用。"

对于可充气的水上乘骑玩具，用钢卷尺测量其未充气状态下的最大尺寸，若测得其最大尺寸大于 1.2m，则检查玩具是否还符合 EN 15649-3 中适用的要求。

（2）安全评价

如果塞子没有牢固地附于玩具上，则样品评定为不合格。

如果脱落的塞子是小零件，则样品评定为不合格。

如果可充气水上玩具充气后，塞子不能推入到玩具内或塞子推入后外露于玩具表面的高度大于 5mm，则样品评定为不合格。

如果玩具无符合要求的警告语，则样品评定为不合格。

1.1.19　玩具专用火药帽和使用火药帽的玩具（4.19）

1.1.19.1　标准要求

假设在可预见情况下使用，玩具专用火药帽不应产生导致眼部受伤的残渣、火焰和炽热的余烬。火药帽的包装应附有与玩具使用相关的警告。使用火药帽的玩具应标明该玩具可安全使用的火药帽的构成和类型，以及与火药帽使用相关的警告。警告可选择附在产品包装上。

1.1.19.2　安全分析

该要求用于防范因玩具火药帽在玩具枪外意外爆炸，或在正确使用火药帽时由于结构或制造的不良而产生极端危险的爆炸所产生的会伤害眼睛的火花、火焰及炙热部件的热危险。该要求也适用于大量火药帽同时反应产生的危险。

1.1.19.3　测试方法与安全评价

（1）测试方法

检查火药帽的包装，是否有以下的警告语：

"Warning! Do not fire indoors or near eyes and ears. Do not carry caps loose in a pocket. "

"警告！不要在室内或眼睛和耳朵附近击发，不要将火药帽松散地放在口袋里！"。

在合理的可预见使用时，用适当的方式击发专门设计用于玩具的火药帽，检查它们是否产生会导致眼睛受伤的或燃烧的或发热残余的碎片。

检查使用火药冒的玩具上或者包装上是否标有关于能安全使用的火药冒的型号和构造的说明。

（2）安全评价

下面的情况评定为不合格：

① 火药帽的包装没带有符合要求的警告语；

② 专门设计用于玩具的火药帽可产生会导致眼睛受伤的、燃烧的、发热残

余的碎片；

③ 玩具上或包装上没有标有关于能安全使用的火药冒的型号和构造的说明。

1.1.20 声响玩具（4.20）

1.1.20.1 标准要求

（1）暴露类别平均时间的声压级

基于玩具在使用过程中声响的变化频幅较大，将发声玩具分为 3 类"暴露类别"。每个类别下的玩具同样适用于旧版定义类别，非旧版定义的玩具类别归于暴露类别 3，如玩具不适合任何一个类别，应使用最相近及最严格的类别（即暴露类别 1）。

① 暴露类别 1

a. 每次启动后，玩具发声周期通常长于 30s；

b. 每次启动后，近耳玩具发声周期通常长于 30s；

c. 使用耳塞和耳机的玩具；

d. 其他发声玩具，发声时间通常占据玩耍时间的 1/3 以上。

② 暴露类别 2

a. 每次启动后，玩具发声周期通常短于 30s 及长于 5s。

b. 每次启动后，近耳玩具发声周期通常短于 30s 及长于 5s。

c. 摇铃及挤压玩具。

d. 模仿乐器的口动玩具。

e. 其他发声玩具，发声时间通常占据玩耍时间的 （1/10）～（1/3）。

③ 暴露类别 3

a. 每次启动后，玩具发声周期通常短于 5s。

b. 需要付出较大体力保持发声的玩具。

c. 每次启动后，近耳玩具发声周期通常短于 5s。

d. 带火药帽的玩具。

e. 口动玩具，如哨子。

f. 其他发声玩具，发声时间通常占据玩耍时间的 1/10 以下。

（2）声压水平限制

① 一般要求

a. 玩具应当参照发声模式和发声功能的子条款评定，具有一个以上发声功能的玩具应参照多个子条款评定，明显不符合以下条款的玩具或玩具发声功能应当根据合理性评定为手持玩具或桌面地面玩具。

b. 当按发射声压测定测试时，明确设计成发出声响的玩具必须符合以下②～⑫的要求。

② 近耳玩具

　　a. 暴露类别 1 的玩具在 50cm 处测试时，由近耳玩具发出的 A 级加权发射声压水平 L_{pA} 不得超过 60dB，暴露类别 2 的玩具不得超过 65dB，暴露类别 3 的玩具不得超过 70dB。

　　b. 在 50cm 处测试时，C 级加权发射声压水平峰值 L_{pCpeak} 不得超过 110dB。

　　③ 桌面或地板玩具

　　a. 暴露类别 1 的玩具在 50cm 处测试时，由桌面或地板玩具发出的 A 级加权发射声压水平 L_{pA} 不得超过 80dB，暴露类别 2 的玩具不得超过 85dB，暴露类别 3 的玩具不得超过 90dB。

　　b. 在 50cm 处测试时，C 级加权发射声压水平峰值 L_{pCpeak} 不得超过 110dB。

　　④ 手持玩具

　　a. 暴露类别 1 的玩具在 50cm 处测试时，由手持玩具发出的 A 级加权发射声压水平 L_{pA} 不得超过 80dB，暴露类别 2 的玩具不得超过 85dB，暴露类别 3 的玩具不得超过 90dB。

　　b. 在 50cm 处测试时，C 级加权发射声压水平峰值 L_{pCpeak} 不得超过 110dB。

　　⑤ 使用耳塞和耳机的玩具

　　a. 在耳模拟器和校正后的等效自由场声压级中测试时，使用耳塞和耳机的玩具 A 级加权发射声压水平 L_{pA} 不得超过 85dB。

　　b. 在耳模拟器和校正后的等效自由场声压级中测试时，C 级加权发射声压水平峰值 L_{pCpeak} 不得超过 135dB。

　　⑥ 摇铃玩具

　　a. 在 50cm 处测试时，摇铃玩具发出的 A 级加权发射声压水平 L_{pA} 不得超过 85dB。

　　b. 在 50cm 处测试时，C 级加权发射声压水平峰值 L_{pCpeak} 不得超过 110dB。

　　⑦ 挤压玩具

　　a. 在 50cm 处测试时，挤压玩具发出的 A 级加权发射声压水平 L_{pA} 不得超过 85dB。

　　b. 在 50cm 处测试时，C 级加权发射声压水平峰值 L_{pCpeak} 不得超过 110dB。

　　⑧ 推拉玩具

　　a. 暴露类别 1 的玩具在 50cm 处测试时，只能通过施加动作发声的推拉玩具采用时间加权函数发出的最大 A 级加权发射声压水平 L_{AFmax} 不得超过 85dB，暴露类别 2 的玩具不得超过 85dB，暴露类别 3 的玩具不得超过 90dB。

　　b. 在 50cm 处测试时，C 级加权发射声压水平峰值 L_{pCpeak} 不得超过 110dB。

　　注：只能通过施加动作发声的推拉玩具包括轴/轮旋转发声的玩具。电子声音等推拉玩具不依赖于使用者作用力大小发声，可同等采用桌面或地面玩具的测试方法。

⑨ 打击乐器玩具

a. 在50cm处测试时，打击乐器玩具发出的 A 级加权发射声压水平 L_{pA} 不得超过 85dB。

b. 在50cm处测试时，C 级加权发射声压水平峰值 L_{pCpeak} 不得超过 130dB。

打击乐器玩具发出的 C 级加权发射声压水平峰值 L_{pCpeak} 超过 110dB 时，需注明对听力有潜在危险的使用警告。

⑩ 口吹玩具

a. 暴露类别 2 的玩具在 50cm 处测试时，由口动玩具发出的 A 级加权发射声压水平 L_{pA} 不得超过 85dB，暴露类别 3 的玩具不得超过 90dB。

b. 在 50cm 处测试时，C 级加权发射声压水平峰值 L_{pCpeak} 不得超过 110dB。

⑪ 带火药帽的玩具

a. 在 50cm 处测试时，挤压玩具发出的 A 级加权发射声压水平 L_{pA} 不得超过 90dB。

b. 在 50cm 处测试时，C 级加权发射声压水平峰值 L_{pCpeak} 不得超过 125dB。

c. 带火药帽的玩具发出的 C 级加权发射声压水平峰值 L_{pCpeak} 超过 110dB 时，需注明对听力有潜在危险的使用警告。

⑫ 语音玩具

a. 暴露类别 1 的玩具在 50cm 处测试时，由语音玩具发出的 A 级加权发射声压水平 L_{pA} 不得超过 80dB，暴露类别 2 的玩具不得超过 85dB，暴露类别 3 的玩具不得超过 90dB。

b. 在 50cm 处测试时，C 级加权发射声压水平峰值 L_{pCpeak} 不得超过 110dB。

表 1-1 和表 1-2 列举了具体要求。

表 1-1　不同使用距离和测量距离的 A 级加权发射声压水平 L_{pA}

玩具类型	暴露类别（编号）	预计使用距离/cm	测量距离/cm	在测量距离处的限量值/dB
近耳玩具	1	2.5	50	60
	2	2.5	50	65
	3	2.5	50	70
桌面或地面玩具	1	25	50	80
	2	25	50	85
	3	25	50	90
手持玩具	1	25	50	80
	2	25	50	85
	3	25	50	90
使用耳塞和耳机的玩具	1	a	a	85a
摇铃玩具	2	25	50	85

续表

玩具类型	暴露类别(编号)	预计使用距离/cm	测量距离/cm	在测量距离处的限量值/dB
挤压玩具	2	25	50	85
推拉玩具	1	25	50	80b
	2	25	50	85b
	3	25	50	90b
打击乐器玩具	2	25	50	85
口吹玩具	2	25	50	85
	3	25	50	90
带火药帽的射击玩具	3	25	50	90
语音玩具	1	25	50	80
	2	25	50	85
	3	25	50	90

注：a—使用耳朵模拟器和转化为等效自由场；b—极限值采用时间加权函数发出的最大 A 级加权发射声压水平 L_{Afmax}。

表 1-2　使用距离和测试距离最差情况时 C 级加权发射声压水平峰值 L_{pCpeak}

玩具类型	危害最大时的使用距离/cm	测量距离/cm	在测量距离时的 L_{pCpeak}
近耳玩具	2.5	50	110
桌面或地面玩具	2.5	50	110
手持玩具	2.5	50	110
使用耳塞和耳机的玩具	a	a	135a
摇铃玩具	2.5	50	110
挤压玩具	2.5	50	110
推拉玩具	2.5	50	110
打击乐器玩具	25	50	130
口吹玩具	2.5	50	110
带火药帽的射击玩具	2.5	50	125
语音玩具	2.5	50	110

注：a—使用耳朵模拟器和转化为等效自由场。

1.1.20.2　安全分析

这些要求的目的是解决较高连续和脉冲声压水平相关的听觉危害。它们只适用于有明显的设计来发出声音的玩具，如有发声功能的电气或电子设备、火药帽、摇铃部件玩具等。不是有意发声的玩具不适用该要求。不是有意发声的玩具的例子有：弹珠轨道，回力驱动车的回拉、打开或关闭盖或门等。

应该意识到，设计玩具发出接近极限值的声音不是最理想的，因为人耳最舒适的声音水平的范围是 50～70dB。玩具有可能在一个嘈杂的环境中使用，所以，有必要增加声音水平。随着声音水平的增加，由于识别声信号细节的能力降低，耳朵的听觉性能随之降低。此外，范围在 75～80dB 以下的声音水平不会对人耳造成伤害。

连续噪声的决定性因素是每天的暴露时间，持续时间每增加一倍，相当于增加 3dB 的声压水平。研究表明，孩子使用制造的玩具（发声或不发声）和电脑游戏一天最多 2～5h，所以本标准假定每天玩耍发声玩具 2h。为进一步细化曝光时间，人们已经注意到，一些玩具在整个玩耍时间内都发声是极不可能的，因为有些玩具在使用一段时间间隔后需要被重新激活。考虑到这种原因，玩具被分为三个暴露类别：日常运行时间分别为 120min（2h）、少于 40min（2h 的 1/3）和小于 12min（2h 的 1/10）。参考 2h 的两个有效工作时间（120min），其他两个类别分别减去 5dB 和 10dB。比每 5s 就要重新启动更加经常或者需要一个显著努力才能启动的玩具被认为是发声时间不超过玩耍时间的 1/10。启动后声音持续超过 30s 的玩具被认为是发声时间超过玩耍时间的 1/3。对峰值声压水平，曝光时间是不相关的，因为一个高的瞬时声音水平会立即产生听力损伤。考虑到这一风险，在玩具靠近耳朵的位置最坏的情况下（除了那些被认为是不可能靠近耳朵使用的打击玩具，如鼓和木琴）设定了峰值水平限值。

在耳朵边测量，A 级加权时间平均发声压力水平限值为 86dB 或者约 85dB，C 级加权峰值发声水平限值为 135dB（因为它不与时间相关）。距离每增加一倍衰减 6dB 的规律被用来计算在指定的测量距离处的有效限值。

应用距离法，测量距离为 2.5cm（靠近耳朵的位置）与测量距离为 50cm，声音水平相差 26dB。因此，距离 50cm 处的峰值限值 110dB，相当于距离 2.5cm 处的 136dB，实际上，距离 50cm 处 110dB 的测量水平会产生距离 2.5cm 处低于 135dB 的峰值水平，实践中，对扩展源（不是点的源）使用距离法是最坏的情况。欧洲标准使用 A 级加权时间平均声压水平和 C 级加权峰值声压水平。

（1）近耳玩具

近耳玩具应当在距离耳朵 2.5cm 的地方评估，测试方法要求麦克风安放在距离玩具 50cm 处。应用距离法则（距离从 2.5cm 增加到 50cm，衰减 26dB），近耳玩具声响限值在 2.5cm 处为 85dB（舍入前为 86dB），在 50cm 处限值为 60dB。儿童不会一直按照玩具设计的使用方式来使用玩具。例如，儿童会将一些玩具作为近耳玩具使用（玩具形状类似手机），而这些玩具并不是打算用作手机来使用的，这将导致声压过暴露的危险。所以那些容易与近耳玩具混淆的玩具也应当作为近耳玩具来测试。偶尔会将玩具靠近耳朵的情况由峰值发射声压级限制。近耳玩具（以及容易与近耳玩具混淆的玩具）应当考虑不同的暴露类别。不但应当考虑发声时间，还要考虑玩具实际靠近耳朵的时间。对峰值发声最槽的距离是 2.5cm，使用距离法则在 50cm 处测量时计算得到 110dB。

（2）手持玩具盒地板桌面玩具

考虑玩具的使用和操作方法，找出最合适的暴露类别。根据假定测量盒的尺寸，玩具在不大于 1m 的自由场中测量，对于比较大的地板玩具有可能需要更多的麦克风位置。

（3）摇铃

因为摇铃产生的有效声音不可能超过其使用时间的 1/3，所以指定摇铃是暴露类别 2，限值从 80dB 增加到 85dB。为了得到更好的重复性，测试 A 级加权时间平均发声压力级时，要求测试者以可能的最高频率剧烈摇动玩具，以获得高估的时间平均发声压力级。因为收集到的高估数据与正常使用相比一般高出了 5dB，所以测量值减去 5dB 后再与限值 85dB 比较。C 级加权峰值发射压力级测量时，使用缓慢的节奏以获得最高的声压级。在这种最严格的情况下，与限值比较时不需要减值。与摇铃有同样使用方法的玩具（如玩具响葫芦）也应当使用摇铃的测试方法。

（4）挤压玩具

因为挤压玩具产生的有效声音不可能超过其使用时间的 1/3，所以指定挤压玩具是暴露类别 2，限值从 80dB 增加到 85dB。为了得到更好的重复性，测试 A 级加权时间平均发声压力级时，要求测试者使用最大力并且以最高频率挤压玩具，以获得高估的时间平均发声压力级。因为收集到的高估数据与正常使用相比一般高出了 5dB，所以测量值减去 5dB 后再与限值 85dB 比较。因为峰值测量适用于最糟情况，所以测量峰值声压级时，与限值比较不需要减值。

（5）明显设计发声的推拉玩具

因为推拉玩具必须通过运动产生声音，所以推拉玩具使用驶过测试。由于运动中玩具距离固定麦克风的距离不同，所以在不同位置，玩具的声压级不同，所以测量时间加权 F 的 A 级加权最大声压级来代替时间平均声压级。时间加权 F 是为了不低估声源短距离驶过时的最大发射声压级。然而限值与固定声源的时间平均声压级限值相同，这是因为要考虑到儿童在运动过程中可能与玩具保持恒定的距离，从而达到最大发射声压级。所以，A 级加权最大发射声压级和 C 级加权峰值声压级限值分别为 80dB 和 110dB。

（6）打击乐器玩具

因为使用这类玩具最糟的情况是使用者用打击器（或手）大力地打击玩具，最糟的距离设定为 25cm。峰值发射压力级的限值为 130dB。因为打击乐器玩具产生的有效声音不可能超过其使用时间的 1/3，所以指定打击乐器玩具是暴露类别 2，限值从 80dB 增加到 85dB。为了得到更好的重复性，测试时间平均发声压力级时，要求测试者使用最大力并且以最高频率打击玩具，以获得高估的时间平均发声压力级。因为收集到的高估数据与正常使用相比一般高出 10dB，所以测量值减去 10dB 后再与限值 85dB 比较。因为峰值测量适用于最糟情况，所以测量峰值声压级时，与限值比较不需要减值。

（7）口吹玩具

因为口吹玩具产生的有效声音不可能超过其使用时间的 1/3，所以口吹玩具可能是暴露类别 2（例如一些玩具乐器），限值从 80dB 增加到 85dB；也有可能是暴露类别 3（例如口哨），限值增加到 90dB。为了得到更好的重复性，测试时间平均发声压力级时，要求测试者使用最大吹力（有时持续一段时间很困难），以获得高估的时间平均发声压力级。因为收集到的高估数据与正常使用相比一般高出了 5dB，所以测量值减去 5dB 后再与限值 85dB 比较。因为峰值测量适用于最糟情况，所以测量峰值声压级时，与限值比较不需要减值。

（8）火药帽玩具

因为火药帽玩具产生的有效声音不可能超过其使用时间的 1/10，所以指定火药帽玩具是暴露类别 3，限值从 80dB 增加到 90dB。峰值压力级一般限值要求是 110dB，然而研究发现，脉冲长度短于 0.2ms 的非常短的脉冲至少达到 151dB（50cm 测量时为 125dB）才会造成听力伤害，所以，发声时间一般为 0.15ms 的火药帽玩具的峰值发射压力极限值为 125dB。

（9）语音玩具

考虑玩具的操作模式，每个玩具需要以最合适的方式被安装，每个玩具应当被指定最合适的暴露类别。

1.1.20.3 测试方法与安全评价

（1）一般要求

① 原理　其原理是测试在不包括墙壁和天花板反射的环境中所有的声压级，测试环境应能产生最高 A 级加权发射声压水平 L_{pA} 和最高 C 级加权发射声压水平 L_{pCpeak}，麦克风是在一组指定位置中产生最高声压级的位置。

> 注：推拉玩具的平均时间声压级 L_{pA} 使用最大声压级 L_{AFmax} 替换。

② 基本测试程序

a. 根据 EN ISO 11201、EN ISO 11202 和目标为 2 级的不确定度测量方法，如发生争议，使用更精确的 1 级 EN ISO 11201 测量方法。

b. 在校正过的实际环境中使用 EN ISO 11202 测量方法时，应根据声源和麦克风的实际距离计算 K_3，而不是使用附件 1 规定的 1m 最小距离。

c. 耳机和听筒玩具应根据 EN 50332-1 进行测试。

d. 操作系统，包括麦克风和电线，必须符合 IEC 61672-1 和 IEC 61672-2 要求规定的 1 型和 2 型声级或积分-平均声级，当测量高峰发射声压水平时，如带有雷管的玩具、麦克风和整个仪器系统必须有处理超过 C 级加权峰最少 10dB 的线性峰值的能力。

③ 测试条件

a. 在新玩具上进行测试。

b. 测试电池玩具使用新电池或充满电的充电电池。

> 注：一般认为充电完全的充电电池或新的碱性电池最合适。

c. 变压器玩具应与玩具提供的变压器一起测试，如果玩具没有提供变压器，应与说明书中推荐的变压器一起测试。

d. 双电源玩具在测试前应评估测试电源，使用最不利电源进行测试。

e. 发条玩具测试前应充分蓄能。

f. 可移动的玩具如果是靠运动发出声音，则根据推拉玩具测量方法测试；如果不是靠移动发出声音，则根据手持玩具和桌面或地面玩具测量方法测试。

> 注：例如，不依靠运动发出声音的玩具，如悬挂在天花板上的旋转玩具或轨道上的列车发出的电子声音。

g. 使用测试设备或由测试人员引起的声音反射应尽可能减少。

> 注：通过使操作组件的尺寸小于主要频率的半波长及操作者站到基准框外侧面而不是面对面，以降低反射。

h. 使用可预见的相对麦克风的位置能产生最高声压水平的方式操作玩具，正常测试时间在（15±1）s，如果玩具的声响时间短于正常测试时间，测试过程中应尽可能快地重复操作玩具，测试时间应是玩具声响周期的整数倍。如果玩具包含多种声响模式且每种模式均不超过 15s，则将所有模式组合为一个长周期，如果玩具随机选择一种操作条件，应增加条件数目直到得到一个可重复的测量值。

i. 测试前应达到正常操作模式，麦克风的位置应确保玩具能够正常使用。

④ 测试环境　测试环境应满足 EN ISO11201 或 EN ISO11202 的要求，根据 EN ISO3744 或 EN ISO3746 估计或测量测试房间的等效吸声面积，使用图 1-13 来估算环境修正值 K_{2A} 或 K_{3A}，并确保在表 1-3 规定的范围内。

表 1-3　不同测试环境中可达到的最高精度

标准	精度级别	要求
EN ISO 11201	1 级（精确）	见 EN ISO 3745
EN ISO 11201	2 级	$K_{2A} < 20\text{dB}$
EN ISO 11202	2 级	$K_{3A} < 4\text{dB}$

注：如果由操作员进行操作，若要测试非常大的声音，必须有听力保护器。

⑤ 麦克风的位置　应当使用几种能产生较高声压级的麦克风位置，找到能产生最高声压级的麦克风位置并进行完整测试，通常的做法是旋转测试物体而非移动麦克风，应注意保持正确的测试距离。

在盒装测试表面选择 6 个麦克风，与图 1-14 所示的玩具参考盒的测量距离

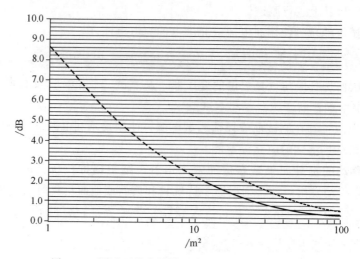

图 1-13 测试环境中等效吸声面积的环境校正函数

- - - - —根据 EN ISO11202 的环境校正值；········—根据 EN ISO3746 的自由场环境校正值；

────—根据 EN ISO3746 的反射平面上方的自由场环境校正值

为 50cm，麦克风的位置应确保玩具能够正常使用。

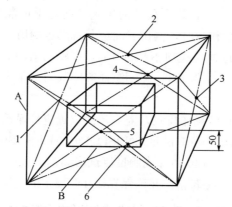

图 1-14 自由场中盒型测试面的麦克风位置

A—测试表面；B—参考盒；1～6—麦克风的位置

注：1. 通常较方便的做法是旋转测试物体而非移动麦克风。

2. 依照参考盒很多距离被界定，如果可行，玩具不能显著发声的部件应该留在参考盒外，典型的部件例如把手和支架。

其他麦克风位置的选择在后面（2）中给出。

（2）测试程序

① 近耳玩具

a. 安装条件 将近耳玩具和手持玩具固定在适当的测试台上，使之处在高于反射平面 100cm 处，或由成年操作者伸直手臂操作。

b. 麦克风的位置　使用图 1-14 所示的盒型测试表面以使测试距离麦克风 (50 ± 1)cm。

c. 操作条件和测试方法　如果处于测试的玩具有明显的操作循环周期，在最少一整个循环周期中，在每个麦克风位置测量时间平均（等量连续）声压水平 L_{PA}，测试时间为 (15 ± 1)s。如果循环周期的持续时间少于 15s，应快速重复测试且测试时间设定为循环周期的整数倍。具有两个以上周期的玩具需按顺序依次测试，最终需采用最高数值的周期或几个周期的组合测试结果。

测试三个周期以上的 C 级加权发射声压水平峰值，采用数值最大的测试结果。

在图 1-14 中的每个麦克风位置重复测试。

d. 测试结果

（a）以分贝为单位记录平均能量最大值处的 A 级加权发射平均声压水平 L_{pA}。

（b）以分贝为单位记录 C 级加权发射声压水平峰值的最大值 L_{pCpeak}。

② 桌面或地面玩具

a. 安装条件　置静止的桌面及地面玩具于发射平面（地面）上，也可固定于测试台上，使其以最大功率运行，但防止其移动。若保持玩具在一个位置会阻止其运行，如阻碍车轮旋转，应将玩具从发射平面提高一段距离保证其正常运转，但不超过 5mm。

> 注：另外，玩具可以放置在 EN ISO 11201 限定的标准测试平面。

b. 麦克风的位置　在盒型测试面上找 5 个麦克风位，使测试距离距玩具参考盒 50cm，见图 1-15。如果玩具的宽度或长度超过 100cm，通过增加盒型测量面 4 个顶角来确定 9 个麦克风位，使测试距离距玩具参考盒 (50 ± 1)cm，除了参考盒底面，所有麦克风位都在盒型测试面上。如果麦克风所在位置会使玩具不能运行，则该麦克风的位置需舍弃。

c. 操作条件和测试方法　如果处于测试的玩具有明显的操作循环周期，在最少一整个循环周期中，在每个麦克风位置测量时间平均（等量连续）声压水平 L_{PA}，测试时间为 (15 ± 1)s。如果循环周期的持续时间少于 15s，应快速重复测试且测试时间设定为循环周期的整数倍。具有两个以上周期的玩具需按顺序依次测试，最终需采用最高数值的周期或几个周期的组合测试结果。

测试三个周期以上的 C 级加权发射声压水平峰值，采用数值最大的测试结果。

在图 1-15 中的每个麦克风位置重复测试。

d. 测试结果

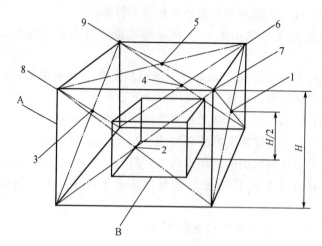

图 1-15 桌面参考盒的麦克风位置
A—测试表面；B—参考盒；1～5—麦克风原始位置；6～9—较大玩具需
增加的麦克风位置；H—参考盒测试表面的高度

（a）以分贝为单位记录平均能量最大值处麦克风的 A 级加权发射平均声压水平 L_{pA}。

（b）以分贝为单位记录 C 级加权发射声压水平峰值的最大值 L_{pCpeak}。

③ 手持玩具

a. 安装条件 将手持玩具固定在适当的测试台上，使之处在高于反射平面 100cm 处，或由成年操作者伸直手臂操作。

b. 麦克风的位置 使用图 1-14 所示的盒型测试表面以使测试距离麦克风 (50 ± 1)cm。

c. 操作条件和测试方法 如果处于测试的玩具有明显的操作循环周期，在最少一整个循环周期中，在每个麦克风位置测量时间平均（等量连续）声压水平 L_{PA}，测试时间为 (15 ± 1)s。如果循环周期的持续时间少于 15s，应快速重复测试且测试时间设定为循环周期的整数倍。具有两个以上周期的玩具需按顺序依次测试，最终需采用最高数值的周期或几个周期的组合测试结果。

测试三个周期以上的 C 级加权发射声压水平峰值需采用数值最大的测试结果。

在图 1-14 中的每个麦克风位置重复测试。

d. 测试结果

（a）以分贝为单位记录平均能量最大值处麦克风的 A 级加权发射平均声压水平 L_{pA}。

（b）以分贝为单位记录 C 级加权发射声压水平峰值的最大值 L_{pCpeak}。

④ 使用耳塞和耳机的玩具

a. 安装　根据 IEC/TS 60318-7 将耳机和头戴受话器安装在头部和躯干模拟器（HATS）上，另外也可以根据 EN 60318-4 及 IEC/TS 60318-7 中耳道延伸和耳廓的描述将内耳和超听觉耳机安装在闭塞耳模拟器中。

注：这种替代方法包含不太精确的安装过程，将产生不准确的结果，如可能，推荐使用 HATS。

b. 麦克风的位置　使用 a. 中的测试装置。

c. 操作条件和测试方法　根据 EN 50332-1 测试 A 级加权时间平均发射声压水平 L_{pA}。

EN 50332-1 没有定义 C 级加权峰值发射声压水平 $L_{pC\ peak}$ 的测试方法，但可以参照 A 级加权发射声压水平的测试方法测量。

d. 测试结果　以分贝为单位记录 A 级加权时间平均发射平均声压水平 L_{pA}，以分贝为单位记录转化为自由场等效水平的 C 级加权峰值发射声压水平 $L_{pC\ peak}$。

从耦合器的测量值减去 10dB 确定自由场 C 级加权发射声压水平峰值，使用 HATS 由制造商提供的仿真耳或耳耦合器确定自由场 A 级加权时间平均发射声压水平，否则使用 IEC/TS 60318-7 给出的 0°自由场响应。

⑤ 摇铃玩具

a. 安装　摇铃玩具由成年操作者在同一高度的基本水平面伸直手臂操作，操作者持摇铃玩具站在麦克风同一高度的旁侧，并与之相距 50cm。

b. 麦克风的位置　固定麦克风在高于地面 100cm 处，且距最近的玩具摇动垂直面（50±1）cm。

c. 操作条件和测试方法　对于摇铃或其他类型的玩具应同样进行振幅约 15cm 的摇动，握住摇铃上指定抓握的位置，如抓握的位置不确定，就是手与摇铃发声部件之间所能获得的最长的杆，确保发声不会受手的抓握的影响，以快节奏摇动 10 次，手腕用力且保持前臂水平，尽量争取最大的声音水平，操作者与麦克风相侧而立，使摇铃与麦克风在同一高度相距（50±1）cm。（玩具在离麦克风固定距离的位置摇动，而不是朝向或远离麦克风）。

三位成年操作者进行测试。

对于峰值发射声压级的测量，每个测试者应慢节奏向下摇动 10 次，以达到 C 级加权峰值发射声压水平峰值。在（15±1）s 内测试 L_{pA}，使用节奏以产生最高的时间平均声压力水平为准，每个操作员应制作至少三个预期声音样品。如果需要，每个制作者可以增加声音样品的数量，直到任意两个声音样品之间的最大差异（以分贝为单位）小于声音样品的数量。

d. 测试结果

（a）以分贝为单位记录平均能量最大值处麦克风的 A 级加权发射平均声压水平 L_{pA}，从 L_{pA} 减去 5dB 得到一个数值，然后将这个数值与限量值进行比较。

（b）以分贝为单位记录 C 级加权发射声压水平峰值的最大值 $L_{pC\,peak}$。

⑥ 挤压玩具

a. 安装　由成年操作者在同一高度的基本水平面伸直手臂操作，操作者站立于麦克风正前方，保持出气口正对麦克风，并与之相距 50cm。

b. 麦克风的位置　固定麦克风在高于地面 100cm 处，且距挤压玩具的出气口垂直面（50±1）cm。

c. 操作条件和测试方法　如果可行，双手在预定的拿捏处握住挤压玩具，否则单手。抓住玩具预计被抓的部位，如不确定，就握住可发出最大声音水平的位置，两个拇指同时挤压以获得最大声音水平，三位成年操作者进行测试。

对于峰值发射声压级的测量，每个测试者应有节奏地挤压 10 次，以达到 C 级加权峰值声压水平。在（15±1）s 内测试 L_{PA}，使用节奏以产生最高的时间平均声压力水平为准，每个操作员应制作至少三个预期声音样品。如果需要，每个制作者可以增加声音样品的数量，直到任意两个声音样品之间的最大差异（以分贝为单位）小于声音样品的数量。

d. 测试结果

（a）以分贝为单位记录平均能量最大值处麦克风的 A 级加权发射平均声压水平 L_{pA}，从 L_{pA} 减去 5dB 得到一个数值，将该测量结果与限制值进行比较。

（b）以分贝为单位记录 C 级加权峰值发射声压水平峰值的最大值 $L_{pC\,peak}$。

⑦ 推拉玩具

a. 安装　将推拉玩具放在发射平面上，固定于测试台上，让它以不同的速度直行通过测试麦克风（"驶过"测试）；确保反射平面有足够的摩擦力以防止车轮打滑。

b. 麦克风的位置　在两个距 X 轴距离为 40cm＋$W/2$ 的位置的上方 30cm 处，放置 2 个麦克风位，如图 1-16 所示。置玩具于测试台或反射面上，处于正常操作方向，使玩具能够沿 X 轴通过麦克风位置。

c. 操作条件和测试方法　以 1m/s 或者更慢的速度操作玩具，使其产生最大声压级，测量每侧的随时间加权 F 的 A 级加权最大发射声压水平和 C 级加权峰值发射声压水平。

d. 测试结果

（a）以分贝为单位记录两侧随时间加权 F 的 A 级加权最大发射声压水平 L_{pAFmax}。

（b）以分贝为单位记录两侧 C 级加权峰值发射声压水平 $L_{pC\,peak}$。

⑧ 打击乐器玩具

a. 安装条件　使用最合适的下列打击乐器玩具：

（a）在桌面上或发射平面上，对预计在桌面上使用的打击乐器玩具；

（b）在成人测试者的手臂上，对预计手持打击乐器玩具；

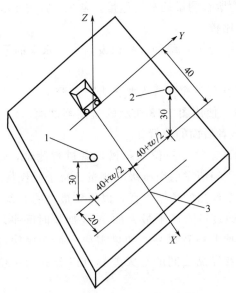

图 1-16 推拉玩具声级测试中的麦克风位置图（单位：mm）

1～2—麦克风；3—测试边缘；w—玩具宽度

（c）挂在成年使用者的脖子或腰上，对预计挂在脖子或腰上的打击乐器玩具。

b. 麦克风的位置 对于手持式玩具使用距离麦克风 50cm 的盒型测试面，如图 1-14 所示；对于桌面或地面玩具使用图 1-15 所示的盒型测试台面。

c. 操作条件和测试方法 抓住敲打器，使敲打器有最长的杆，使用敲打器打击玩具。使用硬的鞭子打击玩具打击面。如果玩具没有提供敲打器，使用手打击玩具打击面，使玩具产生最大的声音，确保敲打器和手敲打后不能影响玩具发声。

鼓水平悬挂，打击鼓的上表面（例如预计敲打的表面），打击木琴时应当平均地打击每个键盘。

三位成年操作者进行测试。

对于峰值发射声压级的测量，每个测试者应有节奏地敲打 10 次，以达到 C 级加权峰值声压水平。

对于 L_{pA} 测量，在 (15 ± 1)s 内，有节奏地产生最大时间平均声压水平。

每个操作员应制作至少三个预期声音样品。如果需要，每个操作员可以增加声音样品的数量，直到任意两个声音样品之间的最大差异（以分贝为单位）小于声音样品的数量。

d. 测试结果

（a）以平均能量最大值处麦克风记录的 A 级加权时间发射平均声压水平 L_{pA}

（以分贝为单位）作为所有测量的平均能量。从 L_{pA} 减去 10dB 得到一个数值，将该数值与限制值进行比较。

（b）以分贝为单位记录 C 级加权峰值发射声压水平的最大值 $L_{pC \, peak}$。

⑨ 口吹玩具

a. 安装条件　口吹玩具应在成人测试者口部测试。

b. 麦克风的位置　使用图 1-13 所示的盒型测试面，距参考盒每个测试面的中心 50cm，除掉测试者后面的位置。

c. 操作条件和测试方法　三位成年操作者进行测试，每个测试者应远离其他的反射障碍物。对于峰值发射声压级的测量，每个操作员应在任一麦克风位置通过口吹制作至少三个样品的预期声音，以得到最大的 C 级加权声压水平。

对于 L_{pA} 测量，通过口吹产生最人的 A 级加权时间平均声压水平。每个操作员应制作至少三个预期声音样品。如果需要，每个操作员增加声音样品的数量，直到任意两个声音样品之间的最大差异（以分贝为单位）小于声音样品的数量。

d. 测试结果

（a）以平均能量最大值处麦克风记录的 A 级加权时间发射平均声压水平 L_{pA}（以分贝为单位）作为所有测量的平均能量。从 L_{pA} 减去 5dB 得到一个数值，将该数值与限制值进行比较。

（b）以分贝为单位记录 C 级加权峰值发射声压水平的最大值 L_{pCpeak}。

⑩ 带火药帽的玩具

a. 安装条件　将玩具固定在适当的测试台上，使之处在高于反射平面 100cm 处，或由成年操作者伸直手臂操作。

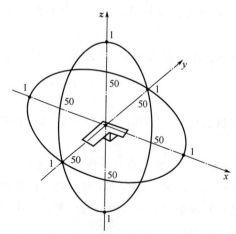

b. 麦克风的位置　在玩具周围使用 6 个麦克风位，将玩具的主要发声部件置于测量坐标系的原点，使正常操作位置的玩具的主轴与测量坐标系的轴线重合（见图 1-17），如果玩具长度超过 50cm，在 x-y 平面上绕 z 轴旋转 45°，旋转过程中不改变麦克风的位置。在每条轴线上距原点（50±1）cm 的两个方向上选两个麦克风位置，如图 1-17 所示。

对于其他带火药帽的玩具，在与麦克风相距 50cm 处使用图 1-14 中的参考盒。

c. 操作条件和测试方法

图 1-17　带火药帽的玩具的声级测试中的麦克风位置图（单位：cm）

1～18—麦克风位置

（a）对于 C 级加权峰值发射声压水平的测量，在每个麦克风位置射击至少 3 次以找到最高峰值声压级的位置，然后在此位置另外射击 6 次。

（b）对于 A 级加权时间平均发射声压水平的测量，应以尽可能高的频率射击至少 10s，如果玩具枪在测试过程中要重新加载，则应包含在测试时间内，在最高的 C 级加权峰值发射声压水平处重复测试 3 次。

d. 测试结果

（a）以平均能量最大值处麦克风记录的 A 级加权时间发射平均声压水平 L_{pA}（以分贝为单位）作为所有测量的平均能量。

（b）以分贝为单位记录 C 级加权峰值发射声压水平 L_{pCpeak} 的最大值。

⑪ 声音玩具

a. 安装条件　通过放置麦克风在 EN 50332-1 中定义的发射模拟程序噪声的宽带扬声器前面 5～50cm 范围内最合适的位置，使发声玩具有最大的输出水平。

扬声器和噪声的频率应当限制在 200～4000Hz，逐渐增加宽带扬声器的输出水平，直至玩具的输出水平不再增加。如果扬声器的水平是按级别增加的，这个级别应该不大于 5dB。不考虑反馈回来的声音。对讲机测量时，源装置和扬声器在一个房间内，接收装置在另一个房间内。录音玩具在测量录音噪声时应关闭程序模拟噪声。牛角玩具测量时首先关闭牛角玩具，然后再同时开启模拟程序噪声和牛角玩具。

b. 麦克风的位置　桌面或地面玩具应使用图 1-15 所示的麦克风位置，手持玩具应使用图 1-14 所示的麦克风位置或根据其他玩具类型使用最适当的麦克风位置。

c. 操作条件和测试方法　操作语音玩具时，将麦克风放置在 EN 50332-1 中定义的发射程序模拟噪声的宽带扬声器的前面。逐渐增加扬声器的输出水平，直到该玩具的输出水平不再增加。如果扬声器的水平按级别增加，这个级别应该不大于 5dB。不考虑反馈的声音。

d. 测试结果　以平均能量最大值处麦克风记录的 A 级加权时间发射平均声压水平 L_{pA}（以分贝为单位）作为所有测量的平均能量。以分贝为单位记录 C 级加权峰值发射声压水平 L_{pCpeak} 的最大值。

对于牛角玩具和其他测量时输出同时来自玩具和宽带扬声器的玩具，A 级加权时间平均发射声音压力水平 L_{pA} 由下式给出：

其中：

$$L_{pA} = 10\lg(10^{0.1}L_1 - 10^{0.1}L_2)$$

L_1 是玩具和发射程序模拟噪声的扬声器同时操作时测量的 A 级加权时间平均发射声音压力水平 L_{pA}。

L_2 是玩具关闭，只有发射程序模拟噪声的扬声器操作时测量的 A 级加权时间平均发射声音压力水平 L_{pA}。

如果 $L_1-L_2<3dB$，L_{PA} 不用计算。这种情况下结果为 $L_{PA}<L_1$。

如果上述测量结果低于标准要求的限量值，则评定为合格。

1.1.21 带有非电热源的玩具（4.21）

1.1.21.1 标准要求

以下要求不适用于化学设备、实验套组和类似物件中的燃烧器或相似物。

① 进行温升测量测试，在最大输入时，带有热源的玩具不能燃烧。

② 可能用手触摸的所有手柄、按钮和类似部件，在进行温升测量时，温升不应超过下列数值：

金属部件　　　　25K

玻璃或陶瓷部件　30K

塑料或木制部件　35K

③ 按（温升测量）测试时，玩具上其他可触及部件的温升不应超过下列数值：

金属部件　　　　45K

玻璃或陶瓷部件　50K

其他材料部件　　55K

注：对含有电热源的玩具的要求见 EN 62115：2005。

1.1.21.2 安全分析

该要求的目的是为了降低因带有非电热源的玩具发热导致温度过高而引起的着火或灼伤的危险。

1.1.21.3 测试方法与安全评价

① 环境温度为（20±5）℃时，按使用说明以最大输入操作玩具，直至达到平衡温度。

② 检查玩具是否着火。

③ 测量可触及部件的温度并计算温升值。

④ 如果玩具不能燃烧，并且可触及部件的温升值低于上述的限量，则评定为合格。

1.1.22 小球（4.22）

1.1.22.1 标准要求

该要求不适用于软体填充球。

进行"小球和吸盘"测试后，任何球如能完全通过模板 E，则是小球。任何用绳索连接在玩具上的自由悬挂的球，进行"用绳索连接于玩具的小球"测试时，能通过模板 E 的底部，并且距离 A 大于 30mm 的，则是小球。玩具如果是小球，或含有可拆卸的小球，或在进行扭力测试、拉力测试——一般要求、跌落测试、冲击测试和压力测试后产生可触及的小球，则应标明警告。对于大型和重型玩具，跌落测试应更换为倾翻测试。

1.1.22.2 安全分析

由于物体的球形设计，而被涵盖在关于球的定义中的物体，例如：

① 带有球形部件的积木玩具；

② 带有可移取或可分离的球形部件的建筑玩具；

③ 具有玩耍价值的球形容器。

骰子不包括在定义内。定义包括球形、卵形或椭球形物体。不存在科学数据用于定义物体长轴和短轴的精确比例。然而，现有的理解为这些典型物体的长/短轴比大于70%。圆柱体和带有圆形端部的圆柱体不包括在本定义内。在本标准的后续版本中期望能够引入科学数据来定义一个精确的比例。该要求中涉及的危险和风险不同于"供36个月以下儿童使用的玩具，一般要求"和"小零件圆筒"涵盖的小零件圆筒的要求。小零件圆筒用于防范能进入儿童喉咙下部、足够小的物体。模板E（小球和吸盘测试）模仿球能够进入口腔后部咽喉以上的位置并堵塞气道。球形物体一旦陷入硬腭的突脊，由于喉咙的肌肉结构而导致的反射作用的存在，物体将很难被取出。对于能以任何方向陷入的小球而言，如采用通风孔之类的设计则需要在小球各个方向上开很多个大的洞，因此通风孔不认为是避免伤害的合适方式。不同于小部件仅在脱落时产生危害，如果部分球和绳线的长度总和满足一定要求则球就能够进入口腔后部咽喉以上的位置并堵塞气道，因此小球在用绳线或类似装置连接在玩具上时也会产生窒息危害。长度总和要求为不得超过30mm，与模板A和B的深度一致。如果球连接在绳索的末端，无论绳索与球的顶端相连还是从球的一部分中穿过，球都被认为是"自由悬浮"的。连接在与玩具主体相连的固定绳圈的低端的单个球（见图1-18），也应符合该要求。

图1-18 通过固定绳圈与玩具相连的球

最小尺寸大于44.5mm的球和其他球形三维物体很少造成事故，因为这类物体体积过大从而很难陷入硬腭的突脊。相比球的使用方式，球的形状更容易导致内部窒息危害。

1.1.22.3 测试方法与安全评价

将图1-19中的测试模板E固定，使其开口的轴线完全垂直，开口顶端和底部不受阻碍。将小球、吸盘或附着有吸盘的玩具不受压力地放置在开口处，使得小球、吸盘或附着有吸盘的玩具仅受到自身重力作用。检查小球、吸盘或附着有吸盘的玩具是否完全通过模板E。

将图 1-19 中的测试模板 E 固定，使其开口的轴线完全垂直，开口顶端和底部不受阻碍。将用绳索连接于玩具的小球不受压力地放置在开口处，小球仅受到自身重力作用。测量距离 A 时，应调整玩具和绳索，应使球尽量地在自重的作用下降低。检查小球是否通过模板 E 的底部，图 1-20 中的距离 A 是否大于 30mm。距离 A 应为模板的顶部到球的最长轴和最短轴交点的距离。

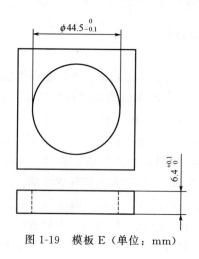

图 1-19　模板 E（单位：mm）　　　　图 1-20　用绳索连接于玩具的小球的测试示例

1—玩具；2—模板 E；3—绳索；

4—最长轴和最短轴的交点

1.1.23　磁体（4.23）

1.1.23.1　标准要求

（1）一般要求

该要求不适用于玩具电子电气部件中的功能性磁体。

该要求不适用于进行"磁通量密度"测试时全部磁体的磁通量密度均小于 $50kG^2mm^2$（$0.5T^2mm^2$）的，或者进行"小零件圆筒"测试时不能完全容入小零件圆筒的磁/电性能实验装置。

（2）供 8 岁以上儿童使用的磁/电性能实验装置以外的玩具

可接触到的松散磁体和磁性部件在进行"磁通量密度"测试时磁通量密度应小于 $50kG^2mm^2$（$0.5T^2mm^2$），或者进行"小零件圆筒"测试时不能完全容入小零件圆筒。

① 进行"扭力测试"、"拉力测试——一般要求"、"拼缝和材料"、"跌落测试"、"冲击测试"和"压力测试"测试后，对于可触及但是不能夹紧的磁体还应进行"磁体拉力测试"，从玩具或可接触到的松散磁性部件上脱落的任何磁体和磁性部件，在进行"磁通量密度"测试时磁通量密度应小于 $50kG^2mm^2$（$0.5T^2 mm^2$），或者进行"小零件圆筒"测试时不能完全容入小零件圆筒。

注：如凹在玩具内的磁体即为可触及但不能夹紧的磁体。

② 木质玩具，供在水中使用的玩具和口动玩具应在进行上述测试之前，先进行"浸泡测试"。

（3）供 8 岁以上儿童使用的磁/电性能实验装置

供 8 岁以上儿童使用的磁/电性能实验装置应标明警告。

在进行（磁通量密度）测试时磁通量密度小于 $50kG^2 mm^2$（$0.5T^2 mm^2$）的，或者进行"小零件圆筒"测试时不能完全容入小零件圆筒的磁/电性能实验装置，无需标明警告。

1.1.23.2　安全分析

这些要求的目的是为了说明有关强磁体摄入的危险（如钕铁硼类磁体），此类磁体能够引起肠内穿孔或堵塞的危险。这类危险是有别于小零件所引起的危险（窒息）的。该要求和使用者的年龄无关。如果孩子发现磁体，磁体很有可能会被孩子摄入。如果超过一个磁体，或一个磁体和一个铁磁性物体（如铁或镍）被摄入，这类物质会透过肠壁相互吸引，从而导致可能致命的肠穿孔或堵塞的严重伤害。现已报道了多起因摄入磁体而导致肠穿孔或堵塞的事故，其中包括一起死亡事故。大部分事故发生在 10 个月到 8 岁之间的儿童身上。多数事故是由磁性建筑套装上使用的强磁体导致的，且需要进行外科手术将儿童肠子内的磁体取出。事故中的很多儿童仅表现出流感样症状，这导致肠穿孔或堵塞的医学症状很容易被曲解。这些曲解导致诊断和救治的延迟。按照本标准的规定，用小零件圆筒判定能被摄取的磁体或磁性部件。小零件圆筒原本设计用于判定供 36 个月以下儿童使用的玩具中的能够导致窒息的小部件，而不是设计用于判定物体是否能被年长儿童摄入。将小零件圆筒用于评估磁体或磁性部件是否会被摄入的决定是基于以下理由：小零件圆筒是众所周知的测试模板，并且它能提供一个安全的界限，因为所有导致事故的磁体和磁体部件都能进入小零件测试圆筒中。相同原理也被用于对膨胀材料的要求。可通过降低磁体强度来减少透过肠壁相互吸引的磁体所导致的危险。因此，引入了磁通量限值来定义足够弱的磁体。事故数据证明所有已知的摄入事故均是由强磁体造成的。数据中同时指出，摄入玩具中除强磁体（如，钕铁硼磁体）外的其他磁体不会出现问题。陶瓷、橡胶和铁酸盐磁体的吸引力足够低。$50kG^2 mm^2$（$0.5T^2 mm^2$）的磁通量限值被认为是合适的，超过此限值的磁体会导致事故发生，因此如果超过限值的磁体能够完全容入小零件圆筒则不得用于玩具。一个已知的致死事故中，从磁性积木套装上脱落的磁体的磁通量高达 $343kG^2 mm^2$（$3.4T^2 mm^2$）。引入磁通量限制能使得磁体造成的伤害降至最低。未来的新的数据将会被用来评估现有要求是否持续适用。超过 80% 的已知事故是由磁性积木套装引发的。磁性积木套装应符合本标准的要求。其他需要考虑的事项已在评估磁体摄入危害时得到认真考虑。如果肠壁上的血液供给被切断，则会发生肠穿孔，例如两个磁体透过肠壁相互吸引所产生的外部压力就会造成血液供给被切断。按照理论医学的研究，在最坏的情况下，$0.0016N/mm^2$（12mmHg）的压力就能切断血液供给，而实际上，市场上售卖的全部磁体都能产生这个级别的压力。两个弱磁体［磁通量小于$50kG^2mm^2$（$0.5T^2mm^2$）］通过肠道系统，到达极薄肠壁处，并最终分别停留于肠壁两侧同一位置的概率极低。这不仅要求两个磁体在不同时机被摄入，同时还要求肠子中的存留物不会妨碍磁体沿肠壁的运输，从而才会偶然发生两个磁体最终停留于肠壁两侧同一位置的情况。对于强磁体，情况将有所不同，因为它们可以穿过阻碍物（如肠子中的存留物）远距离相互吸引。

此外，正确计算磁性压力需要测定通量密度和接触面积。磁性压力计算公式如下：

$$P = \frac{\alpha \cdot B^2 \cdot A_p}{A_c} \tag{1-3}$$

式中　　P——压力；

　　　　α——常数；

　　　　B——通量密度，G 或 T；

　　　　A_p——磁体的磁极面积；

　　　　A_c——磁体和磁体施加压力的表面间的接触面积。

由于磁体或磁性部件不够平整，它们和被吸引物体间的接触面积通常很难精确测定。然而，磁通量可以通过磁体的磁极面积和位于磁体或磁性部件表面的通量密度进行计算。因此，测量磁通量被认为是现有的用于划分危险磁体的最佳方案。两个或以上的磁体可相互吸引并形成一个磁通量高于单个磁体的组合磁体。如果两个强度相等的磁体相互连接为一个组合磁体，则组合磁体的磁通量并不等于某个磁体的 2 倍，而是出现一个相对较小的磁通量增量，此增量取决于磁性材料的种类、形状、横截面等。仅观测到因摄入多个强磁体而产生危害的事故，没有关于摄入多个磁通量接近限值的弱磁体而形成（较强）组合磁体的事故数据。因此无需引入组合磁体的附加测试方法。在正常使用和可预见的使用中预计会被沾湿的含有磁体的玩具，应经受浸泡测试，以确保被胶粘住的磁体不会分离。木制玩具也应经受浸泡测试，因为在空气湿度中，木头的性质（如孔洞的尺寸）会逐渐发生变化。凹陷的磁体不必经受通常的拉力和扭力测试。曾出现以下事例：玩具中的磁体会被另一个磁体吸引而从玩具上分离。因此，引入磁体拉力测试，以使在正常使用和可预见的使用中磁体分离的危险降到最低。对于仅有一个磁性部件的玩具，该玩具本身适用磁性部件的定义。作为玩耍物品一部分的磁体所具有的危害，不被认为存在于玩具电子或电气部件中的功能性磁体中。用于这些部件中的磁体在本标准中是被豁免的，这些磁体会存在于电气马达内或电子线路印刷版上。没有与从电子电气部件上脱落的磁体相关的事故报告。供 8 岁以上儿童使用的磁/电性能实验装置豁免 1.1.23.2 的要求，取而代之要求其标明警告。本豁免仅包括较先进的实验设备，包括电气马达、扬声器、门铃等，即，这些产品同时需要磁力和电力来实现其功能。供 8 岁以下儿童使用的磁/电性能实验装置应符合标准要求。

1.1.23.3　测试方法与安全评价

对于供 8 岁以上儿童使用的磁/电性能实验装置，检查供 8 岁以上儿童使用的磁/电性能实验装置的包装和说明书是否有符合要求的警告语。若供 8 岁以上儿童使用的磁/电性能实验装置上没有符合要求的警告语，则可判定为不合格。

对于除供 8 岁以上儿童使用的磁/电性能实验装置外的玩具，判断磁体是否为玩具电气或电子部件中的功能性磁体，如果是，则不适用，否则按磁通量指数测试方法测量所有接收时为松散磁体和磁体部件的磁通量指数并按"小零件测试"方法测试判断它们是否为小零件。

按"扭力测试"、"一般拉力测试和拼缝拉力测试"、"跌落试验"、"对于大型笨重玩具的试验"、"倾翻试验"、"冲击测试"和"压力测试"进行测试，且最后，对那些可以触及但不能被抓紧的磁体再进行"磁体的拉力测试"后，对从玩具上或者从接收时为松散磁体部件上脱落的所有磁体和磁体部件，按"磁通量指数测试"测量所有磁体和磁体部件的磁通量指数并按"小零件测试"判断它们是否为小零件。对于木制玩具，预定供在水中使用的玩具和口动玩具在进行测试前应按"浸泡试验"先进行浸泡测试。

测得磁体或磁体部件的磁通量指数大于 $50\mathrm{kG^2\,mm^2}$，和按"小零件测试"测得磁体或磁体部件为小零件的，可判定为不合格。

1.1.24　悠悠球 (4.24)

1.1.24.1　标准要求

悠悠球的绳的原始长度" l_0 "，测量时不应超过 370mm。

悠悠球的质量" m "（单位：g）和弹性系数 k 的比值，测量时应小于 2.2（见式 1-4）：

$$\frac{m}{k}<2.2 \tag{1-4}$$

式中　m ——由弹性材料制成的球和绳的总重，g；

　　　k ——测量得到的悠悠球的弹性系数。

1.1.24.2　安全分析

该要求的制定参考了 6 岁儿童的颈部周长（女孩为 250mm）。假设当用弹性材料制成的绳子至少绕颈 3 圈时，会发生勒伤危险，则下列分析适用。

用弹性材料制成的绳子在使用过程中的最大允许长度（L）：250×3＝750（单位：mm）。

为实现上述要求，首先可将质量（单位：g）和弹性系数 k 的比率限制在 2.2 以下（见式 1-5）。

$$(m/k)<2.2 \tag{1-5}$$

式中　m——质量，g。

再将初始长度 l_0 限定为小于 370mm（即，约为 750mm 的一半）（见式 1-6）。

$$l_0<370 \tag{1-6}$$

式中　l_0——初始长度，mm。

按照物理学分析如下：

当旋转悠悠球时，会在球上施加一个向心力。向心力和转速的关系是：

$$F_{向心力}=m\omega^2 L \tag{1-7}$$

式中　L——用弹性材料制成的绳子的长度；

　　　ω——角速度（ω＝弧长/半径/时间＝圈数×2π/时间）；

　　　m——悠悠球的总重（为简化测量，认为悠悠球的总重中，用弹性材料制成的绳子的质量远小于球的质量）。

假设用弹性材料制成的绳子的弹力是线性的：

$$F_{弹性}=kl \tag{1-8}$$

式中　k——绳子的弹性系数；

　　　l——增加的长度，取决于用弹性材料制成的绳子的弹性。

在力 $F_{弹性}$ 的作用下的绳子长度：

$$L=l_0+(F_{弹性}/k) \tag{1-9}$$

式中　l_0——未加载条件下，用弹性材料制成的绳子的长度。

达到动态平衡时：

$$F_{弹性}=F_{向心力} \tag{1-10}$$

由此可得：

$$kl=m\omega^2(l+l_0) \tag{1-11}$$

式中　l_0——未加载条件下，用弹性材料制成的绳子的长度；

　　　l——增加的长度，取决于用弹性材料制成的绳子的弹性。

因此，在运动过程中，用弹性材料制成的绳子的伸长为：

$$l=\frac{m\omega^2 l_0}{k-m\omega^2} \tag{1-12}$$

使用过程中的总长度为：

$$L=l_0+m\omega^2 l_0(k-m\omega^2)Zl_0 \tag{1-13}$$

式中　Z——延长系数，取决于质量、角速度和 k。

$$Z=l+\frac{m\omega^2}{k-m\omega^2} \tag{1-14}$$

如果其他参数为常量（如：k＝8N/m；ω＝5rad/s），只有质量发生变化，则会出现下列情况（见图 1-21，横轴为质量，纵轴为 Z 值）。

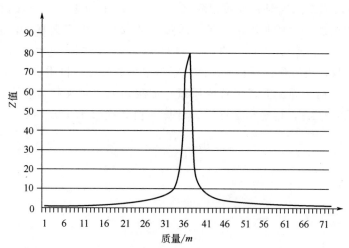

图 1-21　延长系数"Z"和质量的比例关系图例

因此，当 $m\omega^2$ 远小于 k 时（如，$m\omega^2$ 小于 k 的一半），取决于旋转的绳子长度的增加量较小（总长度不会超过原长的一倍）。反之，当 $m\omega^2$ 接近 k 时，绳子长度的增加量将变得非常大（理论上可趋于无穷）。

实际上，$m\omega^2 < 0.5k$ 时，$L < 210$。

试验显示，成人使用悠悠球时的角速度可达到每秒约 2.4 转（$\omega = 5\text{rad/s}$）。

在该角速度下，悠悠球的绳索长度不会超过原长的一倍，只要满足式(1-15)：

$$m < 2.2k \tag{1-15}$$

式中　m——质量，g。

由此制定下述要求：

质量（单位：g）和弹性系数 k 的比值不得大于 2.2；且 l_0 不得超过 370mm。

该要求能够确保在使用过程中，悠悠球的绳索总长度小于 750mm，且不会在 6 岁女孩的颈部缠绕 3 圈。

1.1.24.3　测试方法与安全评价

（1）初始长度 l_0 的测量

将固定夹具夹在悠悠球的最大直径上，使得绳子可在夹具下方垂直悬挂，见图 1-22。

将质量为 $(0.05 \pm 0.001)\text{kg}$ 的负载加载到由弹性材料制成的绳子末端的环上；如果没有环，则夹在与弹性绳的末端相距 5mm 的位置上。

测量初始长度 l_0（见图 1-22），精确到 $\pm 1\text{mm}$。

悠悠球的绳的原始长度 l_0 超过 370mm，则不合格。

（2）弹性系数 k 的测量

将固定夹持装置夹在与球相距 $(15 \pm 5)\text{mm}$ 的悠悠球的绳上。垂直放置绳子，将非固定夹持装置夹在与环相距 (15 ± 5)mm 的悠悠球的绳上（见图 1-23）；如果没有环，则夹在与绳的末端相距 (15 ± 5)mm 的位置上。将质量为 (0.1 ± 0.005)kg 的负载（包括非固定夹具的质量）加载到非固定夹具上，力的方向平行于由弹性材料制成的绳子的轴，测量两个夹具之间的距离 L_1，精确到 ±1mm。卸载，让由弹性材料制成的绳子恢复到原长度。将质量为 (0.2 ± 0.005)kg 的负载（包括非固定夹持装置的质量）加载到非固定夹持装置上。测量两个夹具之间的距离 L_2，精确到 ±1mm。计算 k 值如式(1-16) 所示：

$$k=\frac{1000}{L_2-L_1} \tag{1-16}$$

图 1-22　悠悠球初始
长度 l_0 的测量

1—球；2—固定夹具；3—由弹性材料制成的
绳子；4—由弹性材料制成的环或其他部件；
5—钩；l_0—球和环之间的距离

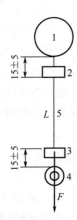

图 1-23　用于测量悠悠球系数 k
的夹具的位置（单位：mm）

1—球；2—固定夹具；3—非固定夹具；4—由弹性
材料制成的环或其他部件；5—由弹性材料制成
的绳子；L—两个夹具间的距离

根据测得的质量 m 和弹性系数 k 计算出悠悠球的质量 m（单位：g）和弹性系数 k 的比值：m/k，若小于 2.2，则合格。

1.1.25　附着在食物上的玩具（4.25）

1.1.25.1　标准要求

附着在食物上的玩具应符合如下要求。

> 注：在进行①和②测试前，应将食品移去，并确保玩具不被破坏。

①　无需吃掉食品就能直接接触到玩具任一部件的、直接与食品接触的玩具和玩具可拆卸部件，在进行小零件圆筒测试时不得完全容入小零件圆筒；如果玩具或玩具可拆卸部件是球，则在进行"小球和吸盘"测试时不得完全通过模板E。

②　进行扭力测试、拉力测试——一般要求、跌落测试、冲击测试和压力测试后，①中描述的玩具在进行小零件测试时不得产生可完全融入小零件圆筒的部件；在进行"小球和吸盘"测试时不得产生能完全通过模板E的球。

> 注：2009/48/EC中包含了对与食品紧密结合的包含在食品中的或与食品混合的玩具的附加安全要求。按照指令要求，需要吃掉食品才能直接接触到玩具（即：在吃掉食品前，玩具上的任何部分均不可触及）的这类玩具与食品紧密结合的情况是被禁止的。

此外，指令规定，包含在食品中的或与食品混合的玩具应有独立包装。按照指令要求，在售卖状态下的该包装不得完全容入小零件圆筒。另外，按照指令要求，外部食品的包装应标明警告："Warning. Toy inside. Adult supervision recommended."这一信息并不足够详尽，2009/48/EC及其附属指南文件将就更多细节问题做进一步商议。

1.1.25.2　安全分析

该要求用于防范意外吸入或咽下与食品接触的非食品类玩具而导致的内部窒息危险。本条款涵盖的产品均有可能被放入口中。该要求的要点是，这类产品中的玩具或玩具部件不得被吞下或吸入，不得楔入口中或咽喉中，不得堵塞下呼吸道的入口。本条款中涉及的产品包括含有与食品接触的玩具或玩具部件的产品，且无需消耗掉食品（如，食品并非紧固附着在玩具上，用手可移除食品）就能直接获取整个玩具或玩具部件，也就是说，在无需先将食品吃掉的情况下玩具部件可触及，这类玩具或玩具部件不得是小部件或小球。不符合要求的产品的例子有：将糖果部分移开后，产品的玩具部分可完全容入小零件圆筒的玩具糖果唇膏。

1.1.25.3　测试方法与安全评价

检查附着在食物上的玩具是否不需要吃掉食物才能直接接触到玩具。若附着在食物上的玩具需要吃掉食物才能直接接触到玩具，则判定为不合格。

对于无需吃掉食品就能直接接触到玩具任一部件的，测试前应将食品移去，并确保玩具不被破坏。对直接附着在食物上的玩具和玩具可拆卸部件，按（小零件测试）进行测试，检查它们是否在按"扭力测试"、"拉力测试，总则"、"跌落试验"、"冲击测试"和"压缩测试"进行测试前后能够完全容入小零件圆筒。如果玩具或玩具可拆卸部件是球，则观察进行小球测试时是否不会完全通过模板

E。附着在食物上的玩具按上述顺序进行测试前后，玩具及其可拆卸部件不是小零件或者不是小球，则判定为合格，否则不合格。

检查包含在食品中的或与食品混合的玩具是否有独立包装。若包含在食品中的或与食品混合的玩具没有提供独立包装，则不合格。若有，则检查独立包装按"小零件测试"进行测试，是否不会完全容入小零件圆筒。若提供的独立包装按"小零件测试"进行测试后为小零件，则不合格。

检查玩具的外包装上是否标明下述警告语：

"Warning. Toy inside. Adult supervision recommended. "

若玩具外包装没有标明上述所要求的警告语，则不合格。

1.1.26　供36个月以下儿童使用的玩具（5）

1.1.26.1　标准要求

（1）一般要求

该要求不适用于以下产品：

a. 纸张、织物（毡制品、弹性织物）、橡皮筋、纱线、线和绒毛；

b. 没有可拆卸部件的蜡笔、粉笔、铅笔和类似的书写和绘画工具；

c. 气球；

d. 造型黏土和类似产品。

然而，由织物和/或纱线紧密包裹填充的部件不排除在一般要求之外。

一般要求如下。

① 玩具和玩具的可拆卸部件，不论在何种位置，进行小零件测试时均不能完全容入小零件圆筒。附在玩具上的纸板如果经拉力测试——一般要求脱落后不能容入小零件圆筒。

② 当进行扭力测试、拉力测试——一般要求、跌落测试、冲击测试和压力测试时，玩具上脱落的任何部分，不论在何种位置，进行小零件测试时均不能完全容入小零件圆筒；不能有可触及的危险锐利边缘或可触及的危险锐利尖端，带弹簧的玩具还应符合（弹簧）的要求。含有磁体或磁性部件的玩具应满足磁体的要求，此外，脱落的磁通量小于$50kG^2mm^2$（$0.5T^2mm^2$）的磁体或磁性部件，进行小零件测试时不应完全容入小零件圆筒。纸板玩具盒和部分是纸板的玩具不适合该条款。

③ 横截面不超过2mm的金属尖端和金属丝，即使进行锐利尖端测试不存在锐利尖端也被视作有潜在危险。应考虑玩具的可预见性使用，判断它们是否存在不合理的危险。

④ 大型和重型玩具应进行第②条中规定的测试和倾翻测试，但不包括跌落测试。

⑤ 用胶水黏合的木制玩具和贴有塑料贴纸的玩具，在按上述第②条测试前，

应进行浸泡测试。从绘图玩具上松落下来的颜料碎片，不必进行小零件测试；但厚的表面涂层（如清漆）不能豁免。大型重型玩具、纸板玩具、部分是纸板的玩具不适合该条款。

⑥ 供年龄太小而不能独自坐起的儿童使用的玩具，其外壳进行第②条测试，不能破裂；如破裂但不造成伤害，则评定为合格。

⑦ 海绵泡沫玩具和含有可触及海绵泡沫元件的玩具，在进行扭力测试和拉力测试——一般要求测试时，用于测试的夹具和测试装置，不能破坏玩具或元件以至于影响结果。

（2）软体填充材料和玩具的软体填充部分

① 填充物不能含有任何坚硬、锐利的材料，如金属片、钉子、针或裂片。

② 软体填充玩具和玩具的软体填充部分如包含小部件（如：震响元件、铃、碎条海绵泡沫）或填充物因咬或撕会产生小部件，并且这些小部件在进行小零件测试时能完全容入小零件圆筒，则应至少使用一层包裹外罩，进行拼缝和材料测试后，拼缝或外罩上不应产生能使可触及探头 A 的前部插入的孔隙。如果无明显危害，即使有孔隙也可评定为合格。

> 注：能被撕、咬成碎片的填充物，包括塑料泡沫，但不包括纸张、织物、橡皮筋、纱线、线和绒毛。

③ 软体填充玩具和玩具的软体填充部分，如含有纤维状的填充物材料，则应至少使用一层包裹外罩，进行拼缝和材料测试后，拼缝或外罩上不应产生能使直径 12mm、末端为圆弧状的圆杆的前部插入深度超过 6mm 的孔隙。

（3）塑料薄膜

玩具上的塑料薄膜，进行塑料薄膜黏着性和拉力测试——一般要求测试，如果脱落并且薄膜面积大于 100mm×100mm，则进行塑料薄膜厚度测试，平均厚度应大于等于 0.038mm。

（4）玩具上的绳索、链和电线

该要求不适用于 EN 71-8 中涵盖的粗绳和链（如：攀爬和秋千用绳）。

该要求不适用于预定供全部或者局部围绕颈部的带子、安全带上的绑带、玩具背包肩带或玩具袋/桶/盒上的手提带。

①～⑤的要求不适用于：

a. 横跨在摇篮、童床或婴儿车上的玩具。然而，此类玩具上悬挂下垂的、在儿童可接触到的范围内的部件，应满足①～⑤的要求；

b. 附在摇篮、童床或婴儿车上的、绳索在儿童可接触到的范围之外的玩具。

① 连接在自回缩机构上的绳索和拖拉玩具上的绳索的平均横截面尺寸在进行绳索横截面尺寸测试时，应大于等于 1.5mm。

② 可形成缠结的绳圈或套索的绳索和链应满足下列任一要求。

　　a. 进行绳索长度——链和电线测量时，长度不应超过 220mm（供 18 个月以下儿童使用的玩具）或长度不应超过 300mm（其他玩具）。

　　b. 进行可分离部件的分离测试后分离成几部分，且每部分的长度不应超过 220mm（供 18 个月以下儿童使用的玩具）或长度不应超过 300mm（其他玩具）。在不改变连接方式的情况下，分离后的部分应能够重新连接（见图 1-24）。分离部分的长度应进行绳索、链和电线的长度测量。

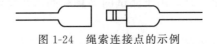

图 1-24　绳索连接点的示例

　　供 18 个月及以上至 36 个月以下儿童使用的玩具，附有能形成缠结的绳圈或套索的长度超过 220mm 的绳索或链（不能分离成长度均不超过 220mm 的几部分），应标明警告，警告应标在玩具或其包装上，在售卖时清晰可见。

　　③ 绳索和链形成的固定绳圈应满足下列任一要求。

　　a. 进行"带有单一固定点或固定点间距小于 94mm 的绳索和链"的测量时，周长不应超过 380mm；或进行"固定点相距大于等于 94mm 的固定在玩具上的绳索和链"的测量时，距离 d 不应超过 96mm。

　　b. 进行可分离部件的分离测试后分离成几部分，且每部分的长度不应超过 220mm（供 18 个月以下儿童使用的玩具）或长度不应超过 300mm（其他玩具）分离部分的长度应进行绳索、链和电线的长度测量。

　　供 18 个月及以上至 36 个月以下儿童使用的玩具，附有长度超过 220mm 的能分离成几部分的固定绳圈，应标明警告，警告应标在玩具或其包装上，在售卖时清晰可见。

　　在玩耍过程中，由于玩具带有弹性（如：软体填充玩具或无刚性部件的纺织品玩具上的绳索），使得绳索和链的固定点间的距离可以改变，测定周长时应无视固定点间的初始距离。

　　④ 套索周长：

　　a. 测量时不应超过 380mm。

　　b. 测量时距离 d 不应超过 96mm。

　　⑤ 在（自回缩伸缩）规定的测试条件下，玩具上的自回缩机构对绳索的回缩力不应使得绳索发生回缩。

　　⑥ 横跨在摇篮、童床或婴儿车上的带有绳索的玩具应标明警告。该要求同样适用于附在摇篮、童床或婴儿车上的、绳索在儿童可接触到的范围之外的且绳索长度超过 220mm 能够形成缠结的绳圈或套索的玩具。

　　⑦ 供 18 个月以下儿童使用的玩具（不包括拖拉玩具）上的末端自由（如：没有附件）的绳索或链，进行绳索、链和电线的长度测量时，其自由长度不应超过 300mm。

供 18 个月及以上至 36 个月以下儿童使用的玩具（不包括拖拉玩具）上的长度超过 300mm 的带有自由末端的绳索或链，应标明警告。

⑧ 供 36 个月以下儿童使用的拖拉玩具上的末端自由（如：没有附件）的绳索或链，进行绳索、链和电线的长度测量时，其自由长度不应超过 800mm。

⑨ 进行绳索、链和电线的长度测量时，玩具上长度超过 300mm 的电线应标明警告。

（5）液体填充玩具

在按照标准相关条款完成相关测试后，玩具如有不可触及的液体，则按照液体填充玩具的渗漏测试，不应有任何渗漏或能导致渗漏的断裂或破裂。

液体填充出牙器应标明警告：出牙器不能放入冷冻室内。

（6）电动乘骑玩具的速度限制

进行电动乘骑玩具最大设计速度的测定时，电动乘骑玩具最大设计速度不得超过 6km/h。

（7）玻璃和陶瓷制品

可触及的玻璃和可触及的陶瓷制品不应用于制造供 36 个月以下儿童使用的玩具。

（8）特定玩具的形状和尺寸

在①和②中的要求不适用于玩具的软体填充部件或织物部分，也不适用于最大尺寸小于等于 30mm 的刚性元件。

供太小而不能独自坐起的儿童使用的玩具的形状和尺寸，在原始状态下，应符合①和②的要求。

标明给这些儿童使用的玩具包括但不限于：

a. 带有或不带有发声装置的摇铃形状的玩具和挤压玩具；

b. 出牙器，用于咀嚼的玩具或部件；

c. 手持活动玩具；

d. 外罩织物或乙烯树脂制造的书籍和积木；

e. 用于横系于围栏童床、游戏围栏或婴儿车上的玩具的可拆卸部件；

f. 婴儿锻炼玩具的可拆卸部件；

g. 婴儿锻炼玩具的支脚。

以下①和②的要求与婴儿锻炼玩具的重量无关。

① 如玩具重量小于等于 0.5kg，进行特定玩具的几何形状测试，玩具的任何部分都不能突出于模板 A 的底面。

② 重量小于等于 0.5kg 的玩具如带有近球状、半球状或喇叭口形末端，进行特定玩具的几何形状测试，玩具的任何部分都不能突出于模板 B 的底面。

（9）含有单丝纤维的玩具

含有竖直长度大于 50mm、附着在织物基底上的单丝纤维的玩具，应标明警告。

（10）小球

本条要求不适用于软体填充球。

经过"小球和吸盘"测试后，任何球如能完全通过模板 E，则是小球。

任何通过绳索连接在玩具上的自由悬挂的球，进行用绳索连接在玩具上的小球测试时，能通过模板 E 的底部，并且距离 A 大于 30mm 的，则是小球。

① 玩具不应是小球或含有可拆卸的小球。

② 经过扭力测试、拉力测试——一般要求、跌落测试、冲击测试和压力测试后，胶合板玩具经过浸泡测试后，小球应不可分离。对于大型和重型玩具用倾翻测试代替跌落测试。

> 注：同时见与小球形的包装相关的要求。

（11）学前玩偶

本条要求不适用于软体填充玩具。

学前玩偶有：

① 一个圆形、球形或半球形的端部，通过细颈与一个没有附属肢体的圆柱形相连；

② 整体尺寸不超过 64mm（见图 1-25）。

学前玩偶应该设计成：进行学前玩偶测试，圆球端部不能突出模板 B 的开孔底面。该要求也适用于带有附加或模制的附属物的玩偶，如：附着在圆形端部的帽子或头发。

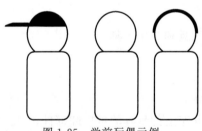

图 1-25　学前玩偶示例

（12）半球形玩具

该要求适用于杯状、碗状或半蛋状玩具，这些玩具都有类似圆形、椭圆形或蛋形的开口，且开口的最小和最大内径尺寸为 64～102mm，体积小于 177mm³，深度大于 13mm。

该要求不适用于以下玩具。

a. 应保持气密性以实现其内在功能的容器（如：造型黏土容器）。

b. 较大产品上的部件（如，永久固定在玩具火车上的碗状烟囱或浇注在大型玩具器械上的游泳池），并且在进行扭力测试、拉力测试——一般要求、跌落测试、冲击测试和压力测试、胶合木制玩具的浸泡测试后部件未脱落。对于大型和重型玩具用倾翻测试代替跌落测试。

杯状、碗状或半蛋状玩具应至少符合以下①～④要求中的一条。

① 至少有两个开孔，开孔边缘的间距从外部轮廓上测量至少为 13mm。

a. 如果开孔在物体底部，则至少有两个间距至少为 13mm 的开孔［见图 1-26 (a)］。

b. 如果开孔不在物体底部，则至少有两个夹角为 30°～150°的开孔［见图 1-26 (b)］。

② 杯状物的开口端平面应在中间进行分隔，分隔物应延伸到离开口端平面小于等于 6mm 处。比如在开口中间加一块挡板［见图 1-26(c)］。

③ 物体应有 3 个开孔，开孔边缘的间距为 6～13mm，从外形轮廓上测量间距至少为 100°。

④ 物体整个边缘具有连续的扇形缺口。相邻最高点的间距小于等于 25mm，深度大于等于 6mm［见图 1-26(d)］。

在该要求中，开孔是指任何形状尺寸大于等于 2mm 的洞。

以上要求适用于进行以下测试的前后：扭力测试、拉力测试——一般要求、跌落测试、冲击测试、压力测试和胶合木制玩具的浸泡测试。对于大型和重型玩具用倾翻测试代替跌落测试。

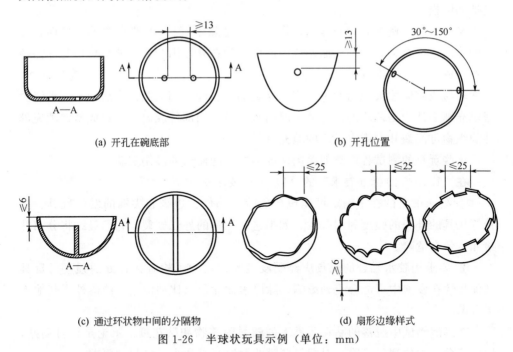

(a) 开孔在碗底部　　　　　　　　　　　(b) 开孔位置

(c) 通过环状物中间的分隔物　　　　　　(d) 扇形边缘样式

图 1-26　半球状玩具示例（单位：mm）

（13）吸盘

① 松散的吸盘、可拆卸的吸盘和进行扭力测试、拉力测试——一般要求、跌落测试、冲击测试、压力测试后脱落的吸盘，进行小球和吸盘测试时不能完全通过模板 E，且应仍然符合本标准的相关要求。对于大型和重型玩具用倾翻测试代替跌落测试。

② 行小球和吸盘测试时，带有吸盘的玩具不应完全通过模板 E。

> 注：用绳索连接在玩具上的吸盘和玩具分离，如果吸盘及其上的附件能够通过模板 E，则不符合①的要求。

（14）预定全部或者局部围绕颈部的带子

玩具上可形成固定绳圈的、预定全部或者局部围绕颈部的带子，应具有分离特性，即进行可分离部件的分离测试时可分离。

1.1.26.2 安全分析

（1）一般要求

该要求用于防范供幼儿使用的、通常会经受相当程度的撕扯和磨损的玩具因强度和耐久性不足所导致的危害。该要求用于防范小部件被吸入或吞下而导致的内部窒息危险，也用于防范锐利边缘、锐利尖端和会夹伤手指的弹簧等的危险。

众所周知，幼儿习惯把东西放进嘴里，所以这个年龄组的玩具和玩具部件应有一个最小尺寸以防止内部窒息。同时它们还应有足够的强度以抵抗可能发生的撕扯和磨损。

某些材料，例如织物和纱线，作为惯例排除于（1）的要求之外。然而，却不能将由这些材料紧密填充而制成的部件排除在外，因为它可能呈现出与非豁免材料构成的硬性小部件一样的危险。只有当填充部件用手（在食指和拇指之间）不能轻易压缩时才被视为紧密填充。这类部件在经过相关测试之后如不能继续紧密填充则不认为是危险的。这种情况的示例是，当部件脱离时，组成紧密填充部件的织物可能裂开而露出里面的填充材料。

这些玩具的测试程序类似美国标准测试中的使用的滥用实验。

在"1.1.26.1 标准要求"的（1）一般要求中：

① 要求的目的在于确定可能包含危险小部件、边缘和尖端的发声玩具、摇铃等玩具的外壳的强度和耐久性。如果这些玩具的外壳破裂，它们最终将分离并给儿童带来危险。

② 要求用胶水黏合的玩具应经受浸泡测试是为了检查接合处的强度。玩具其他特性在浸泡中可能会受到影响，除厚表面涂层（比如清漆）脱落外，其他不予考虑。

在浸泡测试中脱落的贴在玩具上的塑料附着物和贴花纸，不论是否自粘贴，均应符合（柔软塑料薄膜）对塑料薄膜的测试要求和小零件测试要求。

木制玩具的木结是自然产生的，各不相同。从单个玩具的松动木结不能推知该类玩具的安全性能。但是在木制玩具中可以轻易推、拉出来的小木结被视为可拆卸的小部件。

（2）软体填充材料和玩具的软体填充部分

①和②的要求用于防范因填充物可触及而引起切伤或割伤、或吸入而引起内

部窒息、或吞入引起伤害的危险。

对于含有小部件或填充物会释放出潜在的小部件的软体填充玩具或玩具的软体填充部件，②的要求确保儿童不能通过其上的拼缝裂口接触到小部件。

软体填充玩具和带有会被咬或撕开的外罩的玩具（如泡沫玩具），应符合"供 36 个月以下儿童使用的玩具，一般要求"规定的扭力测试和拉力测试的要求。

③的要求包括软体填充玩具和玩具的软体填充部件，其填充物为纤维状的，且不是小零件的情况。

尽管不能确定纤维状填充物存在的危险，但从谨慎的角度出发，仍要求软体填充玩具上的拼缝应进行拉力测试。③的要求确保此类软体填充玩具上的拼缝不会裂开，以致能使儿童的两个手指通过该拼缝插入玩具中，从而将填充物拉出（用直径 12mm、插入深度超过 6mm 的塞规模拟这一情况）。

（3）塑料薄膜

该要求用于防范玩具上的塑料薄膜和塑料贴花纸带来的危险。例如，当儿童将这类材料拉下，盖在脸上或放入口中时，可能会形成气密环境而导致外部窒息。

（4）玩具上的绳索、链和电线

该要求用于保护儿童，使其不会被玩具上的绳索或链勒伤。该要求也用于防范儿童被自回缩绳索缠绕的风险，如：发声玩具。

绳索的定义（及要求）中不包括用于连接电脑或电视的电线，因为限制电线的长度可能会导致玩具功能不能实现。此外，电视和电脑本身不具备玩要价值，也不是玩具，并且用于将其与玩具相连的电线不是永久连接在玩具上的或者不是随玩具提供的，这类电线应视为电视/电脑的附件。

① 的要求用于防范由于绳索在手中滑动而导致的皮肤磨损危险。这一危险主要存在于拖拉玩具和带有自回缩绳索机构的玩具中，这是由玩具的特定玩要功能决定的。

② 的要求确保绳索不能缠绕在脖子上并导致勒伤。绳索上带有的附件、绳结或固定绳圈会导致绳索混乱缠绕在脖子上，且儿童无法自行解开，从而产生上述勒伤危险。

与玩具年龄组划分相关的参考，如"供 18 个月以下儿童使用"，可见 CPSC 年龄划分指南和 CR14379。

③和④的要求确保固定绳圈或套索不能套过儿童头部而导致勒杀危险。

注意，鞋带上的塑料端部不被认为是可能形成套索的附件。

由于某些绳索存在弹性，因此不能使用测试探头进行测试：曾考虑使用探头，但是最终认为这样做会因为测试人员不同而导致结果差异。

以下测试的目的是评估儿童的头部是否能完全通过固定绳圈。3 个月以下儿童的头部尺寸的数据来源于 CEN/TR 13387：2004（见图 1-27）。

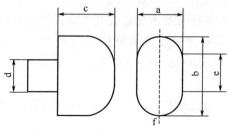

图 1-27　头部探头（3 个月以下儿童适用）

a—96mm；b—124mm；c—112m；d—42mm；e—28mm；f—探头主轴

上述探头宽度为 96mm，带有两个端部半径为 48mm 的半球形末端，由此可计算得到短边"e"的长度为 28mm。探头周长为 357mm。

由于 380mm 的限量（EN 71-1 中对套索最大周长的规定）可以有效防止勒伤，因此图 1-27 中的尺寸应被替换，使之符合新开发的绳索和链的周长测试方法的必要值。探头应选取如下尺寸，以使周长约等于 380mm：

a：96mm；

b：136mm；

e：40mm。

当绳索端部与另一端靠近时，便于沿探头主轴与玩具垂直的方向插入该探头。如果绳索的周长大于 380mm，则该探头可插入。

如果绳索端部与另一端分开较远，便于沿探头主轴与玩具平行的方向插入该探头。这种情况下，为了能够插入探头，玩具和绳索间的距离至少应为 96mm。

当探头可沿主轴与玩具平行的方向插入时，尺寸如下：

探头周长：380mm；

探头宽度：96mm。

因此，使用周长为 380mm、两个边的长度为 96mm 的矩形探头，则另两个边的长度应为 96mm。

对于两端相距 94mm 且均与玩具相连的绳索的周长，上述测试方法给出了与标准中两种测试方法（见图 1-28）相同的评估结果。

⑥ 的要求用于防范供附在如摇篮、童床和婴儿车等儿童看护用品上的玩具

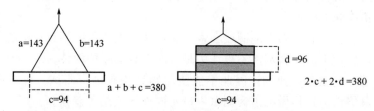

图 1-28　使用两种不同测试程序对相同玩具上的相同绳索进行测量的示例（单位：mm）.

存在的勒伤危险。当儿童开始尝试使用手或膝支撑爬起时，应将这类玩具移除。供横跨在摇篮、童床和婴儿车上的玩具，存在另一种勒伤危险，即儿童摔倒时颈部可能会挂在这类悬挂玩具上，从而使儿童无法爬起。用其他方法附着在这类儿童看护用品上的、供放在儿童可接触范围以外的带有绳索的玩具（如，运动装置），如果儿童能接触到绳索并将其缠绕，则也可能存在勒伤危险。

⑦ 的要求用于确保附在玩具上的绳索长度不足以使 18 个月以下儿童将其缠绕在身上，从而避免发生勒伤风险。

⑧ 对供 36 个月以下儿童使用的拖拉玩具上的绳索的要求，是在 2010 年按照欧盟委员会的要求引入的。制造商应将绳索长度限制在实现玩具功能所必需的最小长度，且总是小于 800mm。3 岁儿童的手到地面的距离约为 400mm，在使用过程中，绳索与地面之间的夹角约为 30°，基于上述数据得到 800mm 的长度限制。

（5）液体填充玩具

该要求用于防范儿童可能会接触到被刺破的出牙器及类似产品中已被污染或因为刺破而被污染的液体所产生的危害。该要求不适用于电池的电解质，也不适用于装入容器内的颜料、指甲染料或类似产品。警告旨在提醒家长注意由于出牙器太冷而导致儿童受伤害的危险。

（6）玻璃和陶瓷制品

该要求用于防范由于玻璃破裂而引起的划伤危害，如锐利边缘。应尽可能避免使用可触及玻璃，除非玩具功能必需，否则不要使用。瓷器，如用于玩具茶具，应仅适用于 36 个月及以上的儿童。破裂瓷器的危险众所周知。

（7）特定玩具的形状和尺寸

该要求用于防范供太小在无帮助情况下不能坐起的儿童使用的玩具产生的潜在的撞击危害。玩具应在"原始状态"下，进行"特定玩具的几何形状"测试。也就是说，应在其他相关测试前首先进行本测试。但是，如果能通过如打开尼龙搭扣等方式使部件变为可触及，则应将部件从外壳中取出后进行测试。决定哪些玩具可供这些儿童使用，与下列因素有关：制造商合理的使用说明（如在标签上的）、广告、促销、销售以及通常认为某玩具的适用年龄组是否有疑问。应注意到儿童在 5～10 个月时即开始无需帮助地坐起。

（8）含有单丝纤维的玩具

将单丝纤维附着在织物底基上不是惯常的生产方法，但是用这种方法制造的玩具曾导致 5 个月大的儿童死亡。该要求不适用于通常牢固植入娃娃头部的单丝纤维头发，也不适用于制造玩具熊和动物等的绒毛织物，这是因为这类材料没有发生事故的记录。

（9）小球

由于物体的球形设计，而被涵盖在球的定义中的物体，例如：

a. 带有球形部件的积木玩具；

b. 带有可移取或可分离的球形部件的建筑玩具；

c. 具有玩耍价值的球形容器。

骰子不包括在定义内。定义包括球形、卵形或椭球形物体。不存在科学数据用于定义物体长轴和短轴的精确比例。然而，现有的理解为这些典型物体的长/短轴比大于70%。圆柱体和带有圆形端部的圆柱体不包括在本定义内。在本标准的后续版本中期望能够引入科学数据来定义一个精确的比例。该要求中涉及的危险和风险不同于"供36个月以下儿童使用的玩具，一般要求"和"小零件圆筒"涵盖的小零件圆筒的要求。小零件圆筒用于防范能进入儿童喉咙下部、足够小的物体。模板E（小球和吸盘测试），模仿球能够进入口腔后部咽喉以上的位置并堵塞气道。球形物体一旦陷入硬腭的突脊，由于喉咙的肌肉结构而导致的反射作用的存在，物体将很难被取出。对于能以任何方向陷入的小球而言，如采用通风孔之类的设计则需要在小球各个方向上开很多大的洞，因此通风孔不认为是避免伤害的合适方式。不同于小部件仅在脱落时产生危害，如果部分球和绳线的长度总和满足一定要求，则球就能够进入口腔后部咽喉以上的位置并堵塞气道，因此小球在用绳线或类似装置连接在玩具上时也会产生窒息危害。长度总和要求为不得超过30mm，与模板A和B的深度一致。如果球连接在绳索的末端，无论绳索与球的顶端相连还是从球的一部分中穿过，球都被认为是"自由悬浮"的。连接在与玩具主体相连的固定绳圈的低端的单个球（见图1-29），也应符合该要求。

图1-29　通过固定绳圈
与玩具相连的球

最小尺寸大于44.5mm的球和其他球形三维物体很少造成事故，因为这类物体体积过大从而很难陷入硬腭的突脊。相比球的使用方式，球的形状更容易导致内部窒息危害。

（10）半球形玩具

该要求用于防范特定形状（如杯状、碗状或半蛋状）的玩具由于被放置在儿童的鼻子和嘴上形成气密环境而导致的外部窒息危险。据资料表明，这些危险对4～24个月的儿童是致命的，一般到36个月的儿童才能基本免于此种危险。（可预见到相同形状的包装会导致同类危险。）美国CPSC的专家分析了事故数据，得出事故中容器尺寸的如下结论：

工作组观察儿童使用直径51～114mm的杯子的情况。根据观察的数据和产生事故的杯子尺寸，得出结论：直径64～102mm的杯子会产生危险。

图1-26（a）和图1-26（b）所示的两个开孔之间的位置用于尽量减少两个孔

被同时堵住的可能性。规定开孔的尺寸是为了防止形成真空，而不是用作呼吸孔（见表 1-4）。

表 1-4　尺寸

半球形玩具	范围
直径范围	69～97mm
深度范围	41～51mm
容积范围	100～177mL

（11）吸盘

该要求用于防范吸盘进入并堵塞位于咽喉上部、口腔后部的呼吸道而产生的危险。已经出现过由不能容入小零件圆筒的吸盘引起的致命事故。因此，在必要的测试过程中，松散或脱落的吸盘不得完全通过模板 E。用绳索连接在玩具上的吸盘和绳索上的小球会引发不同的危险。受咽喉肌肉收缩的条件反射作用的影响，小球陷入硬腭的突脊后很难取出，即便有绳索相连也是如此。但该条件反射与物体的形状有关，且尚未观测到吸盘会导致这一现象。如果用绳索连接在玩具上的吸盘在经过必要的测试后未分离，则认为不存在类似危险。举例来说，如果在成人监护下，儿童意外将吸盘吸入或咽下，绳索的存在有利于将吸盘取出。

（12）预定全部或者局部围绕颈部的带子

该要求仅适用于预定全部或者局部围绕颈部的带子。该要求不涵盖玩具安全带、玩具背包肩带或玩具袋/桶/盒的手提带。该要求涵盖的绑带有：供全部或者局部绕在脖子上使用的双筒望远镜、吉他或其他玩具上的绑带。

1.1.27　包装（6）

1.1.27.1　标准要求

① 的要求不适用于：

a. 使用者打开包装时一般会被破坏的热缩膜包装；

b. 符合要求的穿孔塑料薄膜和由穿孔薄膜制造的袋子；

c. 带有衬底或面积小于等于 100mm×100mm 的塑料薄膜；

d. 面积小于或等于 100mm×100mm 的柔软塑料薄膜包装袋（不剪开的状态下测量）。

玩具的包装应符合以下要求。

① 用于内、外包装的塑料薄膜和用柔软塑料制成的袋子，进行"塑料薄膜，厚度"测试时，平均厚度应大于等于 0.038mm。

② 开口周长大于 380mm 的柔软塑料制成的袋子，不应使用拉线或绳索作为封口。

③（小球）的要求适用于小球状的包装和包装部件，与玩具的年龄组无关。

④ 与玩具的年龄组无关，玩具包装的小球状或带有圆形末端的圆柱状的可

分离部分，进行"小球和吸盘"测试时不应完全通过模板 E。该要求不适用于最大尺寸大于等于 64mm 的部件，也不适用于附着在带有附件的包装的其他部分上的、进行扭力测试和拉力测试——一般要求测试后不被破坏的部件。

⑤ 供 3 岁以下儿童使用的玩具，半球形玩具的要求适用于作为玩具包装一部分的半球形容器。

1.1.27.2　安全分析

该要求用于防范与多种类型包装相关的外部窒息危险。

上面①和②的要求用于防范塑料膜和塑料袋覆盖在口、鼻或头部而导致的外部窒息危险。

③和⑤的要求用于防范小球形的包装导致的内部窒息危险和半球形的包装导致的外部窒息危险。半球形包装给幼小儿童带来的外部窒息危险与半球形玩具相同，因此也应符合对半球形玩具的要求。

④的要求用于防范从包装上分离的部件导致的内部窒息危险，包括小球、带有圆形末端的圆柱，这些部件会楔入口腔或咽喉中，或堵塞呼吸道的入口。

不会分离的、带有圆形末端的圆柱形包装尚未引发过事故。然而，半胶囊状的包装部件曾经引发过事故。因此，对于带有圆形末端的圆柱的要求适用于这类包装部件（如，一半的部分）。如果部件与其他部件紧密相连，则应采用适当的方式来确保该部件不会因楔入口腔的后部而导致内部窒息。如果圆柱形包装的部件的最大尺寸大于等于 64mm，且其长度使得当该部件陷入口腔后部时能够被取出，则该要求不适用（参考对全长大于等于 64mm 的学前玩偶的豁免要求）。

不合格的带有圆形末端的圆柱形包装的可分离部件的示例见图 1-30，该示例部件可完全通过测试模板 E，不符合该要求。

合格的带有圆形末端的圆柱形包装的示例见图 1-31，如果两个部件的连接物在经过适当测试后不破裂，则该示例样品符合要求。

图 1-30　不合格的带有圆形
末端的圆柱形包装的示例

图 1-31　合格的带有圆形末端
的圆柱形包装的示例

对于小球形包装、带有分离部件的小球形包装、带有分离部件的末端为圆形的圆柱形包装的要求，全年龄组适用。该要求基于如下事实：在用手难以打开包装的情况下，全年龄组的儿童均有可能尝试用牙齿打开上述包装。因此，从风险观点出发，这类包装被认为是"供放入口中使用"的。

关于包装的欧盟委员会指南文件将针对包装分级方面的细节问题做出进一步商议。

1.1.27.3　测试方法与安全评价

测试方法如下。

① 检查玩具中的软性塑料包装袋是否为热缩薄膜包装，这种包装被使用者打开时通常会被损坏。这种包装不用进行以下的测试。

② 检查玩具中的塑料薄膜是否带有衬底，若带有衬底则不用进行以下的测试，否则测量其面积，若面积小于等于 100mm×100mm，则同样不需要进行以下的测试。

③ 对于软性塑料包装袋，用钢直尺测量包装袋的尺寸，如果包装袋尺寸小于 100mm×100mm，则不用进行以下的测试。

④ 检查包装袋的袋口是否用抽拉线或绳来封闭。

⑤ 测量样品薄膜的厚度。

a. 在薄膜上取任一面积至少为 100mm×100mm 的区域。取其对角线上 10 个距离相等的点，利用测厚仪测量样品薄膜上 10 个点的厚度，求出其算术平均值，即薄膜平均厚度。

b. 如果薄膜平均厚度小于 0.038mm，则检查软性塑料包装袋是否有孔。若薄膜上有孔，则用内部带 30mm×30mm 的开口的金属板框取薄膜上孔面积可能最小的区域，再用游标卡尺测量这区域内的所有孔的直径。如果这些孔不是规则的圆孔或者太小，则用投影仪来测量。

然后计算气孔率。

气孔率＝[气孔的总面积/(30mm×30mm)]×100%。

若包装和包装部件是小球状的，或者玩具包装上有任何可移取的小球状或带有圆形末端的圆柱状的部分，进行小球测试时不应完全通过测试模板 E。

> 注：该要求不适用于最大尺寸大于等于64mm的部件，也不适用于附着在带有附件的包装的其他部分上的、进行扭力测试和拉力测试——一般要求测试后不被破坏的部件。

对于供三岁以下儿童使用的玩具，若含有作为包装一部分的半球形容器，则需判定此类半球形容器是否符合半球形玩具的要求。

安全评价内容如下。

① 若软塑料包装袋是热缩薄膜包装，或袋尺寸小于 100mm×100mm，则合格。

② 对于袋尺寸大于 100mm×100mm 的软塑料包装袋，若采用抽拉线或绳

作封闭手段，或薄膜平均厚度小于 0.038mm 且气孔率小于 1%，则不合格。

③ 若包装和包装部件是小球状的，或者玩具包装上任何可移取的小球状或带有圆形末端的圆柱状的部分能通过测试模板 E，则不合格。

④ 对于供三岁以下儿童使用的玩具，含有作为包装一部分的半球形容器不符合半球形玩具的要求，则不合格。

1.2 美国玩具标准 ASTM F963—2011

1.2.1 材料质量（4.1）

1.2.1.1 标准要求

玩具可以由新的或再生的材料制成，并且应目视清洁和没有污染。应当不用放大镜而用裸眼对材料作视觉评估。如果使用再生的材料，必须将其精制使其危险物质的含量符合危险物质的要求。

1.2.1.2 安全分析

该要求用于确保玩具上所使用的材料应是新的；或者，如果是再生材料，那么危险物质的污染等级不能超过新材料，不能出现动物或寄生虫的污染。

1.2.1.3 测试方法与安全评价

在正常使用试验和滥用试验前，目视检查玩具是否由全新的材料制成。

如果玩具使用了全新的材料，则用肉眼检查材料是否清洁、无污染。

如果玩具所用的材料是清洁、无污染的全新材料，评定为合格。

1.2.2 发声玩具（4.5）

1.2.2.1 标准要求

这些要求用于尽量减小由设计发声的玩具造成听力受损的可能性。按正常使用和滥用测试前和测试后都适用这些要求。这些要求不适用于：

① 由口动玩具发出的声音，其声压级由儿童的吹动所决定；

② 由儿童驱动发出的声音，例如由木琴、铃、鼓和挤压玩具发出的声音，其声压级由儿童肌肉动作所决定；此连续声压级的要求不适用于摇铃；不过，摇铃要满足脉冲声压级的要求；

③ 收音机、录音带播放机、CD 播放机及其他类似的电子玩具和声音输出依靠可移动介质（例如游戏卡带、闪存卡等）内容的玩具；

④ 与外部设备（例如电视机、计算机）连接的玩具，其声压级取决于外部设备；

⑤ 由耳塞/头戴式耳机发出的声音。

设计发声的玩具应符合下述要求：

① 由近耳玩具产生的连续声音的 A 级加权等效声压级 L_{Aeq}，不应超过 65dB。

② 除靠近耳朵的玩具和推拉玩具之外的所有其他玩具，其产生的连续声音的 A 级加权等效声压级（L_{Aeq}）不得超过 85dB。

③ 由近耳玩具产生的脉冲声音的 C 级加权峰值声压级 L_{pCpeak}，不应超过 95dB。

④ 由除了使用爆炸作用的玩具（例如火药帽）之外的任何类型的玩具产生的脉冲声音的 C 级加权峰值声压级 L_{pCpeak}，不应超过 115dB。

⑤ 由使用火药帽的玩具或其他爆炸作用的玩具产生的脉冲声音的 C 级加权峰值声压级 L_{pCpeak}，不应超过 125dB。

1.2.2.2　安全分析

这些要求用于尽量减小由设计发声的玩具可能造成听力受损的可能性，用于防范由连续的高脉冲噪声引起的听力受损的危害。该要求仅适用于明显设计要发出声音的玩具，即玩具具有发声的特征，如电子或电子装置、发声马达、火药帽、摇铃部件等。

很多玩具会发出连续的噪声和/或脉冲噪声。尚不知道儿童对高声音的敏感程度。然而，有些科学家认为，儿童的耳道比成人小得多，这就使其具有不同的放大方式，从而使儿童对高频声响更敏感。

脉冲声响特别有害，因为人耳很难在极短的时间内判定其声响级别。事实表明，仅在一次高峰值声响爆发后，就有可能造成永久性的听力受损。

1.2.2.3　测试方法与安全评价

试验中，按预定的或可预见的模式操作玩具，使玩具在麦克风位置产生最大的发射声压级，即最大噪声水平能被观测到。

特别要注意以下几点。

① 用手来操作手动玩具——推拉玩具除外，在按其预定的或可预见的使用点和方向上施力，使其产生最大发射声压级。对预定用手摇动的玩具，以每秒三次的速度来摇动。一个周期应包括由初始位置撞击 15cm，然后回到开始位置。

② 操作摇铃，抓着它预定被抓的位置，如果不能确定该位置，则抓着能使摇铃的发声部分与手之间的横杆最长的位置。确保发射的声音不会被手的握持方式影响。以缓慢的拍子，把玩具向下用力撞击 10 次。使用手腕，前臂保持基本水平。尽量取得可能产生的最高声级。操作者侧对麦克风站立，把摇铃保持在与麦克风同样的高度并相距 50cm。

③ 以 2m/s 或更慢的速度操作推拉玩具，使之发出最大的发射声压级。

④ 用制造商推荐的和能从市场购得的火药帽操作火药帽玩具。

（1）近耳玩具

将麦克风设置在对着玩具的听筒并且距离听筒（50.0±0.5)cm 的地方来测

量连续声音。如测量没有听筒的玩具的连续声音，将麦克风设置在距玩具主要声源所在表面的测量距离为（50.0±0.5)cm 的地方，以在麦克风位置获得最大声压级。如测量脉冲声音，将麦克风设置在距玩具主要声源所在表面的测量距离为（50.0±0.5)cm 的地方，以在麦克风位置获得最大声压级。

（2）火药帽玩具

围绕玩具使用 6 个麦克风位置。在正常操作的方向，使玩具的主轴与测量坐标系一致（见图 1-32），把玩具的主要发声部件放在测量坐标系的中心。如果玩具的长度超过 50cm，把玩具在 xy 平面上绕 z 轴旋转 45°，但不改变麦克风的位置。沿着每根轴线，在从中心开始的两个方向上，距中心 50cm±1cm 处选择两个麦克风位置，如图 1-32 所示。

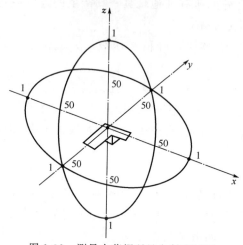

图 1-32　测量火药帽玩具发射声压级
的麦克风位置图（单位：cm）
1—麦克风位置

（3）摇铃

将麦克风架设于高于地面 1.2m，距声源 0.5m 之处。

（4）其他手持玩具

在箱形测试面上选择 6 个麦克风位置，使测试距离距 ISO 3746 中定义的玩具基准箱为 50cm，如图 1-33 所示。这些位置处于距基准箱 50cm 的各测量面的中心。

（5）静止的及自驱动的桌面、地面和童床玩具

在箱形测试面上选择五个麦克风位置，如果玩具的宽度或长度超过 100cm，则选择九个麦克风位置，使测试距离为距玩具基准箱 50cm，见图 1-34。高度为 H 的测量箱的各个面（底面除外）距基准箱对应的各个面的距离始终为 50cm。所有麦克风的位置都在测量箱上。

（6）推拉玩具和手动弹簧驱动玩具

对于宽度（w）为 25cm 或以下的玩具，在距测量坐标系的 x 轴距离（d）为 50cm 处，使用两个麦克风位置，如图 1-35 所示。对于宽度（w）大于 25cm 的玩具，在距测量坐标系的 x 轴距离（d）为 40cm 加上一半玩具宽度（$40+w/2$）处，使用两个麦克风位置，如图 1-33 所示。将玩具放在测试装置或反射平面上，以其正常操作方向，使玩具能沿着经过两个麦克风位置的 x 轴方前进。

在规定位置处的 A 级加权等效声压级，及在规定位置处的 C 级加权峰值声压级若超过标准要求限值，则不合格。

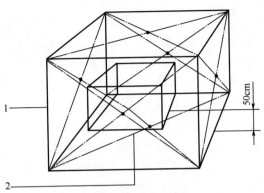

图 1-33　所有其他手持玩具的麦克风位置

1—测量箱；2—基准箱

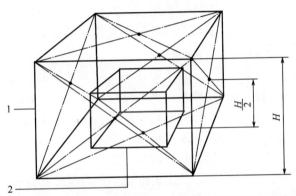

图 1-34　测量静止的和自驱动的桌面、地面和童床玩具的麦克风位置

1—测量箱；2—基准箱

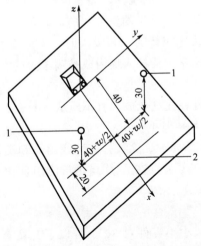

图 1-35　推、拉玩具和手动弹簧驱动玩具的测量麦克风位置（"驶过"测试）

1—麦克风；2—测量终点；w—玩具的宽度

1.2.3 小零件（4.6）

1.2.3.1 标准要求

供 36 个月以下儿童使用的玩具应符合 16 CFR 1501 的要求。16 CFR 1501 的部分要求指出，玩具（包括可移取的、脱落的部件或玩具碎片）不能太小以至于在不受压力的情况下完全容入图 1-36 所示的规定尺寸的圆筒内。根据本规范的目的，玩具碎片包括（但不限于）：溢料碎片、塑料薄片、泡沫碎块、微小削屑或刮屑。纸片、织物、纱线、绒毛、松紧带和线则不在该要求范围之内。

该要求在进行使用和滥用测试前后均适用于确定小零件的可触及性，例如小玩具或玩具部件，包括从玩具上掉落或移取的眼睛、发声部件、旋钮或碎片。

以下物品不受该要求限制：气球；书籍和其他纸制品；书写材料（蜡笔、粉笔、铅笔和钢笔）；电唱机唱片；CD；造型黏土及类似产品；手指画、水彩画或其他颜料套具。16 CFR 1501.3 中列出了不受管制的物品清单。

供成人组装并且在组装前含有潜在危险小零件的玩具应根据标准要求标识。

口动式玩具——该要求涉及通过吹或吸反复开动的玩具，如发声器。那些含有松动物件（如口哨中的小球）或插入件（如发声器中的簧片）的口动玩具，按照口动玩具程序进行测试，当空气从吹口处快速交替吹入和吸入时，不应有可容入图 1-36 所示的小零件测试圆筒的物件掉出来。能插入嘴内或被嘴覆盖的空气出口也应进行口动玩具程序测试。

充气玩具内的小物件在充气或放气时不应从玩具上脱落。

供至少 3 岁（36 个月）但小于 6 岁（72 个月）儿童使用的玩具和游戏用品应符合 16 CFR 1500.19 的要求。除纸打孔游戏用品和类似的产品外，任何供至少 3 岁（36 个月）但小于 6 岁（72 个月）儿童使用且含有小零件的玩具或游戏用品应根据要求标识。

1.2.3.2 安全分析

该要求是为了尽量减小小零件对 36 个月以下儿童造成的摄入或吸入危险。用于防范供幼儿使用的、通常会经受相当程度的撕扯和磨损的玩具因强度和耐久性不足所导致的危害。

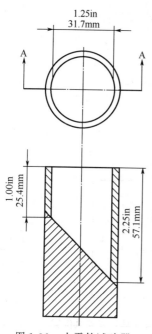

图 1-36 小零件试验器

众所周知，幼儿习惯把东西放进嘴里，所以这个年龄组的玩具和玩具部件应有一个最小尺寸以防止内部窒息。同时它们还应有足够的强度以抵抗可能发生的撕扯和磨损。

1.2.3.3　测试方法与安全评价

（1）测试方法

① 正常使用试验和滥用试验前后，检查玩具或从玩具上脱落的零部件和碎片，看其凭自身重量且不受压力的情况下能否在任何一个方向完全容入小零件试验圆筒（可用透明塑料胶片辅助观测）。

② 对于由成人组装而在组装前含有潜在危险小零件的玩具，检查其是否符合本 ASTM 标准的标识要求。

③ 对于充气玩具，在其充气或放气过程中检查它内部的物体是否会从玩具上脱离。如果脱离，则检查这物体凭其自身重量会否完全容入小零件试验圆筒。

④ 检查供至少 3 岁（36 个月）但小于 6 岁（72 个月）儿童使用的玩具和游戏用品是否符合 16 CFR 1500.19 的要求。检查除打孔纸游戏和类似的产品外，任何供至少 3 岁（36 个月）但小于 6 岁（72 个月）儿童使用且含有小零件的玩具或游戏用品是否符合本 ASTM 标准的标识要求。

（2）安全评价

① 如果玩具或从玩具上脱落的零部件或碎片是小零件，则判定样品此项试验不合格。

② 对于由成人组装而在组装前含有潜在危险小零件的玩具，如果不符合本 ASTM 标准的标识要求，则判定样品此项试验不合格。

③ 充气玩具如果其内部的物体脱落且是小零件，则判定样品此项试验不合格。

④ 测试方法④中所述的玩具和游戏用品，如果不符合本 ASTM 标准的标识要求，则判定样品此项试验不合格。

1.2.4　可触及边缘（4.7）

1.2.4.1　标准要求

玩具不能有可触及的、潜在危险的锐利边缘。供成人组装而且在未组装前含有无保护的、潜在危险的锐利边缘的玩具，应该按照标准的要求进行标识。

具有潜在危险的金属和玻璃锐利边缘的定义见 16 CFR 1500.49。供 8 岁以下儿童使用的玩具在按照使用和滥用测试之前和之后都应该符合该要求。图 1-37 为锐利边缘测试仪示意图。

供 48～96 个月儿童使用的玩具，如果含有功能所必需的、潜在危险的边缘，应该带有规定的警告标识。供 48 个月以下儿童使用的玩具不能含有可触及的、危险的功能性锐利边缘。

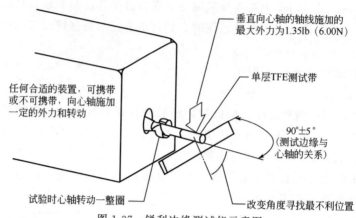

任何合适的装置，可携带或不可携带，向心轴施加一定的外力和转动

垂直向心轴的轴线施加的最大外力为1.35lb（6.00N）

单层TFE测试带

90°±5°（测试边缘与心轴的关系）

试验时心轴转动一整圈

改变角度寻找最不利位置

图 1-37　锐利边缘测试仪示意图

（1）金属玩具

可触及的金属边缘，包括孔和槽，不应有危险的毛刺，或者应该把边缘折叠、卷曲或弯卷，或者应该由牢固的附加装置或涂层覆盖。

> 注：不管边缘用何种方式作最后处理，它们都要符合锐利边缘技术要求。如果边缘使用了保护装置，则该装置在进行使用和滥用测试后不能脱落。

（2）模塑玩具

模塑玩具的可触及边缘、角或模子接口区域不应有由毛刺和溢料产生的危险边缘，或者应保护危险边缘使之不外露。

（3）外露的螺栓或螺纹杆

如果螺栓或螺纹杆的末端可触及，螺纹不能有外露的危险锐利边缘和毛刺，或者其末端由修整平滑的保护帽覆盖使危险锐利边缘和毛刺不外露。所用的任何保护帽不管进行冲击测试时是否与平面接触，都应该经受压缩测试。保护帽也应该经受拉力测试和扭力测试。

1.2.4.2　安全分析

该要求用于防范玩具锐利边缘的危险。

本标准仅涉及金属和玻璃边缘，因为没有适合塑料边缘的测试方法。然而，制造商在设计玩具和加工过程中，应尽可能避免出现锐利塑料边缘。

为测定金属和玻璃边缘是否真的有风险，可用锐利边缘的测试方法，一旦测试结果为锐利边缘，则不合格。

1.2.4.3　测试方法与安全评价

对于玩具中可触及的金属和玻璃部件，通过锐利边缘测试仪进行测试，计算出测试中胶带被割破的长度，如果该数值超过 0.5in（1in＝2.54cm），则边缘被确定为锐利的并被视为潜在的危险锐利边缘。对于模塑玩具边缘，如果有能造成损伤或擦伤的毛刺，则不合格。

1.2.5　突起（4.8）

1.2.5.1　标准要求

该要求的目的是把儿童摔落在刚性突起上可能产生的刺破皮肤的危险减至最小，如无保护的轴端、操纵杆和装饰物。因为眼睛和嘴内部的极端敏感性，该要求将不会也不打算对身体的这些部位提供保护。如果突起对皮肤存在潜在的刺破危险，应该用适当的方式保护突起，例如把金属丝末端折弯或加上修整平滑的保护帽或盖，以有效增加可能与皮肤接触的表面积。玩具进行正常和滥用测试的前后都应该符合该要求。对供反复装拆的玩具，应该将那些独立部件和按照包装的图片、说明书或其他广告资料完全组装好的组件分别独立评估。这些对组装玩具的要求不适用于组装过程构成了玩具玩耍价值的重要部分的玩具。既然该要求是涉及由儿童摔倒在玩具上造成的危险的，那么只要求评估竖直或接近竖直的突起。玩具应以最不利的位置进行测试。构造物的角不包含在此要求内。

沐浴玩具突起的危害，主要为浴盆中设计使用的玩具的坚硬突起可能会导致特定的危险，引起严重的刺破和刺穿伤害。标准附录给出了特别用于沐浴玩具突起的附加设计指南。因为没有用于测定是否符合这些指南的客观工具，所以这些指南不用于判断是否符合本规范。

1.2.5.2　安全分析

该要求旨在把儿童可能摔落在刚性突起（如轴的无保护端、操纵杆和装饰件）而导致皮肤刺破的危险减至最低。该要求的目的是把儿童摔落在刚性突起上可能产生的刺破皮肤的危险减至最小，如无保护的轴端、操纵杆和装饰物。因为眼睛和嘴内部的极端敏感性，该要求将不会也不打算对身体的这些部位提供保护。

设计沐浴玩具突起目的是当儿童在没有穿衣服或穿最少衣服的状态下坐在或跌倒在沐浴玩具上设计的突起特性和结构时，最大限度降低儿童的生殖器和肛门直肠区域的受伤风险。例如：这种潜在危险突起包括（但是不限于）刚性鱼鳍、刚性外壳、漏斗形物和船的桅杆。

1.2.5.3　测试方法与安全评价

在正常使用和滥用试验前，检查样品上是否有可能会刺伤儿童皮肤的刚性突出部件。

如果有可疑突起，例如没有保护的轴端、操作杆、装饰物，则：

① 检查样品是否能以使突起部件向上的方式稳定地放置在某水平面上（对于浴室用的玩具，有水和无水的状态下都要进行判断），并试着对突起施加一个向下的轻力，检查样品是否不翻倒。如果样品很容易翻倒，则样品不大可能存在刺伤儿童皮肤的危险；只有样品的突起部件能以垂直或近似垂直的方向

突出于样品主体，且样品能稳固地置于地面使突起部件竖立向上时，才可能刺伤儿童。

②检查突起是否足够尖硬并有足够长度能刺伤儿童。如果突起比邻近的部件或者表面高出超过10mm，则可能存在刺伤儿童的危险。

1.2.6 可触及尖点（4.9）

1.2.6.1 标准要求

玩具不应有可触及的潜在危险的锐利尖点，这些尖点可能由以下原因产生：玩具结构；装配不牢固的零件，如金属丝、销、钉和U形钉；切割不良的金属片；螺钉上的毛刺；碎裂的木。供成人组装而且在未组装时可能含有潜在危险锐利尖点的玩具应该根据要求进行标识。潜在危险锐利尖点的定义见16 CFR 1500.48。供8岁以下儿童使用的玩具在进行使用和滥用测试之前和之后都应该符合该要求。图1-38为锐利尖点测试器。供48～96个月儿童使用的玩具，如果含有功能必需的、可触及的潜在危险的锐利尖点，例如缝纫玩具中的针，应该带有指定的警告标识。供48个月以下儿童使用的玩具不能有可触及的、危险的功能性尖点。

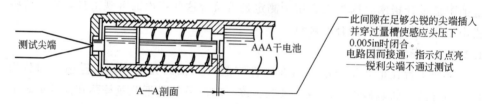

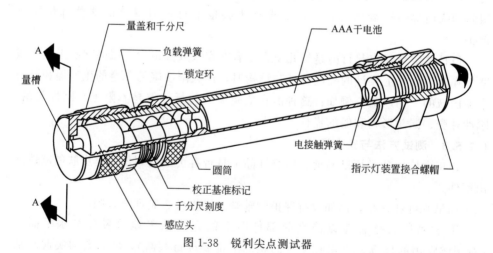

图1-38 锐利尖点测试器

木材在按照适用的程序进行测试之前和之后，玩具中使用的木材的可触及表面和边缘不能有木刺。

1.2.6.2　安全分析

该要求用于防范由玩具上的锐利尖端所导致的皮肤等的刺伤危害，然而不包括可能对眼睛造成的伤害，因为眼睛太脆弱难以防护，为测定尖端是否真的有危险，可用锐利尖端的测试方法，尽管根据测试判为玩具上的尖端是锐利的，但它可能并不产生危险，例子如试管刷的尖端，如用作玩具，它们太软不会刺伤皮肤。

1.2.6.3　测试方法与安全评价

通过模拟手指确定玩具上的所有可触及尖端，再用锐利尖端测试仪进行测试。锐利尖端测试仪的指示灯发亮，则该被测试的尖端被认为是具有潜在危险的锐利尖端。

1.2.7　金属丝或杆件（4.10）

1.2.7.1　标准要求

如果玩具内部使用的金属丝或杆件在使用或合理可预见滥用后变成可触及，应修整末端以防止产生潜在危险的尖点和毛刺，应该把末端折弯，或者加上修整平滑的保护帽或盖。在玩具内部用于加强刚性或保持其形状的金属丝或其他金属材料，如果在适用的最大外力下能够弯曲成60°角，则进行金属丝绕曲测试，不应断裂以致产生危险的尖点、边缘或突起危险。在部件主轴上距离部件与玩具主体交点 (2.00 ± 0.05) in $[(50.0 \pm 1.3)$ mm$]$ 处，或者当部件长度小于 2in（50mm）时在其末端垂直地施加作用力，最大作用力应如下 ［公差为 ± 0.5lb（± 0.02kg）］：

10lbf(45N)　供 18 个月或以下儿童使用的玩具；

15lbf(67N)　供 18 个月以上至 96 个月儿童使用的玩具。

玩具伞的辐条的末端应被保护。如果在按条款（拉力测试）测试时保护件被拉脱，则辐条的末端在按锐利边缘测试和锐利尖点测试时，应没有锐利边缘和锐利尖点。而且，如果保护部件经拉力测试被拉掉，辐条的直径应当最小为 0.08in（2mm），末端应光滑、整圆和近似球状且没有毛刺。

1.2.7.2　安全分析

在玩具内部用于加强刚性或保持其形状的金属丝或其他金属材料，通常设计为供弯曲的金属丝和其他金属部件，以及可能被弯曲的金属丝，不论是否被其他材料覆盖，均应按照弯曲性测试进行测试，以确定其不会断裂并产生锐利尖端。供弯曲的金属丝和其他金属部件通常被用在适合 36 个月以下儿童使用的软体填充玩具中。这类金属丝一旦断裂，最终将会刺破玩具表面并造成危险。设计为供弯曲的金属丝和其他金属部件通常也会在其他类型的玩具中使用，用于使玩具硬化或保持外形。

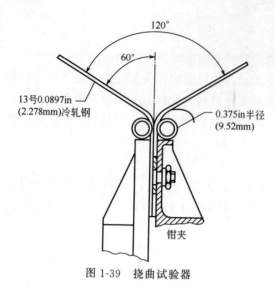

120°

60°

13号0.0897in
(2.278mm)冷轧钢

0.375in半径
(9.52mm)

钳夹

图 1-39　挠曲试验器

1.2.7.3　测试方法与安全评价

玩具应当固定在一个装有钳罩的虎钳上，如图 1-39 所示，上述钳罩用 13 号厚冷轧钢或其他类似材料制成，内部半径为 0.375in（9.5mm）。应向部件的主轴垂直施力使其弯曲 60°，施力点离部件与玩具主体交点（2.00±0.05）in（50mm）；或者，如果部件长度小于 2in（50mm），则在部件末端施力。然后将部件反方向弯曲 120°。上述过程应以每 2s 一个周期的速度重复 30 个周期，每 10 个周期后停 60s。两个 120°弧度的弯曲构成一个周期。

1.2.8　钉和紧固件（4.11）

1.2.8.1　标准要求

钉和紧固件不应产生尖点、边缘、摄入或突起危险。钉或紧固件的尖点不应突出以致被触及。

1.2.8.2　安全分析

此要求考虑到玩具上可触及的钉和紧固件产生的锐利尖端所导致的皮肤等的刺伤危害，以及供三岁以下儿童使用的玩具上的钉和紧固件引起的摄入、窒息危险等。

1.2.8.3　测试方法与安全评价

在进行正常使用和滥用试验前后，用模拟手指检查样品上的钉和紧固件尖端是否可触及。如果样品上的钉和紧固件可触及，进行相关滥用测试后，判断是否产生小零件、锐利边缘、锐利尖点或危险突起。如果样品上的钉和紧固件的尖端可触及，且有锐利边缘、锐利尖点或形成危险突起，则可判定该样品不合格。如果样品上的钉和紧固件脱落，成为小零件，而且玩具是供三岁以下儿童使用的；或有锐利边缘、锐利尖点或危险突起，则可判定该样品不合格。

1.2.9　塑料薄膜（4.12）

1.2.9.1　标准要求

用作零售包装的包装材料或者与玩具一起使用或用作玩具一部分的软性塑料膜袋子和软性塑料片，平均厚度应至少为 0.00150in（0.03810mm），但任何单独测量的实际厚度绝不能小于 0.00125in（0.03175mm）。或者，平均厚度不足 0.00150in（0.03810mm）的薄膜应穿孔，使得在任一 1.18in×1.18in（30mm×30mm）的范围内至少有 1％是空的。该要求不适用于以下情况：

① 作为外包装的收缩膜，通常在顾客打开包装时会被破坏。

② 短边尺寸为 3.94in（100mm）或更小的袋子或塑料膜。袋子的尺寸是以袋子的形式来测量的，而不是剪开成为单层厚度的塑料膜。

1.2.9.2　安全分析

该要求的目的是把可能由薄塑料膜引起的窒息危险的可能性减到最小。

1.2.9.3　测试方法与安全评价

使用能够测量厚度并且精确度达到 4μm 的测量设备（表盘式厚度计或等效的厚度计）。在任一 3.94in（100mm×100mm）区域。对于塑料袋，不伸缩的情况下切割边准备两个单片。取其对角线上 10 个距离相等的点，利用测厚仪测量样品薄膜上十个点的厚度，求出其算术平均值，即薄膜平均厚度。这十次测量的平均厚度不应小于 0.00150in（0.03810mm），并且不能有低于 0.00125in（0.03175mm）最小厚度的测量值。对于塑料袋，剪开侧边，不用伸展，成为两张单片。对于薄膜平均厚度小于 0.00150in（0.03810mm）的，则检查薄膜上是否有孔。如果有，则用内部带 30mm×30mm 开口的金属板框取薄膜上孔面积可能最小的区域（用肉眼观察），再用游标卡尺测量这些区域内的所有孔的直径。如果这些孔不是规则的圆孔或者太小，则用投影仪来测量。计算孔的总面积，然后计算气孔率。

1.2.10　折叠机构（4.13.1）

1.2.10.1　标准要求

（1）折叠机构

含有打算或可能在正常使用中用于承受儿童重量的折叠机构、支臂或撑杆的玩具或其他玩具，应该有锁定装置或其他装置以防止玩具意外或突然移动或崩裂，或者应该有足够的间隙以保护手指、手和脚趾在玩具突然移动或崩裂时没有被压伤、划伤或夹伤的危险。例如：符合此类要求的产品包括（但是不限于）儿童可坐入的玩具手推童车、儿童可坐入的玩具座椅或者儿童尺寸的烫衣板的折叠机构。有一种确定儿童是否可以坐入一个产品的方法是验证座椅宽度可容纳产品适用年龄范围内儿童的臀宽。例如：符合此类要求的产品包括（但是不限于）玩具屋大小的椅子、玩具屋大小的床或者可伸缩的空间。

（2）锁定装置

防止产品意外或突然移动或崩裂的锁定装置或其他装置，在产品放入制造商建议的使用位置时应该自动啮合。在锁定机构或其他装置的测试方法中，在测试进行中及完成之后，装置应该保持在其建议的使用位置。锁定机构或其他装置中的测试，应该不适用于乘用人载荷加力方向与机构崩裂相反的锁定装置或其他装置。

锁定装置应该符合下述两项之任一项：

① 在按照锁定测试方法进行测试时，每个单动装置应该要求最小 10lbf（45N）的力，以启动释放机构；

② 每个双动锁定装置应该要求两个不同且分开的释放动作。双动锁定装置没有力的要求。

1.2.10.2　安全分析

该要求的目的是消除可能会在折叠机构中发生的压伤、划伤或夹伤危险。例如：折叠机构突然崩裂或意外移动，产生剪切作用；对于玩具卡车车身、玩具运土机械以及有关玩具中门、枢轴或铰链连接部分边缘变化间隙的公认和熟悉的危险，这些要求并未涉及。

1.2.10.3　测试方法与安全评价

（1）锁定机构或其他装置

① 按照制造商的建议，安装产品。

② 将产品固定，使正常折叠活动不会受到阻止。

③ 施加 45lbf（200N）的力于产品而不是机构本身之上，力的方向通常与折叠有关。在 5s 时间内逐渐加力，在解除力之前再保持 10s 时间。

④ 在 2min 时间内，执行该程序 5 次。

（2）锁定测试方法

让产品在制造商建议的使用位置，逐渐施加 10lbf（45N）的力于锁定机构上，力的方向趋向于让锁定机构解锁。直至达到最小 10lbf（45N）的力时，锁定机构才应该被解锁。

1.2.11　铰链（4.13.2）

1.2.11.1　标准要求

玩具上的固定部分和重量超过 1/2lb（0.2kg）的活动部分之间沿铰链线有空隙或间隙（见图 1-40）时，如果铰链线上的可触及空隙可容纳直径为 3/16in（5mm）的圆杆，则在铰链线的所有位置也应该能容纳直径为 1/2in（13mm）的圆杆。

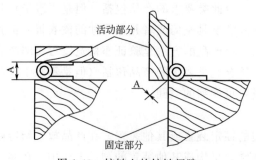

图 1-40　铰链上的铰链间隙

A—铰链线间隙

1.2.11.2　安全分析

该要求的目的是消除可能会在铰链中发生的压伤、划伤或夹伤危险。例如：铰链突然崩裂或意外移动，产生剪切作用；两个铰接部分之间的铰链处间隙改变，使得铰链的任一位置但不是所有位置处的间隙可以插入手指。

1.2.11.3　测试方法与安全评价

用电子天平称量组成铰链的活动部分的重量是否超过 1/2lb（0.2kg），若超过，则进行正常使用试验和滥用试验前后，用 $\phi3/16$in（$\phi5$mm）和 $\phi1/2$in（$\phi13$mm）的金属圆杆在样品上可触及的铰链间隙进行试验。如果在铰链转动过程中，有一处间隙可插入 $\phi3/16$in（5mm）的金属圆杆，则在铰链线的所有位置用 $\phi1/2$in（13mm）的金属圆杆试验。

如果组成铰链的活动部分的重量超过 1/2lb（0.2kg），铰链线上有一处可触及间隙可插入 $\phi3/16$in（5mm）的金属圆杆，而不能在铰链线的所有位置插入 $\phi1/2$in（13mm）的金属圆杆，则可判定样品不合格。

1.2.11.4　测试方法与安全评价

① 用电子天平称量组成铰链的活动部分的重量是否超过 1/2lb（0.2kg），若超过，则进行下面的②。

② 在正常使用试验和滥用试验前后，用 $\phi3/16$in（$\phi5$mm）和 $\phi1/2$in（$\phi13$mm）的金属圆杆在样品上可触及的铰链间隙进行试验。如果在铰链转动过程中，有一处间隙可插入 $\phi3/16$in（5mm）的金属圆杆，则在铰链线的所有位置用 $\phi1/2$in（13mm）的金属圆杆试验。

如果组成铰链的活动部分的重量超过 1/2lb（0.2kg），铰链线上有一处可触及间隙可插入 $\phi3/16$in（5mm）的金属圆杆，而不能在铰链线的所有位置插入 $\phi1/2$in（13mm）的金属圆杆，则可判定样品不合格。

1.2.12　绳、带子和松紧带 （4.14）

1.2.12.1　标准要求

（1）玩具上的绳、带子和松紧带

供 18 个月以下儿童使用的玩具 [不包括拖拉玩具，见（3）] 上含有或系有的绳或松紧带，在松弛状态和承受 5lb（2.25kg）负载时测量，其最大长度应小于 12in（300mm）。如果绳/带子/松紧带或多段绳/带子/松紧带可缠结或与玩具的任何部位连接形成环状，环的周长（包括绳/带子/松紧带末端的珠子或其他附着件）按圈套与绳索测试方法测试时，不应让头部探棒（见图 1-41）通过。特别地，绳圈不应让头部探棒插入深至探棒的底部。绳圈的构造应由组成绳圈的所有部件来决定。例如，图 1-42 中所示产品的绳圈的构造是由细绳 1、细绳 2 和玩具部分组成的。

带有分离结构的绳、带子和松紧带，玩具上的绳、带子和松紧带若含有可让头部探棒的基部通过的环，则应带有功能性的分离结构，测试在小于 5.0lbf

（22.2N）的力时通过松开来防止缠绕。单独分开的绳、带子和松紧带的自由长度不应超过 12in（300mm）的最大长度。分离结构应能够在不改变连接件特性的情况下再连接起来。

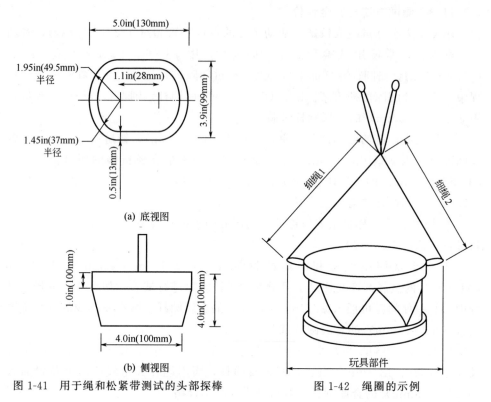

图 1-41　用于绳和松紧带测试的头部探棒　　　　图 1-42　绳圈的示例

（2）自缩拖拉绳

供 18 个月以下儿童使用的玩具中的绳牵引机构的可触及绳索，除直径等于或小于 1/16in（2mm）的单纤维丝外，当完全伸展和保持竖直并且玩具稳定地保持在最易回缩的位置时，施加 2lb（0.9kg）负载，其回缩距离不得超过 1/4in（6mm）。直径为 1/16in（2mm）或以下的单纤维丝按上述方法测试，在承受 1lb（0.45kg）负载时不应回缩。

（3）拖拉玩具

供 36 个月以下儿童使用的拖拉玩具中，长度超过 12in（300mm）的绳、带子和松紧带上不能带有可使其缠绕成环状的珠子或其他附件。

（4）飞行装置的绳和线

连接在用作玩具的飞行装置上超过 6ft（1.8m）长的风筝绳和手牵线，在相对湿度不小于 45% 和温度不超过 75℉（24℃）的条件下，用高压电阻击穿表测量时，其电阻应该超过 $10^8\Omega/\text{cm}$。

（5）供 18 个月及以下儿童用的玩具袋上的绳

用不透气材料制成的玩具袋，若开口周长大于 14in（360mm），不应以抽拉线或绳作为封闭方式。

1.2.12.2　安全分析

这些要求的目的在于把可能由可触及的绳、带子和松紧带引起的潜在缠绕和勒伤危险减到最小。该要求在进行使用和滥用测试的前后均适用。

1.2.12.3　测试方法与安全评价

固定玩具。将头部探棒（见图 1-41）伸入由绳索形成的圈套/开口，锥形的端部先进入，底部平面与开口的平面平行。使探棒底部保持与开口的平面平行，绕探棒的轴线旋转探棒至任意方位；当把探棒推入开口时施加 10lbf（45N）的力。

对于小于头部探棒的锥形的直径的弹性材料或圈套，应在使用头部探棒测试器之前，使用图 1-43 所示的钩子测试器。开始评估时，弹性材料首先绕住底面左边的钩子，然后用拉力磅的钩子钩住弹性材料，把弹性材料拉到底面右边的钩子上，拉力不超过 5.0lbf（22.2N）。然后把弹性材料拉到左边上面的钩子，拉力不超过 5.0lbf（22.2N）。把弹性材料拉到右边，使拉力磅的钩子接近于左边上面的钩子并平行于底面右边的钩子，拉力不超过 5.0lbf（22.2N）。在测试过程中拉力磅的钩子应保持在该位置上。如果弹性材料不能被拉开和保持在该位置上，或者拉开弹性材料的拉力超过 5.0lbf（22.2N），则弹性材料符合该要求。测试顺序如图 1-44(a)～图 1-44(e) 所示。如果玩具主体构成圈套的一部分，则把玩具主体置于钩子测试器开放的右边。按上述方法使用头部探棒来测试。

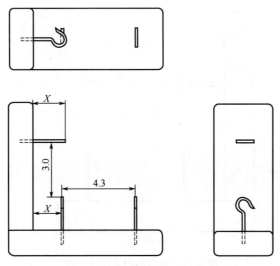

图 1-43　绳索和圈套的钩子测试器

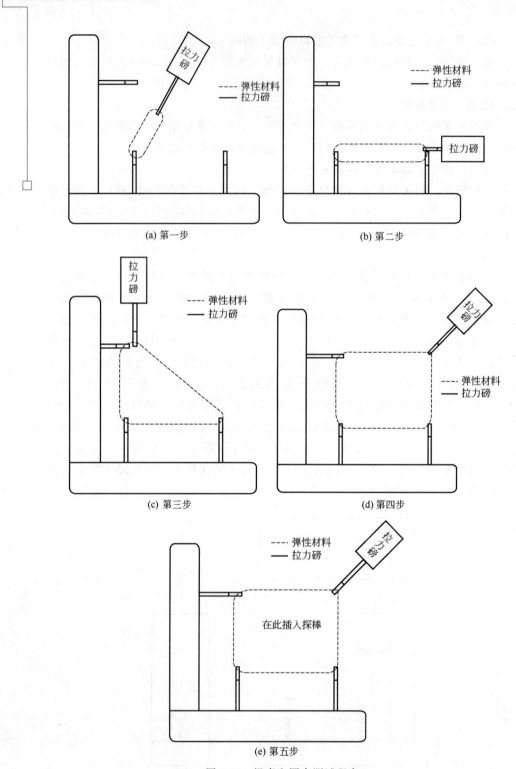

图 1-44 绳索和圈套测试程序

1.2.13　稳定性和超载要求（4.15）

1.2.13.1　标准要求

（1）乘骑玩具和玩具座椅的稳定性

该要求的目的是减少容易倾翻的玩具可能引起的意外危险。该要求考虑了儿童用脚起稳定作用，并认识到在倾斜状态时儿童会本能地进行平衡调节。（2）和（3）列出的要求适用于以下各种供 60 个月或更小的儿童使用的玩具：有 3 个或更多承载轮的乘骑玩具，例如：四轮车；乘骑活动型玩具，例如：摇动木马、摇动玩具（如：马、小汽车）；玩具座椅。该要求不包括一般没有稳定基部的球形、圆柱状或其他形状的乘骑玩具。玩具进行正常和滥用测试后应该符合该要求。

（2）侧向稳定性要求

该要求考虑到两种可能发生的稳定性危险：一种危险与坐上去时脚能起稳定作用的乘骑玩具或座位有关，另一种与脚受封闭结构限制而不能起稳定作用的情形有关。

① 可用脚起稳定作用的侧向稳定性　对于座位离地面高度等于或小于使用年龄组中最小年龄对应表 1-5 所示高度的 1/3，以及儿童的脚在侧面的活动不受限制，因而可起稳定作用的乘骑玩具或玩具座椅，不需要进行侧向稳定性试验。（表 1-5 数值代表以下两组数字中的较小值：a. 1～5 岁，包括 5 岁的每一年龄组男孩的第 5 百分组的身高；b. 1～5 岁，包括 5 岁的每一年龄组女孩的第 5 百分组的身高）。对于其座位离地面的高度大于使用年龄组中最小年龄对应表 1-5 所示高度的 1/3，以及儿童的脚在侧面的活动不受限制，因而可起稳定作用的乘骑玩具或玩具座椅，在按乘骑玩具或玩具座椅的稳定性试验进行测试时，不能倾倒。当使用年龄组中最小年龄介于表 1-5 所列的两个年龄之间时，应选择较低的那个年龄。

表 1-5　第 5 百分组儿童身高（男孩或女孩数值中较小值）

年龄/岁	身高/in(cm)
1	27(69.8)
2	29(74.4)
3	33(85.1)
4	37(93.8)
5	40(100.5)

② 不能用脚起稳定作用的侧向稳定性　如果脚或腿，或者两者，在侧面的运动都受到限制，例如被玩具车的封闭侧面限制，那么乘骑玩具或玩具座椅在按乘骑玩具或玩具座椅的稳定性试验规定进行试验时，表面与水平面的倾斜角改为15°，不能翻倒。

（3）前后稳定性

该要求涉及乘骑者在乘骑玩具或玩具座椅上不能轻易用他的/她的腿起稳定

作用时向前的稳定性；也涉及向后的稳定性，而不管乘骑者是否能用他的/她的腿起稳定作用。规定范围内的所有乘骑玩具或玩具座椅，当加载模拟儿童体重的负荷时，使用乘骑玩具或玩具座椅的稳定性试验测试方法——表面与水平面的倾斜角改为15°，在斜坡上面向上和向下进行测试，不得向前或向后翻倒。乘骑玩具的稳定性测试不仅要在方向盘位于前方位置时进行，而且在位于前偏左和偏右45°角时也要进行。

（4）固定落地式玩具的稳定性

该要求的目的是减少玩具由于门、抽屉或其他可移动部分被拉伸到最大位置时倾倒而可能引起的危险。高度超过30in（760mm）和重量大于10lb（4.5kg）的固定落地式玩具，当放置在10°的斜面上，把所有可移动部分拉伸到最大位置并朝着下坡方向时不能翻倒。玩具进行正常和滥用测试后应当符合该要求。

（5）乘骑玩具和玩具座椅的超载要求

该要求的目的是减少玩具由于不能承受超载负荷而引起的意外危险。所有乘骑玩具、用作座椅的玩具或者设计用于支撑儿童全部或部分体重的玩具，在按照乘骑玩具和玩具座椅的过载测试进行测试时，应该能够支撑施加到座椅或其他这样承载组件上的载荷，不会崩裂而带来危险。（倒塌产生的危险状况包括：暴露出危险边缘或尖端、突起物，压伤或夹伤的危险，以及动力驱动装置）。这个负载应当是玩具使用年龄组的最大年龄对应于表1-6中的体重的3倍。玩具在正常和滥用测试之后，应该符合该要求。

表 1-6　第 95 百分组儿童体重（男孩或女孩数值中较大值）

年龄/岁	体重/lb(kg)
1	28(12.6)
2	29(13.2)
3	42(18.9)
4	43(19.7)
5	50(22.6)
6	59(26.6)
7	69(31.2)
8	81(37.0)
9	89(40.4)
10	105(47.9)
11	121(55.0)
12	120(54.7)
13	140(63.6)
14	153(69.6)

（6）有轮乘骑玩具

含有供沿地面运动的轮子的乘骑玩具应进行有轮乘骑玩具的动态强度测试。有轮乘骑玩具应在正常和滥用测试后再进行测试。

1. 2. 13. 2　安全分析

该要求的目的是减少容易倾翻的玩具可能引起的意外危险。该要求考虑了儿童用脚起稳定作用，并认识到在倾斜状态时儿童会本能地进行平衡调节。前后稳定性涉及乘骑者在乘骑玩具或玩具座椅上不能轻易用他的/她的腿起稳定作用时向前的稳定性；也涉及向后的稳定性，而不管乘骑者是否能用他的/她的腿起稳定作用。对固定落地式玩具稳定性的要求，目的是减少玩具由于门、抽屉或其他可移动部分被拉伸到最大位置时倾倒而可能引起的危险。超载要求的目的是减少玩具由于不能承受超载负荷而引起的意外危险。

1.2.13.3　测试方法与安全评价

（1）乘骑玩具或玩具座椅的稳定性试验

① 把乘骑玩具或玩具座椅放在与水平面成 10°的平滑斜面上。（某些测试要用 15°的斜面）

② 如有转向机构，则将其转到乘骑玩具或玩具座椅最可能翻倒的位置。

③ 塞住任何轮子以限制其转动，但在此之前让小脚轮处于自然位置。

④ 给座位施加静止负载，负载重量对应于表 1-6 的乘骑玩具或玩具座椅拟供使用的年龄组的最大年龄，但不超过 60 个月。如玩具拟供使用年龄组的最大年龄处于表 1-6 的两组之间，选取较高的那组。

⑤ 当玩具放在规定的斜面上时，施加负载，负载的主轴应当垂直于真正的水平面。

⑥ 负载应设计成重心高度为 (8.7 ± 0.5)in$[(220\pm13)$mm]。应该确保横向稳定性的载荷重心在指定就座区的几何中心。

注意每一侧单独测试。

⑦ 所有骑乘玩具的负载重心应固定在指定座位区最前部的后方 1.7in（43mm）处和指定座位区最后部的前方 1.7in（43mm）处。

注意每一侧单独测试。

⑧ 应该确保前后稳定性测试的载荷重心在指定就座区域最前部分向后 1.7in（43mm）处和指定就座区域最后部分向前 1.7in（43mm）处。

注意两个分开测试。

⑨ 如果没有指定的就座区域或者没有指定前后方向，载荷应加在合理情况下预计儿童将会选择乘坐的最不利位置上，该位置通常位于乘骑玩具或玩具座椅的几何中心向内 1.7in（43mm）处。

注意两个分开测试。

（2）乘骑玩具和玩具座椅的过载测试

① 将玩具放在水平平面上。

② 测试载荷应该是玩具预期年龄范围内最高年龄下表 1-6 中所示重量的 3 倍。执行过载要求测试时，应该使得测试与通告的承重能力一致。

③ 如果该数字高于表 1-6 中最小承重能力，当预期年龄范围内的最高年龄落在表 1-6 中所列两个年龄之间时，应该选择其中较大者。

④ 当玩具预期每次承受不止一个儿童的重量时，测试每一个坐着或站立区域（在每个位置分别测试 3 倍重量）。

⑤ 施加等于上述标准所确定重量的静载荷。施加载荷时应该使载荷尽可能靠近所指定坐着或站立区域的几何中心。如果没有指定的坐着或站立区域，那么载荷应该加在合理情况下预计儿童将会选择坐着或站立的最不利的位置。

⑥ 观察在施加静载荷之后 1min 之内，玩具是否会崩裂。

（3）有轮乘骑玩具的动态强度测试

在玩具的站立面或承坐面，将表 1-6 中适当的载荷以对玩具最不利的位置加载到玩具上，保持 5min。按玩具正常使用的位置把负载固定在玩具上。驱动玩具以 (6.6±0.7)in/s 的速度撞向高度为 2in（50mm）的非弹性台阶，共三次。如果玩具拟同时承载不止一个儿童的重量，则同时对每一个承坐面或站立面进行测试。确定玩具是否仍然符合本标准的相关要求。

（4）安全评价

如果乘骑玩具或座位在相应的侧向稳定性的试验中翻倒则不合格。

对于儿童不能轻易地用脚起前后稳定作用的乘骑玩具，在前后稳定性试验中，如果倾翻就不合格。

如果乘骑玩具和玩具座位在超载试验中倒塌并产生危险，就不合格。

1.2.14 封闭的空间（4.16）

1.2.14.1 标准要求

（1）通风

任何由不透气材料制成，有门或盖并封闭着大于 $1.1ft^3$（$0.03m^3$）体积的连续空间，所有内部尺寸均为 6in（150mm）或以上的玩具，应具有下述畅通的通风区域中的一种。

① 至少相距 6in（150mm）的两个或多个开口，每个开口的总面积至少超过 $1in^2$（$650mm^2$），如图 1-45(a) 所示。

② 一个开口，它相当于相隔 6in（150mm）的两个 $1in^2$（$650mm^2$）的通风区域的开口扩展连通了隔开的部分，如图 1-45(b) 所示。当玩具以任意方位放在地板上并接近两个成 90°角的竖直表面——模拟房间角落时，通风开口应畅通无阻。如果用固定隔板或杆（两个或多个）隔开连续空间，使最大内部尺寸小于 6in（150mm）以有效限制连续空间，则通风区域不作要求。

（2）关闭件

属于（1）要求范围内的关闭件（如盖、盖板和门）不能装有自动锁紧装置。关闭件按下述方法处理时，应该能用 10lbf（45N）或以下的力打开。

关闭件处于关闭位置时，在关闭件内部，距离关闭件几何中心 1in（25mm）范围内的任何地方，垂直于关闭件平面向外对关闭件施力。应该使用在 10lbf

（45N）时计量精确度为±0.3lb（0.1kg）的测力计进行力的测量。测力计的刻度盘最小刻度值不应超过 0.2lbf（0.9N），且满刻度量程不应超过 30lbf（130N）。

（3）封闭头部的玩具

用不透气材料制造的封闭头部的玩具，如太空头盔，应该提供畅通的通风区域以便呼吸。通风区域应该至少含有两个孔，总通风面积至少为 2in^2（1300mm^2），两孔至少相距 6in（150mm）。

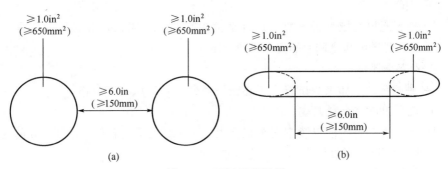

图 1-45　通风面积示例

1.2.14.2　安全分析

该要求的目的是减少儿童可能被困在如玩具冰箱等封闭式玩具内的危险，以及防止如太空头盔等头部封闭式玩具可能产生的窒息危险。

1.2.14.3　测试方法与安全评价

（1）测试方法

① 通风测试

a. 检查封闭式玩具是否由不透气材料制成。如果由不透气材料制成，则继续以下测试。

b. 检查玩具内部封闭的连续空间体积是否大于 1.1ft^3，用三维尺寸测量仪检查玩具内部所有尺寸是否均不小于 6in（即三维尺寸测量仪头部是否能完全进入），如果均符合以上条件，则继续以下测试。

c. 检查玩具内部连续空间是否用固定隔板或杆（两个或多个）隔开，使最大内部尺寸小于 6in 以有效限制连续空间，如不是，则继续以下测试。

d. 检查通风区域是否至少符合下述其中一个条件：

（a）有至少相距 6in 的两个或多个开口，每个开口的总面积都超过 1in^2；

（b）一个开口，它相当于两个 1in^2 的开口扩展连通了隔开的部分，而在 6in 空间的两边都有 1in^2 的通风区域。

e. 将玩具以任意方位放在地板上并接近两个成 90°角的竖直表面（即模拟房间角落）时，检查通风开口是否畅通无阻。

② 关闭件测试

a. 检查封闭式玩具的关闭件（如盖、盖板和门）是否装有自动锁紧装置，如无，则继续以下测试。

b. 用数显推拉力计在距离关闭件几何中心 1in 范围内的任何地方，垂直于关闭件平面向外对关闭件施加力，检查是否可以用不大于 10lb 的力拉开关闭件。

③ 封闭头部的玩具测试

a. 检查封闭式玩具是否由不透气材料制成。如果由不透气材料制成，则继续以下测试。

b. 检查通风区域是否畅通。是否至少含有两个通风孔，总通风面积是否至少为 $2in^2$，两通风孔之间是否至少相距 6in。

（2）安全评价

① 通风测试　如果测试符合下述任一条件，则通风测试合格。

a. 玩具由透气材料制成。

b. 玩具内部封闭的连续空间体积不大于 $1.1ft^3$ 或玩具有任一小于 6in 的内部尺寸（即三维尺寸测量仪头部不能完全进入）。

c. 玩具内部连续空间用固定隔板或杆（两个或多个）隔开，且最大内部尺寸小于 6in。

d. 通风区域符合 d.（a）或（b）中任一条件，且在 e. 测试时通风开口畅通无阻。

② 关闭件测试

a. 如果关闭件装有自动锁紧装置，则评定为不合格。

b. 如果关闭件可用不大于 10lb 的力拉开，则评定为合格。

③ 封闭头部的玩具测试

a. 如果玩具由透气材料制成，则评定为合格。

b. 如果通风区域畅通，且同时满足下述三个条件，则评定为合格：

（a）至少含有两个通风孔；

（b）总通风面积至少为 $2in^2$；

（c）两通风孔之间至少相距 6in。

1.2.15　轮、轮胎和轮轴（4.17）

1.2.15.1　标准要求

该要求适用于供 96 个月或以下儿童使用的预装配玩具和可拆装玩具的运输轮；对于供 36 个月以下儿童使用的玩具所产生的小轮子和轮轴的摄入危险包含在要求四中。对于拆装玩具，应该在装配好的状态下来测试，不管购买者是使用简单的家用工具，或使用制造商提供的专用工具，或两者都使用，在进行使用和滥用测试后，轮子、轮胎或轮轴都不能产生划伤、刺伤或摄入危险。

1.2.15.2　安全分析

该要求的目的是消除在正常使用或合理可预见滥用时小轮子或轮胎脱落所引起的摄入危险，以及玩具上的突出轮轴或滥用时从玩具上脱落的轮子组配件上的突出轮轴所引起的划伤或刺伤危险。

1.2.15.3　测试方法与安全评价

（1）测试方法

① 轮胎的移取　应当夹紧玩具以使轮胎处于垂直状态。将一个如图 1-46 所示的金属丝钩放在下面的轮胎上，如果玩具是供 18 个月或以下的儿童使用的，则金属丝钩应当连接（10.0±0.5)lb(4.5kg）的负载；如果玩具是供 18 个月以上至 36 个月的儿童使用的，负载应当为（15.0±0.5)lb(6.8kg）。上述负载应当用 5s 来逐步施加并再维持 10s。

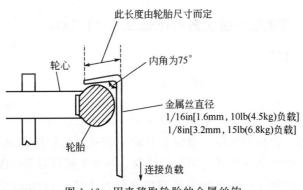

图 1-46　用来移取轮胎的金属丝钩

② 装有咬接式车轴的玩具的试验

应当垂直于轴以最不利的方向施加（15.0±0.5)lb(6.8kg）的负载，该负载通过钩子或线连接到玩具上，位于两轴承之间而邻近于其中一个轴承，保持 10s。该玩具应当水平地夹持在方便试验的装置上，负载应当用 5s 逐步地施加，并保持 10s。如果车轴不能如上所述被钩住，应当将玩具水平夹持，使用能以最不利的方向向轮胎垂直施力的钩子或夹子向一个轮子施加（10.0±0.5)lb(4.5kg）的负载。负载应当用 5s 逐步地施加并保持 10s。

③ 咬接式轮轴组合的压缩试验

本试验用来确定如果轮轴安装有咬接式车轴的玩具的试验所述的程序进行试验被移取时是否符合要求。轮轴组合的放置应当如图 1-47 所示将车轴竖直置于刚性平板的孔洞上方。上述孔洞的

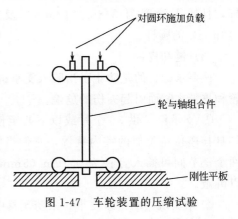

图 1-47　车轮装置的压缩试验

直径应当足以使车轴通过。为了防止影响车轴，（20.0±0.5)lb(89N) 的负载是通过一个合适的圆形适配器施加到上面的车轮的。负载应当用 5s 逐步地施加并保持 10s。在施加负载时，为了保持车轴处在垂直位置，可根据需要将上面的车轮加以导向，但不能妨碍它向下移动。当车轴被推动而穿过某一车轮时，不应形成危险尖端或突起。

（2）安全评价

如果进行完轮胎的移取试验后样品的轮胎脱落，且轮胎是小零件，则可判定该样品此项试验不合格。

如果进行完装有咬接式车轴的玩具的试验后样品的轮胎脱落，经咬接式轮轴组合的压缩试验后，轮轴端部穿出了上轮或下轮，形成危险的突起或尖点，则判定样品此项试验不合格。

1.2.16 孔、间隙和机械装置的可触及性（4.18）

1.2.16.1 标准要求

（1）活动部件间的可触及间隙

该要求只涉及供 96 个月以下儿童使用的玩具中活动部件间的间隙，该间隙存在夹伤或压伤手指或其他附肢的潜在危险。该要求包括（但不限于）：轮子和刚性轮的轮辋槽、挡板的间隙；乘骑玩具轮子和底盘的径向间隙；由电、发条、惯性驱动的玩具的驱动轮和其他部位的间隙。如果上述可触及间隙可容纳直径为 3/16in（5mm）的圆杆，则也应该能容纳直径为 1/2in（13mm）的圆杆以防止手指被夹住。

（2）刚性材料上的圆孔

该要求的目的是防止发生供 60 个月或以下儿童使用的玩具中金属片和其他刚性材料上的可触及孔洞夹住手指的危险（可能切断血液循环）。（非圆形孔被认为不会对夹住的手指产生切断血液循环的严重危险）。任何刚性材料上厚度小于 0.062in（1.58mm）的可触及圆形孔洞如果可容纳直径为 1/4in（6mm）的圆杆，且插入深度为 3/8in（10mm）及以上，则也应该能容纳直径为 1/2in（13mm）的圆杆。

（3）链和皮带

该要求的目的是防止手指陷入支承链的链节之间、链和链轮齿之间，以及滑轮和皮带之间而引起夹伤的危险。

① 支承链　供 36 个月或以下儿童使用的、用来支撑儿童重量的玩具，例如悬挂座位或类似的室内装置，它们当中的链条，如果可触及且在松弛状态时两个链节间可插入直径为 0.19in（5mm）的圆杆，如图 1-48 所示，则应当加以屏蔽。

② 乘骑玩具的链或皮带　乘骑玩具中的传动链和皮带应该加以屏蔽。

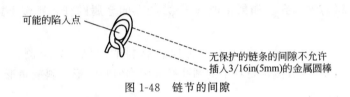

图 1-48　链节的间隙

（4）机械装置的不可触及性

供 60 个月或以下儿童使用的玩具中，发条、电池、惯性或其他动力驱动机构不能有任何存在划伤或夹伤危险的可触及部分。

（5）发条钥匙

该要求的目的是防止发生手指伸入钥匙与玩具主体之间引起的夹伤或划伤危险。该要求适用于供 36 个月以下儿童玩的、并使用了当机械装置松开时会旋转的发条钥匙的玩具。该要求适用于在从刚性表面伸出的杆上连有平板的钥匙，而不适用于扭力施加在圆形旋钮上的钥匙。如果钥匙的爪形把手与玩具主体之间的间隙能容纳直径为 0.25in（6mm）的圆杆，在钥匙的任何位置也应该能容纳直径为 0.5in（13mm）的圆杆。对于该要求所涉及的钥匙，其爪形把手不应有能容纳直径为 0.19in（5mm）的圆杆的开口。

（6）螺旋弹簧

这些要求的目的是防止含有弹簧的玩具对手指或脚趾造成夹伤或压伤危险。构成支撑儿童重量的部件的一部分的螺旋弹簧（不管是在压缩或伸展状态）应该加以屏蔽，防止在使用或合理可预见滥用时被触及，除非出现下述的其中一种情况：

① 不能自由插入直径为 0.12in（3mm）的圆杆；

② 在弹簧先承受 3lb（1.4kg）负荷，再承受 70lb（32kg）负荷的动作周期中，在相邻两圈弹簧的所有点之间能自由插入直径为 0.25in（6mm）的圆杆。

1.2.16.2　安全分析

该要求的目的是消除由于间隙变化可能引起的危险。所列的不同夹伤间隙的要求反映了可能出现的各种不同的套入或夹伤类型。

1.2.16.3　测试方法与安全评价

（1）活动部件与其他部件的可触及间隙

① 检查活动件与其他部件的间隙是否可触及。

② 如间隙为可触及间隙，则用圆杆插入进行试验，要求任一间隙都不能插入 ϕ3/16in（ϕ5mm）的金属圆杆或都能插入 ϕ1/2in（ϕ13mm）的金属圆杆。

（2）刚性材料上的圆孔

① 检查玩具的刚性材料上的圆孔是否可触及。

② 用金属圆杆试验圆孔。如果圆孔可以插入 ϕ1/4in（ϕ6mm）的金属圆杆，且插入深度（用卡尺测量）为 3/8in（10mm）或以上，则用 ϕ1/2in（ϕ13mm）

的金属圆杆试验该圆孔，如果不能插入 $\phi 1/2in$ 的金属圆杆，则按下述步骤③检查圆孔。

③ 用卡尺测量形成可触及圆孔的刚性材料的厚度。如果测出的厚度小于0.062in（1.58mm）或刚性材料上的圆孔横截面类似圆弧形、斜三角形，如图 1-49所示，则不合格。

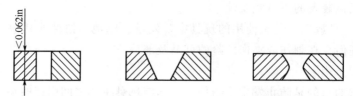

图 1-49　刚性材料上的圆孔横截面示意图

（3）链和皮带

① 检查骑乘玩具，在进行正常试验和滥用试验前后，其上的动力传动链或皮带都应有保护罩保护而不可触及。

② 对于带有用来支承儿童重量的支承链的玩具，如果支承链可触及而且在松弛状态下链节间可插入 $\phi 3/16in$（$\phi 5mm$）的金属圆杆，则支承链必须加保护外罩，使其进行正常使用和滥用试验前后都不可触及。

（4）机械结构的不可触性

在进行正常使用和滥用试验前后检查样品的传动机构，不能有可触及的存在夹伤或划伤儿童危险的部件，如尖利的齿轮等。

（5）发条钥匙

① 用金属圆杆试验样品，在进行正常使用和滥用试验前后，发条机构的钥匙形把手与玩具主体间的间隙如果可插入 $\phi 1/4in$（$\phi 6mm$）的金属圆杆，那么当钥匙形把手处于任何位置时该间隙都应可插入 $\phi 1/2in$（$\phi 13mm$）的金属圆杆。

② 如果钥匙形把手上有圆孔，用金属圆杆试验，应不能插入 $\phi 3/16in$（$\phi 5mm$）的金属圆杆。

（6）螺旋弹簧

① 在进行正常使用和滥用试验前后检查玩具上的弹簧的可触及性。如果弹簧被保护以至于不可触及，则判定样品合格。如果可触及则判定样品不合格，除非满足下面②和③中的一种情况。

② 用金属圆杆试验，弹簧上任何两个相邻的簧圈应不能自由插入 $\phi 0.12in$（$\phi 3mm$）的金属圆杆。

③ 对拉/压簧先施加 3lb（1.4kg）的拉/压力，再施加 70lb（32kg）的拉/压力，在这过程中弹簧上任何两个相邻的簧圈都能插入 $\phi 1/4in$（$\phi 6mm$）的金属圆杆。

1.2.17　仿制保护装置（如头盔、帽子和护目镜）（4.19）

1.2.17.1　标准要求

（1）眼睛保护

所有覆盖面部的刚性玩具，如护目镜、太空头盔或面罩，应该由耐冲击的材料制成，这些材料在进行正常和滥用测试前后不应产生锐利边缘、尖点或能进入眼睛的碎片。本条款既适用于开有眼孔的玩具，也适用于覆盖眼睛的玩具。

（2）模拟安全保护装置的玩具［例子包括（但不限于）建筑头盔和运动头盔］

这些玩具及包装应该根据要求清楚地标识，以警告购买者该玩具不是安全保护装置。

1.2.17.2　安全分析

该要求的目的是减少可能由于例如护目镜或太空头盔制造材料损坏引起的危险，或由于仿制保护装置类玩具如足球头盔和衬垫的穿戴者将其作为真正的保护装置而不是玩具使用而引起的危险等。

1.2.17.3　测试方法与安全评价

用适当的夹具将玩具牢固夹持，使覆盖眼睛的部分或周边的部分（如果开有眼孔）处于水平面。使直径为 5/8in(16mm)，重量为 0.56oz(15.8g)［公差为 +0.03(0.8g)，−0oz］的钢球从距离玩具水平的上平面 50in(1.3m) 的高度处，落在正常使用时覆盖眼睛的区域。如果玩具开有眼孔，则冲击区域为在正常使用中紧邻眼睛的部位。可以利用伸到距玩具约 4in(100mm) 以内的有孔钢管对下落的钢球加以导向，但不能限制。

另外，其还应进行冲击试验、扭力试验、拉力试验、压力试验，在这些测试前后都检查是否产生锐利边缘、锐利尖端或可进入眼睛的松散部件。如果覆盖面部的玩具在相关测试前后产生锐利边缘、锐利尖端或可进入眼睛的松散部件，则评定为不合格。

检查模拟安全保护装置的玩具［例如包括（但不限于）建筑头盔和运动头盔］及其包装上是否有符合要求的警告语，以警告使用者这些玩具不是安全保护装置。若模拟安全保护装置的玩具上及其包装上没有符合要求的警告语，则评定为不合格。

1.2.18　橡胶奶嘴（4.20）

1.2.18.1　标准要求

婴儿橡胶奶嘴应符合 16 CFR 1511 的安全要求。奶嘴测试模板如图 1-50 所示。带橡胶奶头的奶嘴应当符合 F1313 标准规定的亚硝胺含量要求。上述标准规定，在从一个标准生产批中抽取的一个奶头测试样品的三个等分试样中，每一个试样的亚硝胺含量均不得超过 $10\mu g/kg$。此外，样品的亚硝胺总含量不能超过

$20\mu g/kg$。

供 36 个月以下儿童使用的玩具所附带的或一并销售的玩具奶嘴应当符合本标准（小零件）中的要求，或者符合 16 CFR 1511 的要求，或者奶头长度不超过 0.63in（16mm）。该长度应从奶头与防护圈相接处至奶头末端测量而得。

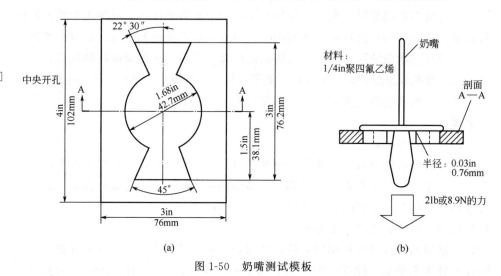

(a) (b)

图 1-50 奶嘴测试模板

1.2.18.2 安全分析

该要求是为了尽量减小奶嘴对 36 个月以下儿童造成的摄入或吸入危险。用于防范供幼儿使用的、通常会经受相当程度的撕扯和磨损的玩具因强度和耐久性不足所导致的危害。

众所周知，幼儿习惯把奶嘴放进嘴里，所以这个年龄组的玩具和玩具部件应有一个最小尺寸以防止内部窒息。同时它们还应有足够的强度以抵抗可能发生的撕扯和磨损。

1.2.18.3 测试方法与安全评价

检查供 36 个月以下儿童使用的玩具所附带的或一并销售的玩具奶嘴是否符合（小零件）的要求，将供 3 岁以下儿童使用的玩具奶嘴以各个方向放入小零件圆筒内，任何方向上都不施加压力，只凭自重，观察它们是否完全容入圆筒。如果能完全容入圆筒则不合格。

通过奶嘴测试模板，测量奶头长度，该长度应从奶头与防护圈相接处至奶头末端测量而得，检查是否不超过 0.63in（16mm）。如果长度超过 0.63in（16mm）则不合格。

1.2.19 弹射玩具（4.21）

1.2.19.1 标准要求

① 这些要求适用于通过发射装置发射自由飞行弹射物的玩具，这些玩具中

弹射物的动能取决于玩具而不是使用者。

a. 由玩具发射的弹射物不能有任何锐利边缘、锐利尖点或可置入小零件圆筒的小部件。

b. 由玩具发射的刚性弹射物，其顶端半径不能小于 0.08in（2mm）。

c. 由玩具发射的、动能超过 0.08J 的刚性弹射物，应当有弹性材料构成的冲击面。

d. 任何保护端应当：（a）进行扭力和拉力测试时不从弹射物上脱离；（b）如果保护端在扭力和拉力测试中未达到规定的扭力或/和拉力就已脱落，则弹射物不能再由提供的发射装置来发射。另外，按弹射物的冲击试验的方法进行测试，保护端射向固体物时不能产生或暴露出危险的尖点和边缘。

e. 上述要求不适用于以下类型的发射装置：不依赖使用者就不能贮存能量的；用来推动地面车辆玩具沿一个轨道或其他表面行驶的；弹射物从发射装置弹出后不能被儿童触及的，如：弹子游戏机或弹球机。

② 发射装置——发射装置应不能发射有潜在危险的、非专用的弹射物，如未经使用者加工的铅笔或卵石。

③ 任何箭都应当带有符合①d. 要求的保护端。

1.2.19.2　安全分析

该要求涉及由发射弹射物的玩具和从该玩具发射非专用弹射物而可能引起的某些（而非全部的）潜在的意外危险。某些众所周知的危险，如弹弓和标枪等传统玩具所固有的危险，不包括在该要求内。

1.2.19.3　测试方法与安全评价

（1）动能的测定

弹射物动能应当由下面的公式求出：

$$动能 = 1/2mv^2 \tag{1-17}$$

式中　m——弹射物的质量，kg；

　　　v——弹射物的速度，m/s。

应该用实验室天平称量试样来测定弹射物的质量 m。弹射物的速度 v 应该这样测定：

由玩具的发射机构发射一个样品通过两道已知距离（s，m）的弹道屏，并记录下通过这一距离的时间（t，s），弹射物的速度应按公式 $v = s/t$（m/s）来计算。

在进行弹射物速度测量试验时，第二个弹道屏应当放在与整个弹射物进入自由飞行的点相距不足 1ft（300mm）再加上一个弹射物的长度的地方（见图 1-51）。由于某些弹射物的飞行特点和其他因素可能会影响弹射物速度测试的准确度，动能公式中的速度 v 值应当是 5 次测量的平均值。

（2）弹射物的冲击试验

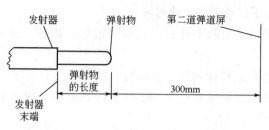

图 1-51　测试弹射物速度测量示意图

注：第一个弹道屏置于发射器端部与第二个弹道屏之间。

弹射物应当由它们的发射装置向一混凝土块墙（或者同等的表面）发射 3 次，墙面与发射器前端的距离为 1ft（300mm）加上弹射物长度。发射装置应当垂直于墙发射。

1.2.20　出牙嚼器和出牙玩具（4.22）

1.2.20.1　标准要求

① 出牙嚼器和出牙玩具应符合 16 CFR 1510 对婴儿摇铃的尺寸要求。摇铃测试仪见图 1-52。出牙嚼器在只受自重作用的情况下和以非压缩状态测试时应当符合该要求。

② 此外，具有近似球形、半球形或圆喇叭形端部的出牙嚼器和出牙玩具应设计为其端部不能进入和通过图 1-53 所示的补充测试器的整个孔洞深度。出牙嚼器在只有自重和非压缩状态测试时应当符合该要求。

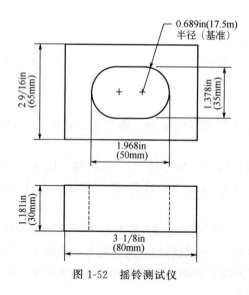

图 1-52　摇铃测试仪

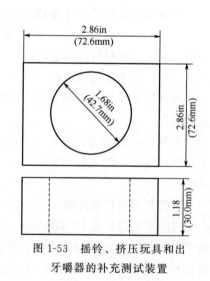

图 1-53　摇铃、挤压玩具和出牙嚼器的补充测试装置

③ 例外——①和②的要求应该不适用于以下情况：

a. 由连接成环状的充液珠子或穿在柔软绳或线上的珠子组成的出牙玩具；

b. 软填充（填塞）出牙玩具或者软填充部分或纺织品部分；

c. 包含于软填充出牙玩具内、主要尺寸小于或等于 1.2in（30mm）的刚性组件。

1.2.20.2　安全分析

本条款要求用于确定与出牙嚼器有关的潜在的塞入危险。条款要求进行正常使用和滥用测试后都适用。

1.2.20.3　测试方法与安全评价

① 在对样品进行适用的正常使用和滥用试验前，将试验器支架上平面调至水平，将摇动声响玩具试验器（椭圆形）放于其上，使被测样品在只有自重作用而非压缩状态下以任意方向伸入试验器的开口，观察样品是否整个或有某部分进入且通过试验器的整个深度，并突出于试验器的下底面。

② 如果样品端部的形状近似球形、半球形或圆喇叭形，则再用摇动声响玩具试验器（圆形）对其端部按上述方法进行测试。

③ 对样品进行适用的正常使用和滥用试验。

④ 重复步骤①、②。

如果在进行正常使用和滥用试验前后，样品在非压缩状态下有任何部分能凭自重以任意方向进入并通过摇动声响玩具试验器（椭圆形）或摇动声响玩具试验器（圆形）并突出于其下底面，则判定该样品不合格。

1.2.21　摇铃（4.23）

1.2.21.1　标准要求

① 婴儿摇铃应符合 16 CFR 1510 规定的安全要求。摇铃测试仪见图 1-52。

② 除了符合 16 CFR 1510 的要求以外，具有近似球形、半球形或圆喇叭形端部的刚性摇铃的设计应使其端部不能进入和穿越图 1-53 所示的补充测试器的整个孔洞深度。摇铃在只受自重作用的情况下和以非压缩状态测试时应符合该要求。这些要求在按第 8 条款进行使用和滥用测试前后均适用。

③ 例外——要求应该不适用于以下情况：

a. 软填充（填塞）摇铃或者软填充部分或纺织品部分；

b. 包含于软填充摇铃内、主要尺寸小于或等于 1.2in（30mm）的刚性组件。

1.2.21.2　安全分析

本条款要求用于确定与摇铃有关的潜在的塞入危险。条款要求进行正常使用和滥用测试前后都适用。

1.2.21.3　测试方法与安全评价

① 在对样品进行适用的正常使用和滥用试验前，将试验器支架上平面调至

水平，将摇动声响玩具试验器（椭圆形）放于其上，使被测样品在只有自重作用而非压缩状态下以任意方向伸入试验器的开口，观察样品是否整个或有某部分进入且通过试验器的整个深度并突出于试验器的下底面。

② 如果刚性摇动声响玩具的端部形状近似球形、半球形或圆喇叭形，则再用摇动声响玩具试验器（圆形）对其端部按上述方法进行测试。

③ 对样品进行适用的正常使用和滥用试验。

④ 重复步骤①、②。

如果在进行正常使用和滥用试验前后，样品在非压缩状态下有任何部分能凭自重以任意方向进入并通过摇动声响玩具试验器（椭圆形）或摇动声响玩具试验器（圆形）并突出于其下底面，则判定该样品不合格。

1.2.22 挤压玩具（4.24）

1.2.22.1 标准要求

① 挤压玩具应符合 16 CFR 1510 规定的对于摇铃的尺寸要求。摇铃测试装置见图 1-52。挤压玩具在只受自重作用的情况下和以非压缩状态测试时应当符合该要求。

② 此外，具有近似球形、半球形或圆喇叭形端部的挤压玩具的设计应使其端部不能进入和穿越图 1-53 所示的补充测试装置的整个孔洞深度。挤压玩具在只受自重作用的情况下和以非压缩状态测试时应符合该要求。

③ 例外——①和②的要求应该不适用于以下情况：

a. 软填充（填塞）挤压玩具或者软填充部分或纺织品部分；

b. 包含于软填充挤压玩具内、主要尺寸小于或等于 1.2in（30mm）的刚性组件。

1.2.22.2 安全分析

该要求用于阐明与供 18 个月以下儿童使用的挤压玩具有关的潜在塞入危险。该要求在进行使用和滥用测试前后均适用。

1.2.22.3 测试方法与安全评价

① 在对样品进行适用的正常使用和滥用试验前，将试验器支架上平面调至水平，将摇动声响玩具试验器（椭圆形）放于其上，使被测样品在只有自重作用而非压缩状态下以任意方向伸入试验器的开口，观察样品是否整个或有某部分进入且通过试验器的整个深度且突出于试验器的下底面。

② 如果样品端部的形状近似球形、半球形或圆喇叭形，则再用摇动声响玩具试验器（圆形）对其端部按上述方法进行测试。

③ 对样品进行适用的正常使用和滥用试验。

④ 重复步骤①、②。

如果在进行正常使用和滥用试验前后，样品在非压缩状态下有任何部分能凭自重以任意方向进入并通过摇动声响玩具试验器（椭圆形）或摇动声响玩具试验器（圆形）并突出于其下底面，则判定该样品不合格。

1.2.23　供连接在童床或游戏围栏上的玩具（4.26）

1.2.23.1　标准要求

（1）伸出物

按制造商说明的方式连接在童床或游戏围栏上的玩具不应有可能引起缠绕危险的伸出物。该要求在进行使用和滥用测试前后均适用。

（2）童床活动玩具

床活动玩具应符合安全标识要求和相关说明要求。

（3）童床锻炼玩具

童床锻炼玩具包括童床练习玩具和类似的供横挂在童床或游戏围栏上的玩具，应符合安全标识要求和相关说明要求。

1.2.23.2　安全分析

这些要求用于尽量减少供连接在童床或游戏围栏上的玩具可能引起的缠绕或勒杀危险。对所有供连接在童床或游戏围栏上的产品的设计应当做到尽量减少由于细绳、带子、松紧带或衣服的某部分缠在产品上而使婴儿处于可能被勒死的危险困境的可能性。良好的童床和游戏围栏环境的设计准则的范例包括以下几点：

① 半径尽可能宽大的圆角；

② 轮廓平滑，尽量减少容易造成细绳、带子、松紧带或松散衣服缠结的突然变化的外形；

③ 使用凹口、沉孔或其他类似方法对五金紧固件隔离；

④ 减少表面之间配合不良而形成缠结的可能性。

1.2.23.3　测试方法与安全评价

（1）测试方法

① 样品按制造商说明的方式连接在童床或游戏围栏上。

② 在按 ASTM 标准对供连接在童床或游戏围栏上的玩具进行正常使用和适用的滥用试验前后，检查玩具是否有可能引起缠绕危险的伸出物。

③ 对于童床活动玩具，检查其是否符合本 ASTM 标准的安全标识要求和使用说明要求。

④ 对于童床锻炼玩具，包括童床练习玩具和类似的供横挂在童床或游戏围栏上的玩具，检查其是否符合 ASTM 标准安全标识要求和使用说明要求。

（2）安全评价

① 如果供连接在童床或游戏围栏上的玩具有可能形成引起缠绕危险的伸出物，则不合格。

② 童床活动玩具如果不能符合本 ASTM 标准的安全标识要求和使用说明要

求，则不合格。

③ 童床锻炼玩具如果不能符合本 ASTM 标准的安全标识要求和使用说明要求，则不合格。

1.2.24 填充玩具和豆袋类玩具 （4.27）

1.2.24.1 标准要求

按照填充玩具和豆袋玩具中的拼缝的拉力试验进行测试后，填充和豆袋类玩具应当符合 ASTM 标准的适用要求。

1.2.24.2 安全分析

由柔软材料制成并具有拼缝（包括，但不限于缝合、黏合、胶合、热封或超声波焊接的拼缝）的填充玩具或豆袋玩具，应当使用规定的及根据玩具拟供使用的年龄组确定的力，对拼缝从任何方向进行单独的拉力试验。

1.2.24.3 测试方法与安全评价

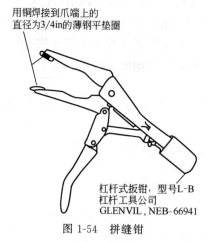

用铜焊接到爪端上的直径为3/4in的薄钢平垫圈

杠杆式扳钳，型号L-B
杠杆工具公司
GLENVIL，NEB-66941
图 1-54 拼缝钳

用于夹住被测拼缝两边材料的夹具应当在爪部装有直径为 3/4in （19mm）的垫圈（见图 1-54）。夹具应当夹住装配完整的填充玩具的表面材料，使直径为 3/4in （19mm）的垫圈的外沿距最近的拼缝线接近但不小于 1/2in （13mm）。如果邻近拼缝的材料不能被测试人员的拇指和食指充分地抓住并用直径为 3/4in （19mm）的垫圈爪完全夹住，则不必做拼缝的拉力试验。如果出现这种情况，则应当对玩具的手臂、腿或其他附属肢体进行扭力和拉力试验，用以代替拼缝试验。

做拼缝拉力试验时，应在 5s 内均匀施加与玩具对应的年龄组一致的力，再维持 10s。

1.2.25 婴儿推车和童车玩具 （4.28）

1.2.25.1 标准要求

婴儿推车和童车玩具应符合安全标识要求。

用线、绳、松紧带或皮带连接，专供横挂于婴儿推车或童车上的玩具，应带有安全标识。这标识应包括信号词 "WARNING"，还至少包括以下的文字：Possible entanglement or strangulation injury when attached to crib or playpen. Do not attach to crib or playpen. （当挂在童床或游戏围栏上时可能发生缠绕或窒息危险。不要挂在童床或游戏围栏上）或清楚传递了同样警告意思的相当的文字。

1.2.25.2　安全分析

这些要求用于尽量减少供横挂于婴儿推车或童车上的玩具可能引起的缠绕或勒杀危险。对所有供横挂于婴儿推车或童车上的玩具的设计应当做到尽量减少由于细绳、带子、松紧带或衣服的某部分缠在产品上而使婴儿处于可能被勒死的危险困境的可能性。

1.2.25.3　测试方法与安全评价

检查用线、绳、松紧带或皮带连接，专供横挂于婴儿推车或童车上的玩具，是否带有符合要求的安全标识。如果有，则合格。

1.2.26　艺术材料（4.29）

1.2.26.1　标准要求

①属于 16 CFR 1500.14（b）（8）中对艺术材料的定义范围内的玩具及玩具部件，应符合美国国家认可的毒理学家的毒性检查要求。如果艺术材料是（或含有）可引起慢性疾病的物质，用来评估艺术材料的备忘录必须在消费者产品安全委员会（CPSC）处备案，其成分列表也必须在该委员会存档。

②属于艺术材料并测定含有危险成分的玩具和玩具部件必须按联邦规定和本标准加上适当的警告标识。不含有危险成分的物件也必须标明它们是符合要求的。

③经测定具有引起慢性疾病危险并要求加贴警告标识的玩具和玩具部件，不适合上幼儿园前的儿童或一至六年级的儿童使用。

1.2.26.2　安全分析

该要求的目的是减少使用艺术材料所产生的慢性健康危害的潜在风险。

1.2.26.3　测试方法与安全评价

检查属于 16 CFR 1500.14（b）（8）中艺术材料定义的玩具和玩具组件，是否按照该条款要求和规范 D 4236 的规定进行标识。

1.2.27　玩具枪标识（4.30）

1.2.27.1　标准要求

①该要求适用于所有具有真枪的基本外观、形状或构造，或上述各项的组合，用作玩具的仿真枪和仿制枪。这包括（但不限于）非功能性手枪、水枪、软性气枪、火药枪、发光枪和开口可发射任何非金属弹射物的枪。

②该要求不适用于下面类型的枪。

a. 不具有任何真枪的基本外观、形状或结构，或上述各项组合的未来派玩具枪。

b. 外观逼真，可作为比例模型，不作玩具使用的且不能发射的收藏品仿古枪。

c. 通过压缩空气、压缩气体或机械弹簧作用，或这几项的组合作用将弹射物发射出去的传统的 B-B 型气枪、彩弹游戏枪或弹丸枪。

d. 具有真枪的外观、形状或构造，或上述各项的组合的装潢、装饰和微型物件，高度不超过 1.50in（38mm），长度不超过 2.75in（70mm），其中长度的测量不包括枪托部分。它们包括放在桌上陈列或装在手镯、项链、钥匙链等上面的物件。

③ 凡属该要求的物件必须按下面任何一种方式做标识和/或制造。进行正常和滥用测试后，标识必须能永久保存，并保持在原位。所谓"永久保存"不包括使用普通油漆或标签作为本节的标识用途。"火焰橙"（blaze orange）颜色是联邦标准 595a 的第 12199 号颜色。

a. 固定在枪管的枪口端作为玩具不可分割部分的火焰橙色塞或鲜橙色塞，凹入枪管的枪口端的距离不能超过 0.25in（6mm）。

b. 覆盖枪管的枪口端周边的火焰橙色带或鲜橙色带至少为 0.25in（6mm）宽。

c. 将玩具的整个外表面用白色、鲜红色、鲜橙色、鲜黄色、鲜绿色、鲜蓝色、鲜粉红色或鲜紫色着色，可以单独着色，也可作为主色调以任何图案与其他颜色结合使用。

1. 2. 27. 2　安全分析

该要求的目的是减少玩具枪被误认为真枪的可能性。

1. 2. 27. 3　测试方法与安全评价

（1）测试方法

① 检查属于玩具枪范畴的样品是否按照下面任一方式标识或制造，并且在按本 ASTM 标准进行正常使用和滥用测试前和后，都要检查样品上的标识是否能永久保存（不包括使用普通油漆或标签作为标识用途）并保持在原位。

② 检查样品是否有固定在枪口端作为不可分割部分的火焰橙色塞或鲜橙色塞：在良好的光线条件下，用肉眼观察，将样品上的火焰橙部分与火焰橙色板对照，是否有明显的颜色差别。用数显卡尺测量火焰橙色塞或鲜橙色塞凹入枪口端的距离是否不超过 0.25in（6mm）。

③ 检查样品是否有覆盖枪口端周边的火焰橙色带或鲜橙色带，如果有，则用数显卡尺测量其宽度是否大于等于 0.25in（6mm）。

④ 检查样品的整个外表面是否用白色、鲜红色、鲜橙色、鲜黄色、鲜绿色、鲜蓝色、鲜粉红色或鲜紫色着色，可以单独用色，也可作为主色调以任何图案与其他颜色结合使用。

（2）安全评价

如果样品的标识不脱落，不褪色，能永久保存并保持在原位上，且符合以下任一条件，则可判定该样品合格：

① 固定在枪口端作为不可分割部分的火焰橙色塞（该颜色需在上述条款 4.2 的检查中与火焰橙色板没有肉眼可见的明显颜色差别）/鲜橙色塞凹入枪口端的距离不超过 0.25in（6mm）。

② 覆盖枪口端周边的火焰橙色带/鲜橙色带的宽度大于等于 0.25in（6mm）。

③ 按步骤（1）④的要求着色。

1.2.28　气球（4.31）

1.2.28.1　标准要求

含有乳胶气球的包装、玩具或游戏用品应符合 16 CFR 1500.19 的标签要求。

1.2.28.2　安全分析

该要求对于任何乳胶气球或任何含有乳胶气球的玩具或游戏用品需要带有警告语，避免因气球的使用不当而引起的窒息危险。

1.2.28.3　测试方法与安全评价

检查含有乳胶气球的包装、玩具或游戏用品上是否标识符合要求的警告语。若有，则合格。

1.2.29　具有接近球形端部的某些玩具（4.32）

1.2.29.1　标准要求

① 具有球形、半球形或圆形喇叭状端部，并且此端部连接于截面积小于端部的轴、把手或支撑物，其设计应使这种端部不能进入和穿过图 1-51 所示的补充测试器的空腔的整个深度。当玩具仅受其自身重量的作用并在不压缩状态下进行测试时，应符合该要求。

a. 玩具供 18 个月及以下儿童使用。

b. 含有接近球形端部的玩具或组件重量小于 1.1lb（0.5kg）。

c. 接近球形、半球形、圆喇叭形或圆顶形的端部邻接一个具有较小横截面的轴、把手或支撑。

> 注：①的要求不适用于软填充（填塞）玩具或者玩具的软填充部分或整个纺织品部分。

② 当仅受其自身重量的作用并在不压缩状态下进行测试时，玩具紧固件（例如：钉子、螺栓、螺钉、木钉）上接近球形、半球形、圆喇叭形或圆顶形的端部，一定不能刺穿图 1-53 所示的补充测试夹具的空腔的整个深度。

②的这一要求适用于符合以下所有标准的玩具紧固件：

a. 紧固件供至少 18 个月但不到 48 个月的儿童使用。

b. 紧固件总长度大于 2.25in（57.1mm）。

　　c. 紧固件的接近球形、半球形或圆顶形的端部，直径大于或等于 0.6in（15mm）。

　　d. 从紧固件的顶点到底边的距离为 1.75in（44.4mm）或更小。

　　② 的要求不适用于以下玩具紧固件：

　　a. 软填充（填塞）或纺织品紧固件；

　　b. 带有非刚性端部的紧固件；

　　c. 组合起来的玩具/紧固件的重量大于 1.1lb（0.5kg）并且绳长度小于 12in（300mm）时，拴到玩具上的紧固件。

　　③ 学前玩偶——该要求用于阐述某些供三岁以下儿童使用的学前玩偶所带来的潜在窒息或阻塞危险。在本项要求范围内的玩偶的特征包括：有圆形、球形或半球形的端部，并通过细颈与一个没有附属肢体的简单圆柱体相连；以及总长度不超过 2.5in（64mm）（见图 1-55）。这包括带有附加或一同成模的帽子或头发等外貌附加物而不影响端部圆形的玩偶。

　　a. 三岁以下儿童使用的学前玩偶应设计成其圆形端部不能进入和穿过图 1-53 所示的补充测试器的空腔的整个深度。玩偶在只受自重作用的情况下测试。

　　b. 豁免——a. 的要求不适用于由纺织品制成的软玩偶。

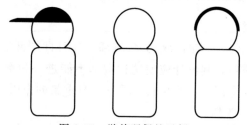

图 1-55　学前玩偶的示例

1.2.29.2　安全分析

　　这些要求用于防范与玩具或玩具组件上接近球形、半球形、圆喇叭形或圆顶形的端部相关的潜在碰撞危险。

1.2.29.3　测试方法与安全评价

　　（1）测试方法

　　① 对于供 18 个月及以下儿童使用的玩具，如果其端部是近似球形、半球形或圆喇叭形，并连接于截面积小于端部的轴、把手或支撑物，而且该玩具不是软填充玩具，或者该端部不是软填充部件或织物部件，则用电子天平称量其重量。如果其重量小于 1.1lb（0.5kg）则按 a. 和 b. 进行测试。

　　a. 用水平尺来检查，将水平支架上平面调至水平。将圆形摇动声响玩具试验器放于其上。

　　b. 不压缩被测样品，使其只受自重作用，将其球形、半球形或圆喇叭形的端部以任意方向伸入圆形试验器的开口。观察端部是否进入并穿过试验器的空腔的整个深度而突出于试验器的下底面。

　　② 对于供 18～48 个月儿童使用的玩具中，如果含有具有近似球形或半球形的端部，且此端部与轴或把手连接有钉子、螺丝钉和螺栓状物体，则用电子天平称量其重量。如果其重量小于 1.1lb（0.5kg），则按 a. 和 b. 进行测试。

　　③ 对于不是由纺织品制成的学前玩偶，按下述方法进行测试。

　　a. 用水平尺来检查，将水平支架上平面调至水平。将圆形摇动声响玩具试验器放于其上。

　　b. 不压缩被测样品，使其只受其自重作用，将学前玩偶的圆形端部以任意方向伸入圆形试验器的开口。观察端部是否进入并穿过试验器的空腔的整个深度而突出于试验器的下底面。

　　（2）安全评价

　　样品的被测端部能够进入并穿过摇动声响玩具试验器的空腔的整个深度，则判定该样品本试验不合格。

1.2.30　弹子（4.33）

1.2.30.1　标准要求

　　弹子应符合 16 CFR 1500.19 的标签要求。供 3～8 岁的儿童使用的含有弹子的玩具和游戏用品，应符合 16 CFR 1500.19 的标签要求。

1.2.30.2　安全分析

　　该要求对于任何弹子或任何含有弹子的玩具需要带有警告语，避免因弹子的使用不当而引起的窒息危险。

1.2.30.3　测试方法与安全评价

　　检查弹子或者含有弹子的玩具和游戏用品是否带有符合要求的警告语标识。若有，则合格。

1.2.31　球（4.34）

1.2.31.1　标准要求

　　① 36 个月以下儿童所使用的球应符合 16 CFR 1500.18（a）（17）的要求。36 个月以下儿童使用的玩具中的松散的球，在只受自身重量作用和不压缩状态下，应不能完全通过图 1-56 所示的模板。能通过该模板的球被确定为"小球"。

　　② 供 3～8 岁的儿童使用的玩具若含有松散小球，应符合 16 CFR 1500.19 的要求。

1.2.31.2　安全分析

　　定义包括球形、卵形或椭球形物体。不存在科学数据用于定义物体长轴和短

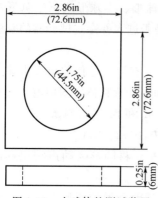

图 1-56　小球体的测试装置

轴的精确比率。然而，现有的理解为这些典型物体的长/短轴之比大于 0.7。圆柱体和带有圆形端部的圆柱体不包括在本定义内。在本标准的后续版本中期望能够引入科学数据来定义一个精确的比率。该要求中涉及的危险和风险不同于"小零件试验器"涵盖的要求。小零件试验器用于防范能进入儿童喉咙下部、足够小的物体。模板 E（小球和吸盘测试）模仿了球能够进入口腔后部咽喉以上的位置并堵塞气道的情况。球形物体一旦陷入硬腭的突脊，由于喉咙的肌肉结构而导致的反射作用的存在，使物体将很难被取出。对于能以任何方向陷入的小球而言，如采用通风孔之类的设计，则需要在小球各个方向上开很多个大的洞，因此通风孔不认为是避免伤害的合适方式。

1.2.31.3　测试方法与安全评价

（1）测试方法

① 调整试验器支架，用水平尺检查其平面是否水平。

② 将小球测试器放在水平支架上，使圆孔的轴线充分竖直，并且圆孔的上下开口没有阻碍。

③ 在只受自身重量作用和不压缩的状态下，将球以任意方向放进圆孔内。

④ 检查球是否能完全通过小球测试器。如果球完全地通过小球测试器，则该球体是"小球"。

⑤ 供 3～8 岁的儿童使用的玩具若含有松散小球，检查是否符合 16 CFR 1500.19 的要求。

（2）安全评价

① 对于供 36 个月以下儿童使用的球或玩具中松散的球，按步骤①～④试验确定为"小球"，则可判定该样品不合格。

② 对于供 3～8 岁的儿童使用的球或者玩具上的球体，按步骤①～④试验确定为"小球"，且没有按要求进行安全标识的，则可判定该样品不合格。

1.2.32　丝球 （4.35）

1.2.32.1　标准要求

在丝球拉力测试过程中脱落的丝球在自重作用下必须不能整个地通过圆孔直径为 1.75in （44.5mm）的测试器（见图 1-56）。在扭力和拉力测试过程中会脱落的丝球的任何部件、碎片或独立丝束，不用进行该测试。对丝球进行测试时，将纤维的自由端放到测量仪器中。

1.2.32.2 安全分析

这些要求用于阐述三岁以下儿童使用的玩具上的丝球脱落所带来的窒息危险。

1.2.32.3 测试方法与安全评价

① 对丝球进行扭力测试

② 如果丝球脱落，按下面的步骤③进行试验；否则，先按下面的 a.、b. 进行试验。

a. 将两把拼缝钳分别夹在丝球和与其连在一起的基础材料上，对丝球进行拉力测试（在 5s 内均匀施力到 15lbf，再维持 10s）。

b. 如果丝球脱落，按步骤③进行试验。否则，丝球符合该要求。

③ 对于在步骤①和②中脱落的丝球，按以下步骤进行试验。

a. 调整试验器支架，用水平尺检查其平面是否水平。

b. 将小球测试器（测试模板 E，如图 1-56 所示）放在水平支架上，使圆孔的轴线充分竖直，并且圆孔的上下开口没有阻碍。

c. 将丝球纤维的自由端放到小球测试器中，在自重作用下以任意方向放进圆孔内。

d. 检查丝球是否能完全通过小球测试器。

④ 在扭力和拉力测试过程中脱落的丝球的任何部件、碎片或独立丝束，不用进行该测试。

对于供三岁以下儿童使用的玩具上的丝球，如果按步骤③测试时丝球能完全通过小球测试器，则可判定该样品不合格。

1.2.33 半球形物品（4.36）

1.2.33.1 标准要求

① 这些要求适用于具有近似于圆形、卵形或椭圆形开口的杯状、碗状或半蛋形的玩具物品，其内径大小介于 2.5in（64mm）和 4.0in（102mm）之间，容积小于 6.0oz（177mL），深度大于 0.5in（13mm），并供 3 岁以下儿童使用。下面的物品豁免该要求：

a. 供饮用的物品（如茶杯）；

b. 适合至少 2 岁儿童的产品中供盛装液体的物品（例如罐子和盆子）；

c. 须具气密性以保持所装物体的功能完整的容器（例如模型黏土容器）；

d. 较大的产品的不可拆卸（经标准的正常和滥用测试确定）的部件（例如：牢固地连接在玩具火车上的碗状烟囱，或在较大的玩具游戏场中注塑成型的游泳池）；

e. 作为当取出玩具后即弃用的零售包装之一部分的容器。

② 属性要求——杯状/碗状/半蛋形物品必须具有至少一项下述特征（a.、b.、c.、d.、e.）。根据这些要求的用意，除非另有所述，开口被定义为最小尺

寸为 0.080in（2mm）的任何形状的孔洞。这些要求在按本标准的正常和滥用测试前和测试后都适用。

a. 当沿着外围轮廓测量时至少有两个距离边缘最小为 0.5in（13mm）的开孔。

（a）如果开口位于物品的底部，至少有两个起码分开 0.5in（13mm）的开孔（见图 1-57）。

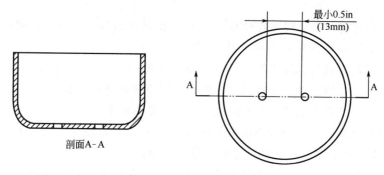

图 1-57　碗底的开孔

（b）如果开孔不是位于物品的底部，至少有两个分开至少成 30°但不超过150°的开孔（见图 1-58）。

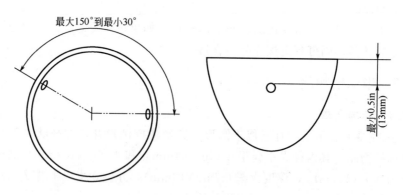

图 1-58　开口的分布

b. 杯子的开口端平面应在中央被一些类型的分隔物隔断，该分隔物距离杯子的开口端平面最多为 0.25in（6mm）（见图 1-59）。

c. 有三个开孔，至少分开 100°，沿着外围轮廓测量时与边缘的距离为0.25in（6mm）～0.5in（13mm）。

d. 围绕着整个边缘有重复的锯齿边缘图案。相邻的锯齿峰的中心线的最大距离应为 1in（25mm）和最小深度应为 0.25in（6mm）（锯齿边缘图案的例子见图 1-60）。

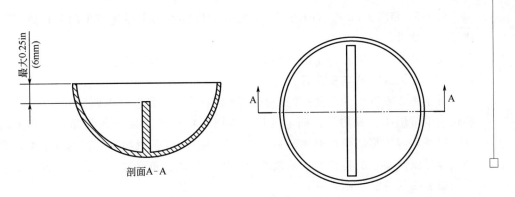

图 1-59 杯子中央的肋板

图 1-60 锯齿边缘图案

e. 有一个最小尺寸不小于 0.66in（17mm）的孔，可位于物品的底部或壁上的任何一处。如果孔位于物品的壁上，则沿外围轮廓测量时，孔的边缘必须距离边缘 0.5in（13mm）以下。

1.2.33.2 安全分析

该要求用于防范特定形状（如杯状、碗状或半蛋状）的玩具由于被放置在儿童的鼻子和嘴上形成气密环境而导致的外部窒息危险。据资料表明，这些危险对 4～24 个月的儿童是致命的，一般到 36 个月的儿童才能基本免于此种危险。（可预见到相同形状的包装会导致同类危险。）

美国 CPSC 的专家分析了事故数据，得出事故中容器尺寸的结论见表 1-7。

表 1-7 尺寸

半球形玩具	范围
直径范围	69～97mm
深度范围	41～51mm
容积范围	100～177mL

工作组观察了儿童使用直径 51～114mm 的杯子的情况。根据观察的数据和产生事故的杯子尺寸，得出结论：64～102mm 的直径的杯子会产生危险。

图 1-57 和图 1-58 所示的两个开孔之间的位置是用于尽量减少两个孔被同时堵住的可能性。

规定开孔的尺寸是为了防止形成真空，而不是用作呼吸孔。

1.2.33.3　测试方法与安全评价

对于供 3 岁以下儿童使用的、具有近似于球形、卵形或椭圆形开口的杯状、碗状或半蛋形的玩具物品，确定玩具是否属于标准要求所指的物品。若确定内径、深度和容积都适用，则测量和检查杯状/碗状/半蛋形物品是否具有至少其中一项满足属性要求的特征。如果被测物品进行测试前和测试后，都具有属性要求中的至少一项特征，则合格。

1.2.34　弹性绳系着的溜溜球（4.37）

1.2.34.1　标准要求

① 对于端部质量大于 0.02kg（0.044lb）的玩具，在玩具以不超过最大速度 80r/min 的任何速度转动时，测得的绳子长度应该小于 50cm（20in）。

② 豁免。

a. 波板球。

b. 踢或扔并返回给使用者，带有超过 70cm（27.6in）长的腕或踝带的运动球。带子的长度应该在产品放到空置水平面上测量。

1.2.34.2　安全分析

这些要求旨在消除由供 36 个月及以上儿童使用的弹性系绳溜溜球玩具造成的潜在绞杀危险。

1.2.34.3　测试方法与安全评价

（1）测试方法

① 将弹性系绳溜溜球玩具在最具潜在危险的预估配置下进行测试。通过供应的不管什么装置（通常是一个小环），拿住弹性系绳玩具。使用任何方便的装置在水平或接近水平的平面内转动玩具，以达到恒定的 80r/min 转动速度或不超过 80r/min 的最大转动速度。

> 注：1. 因为玩具的物理特性，例如：绳子端部物体的大小和质量，转动平面可能不是水平的。
>
> 2. 当绳子没有明显的拿握装置（例如：指环）时，握住的绳子的未加载长度应该是要求的最小长度，防止转动过程中绳子松开。

② 变速钻是达到恒定转速的一种方法。如果用这样的钻子，要将拿握装置固定到刚性凸轮上，如图 1-61 所示。使用长度为 3cm（1.18in）的凸轮，凸轮长度的测量为从转动中心到离转动中心最远的夹持机构的边缘（见图 1-62）。如果有必要，手动启动产品的转动。

③ 测量在转动中绳子完全伸展时的长度。不要求测量绳子的准确长度，如果转动过程中其完全伸展长度大大低于或大大高于50cm（20in）［例如：小于 40cm（16in）或大于 60cm（24in）］。绳子长度不包括端部块件的、拿握装置（如果有的话）或者凸轮（如果使用的话）的长度。

④ 为便于转动过程中进行绳子长度测量，如果有帮助，在不受载荷时沿绳子长度标示两点：绳子与端部块件接合的点和绳子与拿握装置接合的点，如图 1-63 所示。

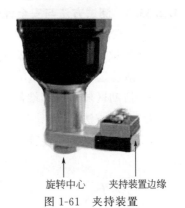

旋转中心　夹持装置边缘

图 1-61　夹持装置

（2）安全评价

如果测得的绳子长度小于 50cm（20in），则合格。

图 1-62　典型的测试装置

图 1-63　标记未负载时的绳

1，2—不受载荷时沿绳子长度标示的两点

1.2.35　磁体（4.38）

1.2.35.1　标准要求

① 玩具一定不能本身就含有松散的危险磁体或危险磁体组件。

② 玩具进行扭力试验和拉力试验以及按照磁体测试方法中规定的磁体使用和滥用试验。

③ 供 8 岁以上儿童使用的嗜好、工艺和科学套件型用品，当成品主要具有游戏价值，并且用品本身就含有松散的危险磁体和/或危险磁体组件时，则不再适用①和②中的要求，而必须符合安全标签要求。

1.2.35.2　安全分析

这些要求用以提出与不超过 14 岁的儿童使用且含有危险磁体的玩具有关的吞食危险。该要求不适用于马达、继电器、喇叭、电器部件及类似装置内部的、没有玩耍价值的磁铁。

1.2.35.3 测试方法与安全评价

（1）磁通密度测量

① 测试设备 直流场高斯计，分辨率为 5 高斯（G），轴型探棒。

a. 活动区域直径为 (0.76±0.13)mm。

b. 活动区域与探棒端部距离为 (0.38±0.13)mm。

② 测试方法

a. 让探棒的端部接触磁体的磁极面。对于（磁体全部或部分嵌入玩具部件中的）磁性组件，让探棒的端部接触组件的表面。

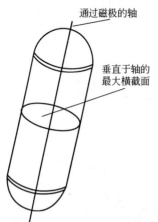

图 1-64 圆形端部的磁体的极面示意图

b. 使高斯计的探棒保持垂直于该表面。

c. 在表面上移动探棒以找出绝对磁通密度最大之处。

d. 记录最大的绝对磁通密度测量值。

（2）磁极面的面积测量

① 测试设备 分辨率为 0.1mm 的卡尺或类似的装置。

② 测试方法 如果磁体是作为磁性组件的一部分而嵌入/附着，则把磁体从组件中取出。如果磁体的磁极面是平的，则用合适的几何公式来计算其面积。如果磁极不是平的（例如：半球形），则磁极面的面积是磁体上垂直于通过磁极轴的最大横截面（见图 1-64）。

> 注：在多极磁体上，使用最大单极的面积，它可以用磁场观察膜或其他相当的用品来测定。

③ 计算 磁通量指数（kG^2mm^2）是用磁体的磁极面积（mm^2）乘以最大磁通密度的平方（kG^2）来计算的。

④ 磁体使用和滥用测试 每一个独特的组件都应该按照本节进行测试。应该使用还没有经受过其他使用和滥用测试的新玩具。本节中的所有测试必须根据每个独特组件的组装顺序进行（即：测试必须按顺序依照 a. ～e. 进行）。

a. 原样循环。应该对原样磁性部件或磁性总成进行预期使用一千（1000）循环。应该将磁性部件集合到开始产生磁引力的距离，放开，然后拉开到停止磁引力的距离。每次附着和分离应该计为一个循环。如果没有随玩具提供其他磁体或磁性部件，那么对于循环的目的应该按照玩具预期游戏模式使用配合金属部件或表面。测试可以自动或手动进行。

b. 冲击测试。将磁性部件或磁性组件按照最可能导致破裂的方向放在平的水平钢表面上，让一块质量为 2.2lb（1.0kg）分布在直径 3.1in（78.7mm）区域的金属重块通过 4.0in（101.6mm）距离落到该磁性部件或磁性组件上。确定是否产生了危险磁体或危险磁性组件。

　　c. 扭矩测试。

　　d. 张力测试。

　　e. 循环。滥用测试之后，重复 a. 中所述的测试。

1.2.36　下颌在把手和方向盘中的卡陷（4.39）

1.2.36.1　标准要求

　　① 用铰链连接到玩具的把手和易弯材料（例如：带子和绳子）制造的把手上的，不适用此项要求。

　　② 可让 0.75in×0.75in×1in（1.9cm×1.9cm×2.5cm）的测试夹具完全穿过的把手和方向盘开口也必须可让 1.5in×2.5in×1in（3.8cm×6.35cm×2.5cm）的测试夹具完全穿过。测试夹具可用任何刚性材料制造。测试夹具的方向应该使得 0.75in（1.9cm）尺寸和 2.5in（6.35cm）尺寸与把手和方向盘开口的主要尺寸平行。

1.2.36.2　安全分析

　　此类要求用于消除在下述供 18 个月以下儿童使用的玩具类别中，儿童下颌有可能被位于铰接部位的把手和方向盘卡住的问题。例如由站立儿童玩弄的活动桌、大体积玩具、固定的地板玩具、由直立行走儿童推动的手推玩具以及乘骑玩具。

1.2.36.3　测试方法与安全评价

　　（1）测试方法

　　对于供 18 个月以下儿童使用的玩具，预定供站立的儿童玩耍的活动桌子、固定的地面玩具、预定供直立行走的儿童推动的手推玩具和乘骑玩具，如果这些玩具中含有可被儿童咬到的把手和方向盘，且该把手不在本试验的豁免范围内，则必须进行此项试验。

　　用嵌入探棒试验把手和方向盘的开口尺寸和插入深度。如果嵌入探棒可完全通过面积为 0.75in×0.75in，深度为 1in 的一端（小尺寸的探头），则用面积为 1.5in×2.5in，深度为 1in 的另一端（大尺寸的探头）来试验，探棒应以 2.5in 的一边沿着把手或方向盘的开口的长边来定位。测试方式见图 1-65。

　　（2）安全评价

　　如果玩具的把手和方向盘的开口不能完全通过嵌入探棒面积为 0.75in×0.75in，深度为 1in 的一端，则判定样品此项试验合格。

　　如果玩具的把手和方向盘的开口能完全通过嵌入探棒面积为 0.75in×0.75in，深度为 1in 的一端，且能完全通过嵌入探棒面积为 1.5in×2.5in，深度为 1in 的另一端，则判定样品此项试验合格。

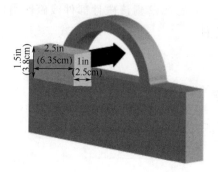
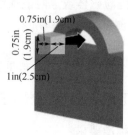

图 1-65　大、小尺寸的探头试验开口尺寸和深度

1.3　中国玩具标准 GB 6675—2003

1.3.1　正常使用（A.4.1）

1.3.1.1　标准要求

玩具应在可预见的正常使用状态下进行测试，以保证在玩具正常耗损的情况下，仍不会出现危险。

标明可洗涤的玩具应按"可洗涤玩具的预处理"方法进行洗涤预处理。

玩具在测试前和测试后，均应满足标准的相关要求。

1.3.1.2　安全分析

本测试的目的是模拟玩具的正常使用模式，因此该测试与合理可预见滥用测试无关。本测试用以发现玩具的潜在危险，而非用来证明玩具的可靠性。

在本部分中，按相关测试方法测试，正常使用测试不合格仅指发现存在潜在危险。

玩具应进行适当的测试以模拟玩具可预见的具体使用方式。供儿童启动玩具用的部件（如：操作杆、轮子、门扣、扳机、线、链等），应能重复使用；弹簧或动力驱动的玩具也应按相同的方式进行测试。

测试应在预期使用的环境下进行，如：供在浴缸中使用的玩具应在肥皂水中进行测试，而供在沙池中使用的玩具也应置于沙池中进行测试。

由于本部分涉及各类玩具，所要求的测试不可能覆盖所有玩具，但制造商和分销商应做足够的测试以确保玩具模拟了在预期使用寿命期间内的正常使用。

1.3.1.3　测试方法与安全评价

（1）测试方法

通过查看玩具的包装盒、使用说明、宣传品等了解玩具的具体使用或操作方法，以及预定的各种使用方式。对于某些常见的、传统的玩具，可以按习惯的方式来使用。玩具中可以活动的部件，要反复地使用，例如：对于电池驱动的玩具，要装上电池，开动其各种功能；对于可以转动的铰链要多次转动，机械发条要拧紧后让它走动。

要尽量地在预期的使用环境中进行试验。例如：供在浴缸中使用的玩具应在肥皂水中进行试验；而供沙池中使用的玩具在试验过程中必须置于沙池中。

对于在玩具、玩具包装或其说明书上标明可机洗的玩具，在进行其他项目的试验前必须先经洗涤处理。除非制造商用永久性的标识指明了不同的清洗和干燥方法，否则按下面的程序进行洗涤：开始测试前，应确定每个玩具的质量。除非玩具制造商在永久标识上指定了不同的洗涤方法，其他可洗涤玩具用洗衣机和滚筒干衣机进行洗涤和干燥 6 次。

任何商业售卖的家用洗衣机、干燥机和清洗剂均可用于本测试。

> 注：1. 考虑我国洗衣机的类型，可选用波轮式或滚筒式洗衣机。
>
> 待洗涤的玩具加上添加织物，总干重最小为 1.8kg，一起放入全自动洗涤机器中，使用温水，在标准洗涤模式下洗涤约 12min。
>
> 根据生产者的说明书，甩干玩具及添加的织物。
>
> 2. 对于其他类型洗衣机的设置：温水指水温约为 40℃，标准负荷是所用洗衣机的平均负荷。

当甩干后质量未超过洗涤前的干重的 10% 时，应认为玩具已甩干了。

（2）安全评价

在本试验前和后，如果样品满足标准的相关要求，则可判定该样品合格。

1.3.2　可预见的合理滥用（A.4.2）

1.3.2.1　标准要求

玩具在经过相关正常使用测试后，如无特别说明，对于预定供 96 个月以下儿童使用的玩具，应按"可预见的合理滥用测试"方法进行滥用测试。

玩具在测试前和测试后，均应满足标准的相关要求。

1.3.2.2　安全分析

本测试的目的是通过跌落、拉、扭等儿童可能的滥用行为，将玩具的结构危险展示出来，这类模拟测试称为可预见的合理滥用测试。

测试的严厉程度应按预定玩具的年龄组确定，如果玩具预定供使用的年龄组跨越不同的年龄组，玩具必须按最严厉的要求进行测试。

玩具经测试后，应仍符合本部分其他相关条款的要求。

1.3.2.3　测试方法与安全评价

（1）测试方法

① 跌落测试

表 1-8 玩具的年龄组与对应跌落试验参数

年龄段	质量/kg	跌落次数	跌落高度/cm
18 个月以下	<1.4	10	138±5
18 个月及以上至 96 个月以下	<4.5	4	93±5

a. 属于表 1-8 列明质量限量以内的玩具，应跌落在规定的撞击面上。跌落次数和跌落高度的确定也应根据表 1-8 的规定来确定。玩具应以随机方向跌落。

b. 撞击面应由额定厚度约 3mm 的乙烯基聚合物片材组成，乙烯基聚合物片材附着在至少 64mm 厚度的混凝土上，该表面应达到邵尔硬度 D80±10，面积至少为 0.3m^2。

c. 对电动玩具，应装上推荐电池进行跌落试验。如果没有指定电池的规格型号，应使用质量可能最重的通用电池。

d. 每次跌落后，让玩具自行静止。继续跌落前，应检查和评估样品。

② 大型玩具的倾倒测试

a. 慢慢将玩具推过其平衡中心倾倒在"跌落测试"描述的撞击面上，倾倒玩具三次，其中一次样品应处于最不利的位置。

b. 每次倾倒后，应使玩具自行静止。继续倾倒前，应检查和评估样品。

③ 有轮乘骑玩具的动态强度测试

表 1-9 动态强度测试的负荷   单位：kg

年龄段	负荷
36 个月以下	25.0±0.2
36 个月及以上	50.0±0.5

a. 按表 1-9 确定合适的负荷，以最不利的位置在玩具的站立面或座位上加载 5min。

b. 在与玩具的正常使用一致的位置，固定负荷。

c. 以 2m/s±0.2m/s 的速度驱动玩具向 50mm 高的非弹性台阶撞击 3 次。

d. 如果玩具能同时承载两个或以上儿童的体重，则应同时测试每个坐下或站立的位置。

④ 扭力测试

a. 玩具上任何可能被儿童拇指和食指抓起或牙齿咬住的玩具突出物部分或组件应进行本测试。

b. 按合理的测试位置固定好玩具，使用扭力测试用夹具将测试物件夹好。

c. 用扭力计或扭力扳手按顺时针方向施加 0.45N·m±0.02N·m 的扭力至：

（a）从原来的位置已转过 180°；

（b）已达到要求的扭力。

d. 5s 内施加最大的转角或最大的要求扭力，并保持 10s。移去扭力，测试部件回到松弛状态。

e. 按逆时针方向重复上述测试过程。

f. 设计用来与棒或杆牢固装配并一起转动的可接触突出物、玩具部分或组件，应用夹具夹住上述棒或杆以防一起转动。

g. 由制造商用螺丝固定或按制造商说明用螺丝固定的玩具部件，在施加规定扭力时，如果上述部件松动，则继续施加扭力至已达到所规定的扭力或上述部件松脱；如果该测试部件在小于规定扭力限量时，明显继续转动而又不会松脱，则应终止测试。

h. 如果该测试部件脱落后，导致该样品其他可被夹住的可接触部件暴露在外，则应对该部件进行扭力测试。

⑤ 一般拉力测试

a. 玩具上任何可能被儿童拇指和食指抓起或牙齿咬住的玩具突出物部分或组件应进行本测试。

b. 拉力测试应在进行"扭力测试"的同一部件上完成。

c. 试验专用夹具的使用不应影响部件和玩具之间的完整结构，加载装置应是精度为 ±2N 的拉力计或其他适合的测量仪器。用合适的夹具将试样固定在一个适宜的位置。

d. 在 5s 内，平行于测试部件的主轴，均匀施加 70N±2N 的力并保持 10s。

e. 移去拉力夹具，装上另一个适合于垂直主轴测试施加拉力负载的夹具。

f. 在 5s 内，垂直于测试部件的主轴，均匀施加 70N±2N 的力并保持 10s。

⑥ 填充玩具和豆袋类玩具的拼缝拉力测试

a. 由柔软材料制成、具有拼缝的［包括（但不限于）缝合、黏合、热封或超声波焊接的拼缝］填充玩具或豆袋类玩具，应进行拼缝拉力测试。

b. 用于夹住材料拼缝两边的拼缝钳应附有 φ19mm 的圆盘（见图 1-66）。

c. 拼缝钳夹住装配完整的填充玩具的表面材料，使 φ19mm 的圆盘的边缘在拼缝最近处接近拼缝线且距离不小于 13mm。

d. 在 5s 内，均匀施加 70N±2N 的力并保持 10s。

e. 如果测试人员通过拇指和食指，不能将临近拼缝的材料用 φ19mm 的圆盘的拼缝钳夹住，拼缝测试可不进行。在这种情况下，应在玩具的臂、腿或其

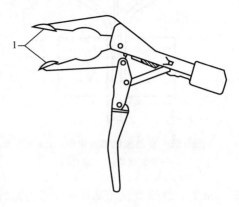

图 1-66　拼缝钳
1—平圆盘

他部位，按"扭力测试"和"一般拉力测试"要求进行测试。

⑦ 毛球拉力测试　毛球应按"扭力测试"要求进行测试和进行如下的拉力测试：

a. 拼缝钳应有一个 ϕ19mm 的圆盘（见图 1-66），一个拼缝钳夹住毛球，另一个拼缝钳夹住玩具材料；

b. 在 5s 内，均匀施加 70N±2N 的力并保持 10s。

⑧ 保护件拉力测试　在 5s 内，对被测试保护件均匀施加 70N±2N 的拉力并保持 10s。

⑨ 压力测试

表 1-10　压力测试　　　　　　　　　　　　　　　　单位：N

年龄段	压力
36 个月以下	114.0±2.0
36 个月及以上至 96 个月以下	136.0±2.0

a. 任何进行"跌落测试"时不能被跌落板触及但能被儿童触及的玩具表面部位应进行本测试。

b. 按表 1-10 规定的玩具的适用年龄组，确定试验压力大小。

c. 加载装置应是一个 ϕ30mm±1.5mm、最小厚度为 10mm 的刚性金属圆盘。圆盘边缘应倒角成半径为 0.8mm 的圆弧，以消除不规则边缘。

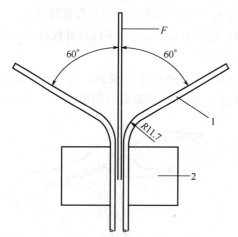

图 1-67　挠曲测试器（单位：mm）
1—冷轧钢板；2—老虎钳

d. 将圆盘安装在精度为±2N 的适宜压力计上。

e. 将玩具以适宜的位置放在一个硬质平面上，使圆盘的接触平面与受试表面平行。5s 内通过圆盘均匀施加所需的力并保持 10s。

⑩ 挠曲测试

a. 本测试适用于玩具中起柔韧支撑作用的金属丝或杆件。

b. 将玩具固定在一个装有护罩的虎钳上（见图 1-67），该护罩由冷轧钢或其他类似材料制成，弯曲部位外半径为 11.7mm±0.5mm。

c. 在离试验部件与玩具主体交点 50mm 处，向垂直试验部件的主轴方向施力 70N±2N，并使其弯曲 60°。如果试验部件从支撑点突出的部分小于 50mm，则在部件末端施力。

d. 然后，将金属丝反方向挠曲 120°。将上述过程以每 2s 一个周期的速度重复 30 个周期，每 10 个周期后停 60s。两个 120°弧度挠曲构成一个周期。

（2）安全评价

按上述方法试验前和后，如果样品满足标准的相关要求，则可判定该样品合格。

1.3.3　材料（A.4.3）

1.3.3.1　标准要求

（1）材料质量

所有材料目视检查应清洁干净，无污染。材料的检查应通过经正常矫正后的视力目视检查而非放大检查。

（2）膨胀材料

进行"小零件测试"能完全容入小零件试验器的玩具或玩具部件，经"膨胀材料测试"时，任何部分膨胀不应超过原尺寸的 50%。

不适用于玩具种植箱内的种子。

1.3.3.2　安全分析

（1）材料质量

本要求的目的是规定玩具使用全新的材料或经过处理（且处理后的有毒物质的污染水平不应超过新材料的污染水平）的材料。且应无来自动物或昆虫的污染。

（2）膨胀材料

本要求用来降低某些吞入后能显著膨胀的玩具所带来的危险。

曾发生过儿童吞入此类玩具导致死亡的事故。

1.3.3.3　测试方法与安全评价

（1）测试方法

① 材料质量　用肉眼观察，检查玩具上的材料是否清洁干净，无污染，如是否没有灰尘、油污等污渍和来自动物或害虫的污染。

② 膨胀材料　把由膨胀材料制造的玩具和玩具部件（下文称为待测样品）按"小零件测试"要求进行测试，检查它们是否能够完全容入小零件试验器。如果能，则进行下述步骤。

将待测样品放在温度为 21℃±5℃、相对湿度为 65%±5% 的环境中预处理至少 7h。

用游标卡尺测量待测样品在 X、Y、Z 方向上的最大长度，分别是 L_{X1}、L_{Y1} 和 L_{Z1}，并在待测样品上作出相应的标记。

把去离子水装入烧杯或适当容品中，使水温稳定在 21℃±5℃。将待测样品完全浸没在烧杯或容器内的水里，确保水量足够，使到测试末期还有多余的水。放置 2.0±0.5h。

用夹子把样品取出，用 1min 的时间排干多余的水。

按样品上的标记重新测量这些在 X，Y，Z 方向上的最大长度 L_{X2}、L_{Y2} 和 L_{Z2}。按公式计算出相对原尺寸的膨胀百分比，如：X 方向上的膨胀率 $R_X = (L_{X2} - L_{X1}) \div L_{X1} \times 100\%$。

（2）安全评价

① 材料质量　如果玩具上的材料清洁干净，无污染，则可判定样品合格。

② 膨胀材料

a. 如果样品由于机械强度不足，无法用夹子取出则认为样品符合标准要求。

b. 如果待测样品的任何一个尺寸膨胀超过 50%，则可判定样品不合格。

1.3.4　小零件（A.4.4）

1.3.4.1　标准要求

（1）36 个月以下儿童使用的玩具

预定供 36 个月以下儿童使用的玩具及其可拆卸部件，按"可预见的合理滥用测试"的要求测试后脱落的部件，按"小零件测试"要求测试时均不应完全容入小零件试验器。

本条也适用于玩具碎片，包括（但不限于）溢边、塑料碎片、泡沫材料碎片等。

本条不适用于下列玩具或玩具部件：

① 书籍或其他用纸或纸片做成的物品；

② 书写工具（如蜡笔、粉笔、铅笔及钢笔）；

③ 造型黏土或类似物品；

④ 指画颜料、水彩、套装颜料及画刷；

⑤ 绒毛；

⑥ 气球；

⑦ 纺织物；

⑧ 纱线；

⑨ 橡皮筋。

⑩ 本身不是小零件的音频和/或视频光盘。

（2）36 个月及以上但不足 72 个月儿童使用的玩具

预定供 36 个月及以上但不足 72 个月儿童使用的玩具或其可拆卸部件如能容入"小零件测试"要求的小零件试验器，应设警示说明。

玩具或其包装上应有类似以下的警示：

"警告！不适合 3 岁以下儿童使用。内含小零件。"

"警告！不适合 3 岁以下儿童使用"此句可用 GB/T26710 中规定的图标代替。

特定危险的提示应标注在玩具、包装或使用说明书内。

（3）36 个月及以上儿童使用且含有磁体的玩具

本要求不适用于电机、继电器、喇叭、电器部件及类似装置内部的、无玩耍价值的磁铁。

36 个月及以上儿童使用的玩具，如果本身含有松散磁体或磁体部件，或者在按"可预见的合理滥用测试"要求进行测试后有磁体或磁体部件脱落，磁体或磁体部件在按"小零件测试"要求测试时能完全容入小零件试验器，应设警示说明。

玩具或其包装上应标有以下警示："警告！本玩具含有磁体或磁性部件。磁体在人体内相吸或吸附于金属物，会造成严重的甚至致命的伤害。若吞咽或吸入磁体需立即就医。"或者其他类似的、清晰易懂的警示语。

1.3.4.2　安全分析

（1）36 个月以下儿童使用的玩具

此要求的目的在于减少由于小零件（如：小玩具或小配件）对儿童造成的摄入或吸入窒息危险。

发泡材料制成的玩具在按"可预见的合理滥用测试"要求进行测试时，脱落的小零件被视为危险物。这同样也适用于软体玩具中的经"可预见的合理滥用测试"要求进行测试后可触及的发泡材料。

由于木制玩具上的木节是天然的，且不同玩具不会有相同的木节，因此不能由具有松散木节的单个玩具来得出关于此类产品安全水平的结论。然而，木制玩具上能被轻易拉出或推出的小木节应视为可拆卸的小部件。

（2）36 个月及以上但不足 72 个月儿童使用的玩具

此要求的目的在于减少由于小零件（如：小玩具或小配件）对儿童造成的摄入或吸入窒息危险。

（3）36 个月及以上儿童使用且含有磁体的玩具

此要求的目的在于提出 36 个月及以上儿童使用且含有磁体的玩具有关吞食的危险。

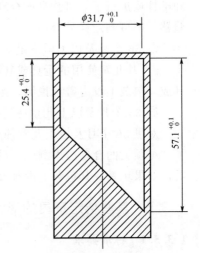

图 1-68　小零件试验器（单位：mm）

1.3.4.3　测试方法与安全评价

（1）测试方法

① 小零件测试　在无外界压力的情况下，以任一方向将玩具放入如图 1-68 所示的小零件试验器内。

对玩具的可拆卸部件及按"可预见的合理滥用测试"要求进行测试后脱落的部件，重复上述测试程序，确定玩具或任一可拆卸部件或脱落部件是否可完全容入小零件试验器。

② 36 个月及以上但不足 72 个月儿童使用的玩具　供 36 个月及以上但不足 72 个月儿童使用的玩具或其可拆卸部件，按"小零件测试"要求进行测试时，如能完全容入小零件试验器，则检查玩具是否满足下述要求：玩具或其包装上是否标有类似"警告！不适合 3 岁以下儿童使用。内含小零件。"的警示。或者将"警告！不适合 3 岁以下儿童使用"此句用图 1-69 所示的图标代替，并在玩具、包装或使用说明书内标注特定危险的提示。

图 1-69　年龄警告的图标

a. 圆圈和斜杠应为红色；

b. 背景应为白色；

c. 年龄组和脸形轮廓应为黑色；

d. 图标的直径最小尺寸应为 10mm，且不同组成部分按比例排布如图 1-69 所示；

e. 玩具不适用的年龄范围必须以年为单位表示，如：0～3。

③ 36 个月及以上儿童使用且含有磁体的玩具　在无外界压力的情况下，以任一方向将磁体或磁体部件放入如图 1-69 所示的小零件试验器。

对按"可预见的合理滥用测试"要求进行测试后脱落的磁体或磁体部件，重复上述测试程序，确定是否可完全容入小零件试验器。

（2）安全评价

① 36 个月以下儿童使用的玩具　若供 36 个月以下儿童使用的玩具及其可拆卸部件或进行了"可预见的合理滥用测试"后脱落的部件不能完全容入小零件试验器，则可判定样品合格。

② 36 个月及以上但不足 72 个月儿童使用的玩具　对供 36 个月及以上但不足 72 个月儿童使用的玩具或其可拆卸部件，能完全容入小零件试验器，如果玩具或其包装上没有警示说明，则可判定样品不合格。

③ 36 个月及以上儿童使用且含有磁体的玩具

对供 36 个月及以上儿童使用的玩具中的松散磁体或磁体部件，或者在进行了"可预见的合理滥用测试"后脱落的磁体或磁体部件，能完全容入小零件试验器，如果玩具或其包装上没有警示说明，则可判定样品不合格。

1.3.5　某些特定玩具的形状、尺寸及强度（A.4.5）

1.3.5.1　标准要求

（1）挤压玩具、摇铃及类似玩具

本条款①和②适用于下列玩具（软体填充玩具、玩具的软体填充部分、纺织物部分不适用）：

a. 供 18 个月以下儿童使用的挤压玩具；

　　b. 摇铃玩具；

　　c. 出牙器及出牙玩具；

　　d. 儿童健身器的支脚。

　　也适用于下列供无人帮助下不能独立坐起的幼小婴儿使用的质量小于 0.5kg 的其他玩具，如：

　　a. 供横越童床、游戏围栏和婴儿车串起来的玩具的可拆卸部件；

　　b. 婴儿健身器上的可拆卸部件。

　　① 该类玩具应设计成在进行"某些特定玩具的形状及尺寸测试"时，任何部分都不能突出于测试模板 A 的底部的形状。

　　② 对于带有球形、半球形或有圆形端部的玩具，应设计成在进行"某些特定玩具的形状及尺寸测试"时，这些端部不应突出于补充测试模板 B 的底部的形状。

　　（2）小球

　　小球是指进行"小球测试"后能完全通过小球测试器的任何球形物品。

　　① 供 36 个月以下儿童使用的玩具不应是小球或含有可拆卸的小球。

　　② 供 36 个月及以上但不足 96 个月儿童使用的玩具如果是小球或含有可拆卸的小球，或者是进行"可预见的合理滥用测试"后脱出的小球，应设警示说明。

　　警示说明的要求：如果玩具是一个小球或玩具内含小球，玩具或其包装上应标有类似以下的警告："本玩具是一个小球，可能产生窒息危险，不适合 3 岁以下儿童使用。"

　　或者："本产品内含小球，可能产生窒息危险，不适合 3 岁以下儿童使用。"

　　（3）毛球

　　供 36 个月以下儿童使用的毛球在经过"毛球拉力测试"后如被拉脱，进行"毛球测试"时，应不能完全通过毛球测试器。在毛球拉力或扭力测试中从毛球上脱落的任何部件、组块或独立丝束，不应进行"毛球测试"。

　　（4）学前玩偶

　　除纺织物做成的软体玩偶外，供 36 个月以下儿童使用的学前玩偶如果满足：

　　① 头顶部是圆形、球形或半球形，由收窄的颈部连接圆筒形的无其他附件的躯干；

　　② 总长度不超过 64mm （见图 1-70）。

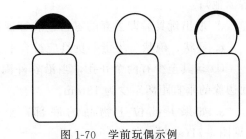

图 1-70　学前玩偶示例

　　则其圆形端部应不能容入并穿透"学前玩偶测试"中的学前玩偶测试器的整

个深度；该要求同样适用于附加或模塑有类似帽子或头发等部件而不影响端部为圆形的玩偶。

（5）玩具奶嘴

供 36 个月以下儿童使用的玩具奶嘴的奶头长度应不超过 16mm，该长度是从奶头底部挡板到奶头最端部的距离。

注：真正的奶嘴应符合国家的相关规定。

（6）气球

乳化橡胶制造的气球应设警示说明。

包装上应有类似以下的警告：

"警告！未充气或破裂的气球，可能对 8 岁以下儿童产生窒息危险，需要在成人监护下使用，将未充气的气球远离儿童，破裂的气球应立即丢弃。"

（7）弹珠

玩具弹珠、含有可拆卸弹珠的玩具或进行"可预见的合理滥用测试"后可能脱出弹珠的玩具，其包装上应设警示说明。

如果玩具是一个弹珠或玩具内含弹珠，玩具或其包装上应标有类似以下警告：

"本玩具是一个弹珠，可能产生窒息危险，不适合 3 岁以下儿童使用。"

或者："本产品内含弹珠，可能产生窒息危险，不适合 3 岁以下儿童使用。"

（8）半球形玩具

本要求适用于具有近似圆形、卵形或椭圆形开口的杯状、碗状或半蛋形的玩具，其开口内部的长轴与短轴都介于 64mm 和 102mm 之间，容积小于 177mL，深度大于 13mm，并供 36 个月以下儿童使用。

以下玩具免于本要求：

a. 在适用于 24 个月及以上儿童的产品中供盛装液体的物品（例如罐子和盆子）；

b. 必须具气密性以保持所装物体的功能完整的容器（例如造型黏土容器）；

c. 经"可预见的合理滥用测试"后仍为不可拆卸的较大产品的部件（例如：牢固地连接在玩具火车上的碗状烟囱，或在较大的场景类玩具中注塑成型的游泳池）；

d. 取出玩具后即丢弃的零售包装容器；

e. 杯状、碗状、半蛋形玩具应符合下述①～④中至少一项要求。

① 玩具至少有两个开孔，当沿着外围轮廓测量时，这些开孔与玩具开口平面边缘的垂直距离至少为 13mm。

a. 如果开孔位于物品的底部，至少有两个起码分开 13mm 的开孔［见图 1-71（a）］。

b. 如果开孔不是位于物品的底部，至少有两个分开至少 30°但不超过 150°的开孔［见图 1-71（b）］。

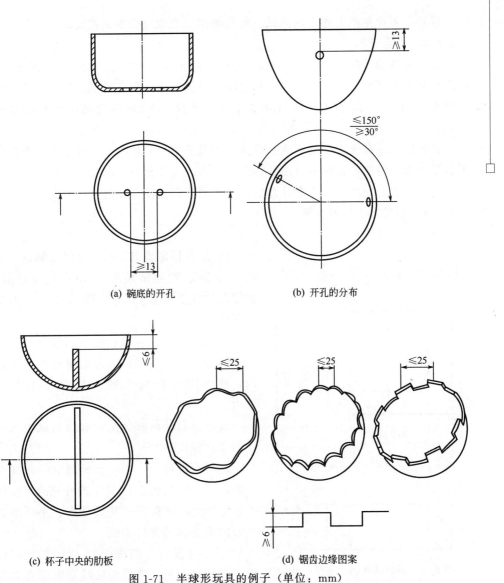

(a) 碗底的开孔　　　　　　　　　(b) 开孔的分布

(c) 杯子中央的肋板　　　　　　　　　(d) 锯齿边缘图案

图 1-71　半球形玩具的例子（单位：mm）

② 杯子的开口端平面应在中央被一些类型的分隔物隔断，该分隔物距离杯子的开口端平面最多为 6mm；分隔物隔断的例子为用一块肋板在开口端平面中央分隔［见图 1-71(c)］。

③ 有三个开孔，至少分开 100°，沿着外围轮廓测量时与边缘的距离为 6~13mm。

④ 整个边缘为重复的齿状。相邻的齿峰的中心线的最大距离应为 25mm，且最小深度应为 6mm。齿状边缘图案的例子见图 1-71(d)。

上述开孔的定义为最小尺寸为 2mm 的任何形状的孔洞。

133

进行"可预见的合理滥用测试"前和测试后都应符合本条款要求。

1.3.5.2 安全分析

这些条款的目的是为了减小某些玩具会对儿童造成的哽塞和/或窒息危险。此类玩具由于其可能存在设计或结构缺陷，导致可进入婴儿嘴部并阻塞咽喉。同时指出供 18 个月以下儿童使用的出牙器、牙胶/牙咬玩具及挤压玩具的潜在危险。

何种玩具适合于无帮助不能独立坐起的儿童和 18 个月以下的儿童主要取决于以下因素：制造商标明的合理的标识、广告、宣传材料、市场惯例。

一般认为儿童从 5～10 个月开始，可无须帮助地独立坐起。

1.3.5.3 测试方法与安全评价

（1）测试方法

① 某些特定玩具的形状及尺寸测试　将图 1-72 所示的测试模板 A 用夹具固定好，使槽的轴线基本垂直并使槽的上下开口处畅通无阻。

调整被测试的玩具，使其以最有可能进入并穿过测试板内的槽的方向将玩具放入槽内，使作用在玩具上的力仅是它本身的重力。

观察玩具任何部分是否穿过测试模板的孔的全部深度。

对具有近球形、半球形或圆形的张开端部的玩具，应用图 1-73 所示的补充测试模板 B 重复上述测试程序对其近球形、半球形或圆形的张开端部进行测试。

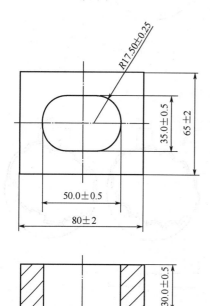

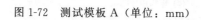

图 1-72　测试模板 A（单位：mm）

② 小球测试　将图 1-74 所示的测试模板放置好并夹紧，使槽的轴线基本垂直并使槽的上下开口处畅通无阻，将球放置在最可能允许其通过测试模板槽口的位置进行测试，并保证作用在球上的力仅是其重力。确定球是否能完全通过测试模板。

如果球完全地通过小球测试器，则该球体是"小球"。

供 37 个月及以上至 96 个月儿童使用的玩具如果是小球或含有可拆卸的小球或经"可预见的合理滥用测试"后可脱出小球，检查是否已设警示说明，玩具或其包装上是否标有类似以下的警告：

"本玩具是一个小球，可能产生窒息危险，不适合 3 岁及以下儿童使用。"

或者："本产品内含小球，可能产生窒息危险，不适合 3 岁及以下儿童使用。"

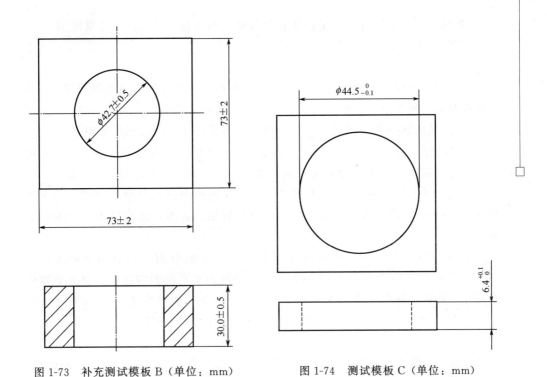

图 1-73　补充测试模板 B（单位：mm）　　　图 1-74　测试模板 C（单位：mm）

③ **毛球测试**　将图 1-74 所示的测试模板放置好并夹紧，使槽的轴线基本垂直并使槽的上下开口处畅通无阻，将毛球放置在最有利于通过测试模板槽口的位置进行测试，并先将纤维的自由端放进测试模板。并保证作用在毛球上的力仅是其自身的重力。

确定毛球是否能完全通过测试模板。

④ **学前玩偶测试**　将图 1-73 所示的补充测试模板 B 放置好并夹紧，使槽的轴线基本垂直并使槽的上下开口处畅通无阻。将学前玩偶放置在最有利于圆形末端通过测试模板槽口的位置进行测试，保证作用在玩具上的力仅是其自身的重力。

确定圆形末端是否穿透测试模板的孔的整个深度。

⑤ **玩具奶嘴**　用钢直尺测量奶嘴的奶头长度，即从奶头底部挡板到奶头最端部的距离。

⑥ **气球**　检查气球是否由乳化橡胶制成。

如气球由乳化橡胶制成，则检查气球的包装是否附有类似以下的警告：

"警告！未充气或破裂的气球，可能对 8 岁及以下儿童产生窒息危险，需要在成人监护下使用，将未充气的气球远离儿童，破裂的气球应立即丢弃。"

⑦ **弹珠**　检查符合定义的玩具弹珠或含有可分离弹珠的玩具其包装是否标有以下类似警示说明：

"本玩具是一个弹珠，可能产生窒息危险，不适合 3 岁及以下儿童使用。"

或者："本产品内含弹珠，可能产生窒息危险，不适合 3 岁及以下儿童使用。"

对于内含弹珠的玩具（如弹子游戏机）进行"可预见的合理滥用测试"后如有弹珠脱落，检查玩具包装上是否标有以下类似警示说明：

"本产品内含弹珠，可能产生窒息危险，不适合 3 岁及以下儿童使用。"

⑧ 半球形玩具　对于供 36 个月以下儿童使用的、具有近似于圆形、卵形或椭圆形开口的杯状、碗状或半蛋形的玩具物品，先确认是否适用于本条款。

a. 外径和深度的确定　用半球形玩具开口直径测试规测量。如果外径大小为 64～102mm，深度大于 13mm，则再确定容积。否则，该玩具不属于本测试范围。

b. 容积的确定　把干燥的被测物品放在水平的桌面上或其他平面上，用 100mL 的量筒分两次量取共 177mL 的水，缓慢地倒入被测物品中。如果容器中有开孔，要先用透明胶带贴在容器里面以封住开孔。如果在注入 177mL 水的过程中，水从被测物品中溢出，表明其容积小于 177mL，则结合后面（a）的结果，可判定玩具适用于本条款。

在按"合理可预见滥用测试"进行测试前和测试后，按下面（a）～（d）中适用的条款测量和检查杯状、碗状、半蛋形物品是否具有至少其中一项的特征。

（a）是否至少具有两个开孔。使用 ϕ2mm 的金属圆杆测量开孔的大小，看是否能自由地通过——只有能允许 ϕ2mm 的金属圆杆自由通过的孔洞才算是本程序所指的开孔。然后用数显卡尺或投影仪沿着物品外围轮廓测量开孔与边缘的最小距离，看是否至少为 13mm，检查是否符合以下要求。

如果开口位于物品的底部，用数显卡尺测量其距离，是否至少分开 13mm。

如果开孔不是位于物品的底部，用投影仪或半球形玩具开口夹角测试器和量角尺测量它们分开的角度是否至少有 30°，但不超过 150°。

（b）检查杯子的开口端平面是否在中央被分隔物隔断，用数显卡尺测量该分隔物与杯子的开口端平面的距离，是否不超过 6mm。

（c）对于有三个开孔的物品，用投影仪或用半球形玩具开口夹角测试器和量角尺测量它们分开的角度是否至少为 100°，并用数显卡尺沿着外围轮廓测量开孔与边缘的距离，是否为 6～13mm。

（d）如果围绕着物品的整个边缘有重复的锯齿边缘图案，则用数显卡尺测量相邻的锯齿峰的中心线的距离，是否不超过 25mm；深度是否大于或等于 6mm。

（2）安全评价

① 挤压玩具、摇铃及类似玩具

a. 如果样品在测试中穿过测试模板 A 槽孔的全部深度或有任何部分突出于

测试模板 A 底面，则可判定样品不合格。

b. 近似球形、半球形或圆形喇叭状端部的样品如果在测试中穿过测试模板 B 槽孔的全部深度或有任何部分突出于测试模板 B 底面，则可判定样品不合格。

② 小球

a. 对于供 36 个月以下儿童使用的球或玩具中松散的球，按"小球测试"方法确定为"小球"，则可判定该样品不合格。

b. 对于供 37 个月及以上至 96 个月儿童使用的球或者玩具上可拆卸的球或经"可预见的合理滥用测试"后可脱出的球，按"小球测试"方法确定为"小球"，且没有按要求标识警示说明的，则可判定该样品不合格。

③ 毛球　对于供 36 个月以下儿童使用的玩具上的毛球，如果在扭力或毛球拉力测试中脱落，且按上述方法测试时毛球能完全通过小球测试器，则可判定该样品不合格。

④ 学前玩偶　如果在"学前玩偶测试"中，样品的被测端部能够进入并穿过摇动发声玩具试验器（圆形）孔的整个深度，则可判定该样品不合格。

⑤ 玩具奶嘴　如果玩具奶嘴的奶头长度超过 16mm，则可判定该样品不合格。

⑥ 气球　乳化橡胶气球如无附有类似上述的警告语，则可判定样品不合格。

⑦ 弹珠　玩具弹珠、含有可分离弹珠的玩具或经"可预见的合理滥用测试"后会脱出弹珠的玩具，如果其包装无标明相应的警示说明，则可判定样品不合格。

⑧ 半球形玩具　如果被测物品在按"合理可预见滥用测试"进行测试前和测试后，都具有上面（a）～（d）中的至少一项特征，则合格。

1.3.6　边缘（A.4.6）

1.3.6.1　标准要求

（1）可触及的金属或玻璃边缘

① 供 96 个月以下儿童使用的玩具上的可触及金属或玻璃边缘在进行"锐利边缘测试"时不应有危险锐利边缘。

如果可触及边缘未通过"锐利边缘测试"，则应结合使用年龄和可预见的使用情况，来评估该边缘是否存在不合理的伤害危险。

② 如果潜在的金属和玻璃锐利边缘紧贴在玩具表面，且与表面的间隙不超过 0.5mm，则该边缘认为是不可触及的（例如：搭接和折叠边缘）。

③ 电导体金属片、玩具显微镜的盖玻片和载玻片的边缘认为是功能性边缘，无须警示说明。

（2）功能性锐利边缘

① 供 36 个月以下儿童使用的玩具不应有可触及的功能性危险锐利边缘。

② 供 36 个月及以上但不足 96 个月儿童使用的玩具（如玩具剪刀、玩具工具盒等）因功能必不可少时允许存在功能性锐利边缘，但应设警示说明，且不应存在其他非功能性锐利边缘。

警示说明的要求：36 个月及以上但不足 96 个月的儿童使用的玩具含有功能性部件所必需的可触及锐利边缘时，应在玩具包装上标注"存在锐利边缘"。

（3）金属玩具边缘

供 96 个月以下儿童使用的玩具的可触及金属边缘，包括孔和槽，不应含有危险的毛刺或斜薄边，或将金属边折叠、卷边或形成曲边，或用永久保护件、涂层予以覆盖。

无论用何种方法处理边缘，均应通过"锐利边缘测试"。

（4）模塑玩具边缘

供 96 个月以下儿童使用的模塑玩具的可触及边缘、边角或分模线不应有危险的锐利的毛边或溢边，或加以保护使之不可触及。

（5）外露螺栓或螺纹杆的边缘

螺栓或螺纹杆可触及的末端不应有外露的危险锐利边缘或毛刺，或其端部应由光滑的螺帽进行覆盖，使锐利的边缘和毛刺不可触及。任何保护性圆帽在经"可预见的合理滥用测试"的跌落试验过程中不管是否与撞击面接触，还应满足"压力测试"、"扭力测试"和"一般拉力测试"的测试要求。

1.3.6.2 安全分析

这些要求的目的是为了减小玩具上的锐利边缘的割伤危险。

由于目前无塑料边缘的有效的测试方法，本部分仅指金属和玻璃边缘。但生产者在设计玩具及生产玩具的过程中应尽量避免产生塑料锐利边缘。

判断锐利边缘是否真正危险应以主观评估作为补充判断。因为某些玩具的边缘经测试判定为锐利边缘，但实际上并不产生危险。

可用手指划过边缘来确定边缘上是否存在毛刺。如要判定为不合格，其粗糙度应足够大以令其通不过锐利边缘测试。

已经证实，不可能制造出无锐利边缘的导体（例如用在电池箱上的导体）。且该危害已被视为轻微的，因此这类边缘是允许的。

1.3.6.3 测试方法与安全评价

（1）测试方法

① 可触及的金属或玻璃边缘

a. 玩具部分或部件的可触及性测试

（a）原则：用关节式可触及探头伸向玩具被测部分或部件，如果其轴肩之前的任何部件能接触到玩具的部分或部件，该部分或部件被视为可触及。

（b）仪器：关节式可触及探头。关节式可触及探头，如表 1-11 的规定和图1-75 所示，由刚性材料制成，除 f 和 g 公差为±1mm 外，其余尺寸公差为±0.1mm。

表 1-11　可触及探头尺寸　　　　　　　　　　单位：mm

年龄组	探头	尺寸						
		(a)	b	c	d	e	f	g
36 个月以下	A	2.8	5.6	25.9	14.7	44.0	25.4	464.3
36 个月及以上	B	4.3	8.6	38.4	19.3	57.9	38.1	451.6

注：玩具跨越两个年龄组时应使用两个探头分别进行测试。

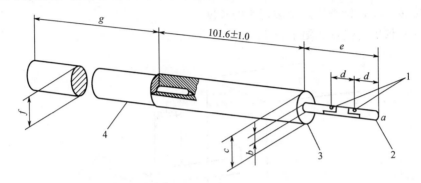

图 1-75　可触及探头（单位：mm）

1—轴；2—轴肩；3—球半径（a）；4—延长部分

程序：将玩具上所有不需要使用工具就可移取的部件移取下来。

如玩具附带工具，则玩具上能用该工具拆卸的所有部件都应被移取。

如ⓐ～ⓒ所述，以任何方式将适用的关节式可触及探头伸向被测试的玩具部分或部件，每个探头可旋转 90°以模拟手指关节的活动。根据需要，探头可在任一接头处绕轴转动以便接触玩具部分或部件。

注：如果玩具部分是一邻近平面的锐利尖端，而且尖端与平面之间的间隙不超过 0.5mm，则该尖端就被认为不可触及，ⓑ中规定的程序无需进行。

ⓐ 任何孔、缺口或其他开口的最小开口尺寸（见注）如果小于适用探头的轴肩直径，探头插入深度为到轴肩部分为止。

注：最小开口尺寸指可通过开口的最大球体的直径。

ⓑ 任何孔、缺口或其他开口在使用探头 A 时，其最小开口尺寸如果大于探头 A 的轴肩直径但小于 187mm；或在使用探头 B 时，其最小开口尺寸大于探头 B 的轴肩直径，但小于 230mm，则插入一适用带延伸部分的探头（见图 1-75），使其在任何方向都达到上述孔、缺口或最小开口尺寸的 2.25 倍以确定测试可触及的总插入深度，测量值可从开口的平面上任何一点得到。

ⓒ 任何孔、缺口或其他开口在使用探头 A 时，其最小开口尺寸为 187mm 或以上，或在使用探头 B 时，其最小开口尺寸为 230mm 或以上，测试可触及性的总插入深度不受限制。除非在原来的孔、缺口或开口内还有其他孔、缺口或开

口，其尺寸应符合本条ⓐ或ⓑ。在这种情况下，按ⓐ或（2）中的适用程序进行测试。如果两种探头都需要使用，应采用 187mm 或以上的最小开口尺寸确定不受限制的插入深度。

确定玩具部分或部件是否可以被探头轴肩前部的任一部分触及。

b. 锐利边缘测试

（a）原则：将自粘测试带按要求贴在芯轴上，然后使芯轴沿被测试的可触及边缘旋转 360°，检查测试带被切割的长度。

（b）仪器：仪器如图 1-76 所示。

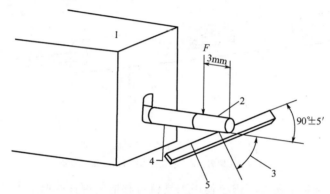

图 1-76　锐利边缘测试装置

1—测试装置——便携式或非便携式，可向芯轴施加一定的外力使之转动；2—单层 PTFE 测试带；
3—改变角度寻找最不利位置；4—芯轴；5—待测试的边缘

ⓐ 钢制芯轴　芯轴的测试表面不能有划痕、凹痕或毛刺，在按 GB/T 3505 标准测量时，其表面粗糙度 Ra 不应大于 $0.40\mu m$；按 GB/T 230.1 标准测试时，其表面洛氏硬度不应小于 40HRC，芯轴直径应为 9.53mm±0.12mm。

ⓑ 转动芯轴和施力的装置　动力装置应使芯轴在其 360°旋转行程中的一部分（75%）以 23mm/s±4mm/s 的恒定切线速度转动，芯轴启动和停止应平稳。无论是便携式或非便携式和以任何适当方式设计的装置应能垂直于芯轴的轴心线，向芯轴施加 6N 的力。

ⓒ压敏型聚四氟乙烯带　聚四氟乙烯带（PTEE）的厚度应为 0.066～0.090mm。黏合剂应为压敏型硅氧烷聚合物，厚度为 0.08mm，自粘测试带的宽度不应小于 6mm。在测试中，自粘测试带的温度应保持在 20℃±5℃。

（c）测试程序：待测试的边缘应为经"玩具部分或部件的可触及性测试"后确定的可触及边缘。

固定好玩具，使向芯轴施力时，被测试的可触及边缘不应产生弯曲或移动，且确保支架离被测边缘至少为 15mm。

如果为测试某一边缘应移取或拆卸玩具的某些部分，而被测试边缘的刚度会因此受到影响，则可将边缘支起，使其刚性大致相当于组装完好的玩具上该边缘的刚性。

在芯轴缠绕一层自粘测试带，为进行测试提供充足的面积。

缠绕自粘测试带的芯轴放置的位置应使其轴线与平直边缘的边线成 $90°\pm5°$ 角，或与弯曲边缘的检查点的切线成 $90°\pm5°$ 角，同时当芯轴旋转一周时（见图 1-79），应使自粘测试带与边缘最锐利部分接触（即最不利的情况）。

向芯轴施加 $60_{-0.5}^{0}$ N 的力，施力点与自粘测试带边缘相距 3mm，并使其绕芯轴的轴线靠测试边缘旋转 $360°$，轴芯旋转过程中要保证芯轴与边缘之间无相对运动。如果上述程序会引起边缘弯曲，则可向芯轴施加一个刚好不会使边缘弯曲的最大的力。

将自粘测试带从芯轴上取下，同时不应使自粘测试带割缝扩大或划痕发展为割裂。测量自粘测试带被切割的长度，包括任何间断切割长度。测量测试中与边缘接触的自粘测试带长度。计算测试中被切割的自粘测试带长度百分比。如果自粘测试带超过 50% 被完全割裂，则该边缘被视为锐利边缘。

② 功能性锐利边缘

a. 检查供 36 个月以下儿童使用的玩具是否有可触及的功能性危险锐利边缘。

b. 供 36 个月及以上但不足 96 个月的儿童使用的玩具（如玩具剪刀、玩具工具盒等）如因功能必不可少而存在功能性锐利边缘，检查是否有警示说明，是否存在其他非功能性锐利边缘。

注：用作电导体金属片和玩具显微镜的盖玻片和载玻片的边缘被视为功能性边缘，无需警示说明。

③ 金属玩具边缘

a. 检查供 96 个月以下儿童使用的玩具的可触及金属边缘，包括孔和槽，是否没有危险的毛刺或斜薄边；或者是否将金属边折叠、卷边或形成曲边；或者用永久保护件、涂层予以覆盖。

b. 对已经过处理的边缘，是否通过了"锐利边缘测试"。

④ 模塑玩具边缘　检查供 96 个月以下儿童使用的模塑玩具的可触及边缘、边角或分模线是否有危险的锐利的毛边或溢边，或是否加以保护使之不可触及。

⑤ 外露螺栓或螺纹杆的边缘　如果螺栓或螺纹杆的末端可触及，检查其是否有外露的危险锐利边缘或毛刺；或者其端部是否有光滑的螺帽保护以使危险锐利边缘和毛刺不外露，并对保护螺帽进行跌落、扭力、一般拉力、压缩等滥用测试（应注意的是，不管跌落试验时螺帽是否与撞击面接触，都必须进行压缩测试），检查保护螺帽是否脱落。

（2）安全评价

① 可触及的金属或玻璃边缘　对于供 96 个月以下儿童使用的玩具，如果含有可触及的潜在危险的锐利边缘，对该具有潜在危险的锐利边缘评估的结果表明，它在玩具可预见的使用中会产生不合理的受伤风险，则可判定该样品不合格。

② 功能性锐利边缘

a. 供 36 个月以下儿童使用的玩具，如果有可触及的功能性危险锐利边缘，则可判定该样品不合格。

b. 供 36 个月及以上但不足 96 个月的儿童使用的玩具，如果含有可触及的危险锐利边缘而不是玩具功能所必需的，或即使是玩具功能所必需的但没有按本标准的要求加贴警告说明或存在其他非功能性锐利边缘的，可判定该样品不合格。

③ 金属玩具边缘　玩具的可触及金属边缘，包括孔和槽，如果含有危险的毛口或毛刺；且没有把边缘折叠、卷起或卷曲，或用牢固的附加装置、涂层覆盖，或已对边缘进行了上述处理但不能通过锐利边缘测试，则可判定该样品不合格。

④ 模塑玩具边缘　如果模塑玩具的可触及边缘、边角或分模线有危险的毛边和溢边，且没有加以保护使之不可触及，则可判定该样品不合格。

⑤ 外露螺栓或螺纹杆的边缘　如果螺栓或螺纹杆的可触及末端有外露的危险锐利边缘或毛刺，且其端部没有光滑的螺帽保护；或即使有光滑的螺帽保护，但对保护螺帽进行"滥用测试"后，保护螺帽脱落，则可判定该样品不合格。

1.3.7　尖端（A.4.7）

1.3.7.1　标准要求

（1）可触及的锐利尖端

① 供 96 个月以下儿童使用的玩具的可触及尖端经"锐利尖端测试"后不应判定为危险锐利尖端。

如果可触及尖端未通过"锐利尖端测试"，则应结合使用年龄和可预见的使用情况，来评估该尖端是否存在不合理的伤害危险。

铅笔及类似绘图工具的书写尖端不视为危险锐利尖端。

② 如果潜在的锐利尖端紧贴在玩具表面，且与表面的间隙不超过 0.5mm，则该尖端认为是不可触及的。

③ 供 36 个月以下儿童使用的玩具的尖端的最大横截面直径小于或等于 2mm，在进行"锐利尖端测试"时，可能不是锐利尖端，但被视为潜在危险尖端，则应结合使用年龄和可预见的使用，来评估该尖端是否会产生伤害危险。

（2）功能性锐利尖端

① 供 36 个月以下儿童使用的玩具不应有可触及的功能性锐利尖端。

② 供 36 个月及以上但不足 96 个月的儿童使用的玩具因功能（如玩具缝纫机的针）必不可少时允许存在功能性锐利尖端，但应设警示说明，且不应存在其他非功能性锐利尖端。

警示说明的要求：

36 个月及以上但不足 96 个月的儿童使用的玩具含有功能性部件所必需的可触及锐利尖端，应在玩具包装上标注"存在锐利尖端"。

（3）木制玩具

玩具中木制部分的可触及表面和边缘不应有木刺。

1.3.7.2　安全分析

这些要求用来降低玩具上能刺伤皮肤等的锐利尖端所产生的危险。但应注意并未包括与眼睛有关的危险，因为眼睛太脆弱而不可能有效保护。

判断锐利尖端是否真正危险应以主观评估作为补充判断。有可能玩具上的某些尖端经测试判定为锐利尖端，但实际上不产生危险。例如：用作清洁玩具的空管内壁的毛刷的尖端，由于太软而不可能刺伤皮肤。

但对于 36 个月以下儿童使用的玩具，虽然按测试方法未被判为锐利尖端，但亦有可能产生不合理的伤害。对截面直径不大于 2mm 的尖端，其要求在"可触及的锐利尖端"中给出。

1.3.7.3　测试方法与安全评价

（1）测试方法

① 可触及的锐利尖端

a. 先进行"玩具部分或部件的可触及性测试"确定玩具上的可触及的尖端。然后再确定该尖端是否为锐利尖端。

b. 锐利尖端测试

（a）原则：将锐利尖端测试仪放在可触及尖端上，检查被测试的尖端是否能插入锐利测试仪达到规定的深度。被测尖端插入深度决定了锐利度。如果尖端能接触到凹入测量盖 0.38mm±0.02mm 的感应头，并可克服 0.3～2.50N 的弹簧力，使感应头移动 0.12mm±0.02mm，该尖端确定为潜在的锐利尖端。

（b）试验仪器：锐利尖端测试仪（见图 1-77）。

锐利尖端测试仪头部末端凹槽的两个基准尺寸为：带测量槽的矩形开口宽 1.02mm±0.02mm，长 1.15mm±0.02mm。感应头凹入测量盖 0.38mm±0.02mm。

（c）测试程序：待测试的尖端是经"玩具部分或部件的可触及性测试"确定的可触及尖端。

固定被测试的玩具，使尖端在测试过程中不会产生移动。在大多数情况下，不需直接固定尖端，但根据需要，可在距被测试尖端不小于 6mm 处加以固定。

如果为测试某尖端应移取或拆卸玩具某些部分，而上述被测试的尖端刚度因此受到影响，可将尖端支起，使其刚性大致相当于组装完好的玩具上该尖端的刚性。

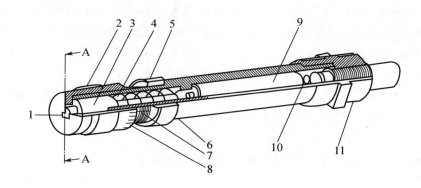

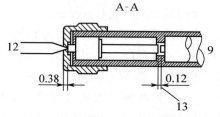

图 1-77　锐利尖端测试仪（单位：mm）

1—测量槽；2—测量盖；3—感应头；4—负载弹簧；5—锁定环；6—圆筒；7—校正参考标记；

8—毫米刻度；9—R03 干电池；10—电接触弹簧；11—指示灯装置接合器螺帽；

12—尖端测试口；13—足够锐利的尖端插入测试口并且压缩

感应头 0.12mm 时，此间隙闭合，因此电路形成通路，

指示灯亮——尖端判定为锐利尖端

调整锐利尖端测试仪时，先拧松锁定环，再旋转锁定环使其向指示灯装置前移足够的距离，以露出圆上的校正参考刻度。顺时针方向旋转测量盖，直到指示灯闪亮。逆时针旋转测量盖，直到感应头移动到距接触电池 0.12mm±0.02mm 的位置（见图 1-77）。

如果测量盖上含有千分尺记号，逆时针旋转测量盖直至合适的千分尺标记与校正参考刻度一致就可马上得到上述距离。然后转动锁紧环，直到锁紧环靠近测量盖，以将测量盖固定在上述位置。

以被测试尖端刚性最强的方向将其插入测量槽，并施加 $4.5_{-0.2}^{0}$ N 的外力以便在不使尖端擦过圆边或通过测量槽外伸的情况下尽量压紧弹簧，如果被测试的尖端插入测量槽 0.5mm 或以上，并使指示灯闪亮，同时该尖端在受到 $4.5_{-0.2}^{0}$ N 外力时，则仍保持其原状，则上述尖端确定为锐利尖端。

② 功能性锐利尖端　检查玩具是否有可触及的功能性锐利尖端。如果有，则检查玩具的年龄组，是否供 36 个月及以上但不足 96 个月的儿童使用。检查这些锐利尖端是否是玩具的功能所必需的。如果是功能性锐利尖端（如玩具缝纫针的针），检查玩具的包装上和附带的使用说明中是否有提醒注意此类尖端的潜在

危险的警示说明。

③ 木制玩具　如果玩具中有木制部分，则在对玩具进行"正常使用和滥用测试"前、后，检查木制部分的可触及表面和边缘是否有木刺。

（2）安全评价

① 可触及的锐利尖端

a. 如果供 96 个月以下儿童使用的玩具的可触及尖端不能通过"锐利尖端测试"，且评估认为该尖端存在不合理的伤害危险，则可判定该样品不合格。

b. 如果供 36 个月以下儿童使用的玩具上的尖端的最大横截面直径小于或等于 2mm，且评估认为该尖端在可预见的使用中会产生不合理的伤害危险，则可判定该样品不合格。

② 功能性锐利尖端

a. 如果供 36 个月以下儿童使用的玩具有可触及的功能性锐利尖端，则可判定该样品不合格。

b. 如果供 36 个月及以上但不足 96 个月的儿童使用的玩具中的锐利尖端不是玩具功能所必需的，或者在包装上或附带的使用说明中没有带有警示说明提醒注意这种尖端的潜在危险，则可判定该样品不合格。

③ 木制玩具　如果玩具进行"正常和滥用试验"前、后，其木制部分的可触及表面和边缘有木刺，则可判定该样品不合格。

1.3.8　突出部件（A.4.8）

1.3.8.1　标准要求

（1）突出物

这些要求的目的是将儿童跌落在刚性突出物——如无保护的轴端、操纵杆和装饰物上而可能产生的皮肤刺伤危险降至最低。

如果突出物对皮肤存在潜在的刺破危险，应该用适当的方式加以保护，例如把金属丝末端折弯，或者装上表面光滑的保护帽或盖，以有效地增加可能会与皮肤接触的表面积。经"合理的可预见滥用测试"后，保护帽或者盖不应从玩具上分离。

供重复组装和拆卸的玩具，应对其独立部件和根据包装图纸、说明书或其他广告资料组装好的玩具分别进行评估。

上述对组装玩具的要求不适用于组装过程本身构成了玩具玩耍价值的重要部分的玩具。

由于本要求与儿童跌倒在玩具上而引起的危险有关，只有垂直的或近乎垂直的突出物才需评估。应以最不利的位置对玩具进行测试。玩具构造物的角不包括在内。

（2）把手和其他类似的管子

把手端部应装有扩大的手把套。其他类似管件的末端应该装有端塞，或者以其他保护方式加以保护。手把套和其他保护件在 70N 的拉力下不应分离。

1.3.8.2　安全分析

存在刺破皮肤危险或者压伤危险的突出部分的末端应有保护。

该保护的大小和形状虽未作规定但应有足够大的表面积。

小玩具上的突出物，假如压力施于其末端就能使玩具倾倒，则被认为它不可能产生危险。

把手和童车上类似的突出管件应被保护，以减小当儿童使用玩具时跌倒在其上而引起的刺伤危险。

由于眼睛极为敏感脆弱，本要求将不涵盖对眼睛的危险评估。

1.3.8.3　测试方法与安全评价

（1）测试方法

① 突出物

a. 在进行"正常使用和滥用测试"前，检查样品上是否有可能会刺伤儿童皮肤的刚性突出部件。

b. 对供重复组装或拆装的玩具应对每一部件和根据包装图纸、说明书或其他信息组装好的玩具分别进行测试。

c. 如果有可疑突起，例如没有保护的轴端、操作杆、装饰物，则执行以下几点。

（a）检查样品是否能以使突起部件向上的方式稳定地放置在某水平面上，并试着对突起施加一个向下的轻力，检查样品是否不翻倒。如果样品很容易翻倒，则样品不大可能存在刺伤儿童皮肤的危险；只有样品的突起部件能以垂直或近似垂直的方向突出于样品主体，且样品能稳固地置于地面使突起部件竖立向上时，才可能刺伤儿童。

> 注：1. 玩具应在最具危险的状态下进行测试。
> 　　2. 玩具结构的边角不包括在内。

（b）检查突起是否足够尖硬并有足够的长度能刺伤儿童。如果突起比邻近的部件或者表面高出超过 10mm，则可能存在刺伤儿童的危险。

d. 样品按"正常使用测试、跌落测试、扭力测试、一般拉力测试、压力测试"进行合适的"正常和滥用测试"。应特别注意对具有潜在危险的突出物，例如保护帽、保护盖进行"扭力测试"及"保护件拉力测试"。

e. 再重复检查样品是否存在能刺伤儿童的危险突出物。

② 把手和其他类似的管子

对于把手，检查是否装有一个扩大的把手球头；对于类似的其他管子，检查末端是否安装端塞，或者有没有使用其他保护方式。

若把手和其他管子装上了上述的把手球头和其他保护件，则对把手球头和其他保护件施加 70N 的拉力，观察、检查它们是否脱离。

（2）安全评价

① 突出物

a. 如果可疑突出物用适当的方式加以保护，且经过合适的"正常和滥用测试"后，保护帽或者盖不会从玩具上分离，则判定样品合格。

b. 如果可疑突出物用适当的方式没有加以保护，或者保护帽或盖经过合适的"正常和滥用测试"后从玩具上分离，然后玩具不能以使突起部件向上的方式稳定地放置在某水平面上，则判定样品合格。

c. 如果玩具能以使突起部件向上的方式稳定地放置在某水平面上，且评估此突出物会存在刺伤儿童的危险，则判定样品不合格。

② 把手和其他类似的管子

如果把手端部装有扩大的手把球头，其他类似管件的末端装有端塞或者以其他保护方式加了保护，且把手球头和其他保护件在 70N 的拉力下不分离，则判定样品合格，否则不合格。

1.3.9　金属丝和杆件（A.4.9）

1.3.9.1　标准要求

在玩具中起增加刚性的作用或用于固定外形的金属丝或其他金属材料，如施加一定的外力可弯曲 60°，经"挠曲测试"时不应断裂而产生危险锐利尖端、锐利边缘或突出物。

玩具伞伞骨的末端应加以保护，如经"保护件拉力测试"时，保护件被拉脱，则再经"锐利边缘测试"和"锐利尖端测试"时，伞骨末端不应有锐利边缘和锐利尖端；或者，如果保护件在进行"拉力测试"时被拉脱，则伞骨最小的直径应为 2mm，而且末端应修整圆滑、无毛刺。

1.3.9.2　安全分析

预定供弯曲的金属丝，不管是否覆盖其他材料，均应进行挠曲测试，测试后不应断裂和产生锐利尖端。金属丝经常用在被视为适于 36 个月以下儿童使用的软体玩具中。假如金属丝断裂，其最终将会穿出玩具表面而对年幼儿童产生伤害。

1.3.9.3　测试方法与安全评价

（1）测试方法

经"挠曲测试"后，如果金属丝折断，则按"锐利边缘"、"锐利尖端"、"突出物"来测试其断口是否有锐利边缘、锐利尖点或危险突出物。

对于玩具伞的辐条则检查其末端是否被保护，若经"保护件拉力测试"时保护件脱落，则按"锐利边缘"、"锐利尖端"测试检查其末端是否没有锐利边缘和锐利尖点；并且用数显卡尺测量辐条的直径，检查其是否不小于2mm，检查其末端是否圆滑且没有毛刺。

（2）安全评价

① 如果玩具内部使用的金属丝或杆件可触及，并且其末端没有经过安全处理而有锐利尖点或毛刺，则可判定样品不合格。

② 如果挠曲测试完成后，金属丝或其他金属材料折断并有可触及的锐利尖点、锐利边缘或危险突起，或者可能刺穿玩具的外表面而对年幼儿童产生伤害，则可判定样品不合格。

③ 如果玩具伞的辐条末端的保护件被拉脱而产生锐利边缘、锐利尖点或辐条直径小于2mm或末端不圆滑且有毛刺，则可判定样品不合格。

1.3.10 用于包装或玩具中的塑料袋或塑料薄膜（A.4.10）

1.3.10.1 标准要求

本要求不适用于收缩薄膜，它们一般用作外包装，通常当包装打开时薄膜会被破坏。

用于玩具中的无衬里的软塑料薄膜或软塑料袋，如果其外形最小尺寸大于100mm，则应符合以下要求中的任意一条。

> 注：外形最小尺寸即该形状的最大内切圆的直径。

① 进行"塑料薄膜厚度测试"时，平均厚度大于等于0.038mm，且每一次测得的厚度不应小于0.032mm。

② 应有界线清晰的孔（孔中的物质已被去掉），且在任意最大为30mm×30mm的面积上，孔的总面积至少占1%（见图1-78）。

> 注：通过以下方法可达到②中的要求：在边长为30mm的正方形格子里打一些直径为3.4mm的孔，并且使相邻两孔的中心的垂直和水平距离为22.9mm或者更小 [3.4mm孔的面积比9mm^{2}的大，即孔的面积大于900mm^2（30mm×30mm）的1%。]

对于塑料气球，厚度要求适用于双层塑料膜（即在气球未充气或未被破坏的状态下测量厚度）。

1.3.10.2 安全分析

本要求旨在减少软塑料薄膜覆盖儿童面部或被吸入而引起的窒息危险。

塑料薄膜可黏附于儿童口鼻上，导致无法呼吸。但如果厚度大于或等于0.038mm，则认为危险较小。

塑料气球通常强度较大，不大可能被儿童撕破，因此塑料气球的厚度可双层重叠测量（即不把气球撕破）。本条款不包括乳胶气球，因为乳胶气球不是由塑料制成的。

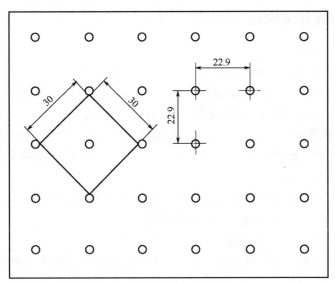

图 1-78　穿孔图案示例（单位：mm）

1.3.10.3　测试方法与安全评价

（1）测试方法

采用"塑料薄膜厚度测试"。

在不拉伸的情况下将被测试塑料袋沿接缝裁开，成为两块单独的薄膜，在每张薄膜上取任意 100mm×100mm 面积的部分，如果不能取 100mm×100mm 的面积，则取直径为 100mm 的圆形薄膜。使用符合 GB/T 6672 要求的精度为 4μm 的测厚仪对对角线上 10 个等距点的厚度进行测量。

如塑料薄膜平均厚度小于 0.038mm，或所测的最薄厚度小于 0.032mm，则检查薄膜上是否有孔。如果有，则用内部带 30mm×30mm 开口的金属板框取薄膜上孔面积可能最小的区域（用肉眼观察），再用游标卡尺测量这些区域内的所有孔的直径。如果这些孔不是规则的圆孔或者太小，则用投影仪来测量。计算孔的总面积，然后计算气孔率。

气孔率＝[气孔的总面积/（30mm×30mm）]×100％。

> 注：塑料气球薄膜的厚度应双层重叠测量（即气球应未吹胀或被破坏）。

（2）安全评价

当软性塑料袋或塑料薄膜符合下面中任何一条要求时，则合格：

① 软性塑料袋或塑料薄膜平均厚度大于或等于 0.038mm，且所测得的最薄厚度不小于 0.032mm；

② 软性塑料袋或塑料薄膜上任何 30mm×30mm 的区域内的气孔率大于或等于 1％。

1.3.11　绳索和弹性绳（A.4.11）

1.3.11.1　标准要求

（1）18 个月以下儿童使用的玩具上的绳索和弹性绳

玩具中含有或系有的绳索/弹性绳如果能缠绕形成活套或固定环，当施以 25N±2N 的拉力测量绳索/弹性绳时，其自由长度应小于 220mm。

绳索/弹性绳或多段绳/弹性绳末端的珠状物或者其他附着物如果能与玩具的任一部分缠绕形成活套或固定环，当施以 25N±2N 的拉力测量时，活套/固定环的周长应小于 360mm。

按"绳索厚度测试"测量时，玩具上的绳索/弹性绳的厚度（最小尺寸）应大于或等于 1.5mm。本要求不适用于带状物。

（2）18 个月以下儿童使用的玩具上的自回缩绳

按"自回缩绳测试"测试时，自回缩绳驱动机构中可触及绳索的回缩长度不应超过 6.4mm。

（3）36 个月以下儿童使用的拖拉玩具上的绳索或弹性绳

供 36 个月以下儿童使用的拖拉玩具上的绳索或弹性绳，若施以 25N±2N 的拉力后测量其长度大于 220mm，则不可连有可能使其缠绕形成活套或固定环的珠状物或其他附件。

（4）玩具袋上的绳索

用不透气材料制成的玩具袋的开口周长如果大于 360mm，则不应用拉线或拉绳作为封口方式。

（5）童床或游戏围栏上的悬挂玩具

连接于童床或游戏围栏上的悬挂玩具应设警示说明，提醒注意当婴儿开始用手和膝盖支撑向上时，若不移开悬挂玩具则会产生危险。说明书中还应有正确安装指导说明。

警示说明的要求如下。

① 玩具和其包装上应标有这样的注意事项：当婴儿开始用手或膝盖支撑站立时，如果不移去玩具，可能发生缠结或勒死的伤害。

② 童床、游戏围栏、墙上和天花板上的悬挂玩具应提供正确组装、安装和使用的说明书，以保证悬挂玩具不出现缠结危险，说明书应至少包括以下内容：

a. 童床悬挂玩具不是给儿童握在手中的；

b. 假如悬挂玩具连接在童床或游戏围栏上，当婴儿开始用手和膝盖撑着站立起来时，应移开；

c. 假如安装在墙或天花板上，悬挂玩具的安装应使能站立的婴儿明显不能触及；

d. 按说明书的要求，应将提供的紧固件（绳、带、夹具等）牢固地连接在童床或游戏围栏上，并经常检查；

　　e. 不应将其他的绳或带连接在童床或游戏围栏上。

　　连接于童床或游戏围栏上的玩具的设计指南如下。

　　对供连接在童床或游戏围栏上的产品的设计应考虑到尽量减少绳、带、弹性绳或衣服的部分缠在产品上，以避免可能发生缠绕窒息的危险。

　　童床或游戏围栏的良好设计范例包括以下几点：

　　a. 避免与童床和游戏围栏连接的玩具上有危险突出物；

　　b. 将可触及的边角倒圆，尽可能加大倒角的半径；

　　c. 轮廓尽量平滑以减少外形的突然改变而容易形成突出物使绳、带、弹性绳或松散衣服缠结发生的危险；

　　d. 使用凹口、埋头孔或其他类似方法隐藏五金紧固件；

　　e. 减少由于表面之间搭配不当而形成缠结突出物的可能性。

　　（6）童床上的健身玩具及类似玩具

　　童床上的健身玩具，包括童床锻炼器具及其他横系在童床、游戏围栏或婴儿车上的类似玩具，应设安全警示，提醒注意当婴儿开始用手或膝盖支撑向上时，若不移开健身玩具会产生危险。说明书中还应有正确安装指导说明。

　　警示说明的要求如下。

　　① 仅限于用线绳、弹性绳或皮带横悬在童床上的健身玩具和类似的玩具，玩具及其包装应标明："当婴儿开始用手和膝支撑站立时，若不移去玩具与童床、围栏、婴儿车的连接，则可能产生缠结或勒死的伤害"。

　　② 用线、绳、弹性绳或带子横悬在童床或游戏围栏上的健身玩具［包括（但不限于）童床锻炼玩具、健身玩具和悬挂玩具］，应有正确组装、安装和使用的说明书，以保证产品不产生缠结危险。

　　说明书应至少包括以下内容：

　　a. 本玩具不是供婴儿置入口中的，应放在婴儿的脸和嘴明显接触不到的地方；

　　b. 对于可以调整床垫高度的童床，应提醒其最高位置可能令玩具太接近婴儿；

　　c. 在童床上有玩具放置而婴儿无人看管的情况下，不应将童床一侧的可卸边放下；

　　d. 按说明书要求，应将提供的紧固件（绳、带、夹具等）牢固地连接在童床或游戏围栏上，并经常检查；

　　e. 不应将其他的绳或带连接在童床或游戏围栏上。

　　（7）飞行玩具的绳索、细绳或线

　　系在玩具风筝或其他飞行玩具上超过 1.8m 长的手持绳索、细绳或线，按"绳的线电阻率测试"测量的线电阻应大于 $108\Omega/\text{cm}$。

玩具风筝和其他飞行玩具应设警示说明。

警示说明的要求：玩具风筝和其他有绳线的飞行玩具应附有警告——"不要在高架电线附近和在雷暴时玩耍"。

1.3.11.2　安全分析

这些要求旨在防止儿童把玩具上的绳索绕成活套或固定环套在脖子而被勒死。同时也阐明了儿童被拉绳所缠绕的危险（如：含发条的玩具）。

非编织绳（单纤维丝）不易形成环套。

条款（6）的要求旨在减少带绳线玩具系于横过童床两侧的旁板时引起的缠绕危险。如果儿童想在童床上站起来，可形成套环的绳子可能套在脖子上导致勒死或儿童跌倒时缠绕在喉咙上面。

条款（7）的要求旨在防止玩具风筝接触到高架电线而导致使用者遭受电击的危险，同时也强调雷雨天气放风筝的危险。

1.3.11.3　测试方法与安全评价

（1）测试方法

① 18 个月以下儿童使用的玩具上的绳索和弹性绳

a. 玩具中含有或系的、可能会缠绕形成活套或固定环的绳索和弹性绳。

在绳的末端挂上 25N 的重块，让绳子承受重块的全部重量，再用钢直尺测量其自由长度，应不超过 220mm。绳的长度应从固定点测量到绳的末端或到玩具其他部分的固定点。如果固定点与绳有相同的形状或形式，那么这部分应作为整条绳的一部分来测量。

b. 绳索/弹性绳或多段绳/弹性绳如果末端有珠状物或者其他附着物，可能会与玩具的任一部分缠绕形成活套或固定环。

在活套或固定环上挂 25N 的重块，让绳子承受重块的全部重量，测量活套或固定环的长度，并计算出周长：周长＝活套或固定环的长度×2。

c. 绳索厚度测试

> 注：带状物的厚度不做要求。

（a）对绳索施加 25N±2N 的拉力。

（b）用仪器精度为±0.1mm 的测厚仪测量沿绳索长度的 3～5 个点的绳线厚度。

（c）对于厚度接近 1.5mm 的绳索，使用非压缩方法（如光学投影仪）进行测量。

（d）计算绳索厚度的平均值。

② 自回缩绳测试

a. 使用适当的夹子将玩具放置使拉绳垂直并且玩具处于最佳回缩位置。用 $0.9_0^{0.05}$ kg 的重块拉伸绳线。

b. 对直径小于 2mm 的单纤维拉绳，加 $0.45^{0.05}_{0}$ kg 的重块。

c. 判定拉绳回缩长度是否超过 6.4mm。

③ 36 个月以下儿童使用的拖拉玩具上的绳索或弹性绳 检查绳和松紧带上是否带有可使其缠绕成活套或固定环的珠状物或其他附件；如果有，则进行下面的测试：在绳和松紧带末端悬挂 25N 的重块，使其承受重块的全部重量，测量其长度。

④ 玩具袋上的绳索 检查玩具袋是否以拉线或拉绳作为封口方式。如果是，则检查玩具袋是否用不透气材料制成。如果是，则用钢卷尺或钢直尺测量玩具袋的开口周长。

⑤ 童床或游戏围栏上的悬挂玩具 对于童床或游戏围栏上的悬挂玩具，检查其是否带有符合标准所列的安全标识要求。

⑥ 童床上的健身玩具及类似玩具 对于童床上的健身玩具及类似玩具，检查其是否带有符合标准所列的安全标识要求。

⑦ 绳的线电阻率测试 样品置于 $25℃±3℃$、相对湿度 $50\%\sim65\%$ 的空气中放置至少 7h，并在此环境中测试。

使用合适的仪器测试绳线的线电阻是否超过 $108Ω/cm$。

(2) 安全评价

① 18 个月以下儿童使用的玩具上的绳索和弹性绳

a. 玩具中含有或系有的绳索和弹性绳，如果可能会缠绕形成活套或固定环，且测得其自由长度超过或等于 220mm，则判为不合格。

b. 绳索/弹性绳或多段绳/弹性绳末端的珠状物或者其他附着物可能会与玩具的任一部分缠绕形成活套或固定环，活套/固定环的周长如果超过或等于 360mm，则判为不合格。

c. 如果绳索/弹性绳的 5 点平均厚度小于 1.5mm，则判为不合格。

② 18 个月以下儿童使用的玩具上的自回缩绳 如果回缩长度超过 6.4mm，则判为不合格。

③ 36 个月以下儿童使用的拖拉玩具上的绳索或弹性绳

a. 如果绳和松紧带上没有可使其缠绕成活套或固定环的珠状物或其他附件，则判为合格。

b. 如果绳和松紧带上连有可使其缠绕成活套或固定环的珠状物或其他附件，而且长度超过 220mm，则判为不合格。

④ 玩具袋上的绳索 如果玩具袋用不透气的材料制成，且开口周长大于 360mm，且以拉线或抽绳作为封闭方式，则判为不合格。

⑤ 童床或游戏围栏上的悬挂玩具 若没有所要求的警告语或说明文字，则判为不合格。

⑥ 童床上的健身玩具及类似玩具 若没有所要求的警告语或说明文字，则

判为不合格。

⑦ 飞行玩具的绳索、细绳或线

a. 如果飞行玩具的绳索、细绳或线的线电阻超过 $108\Omega/cm$，则判为合格。

b. 如果没有标准要求的警示说明，则判为不合格。

1.3.12　折叠机构（A.4.12）

1.3.12.1　标准要求

（1）玩具推车、玩具婴儿车及类似玩具

本要求不适用于座位表面宽度小于 140mm 的玩具。

具有折叠和滑动机构的玩具推车、玩具四轮婴儿车、玩具婴儿车和类似玩具应符合下列要求。

① 含有手柄或其他结构部件可能会折叠而压在孩子身上的玩具

a. 此类玩具至少应有一个主锁定装置及一个副锁定装置，二者应直接作用于折叠机构上。

b. 当玩具竖起时，至少其中一个锁定装置应能自动锁定。

c. 经"玩具推车和玩具婴儿车测试"，玩具不应折叠，且无一锁定机构失效或松脱。

d. 如果相同结构上的两个装置（如锁环）分别安装在玩具的左右两侧，则视为一个锁定装置。

e. 玩具推车或玩具婴儿车可能在锁定装置未生效的情况下部分竖起，则在此种状态下进行"玩具推车和玩具婴儿车测试"。

> 注：部分竖起是指这种竖起可能会被使用者误认为玩具已被完全竖起的情况。

例：① 项描述的玩具推车或玩具婴儿车见图 1-79。

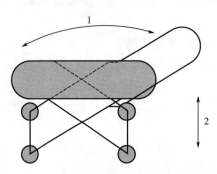

图 1-79　①项描述的玩具推车或玩具婴儿车
1—把手移动方向；2—底盘移动方向

② 不存在手柄或其他结构部件会折叠而压在儿童身上产生危险的玩具推车和玩具婴儿车

a. 此类玩具至少应有一个锁定机构或安全制动装置，这些装置可以是手动的。

b. 经"玩具推车和玩具婴儿车测试"，玩具不应折叠，且锁定装置或安全制动装置不应失效或松脱。

c. 玩具推车或玩具婴儿车可能在锁定装置未生效的情况下部分竖起，则在此种状态下进行"玩具推车和玩具婴儿车测试"。

> 注：部分竖起是指这种竖起可能会被使用者误认为玩具已被完全竖起的情况。

例：② 项描述的玩具推车见图 1-80。

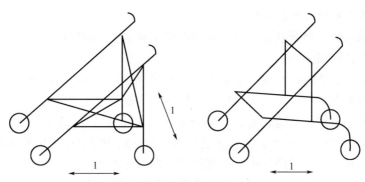

图 1-80　②项描述的玩具推车
1—底盘移动方向

（2）带有折叠机构的其他玩具

可支撑儿童体重或相应重量的玩具家具及其他玩具中的折叠机构、支架或支撑杆应满足以下几点。

① 有安全制动或锁定装置以防玩具的意外突然移动或折叠。进行"其他折叠玩具测试"时，玩具不应折叠。

② 在运动部件之间有足够的间隙以防玩具意外突然移动或折叠时，手指和脚趾被压伤或划伤。如果在运动部件之间可插入 ϕ5mm 的圆杆，则应也可插入 ϕ12mm的圆杆。

（3）铰链间隙

玩具上固定部分和质量超过 0.25kg 的活动部分在铰链线上有缝隙或间隙时，如果在铰链线上可触及间隙可插入 ϕ5mm 的圆杆，则在铰链线上的所有部位都应可插入 ϕ12mm 的圆杆。

1.3.12.2　安全分析

（1）玩具推车、玩具婴儿车及类似玩具

这些要求涉及折叠玩具（不论能否支撑儿童体重）突然和意外折叠产生的危险，包括压伤、割伤和夹伤危险等。

同时也减少儿童被折叠的玩具推车和玩具婴儿车卡住及在玩要时手指被夹的危险。

曾经因为玩具推车折叠以及把手卡住儿童的头或喉咙而发生过死亡事故。对于此类推车应像真实推车那样安装两个独立的锁定和/或安全装置。

有些折叠婴儿推车没有设计折叠时折向儿童的把手，而是向侧边折叠。考虑到这类玩具不会导致同样严重的危险，故无需安装两个独立的锁定装置。

然而并不表示当玩具按预定方式在折叠时夹伤的危险已消除。制造商应尽量降低潜在危险，如各移动部分之间留有 12mm 的间隙或使用安全装置。当设计带有折叠或滑动部件的玩具时，应尽可能避免运动部件产生的剪切运动。

（2）带有折叠机构的其他玩具

本要求指除小型玩具外，玩具应能承载儿童体重或相应重量。

（3）铰链间隙

本要求旨在消除铰链线活动间隙变化可能产生的挤压危险，即在铰链间隙变化的某个位置允许手指插入，在另一个位置却不能。

本要求中适用于铰链装置的两部分质量均大于或等于 250g，并且铰链的移动部分可构成"门"或"盖"。门或盖可解释为延展表面和铰链延长线的闭合面。其他没有明显平面或铰链线的铰链部件可以视为折叠机构类。

本要求包括：手指在沿铰链线边缘之间和在与铰链平行的表面之间造成的误入和压伤，但不包括其他边缘和表面。它仅涉及当门或盖关或开的时候，会对铰链线边缘形成相当的力量。

考虑到不可能规定一个铰链区域来代替铰链线，制造商应考虑这一点，尽可能减少压伤手指或其他身体部位的危险（如：在铰链线的移动部件间留 12mm 的间隙）。

1.3.12.3　测试方法与安全评价

（1）测试方法

① 玩具推车和玩具婴儿车测试

a. 玩具推车、玩具摇篮车及类似玩具　测量具有折叠和滑动机构的玩具座位表面的宽度。如果该宽度小于 140mm，则不用进行下面的测试。

对于含有手柄或其他结构部件可能会折叠而压在孩子身上的玩具，进行以下检查。

检查玩具是否至少有一个主锁定装置和一个副锁定装置，且两者都直接作用于折叠机构上；

检查当玩具竖起时是否至少有一个锁定装置可自动锁紧。如果玩具符合上述要求，则进行以下测试。

把玩具打开、折叠 10 次。

在水平面上竖起玩具，锁上锁定装置加上适当的负载（见表 1-12）并确保由玩具的框架来承载。如果有必要，可以使用支撑物以避免"座位"材料受损。放置的负荷应使折叠部件处于最不利的位置，在 5s 内施加负载，维持 5min。

检查不使用其中一个锁定装置时玩具是否可以保持部分竖立。如果可以，则在玩具处于部分竖立的位置上按上述方法施加负载。

> 注：1. 如果相同结构上的两个装置（如锁环）分别安装在玩具的左右两侧，则视为一个锁定装置。
>
> 2. 部分竖立是指可能会让使用者误认为玩具处于完全竖立的竖立状态。

如果主体上的座位可从车架上拆卸下来，测试也可只对车架进行，可以使用合适的支撑物来支持负荷。

观察玩具是否折叠，且锁定机构或安全装置是否仍然有效并可锁定。

表 1-12　负荷测试

年龄组	负荷
36 个月以下	25kg
36 个月及以上	50kg

b. 不存在手柄或其他结构部件会折叠而压在儿童身上产生危险的玩具推车和玩具婴儿车

检查玩具是否至少有一个可手动操纵或自动锁定的锁定机构或安全制动装置。如有，则进行以下测试。

把玩具打开、折叠 10 次。

在水平面上竖起玩具，锁上锁定装置，加上适当的负载（见表 1-12）并确保由玩具的框架来承载。如果有必要，可以使用支撑物以避免"座位"材料受损。放置的负荷应使折叠部件处于最不利的位置，在 5s 内施加负载，维持 5min。

检查不使用其中一个锁定装置时玩具是否可以保持部分竖立。如果可以，也在玩具处于部分竖立的位置上按上述方法施加负载。

观察玩具是否折叠，且锁定机构或安全装置是否仍然有效并可锁定。

② 带有折叠机构的其他玩具

a. 其他折叠玩具测试　检查玩具中的折叠机构、支架或支撑杆是否有安全制动或锁定装置，以防止玩具的意外突然移动或折叠。

竖起玩具。抬起玩具使其以任何方向倾斜于水平面 $30°\pm1°$，观察锁定装置是否失效。

在 $10.0°+0.5°$ 的斜面上竖起玩具，并在其折叠部件处于最不利的位置上，锁上锁定装置，以适当的负荷（见表 1-12）加载 5min，负荷置于儿童可能乘坐以及折叠部分处于的最不利位置，并确保加载于框架上。如有必要，可使用支撑物使"座位"材料免受破坏。观察玩具是否折叠或锁定机构是否失效。

b. 如果玩具发生折叠或锁定机构失效，则检查在运动部件之间是否有足够的间隙以防玩具意外突然移动或折叠时，手指和脚趾被压伤或划伤。即在运动部件之间试验是否可插入 $\phi5mm$ 的圆杆。如果 $\phi5mm$ 的金属圆杆可插入，则再用 $\phi12mm$ 的金属圆杆试验是否可插入。

③ 铰链间隙　适用于玩具上通过铰链连接的固定部分和质量超过 0.25kg 的活动部分组成的铰链装置（如门或盖子）。

在正常"使用试验和滥用试验"前后，转动由铰链连接的两个部件，在此过程中用 ϕ5mm 的金属圆杆试验是否可插入沿着铰链线的组装边缘上任一点的间隙。

如果 ϕ5mm 的金属圆杆可插入此间隙，则再用 ϕ12mm 的金属圆杆试验是否可插入此间隙。

在上述试验中，如果转动部件在任意位置可插入 ϕ5mm 的金属圆杆而不能插入 ϕ12mm 的金属圆杆，则使用工具拆下由铰链连接的部件，用电子天平称其质量。

（2）安全评价

① 玩具推车、玩具婴儿车及类似玩具　若在试验中出现下面任何一种情况，判为不合格。

a. 玩具推车、玩具摇篮车及类似玩具

（a）玩具没有主锁定装置或副锁定装置。

（b）主锁定装置或副锁定装置其中一个不对折叠机构直接起作用。

（c）玩具竖起时所有锁定装置都没有自动锁紧。

（d）经上述试验后，玩具发生倒塌或其锁定装置损坏或脱开。

b. 不存在手柄或其他结构部件会折叠而压在儿童身上产生危险的玩具推车和玩具婴儿车

（a）玩具既没有可手动操纵或自动锁定的锁定装置又没有安全制动装置。

（b）经上述试验后，玩具发生倒塌或其锁定装置损坏或脱开。

② 带有折叠机构的其他玩具　若在试验中出现下面任何一种情况，判为不合格。

a. 玩具中的折叠机构、支架或支撑杆没有安全制动或锁定装置。

b. 经上述试验后，玩具发生倒塌或其锁定装置损坏或脱开，且在运动部件之间可插入 ϕ5mm 的金属圆杆而不能插入 ϕ12mm 的金属圆杆。

③ 铰链间隙　如果在铰链转动的任意位置，铰链装置的铰链线间隙可插入 ϕ5mm 的金属圆杆而不能插入 ϕ12mm 的金属圆杆（即间隙为 5～12mm），且构成铰链装置的活动部分质量大于 250g，则判为不合格。

1.3.13　孔、间隙、机械装置的可触及性（A.4.13）

1.3.13.1　标准要求

（1）刚性材料上的圆孔

供 60 个月以下儿童使用的玩具中的任何厚度小于 1.58mm 的刚性材料上的可触及的圆孔如果可插入 ϕ6mm 的圆杆，且插入深度大于或等于 10mm，则应

可插入 ϕ12mm 的圆杆。

（2）活动部件间的间隙

供 96 个月以下儿童使用的玩具，如果活动部件的可触及间隙可插入 ϕ5mm 的圆杆，则应可插入 ϕ12mm 的圆杆。

（3）乘骑玩具的传动链或皮带

乘骑玩具中的动力传动链或皮带应加保护罩使其不可触及，保护罩覆盖范围应包括动力传动链齿轮或者皮带轮，并且包括齿轮或者皮带轮最接近儿童腿脚的侧面（侧面 A）。

保护罩还应覆盖传动齿轮或者皮带轮的另一侧面（侧面 B），该侧面传动链或者皮带与儿童的腿脚被乘骑玩具的部件（如车架）隔开（见图 1-81）。

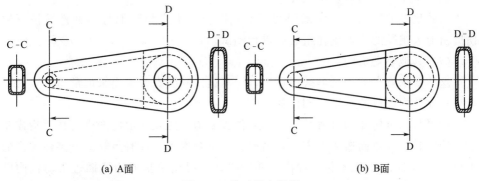

(a) A面　　　　　　　　　　　　　　　　(b) B面

图 1-81　传动链和链罩

注：玩具可能有两个侧面 "A"。

经 "玩具部分或者部件的可触及性测试"，传动链或者皮带、链齿轮或者皮带轮从侧面 A 测试应不可触及；传动链与链齿轮之间接合处或者皮带与皮带轮之间的接合处从侧面 B（如果有）测试应不可触及。

若不使用工具，保护罩应不可移开。

（4）其他驱动机构

玩具的发条驱动、电池驱动、惯性驱动或其他动力驱动机构应加以封闭，不应露出可触及锐利边缘、锐利尖端或其他可能压伤手指或身体其他部位的危险部件。

（5）发条钥匙

本要求适用于发条钥匙杆上连有平板、并从玩具主体刚性表面突出的附有发条钥匙的、供 36 个月以下儿童使用的发条玩具，这种发条钥匙在发条驱动装置展开时会回旋转动。

如果钥匙爪形把手与玩具主体的间隙可插入 ϕ5mm 的圆杆，则在任何位置也应可插入 ϕ12mm 的圆杆。对于本条所涉及的钥匙，其爪形把手上不应有可插入 ϕ5mm 圆杆的孔。

1.3.13.2 安全分析

（1）刚性材料上的圆孔

本要求旨在防止供 60 个月以下儿童使用的玩具上的金属片和其他刚性材料上可触及圆孔引起夹住手指的危险，通常非圆孔被认为不会有夹住手指切断血液循环的严重危害。

（2）活动部件间的间隙

本要求涉及供 96 个月以下儿童使用的玩具上活动件的间隙，该间隙存在夹伤手指或其他身体部位的潜在危险时才做考虑。本要求包括（但不限于）轮子和刚性轮套、护板或经电动驱动、发条驱动、惯性驱动的乘骑玩具的轮子和底盘间的径向间隙。

（3）乘骑玩具的传动链或皮带

乘骑玩具的驱动机构应采用封闭形式以防止手指和其他身体部件被挤压致伤。由成人组装的玩具应在组装后进行测试。

（4）其他驱动机构

这些要求旨在减少玩具被损坏后，锐利边缘和尖端暴露出来的危险，以及手指被夹在孔内造成的夹伤或割伤的危险。

如果驱动机构变为可触及、移动部件也变为可触及并由此产生夹住手指或儿童身体的其他部位而造成伤害，就被视为不符合本条。没有足够力量夹住手指的小机构（如小车），则不包括在内。实际操作中可用手指或铅笔插进驱动机构以检查力量大小。

（5）发条钥匙

这些要求旨在减少发条钥匙与玩具主体的间隙引起的夹伤或划伤，以及手指被夹入钥匙扁形把手的洞中的危险。

1.3.13.3 测试方法与安全评价

（1）测试方法

① 刚性材料上的圆孔　根据样品年龄组，按"玩具部分或部件的可触及性测试"要求用相应模拟手指试验，检查玩具的刚性材料上的圆孔是否可触及。如可触及，则进行以下测试。

用卡尺测量形成可触及圆孔的刚性材料的厚度。

如果测出的厚度小于 1.58mm，或刚性材料上的圆孔横截面类似圆弧形、斜三角形，则用金属圆杆测量圆孔。如果圆孔可以插入 ϕ6mm 的金属圆杆，且插入深度（用卡尺测量）大于或等于 10mm，检查圆孔是否可插入 ϕ12mm 的金属圆杆。

② 活动部件间的间隙　根据样品年龄组，按"玩具部分或部件的可触及性测试"要求用相应模拟手指试验，检查活动件与其他部件的间隙是否可触及。

如间隙为可触及间隙，结合使用年龄和可预见的使用情况，评估该间隙是否存在夹伤手指或其他身体部位的潜在危险，如存在，则继续进行以下试验。

用圆杆插入进行试验，如果间隙可插入 ϕ5mm 的金属圆杆，则检查该间隙是否可插入 ϕ12mm 的金属圆杆。

③ 乘骑玩具的传动链或皮带　检查乘骑玩具中的动力传动链或皮带是否有加保护罩而使其不可触及。若不使用工具，检查保护罩是否不可移开。

注：由成人组装的乘骑玩具应在组装后进行测试。

④ 其他驱动机构　根据样品年龄组，按"玩具部分或部件的可触及性测试"要求用相应模拟手指试验，检查驱动机构是否可触及。

如驱动机构可触及，检查是否有可触及锐利边缘、锐利尖端或其他压伤手指或身体其他部位的危险部件。

⑤ 发条钥匙　用金属圆杆试验样品，在"正常使用和滥用试验"前后，钥匙爪形把手与玩具主体间的间隙如果可插入 ϕ5mm 的金属圆杆，则检查该间隙是否可插入 ϕ12mm 的金属圆杆。

如果钥匙爪形把手上有圆孔，则检查该圆孔是否可插入 ϕ5mm 的金属圆杆。

（2）安全评价

① 刚性材料上的圆孔　如果玩具刚性材料上的、可触及的圆孔可插入 ϕ6mm 的圆杆，且插入深度大于或等于 10mm，但不可插入 ϕ12mm 的圆杆，则可判定样品不合格。

② 活动部件间的间隙　如果活动部件的可触及间隙存在夹伤手指或其他身体部位的潜在危险，并且该间隙可插入 ϕ5mm 的圆杆，但不可插入 ϕ12mm 的圆杆，则可判定样品不合格。

③ 乘骑玩具的传动链或皮带

a. 乘骑玩具中的动力传动链或皮带没有加保护罩使其不可触及，则可判定样品不合格。

b. 若不使用工具，保护罩可移开，则可判定样品不合格。

④ 其他驱动机构　如果可触及的驱动机构有可触及锐利边缘、锐利尖端或其他压伤手指或身体其他部位的危险部件，则可判定样品不合格。

⑤ 发条钥匙

a. 钥匙爪形把手与玩具主体间的间隙如果可插入 ϕ5mm 的金属圆杆，但该间隙不可插入 ϕ12mm 的金属圆杆，则可判定样品不合格。

b. 如果钥匙爪形把手上的圆孔可插入 ϕ5mm 的金属圆杆，则可判定样品不合格。

1.3.14　弹簧（A.4.14）

1.3.14.1　标准要求

弹簧应符合以下要求。

① 如果螺旋弹簧在使用中的任何螺旋间距大于 3mm，则螺旋弹簧应不可触及。

② 如果拉伸螺旋弹簧受到 40N 的拉力时，螺旋间距大于 3mm，则弹簧应不可触及。

本要求不适用于撤力后不能恢复原状的弹簧。

③ 如果压缩弹簧处于静止状态，螺旋间距大于 3mm，并且玩具在使用时，该弹簧可能承受大于 40N 的力，则弹簧应不可触及。

本要求不适用于下列情况的弹簧：弹簧在受到 40N 的压力后不能恢复到原来的形状，或弹簧缠绕于玩具的另一部件（如：导棒），以致可触及探头 A 在相邻弹簧圈之间的插入深度不超过 5mm。

1.3.14.2　安全分析

这些要求旨在防止带有弹簧的玩具夹住或挤压手指、脚趾或身体其他部位的危险发生。

1.3.14.3　测试方法与安全评价

（1）测试方法

① 螺旋弹簧　按"玩具部分或部件的可触及性测试"要求确定玩具上的螺旋弹簧在静止和工作状态时是否可触及，如可触及，则进行以下测试。

用 ϕ3mm 的金属圆杆检查盘簧在任一使用位置，两个相邻的螺旋的间隙是否大于 3mm。若螺旋间隙不均匀，则检查较大的间隙。

② 拉伸螺旋弹簧　按"玩具部分或部件的可触及性测试"要求确定玩具上的拉伸螺旋弹簧在静止和工作状态时是否可以触及，如可触及，则进行以下测试。

使用推拉力计对拉伸螺旋弹簧施加 40N 的拉力，如果需要则先用钳子等工具取下拉伸螺旋弹簧（不影响弹簧原有的刚性）。用 ϕ3mm 的金属圆杆试验弹簧相邻两圈的间隙是否大于 3mm。若此间隙不均匀，则试验较大的间隙。撤去拉力，检查弹簧能否回复原位。

③ 压缩弹簧　按"玩具部分或部件的可触及性测试"要求确定玩具上的压缩螺旋弹簧在静止和工作状态时是否可触及。

如可触及，则检查弹簧是否缠绕在玩具的另一个构件（如导棒）上。若是，则用模拟手指 A 插入两个相邻的螺旋间隙。若弹簧间隙不均匀，则插入较大的间隙。用数显卡尺测量探头 A 的插入深度。

如果弹簧不是缠绕在另一个构件上，或者模拟手指 A 插入深度超过 5mm，则进行以下测试。

用 ϕ3mm 的金属圆杆试验压缩螺旋弹簧在静止时，其相邻两圈的间隙是否大于 3mm。若弹簧间隙不均匀，则试验较大的间隙。如此间隙大于 3mm，则在玩具使用过程中压缩螺旋弹簧处于最大压缩状态时，用数显卡尺测量弹簧相邻两圈的间隙，并记录。然后使用工具将其取下，用推拉力计对压缩螺旋弹簧施加 40N 的压力，再用数显卡尺测量弹簧相应相邻两圈的间隙大小。比较两次测量值，如果第一次的值等于或小于第二次的值，则说明此压缩弹簧在玩具使用时需承受 40N 或更大压力。撤去压力，检查弹簧能否回复原位。

（2）安全评价

① 螺旋弹簧

a. 如果螺旋弹簧在静止和工作状态均不可触及，则判为合格。

b. 如果可触及的螺旋弹簧在测试中相邻的两个螺旋间隙大于 3mm，则判为不合格。

② 拉伸螺旋弹簧

a. 如果拉伸螺旋弹簧在静止和工作状态都不可触及，则判为合格。

b. 在测试中如拉伸螺旋弹簧相邻两圈的间隙大于 3mm，且撤去拉力后弹簧可回复原位，则判为不合格。

③ 压缩弹簧

a. 如果压缩螺旋弹簧在静止和工作状态都不可触及，则判为合格。

b. 如果压缩螺旋弹簧缠绕在玩具另一个构件上，且模拟手指 A 插入任一两相邻的螺旋深度不超过 5mm，则判为合格。

c. 在测试中如压缩螺旋弹簧相邻两圈的间隙大于 3mm，且弹簧在玩具使用时需承受 40N 或以上的压力，并且撤去压力后弹簧可回复原位，则判为不合格。

1.3.15　稳定性及超载要求（A.4.15）

1.3.15.1　标准要求

（1）乘骑玩具及座位稳定性

①～③的要求适用于供 60 个月以下儿童使用的乘骑玩具和有座位的落地式玩具（如：玩具家具）。圆筒形、球形或其他通常没有稳定底部等形状的乘骑玩具（如：玩具自行车和其他类似玩具）不适用本要求。

① 可用脚起稳定作用的玩具的侧倾稳定性　对于座位离地面的高度为 27cm或以上，且儿童的脚和/或腿在侧面的活动未受限制可起稳定作用的乘骑和有座位的落地式玩具，经"可用脚起稳定作用的玩具的稳定性测试"时，不应倾倒。

② 不可用脚起稳定作用的玩具的侧倾稳定性　对于儿童的脚和/或腿在侧面的活动受限制的乘骑玩具和有座位的落地式玩具（如侧面封闭的玩具车）。经"不可用脚起稳定作用的玩具的稳定性测试"时，不应倾倒。

③ 前后稳定性　对于乘骑者不能方便地用腿起稳定作用的乘骑玩具和有座位的落地式玩具，经"前后稳定性测试"时，不应向前或向后倾倒。

（2）乘骑玩具及座位的超载性能

乘骑玩具、有座位的落地式玩具和设计用来承受儿童全部或部分体重的玩具，经"乘骑玩具及座位的超载测试"和"有轮乘骑玩具的动态强度测试"时，不应折叠。

> 注：建议生产者考虑到动态情况下座位和座位支撑的强度。

（3）静止在地面上的玩具的稳定性

高度大于 760mm 且质量超过 4.5kg 的静止在地面上的玩具，经"静止在地面上的玩具的稳定性测试"时，不应倾倒。

1.3.15.2 安全分析

（1）乘骑玩具及座位稳定性

① 侧倾稳定性 这些要求旨在减少容易倾倒的玩具可能引起的意外危险。本要求认为有两类可能发生的稳定性危险：一类与可用脚稳定的骑乘玩具或座位有关；另一类是脚受封闭结构限制而不能起稳定作用。本要求考虑了儿童用腿起稳定作用并认识到儿童在倾斜状态时进行平衡调节的本能。

② 前后稳定性 本要求涉及乘骑者在乘骑玩具上不能轻易用腿起稳定作用时前后方向的稳定性。本要求的目的是确保如三轮自行车和摇马的前后稳定性，确保不会意外倾倒。

（2）乘骑玩具及座位的超载性能

本要求旨在减少玩具因不能承受超载负重而可能引起的意外危险。

（3）静止在地面上的玩具的稳定性

本要求旨在减少玩具家具和玩具箱的门、抽屉或其他可移动部分被拉到最大位置而倾倒所引起的危险。

1.3.15.3 测试方法与安全评价

（1）测试方法

① 乘骑玩具及座位稳定性

a. 可用脚起稳定作用的玩具的侧倾稳定性测试 对于座位离地面的高度超过 27cm，且儿童的脚和/或腿在侧面的活动未受限制可起稳定作用的乘骑和有座位的落地式玩具，进行以下测试。

将玩具放置在与水平面成 10.0°+0.50°角的光滑斜面上。如果适用，转动方向盘，使玩具处于最易倾倒的位置，锁定车轮防止滚动，脚轮在锁定前应处于正常位置。

按表 1-13 用合适的负荷加载在玩具的站立面或座位上。

表 1-13 稳定性测试的负荷

单位：kg

年龄段	负荷
36 个月以下	25.0±0.2
36 个月及以上	50.0±0.5

当玩具放置在上述斜面上时，施加的负载应使其主轴与水平面垂直。设计负载使其重心的高度在座位上方220mm±10mm处。对所有的乘骑玩具，保证负载的重心处于设计的座位的最前端向后43mm±3mm和最后端向前43mm±3mm处。（注：这是两次独立的测试）。若未设计座位，将负载放置在合理的儿童可能选择去坐的最不利位置。

加载后1min内，观察玩具是否倾倒。

b. 不可用脚起稳定作用的玩具的侧倾稳定性测试　除了斜面与水平而成15.0°+0.50°的角度外，按"可用脚起稳定作用的玩具的侧倾稳定性"的程序进行测试，在加载后1min内，观察玩具是否倾倒。

c. 前后稳定性测试　对于有转向装置的乘骑玩具，应使转向装置位于：

（a）在向前位置；

（b）与向前偏左约45°角；

（c）与向前偏右约45°角。

对于摇马，移动摇马至向前和向后的极限位置。

将玩具放置在与水平面成15.0°+0.50°角的平滑斜面上。按"可用脚起稳定作用的玩具的侧倾稳定性"程序对玩具加载，对玩具向前和向后分别测试。

加载后1min内，观察玩具是否倾倒。

② 乘骑玩具及座位的超载测试　将玩具水平放置，按表1-14对玩具的坐立或站立面施加适当的负荷。

若玩具标识所要求的负荷高于表1-14中正常的负荷，则按标识的负荷进行超载测试。

根据玩具是否倒塌判定它是否符合相应的要求。

表 1-14　超载测试的负荷　　　　　　　　　单位：kg

年龄段	负荷
36 个月以下	35.0±0.3
36 个月及以上,96 个月以下	80.0±1.0
96 个月及以上	140.0±2.0

③ 静止在地面上的玩具的稳定性测试　将玩具放置在与水平面成10°±1°角的平滑斜面上，让所有的可移动部件面向斜面下方尽量伸展。

观察1min内玩具是否倾倒。

（2）安全评价

如果玩具在试验中倾倒，则可判定玩具不合格。

1.3.16　封闭式玩具（A.4.16）

1.3.16.1　标准要求

（1）通风装置

用气密性材料制成、有门或盖且封闭的连续空间大于 0.03m³，内部尺寸均为 150mm 或以上的玩具应有不受阻碍的通风区域以供呼吸。通风区域最少应含有单个开口面积至少为 650mm² 且相距至少 150mm 的两个开口；或者含有一个将两个 650mm² 开口及之间间隔区域扩展为一体的具有等效面积的通风开口（见图 1-82）。

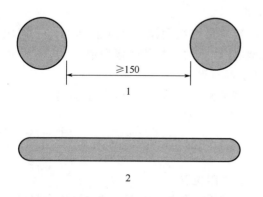

图 1-82 等效的通风开口示意图（单位：mm）

1—通风总面积≥1300mm²；2—等效通风总面积≥1300mm²

将玩具放置在地板上的任意位置，且靠在房间角落的两个相交 90°角的垂直面时，通风开口应保持不受阻碍。如果用一个固定隔板或栅栏（两个或以上）隔开，能有效地使连续空间的最大内部尺寸小于 150mm，则不需要通风区域。

（2）关闭件

① 盖子、门及类似装置关闭件（如盖子、盖板和门）或者类似封闭式玩具的装置，不应配有自动锁定装置。

经"关闭件测试"时，开启关闭件的力应不大于 45N。且不应在盖、盖板和门上使用纽扣、拉链及其他类似的紧固装置。

② 玩具箱及类似玩具中的盖的支撑装置

a. 具有垂直开启的铰链盖的玩具箱及类似玩具应安装有盖的支撑装置，在按"玩具箱盖的耐久性测试"的程序进行 7000 个开关周期测试前后，在距充分闭合处 50mm 至距充分闭合处不超过 60°的弧形行程中的任何一个位置上，盖在其质量作用下，落下的行程不应大于 12mm（最后 50mm 的行程除外）。测试应按"盖的支撑装置测试"程序进行。

b. 盖的支撑装置应不需使用者调节就能保证盖完全支撑；按"玩具箱盖的耐久性测试"程序进行周期测试后，无需使用者进行调节仍应符合上述 a. 的要求。

c. 玩具盖和盖的支撑装置应符合"折叠机构"部分的要求。

d. 玩具箱盖及盖的支撑装置应附有如何正确安装和维护的说明。

安装和维护说明的要求：组装和维修说明应详细描述配件的正确装配方法、盖的支撑装置未安装时的危险及如何确定支撑装置是否运转正常。

（3）封闭头部的玩具

用气密性材料制成的封闭头部的玩具，如太空头盔，应有靠近嘴部和鼻部的不受阻碍的通风区域以供呼吸。通风区域最少应含有单个开口面积至少为 650mm² 且相距至少为 150mm 的两个开口；或者设有一个将两个 650mm² 开口及之间间隔区域扩展为一体的具有等效面积的通风开口（见图 1-82）。

1.3.16.2　安全分析

这些要求旨在减少儿童被困在封闭式玩具（如帐篷和玩具箱）内的危险，及避免头部封闭的玩具（如太空头盔）可能产生窒息的危险。

不论玩具是否设计为容纳儿童，所有由封闭空间构成、儿童能进入的玩具都适用本要求。即使有足够的通风孔，还要求封闭在里面的儿童能在无外人帮助下，很容易地逃出。

1.3.16.3　测试方法与安全评价

（1）测试方法

① 通风装置测试　检查封闭式玩具是否由不透气材料制成。如果由不透气材料制成，则继续以下测试。

检查玩具内部封闭的连续空间体积是否大于 $0.03m^3$：如果内部封闭的连续空间是规则的长方体，可用钢卷尺来测量；如果是不规则的形状，则可以用量筒量取 $0.03m^3$（即 300mL）的水，装在塑料袋内，再把塑料袋放进玩具内部封闭的连续空间来检查——如果完全可以容纳，则表明大于 $0.03m^3$。用合适的仪器检查玩具内部所有尺寸是否均不小于 150mm，如果均符合以上条件，则继续以下测试。

检查玩具内部连续空间是否用固定隔板或杆（两个或多个）隔开，使最大内部尺寸小于 150mm，以有效限制连续空间，如不是，则继续以下测试。

检查通风区域是否至少符合下述其中一个条件：

a. 有至少相距 150mm 的两个或多个开口，每个开口的总面积至少超过 $650mm^2$；

b. 一个开口，它相当于两个 $650mm^2$ 的开口扩展连通了隔开的部分，而在 150mm 空间的两边都有 $650mm^2$ 的通风区域。

将玩具以任意方位放在地板上并接近两个成 $90°$ 角的竖直表面（即模拟房间角落）时，检查通风开口是否畅通无阻。

② 关闭件

a. 关闭件测试　当关闭件处于关闭位置时，在离关闭件的几何中心点 25mm 以内的位置向外施加与关闭件平面垂直的 $45.0N±1.3N$ 的力。

观察关闭件能否被打开。

b. 玩具箱盖测试　在测试前，根据制造商的说明安装玩具箱盖。

（a）盖的支撑装置测试　从该盖的最外边沿开始测量，将盖提升到离完全闭合处的弧行程大于 50mm，但距完全闭合处的弧度不大于 $60°$ 的任何位置。放开盖，观察盖最外边缘上接近中心的一点的下落运动。

判定盖下落是否超过 12mm。

（b）玩具箱盖的耐久性测试　将盖做 7000 次开启和闭合周期运动。一个周期包括把盖从完全闭合处提升到完全开启位置再回到完全闭合处。为防止对连接盖的支撑装置的螺丝或其他紧固件施加过度的压力，应注意不要用力将其作超过正常行程弧度范围的移动。

完成一个周期的时间应为 15s。7000 个周期应在 72h 内完成，然后再重复（a）的测试。

③ 封闭头部的玩具　检查封闭式玩具是否由不透气材料制成。如果由不透气材料制成，则继续以下测试。

检查通风区域是否至少符合下述其中一个条件：

a. 有至少相距 150mm 的两个或多个开口，每个开口的总面积至少超过 650mm²；

b. 一个开口，它相当于两个 650mm² 的开口扩展连通了隔开的部分，且在 150mm 空间的两边都有 650mm² 的通风区域。

（2）安全评价

① 通风装置

如果测试符合下述任一条件，则通风测试合格。

a. 玩具由透气材料制成。

b. 玩具内部封闭的连续空间体积不大于 0.03m³ 或玩具内部不是所有尺寸均不小于 150mm。

c. 玩具内部连续空间用固定隔板或杆（两个或多个）隔开，且最大内部尺寸小于 150mm。

d. 通风区域符合 1.3.16.3①通风装置测试 a.b. 中任一条件，且通风开口畅通无阻。

② 关闭件

a. 如果关闭件装有自动锁紧装置，则判为不合格。

b. 如果关闭件可用不大于 45.0N±1.3N 的力拉开，则判为合格。

③ 封闭头部的玩具　如果玩具由不透气材料制成，且满足下述任一条件，则判为合格。

a. 有至少相距 150mm 的两个或多个开口，每个开口的总面积至少超过 650mm²。

b. 一个开口，它相当于两个 650mm² 的开口扩展连通了隔开的部分，且在 150mm 空间的两边都有 650mm² 的通风区域。

1.3.17　仿制防护玩具（A.4.17）

1.3.17.1　标准要求

所有覆盖面部的刚性玩具（如护目镜、太空盔或面罩），经"仿制防护玩具的冲击测试"时，不应产生锐利边缘、锐利尖端或可能进入眼内的松脱部件。本条不仅适用于遮盖眼睛的玩具，也适用于在眼睛处有开孔的玩具。

预定供儿童穿戴的仿制防护玩具［包括（但不限于）建筑头盔、运动头盔和消防头盔］及其包装上应设警示说明。

警示说明的要求：仿制防护玩具［包括（但不限于）建筑头盔、运动头盔、消防头盔］及其包装应提醒消费者这些玩具不能提供保护功能。

1.3.17.2 安全分析

这些要求旨在减少护目镜或太空头盔由于制造材料损坏产生的危险，或因穿戴者将其（如体育头盔和护垫）误作为真正的保护装置而不是作玩具使用而产生的危险。

对确实为儿童提供保护的物件（如游泳护目镜和潜水面具），则不应视为玩具，故不适用本部分。

能防护阳光紫外线功能的预定供儿童使用的太阳镜不应视为玩具。但洋娃娃、玩具熊等上的太阳镜由于太小不适合儿童佩戴，应视作玩具。

1.3.17.3 测试方法与安全评价

（1）测试方法

仿制防护玩具的冲击测试：用适合的夹具将玩具夹紧，若眼睛处开孔，应使覆盖眼睛周围的部分处于水平面。

将直径为 16mm，质量为 150.80g 的钢球从 130cm±0.5cm 的高处跌落到玩具上部正常使用时覆盖眼睛周围的部位。如果眼睛处开孔，则钢球应跌落在正常使用时靠近眼睛的部分。

钢球在自由下落时可通过延伸到离玩具表面约 100mm 以内的中空管道加以导向，但不限制其自由落体运动。

检查玩具是否会产生危险锐利边缘、危险锐利尖端或能进入眼睛的松脱部件。

（2）安全评价

a. 如果覆盖面部的刚性玩具在相关测试前后产生锐利边缘、锐利尖端或可进入眼睛的松散部件，则判为不合格。

b. 如果仿制防护玩具及其包装上没有提醒消费者该类玩具不能提供保护功能，则判为不合格。

1.3.18 弹射玩具（A.4.18）

1.3.18.1 标准要求

（1）一般要求

玩具弹射物和弹射玩具应符合下列要求：

a. 硬质弹射物的端部的半径应不小于 2mm；

b. 高速旋转翼或螺旋桨的周围应设计为圆环状以减少可能产生的危险。

本条不适用于未启动时旋转翼或螺旋桨处于折叠状态的玩具。但这些旋转翼或螺旋桨的端部和边缘应用合适的弹性材料制成。

（2）蓄能弹射玩具

蓄能弹射玩具应符合下列要求。

① 按"弹射物、弓箭动能测试"程序测试时，如果弹射物动能超过0.08J，则：

a. 弹射物应有用弹性材料制成的保护端部，以保证单位接触面积的动能不超过0.16J/cm²；

b. 该保护端部应满足：

（a）经"扭力测试"和"保护件拉力测试"后，不应与主体分离，除非分离部件仍符合本部分的相关要求；

（b）与主体分离后，该弹射物不能从预定弹射机构中发射。

c. 对非正常使用的潜在危险应设警示说明。

② 经"弹射物、弓箭动能测试"时，被弹射机构发射的弹射物不应有危险锐利边缘或锐利尖端。

③ 弹射机构在未经改装的情况下，不应能发射其他任何可能有潜在危险的弹射物（如铅笔、钉子、石子）。如果弹射机构能发射非玩具本身提供的弹射物，应设警示说明。为减少造成眼睛受伤的危险，强烈建议生产者不应制造能发射非玩具本身提供的专用弹射物的弹射玩具。

④ 按"小零件测试"程序测试时，不管在任何方位，弹射物不应完全容入小零件试验器。本要求全年龄组适用。

在合理可预见滥用测试过程中产生的小零件，不能作为弹射物被发射机构发射出去，否则视为不符合本要求。

警示说明的要求：含有弹射物的玩具，应附有使用说明以提醒使用者注意瞄准眼或脸部及使用非生产者提供或推荐的弹射物的危险。

（3）非蓄能弹射玩具

非蓄能弹射玩具应符合下列要求。

① 果弹射物是箭状或镖状，则弹射物应：

a. 有一保护端，并与箭杆的前端成为一个整体；

b. 有一磨钝的前端并连有保护端；

c. 该保护件的端部撞击面应不小于3cm²，除非用磁性吸盘作箭头，否则保护端应用合适的弹性材料制成。

② 按"扭力测试"和"保护件拉力测试"程序测试后，该保护件应：

a. 不应与主体分离；

b. 与主体分离，但弹射物不能被预定发射机构发射。

③ 对于弓箭套装，按"弹射物、弓箭动能测试"程序测试，如果箭的最大动能超过0.08J，则单位撞击面的动能不应大于0.16J/cm²。

④ 非正常使用的潜在危险应设警示说明。

警示说明的要求：含有弹射物的玩具，应附有使用说明以提醒使用者注意瞄准眼或脸部及使用非生产者提供或推荐的弹射物的危险。

1.3.18.2　安全分析

这些要求涉及某些而非全部由弹射玩具和使用不符合规定的弹射物引起的潜在、不可预料的危害。

传统玩具如弹弓和飞镖所固有的、广为人知的危害不包括在本要求内。

由玩具本身而非儿童决定动能的玩具典型例子是枪或其他弹簧发动装置。豆子枪则为依靠儿童通过吹气决定动能的弹射玩具的例子。

沿轨道或其他表面行驶的玩具车，尽管它们包含（如在轨道间）惯性滑行的过程，但不视作弹射玩具。

弹射物的速度可用直接或间接方法测量。

注：目前正在研究弹射物动能的其他测试方法。

1.3.18.3　测试方法与安全评价

（1）测试方法

① 一般要求

a. 玩具中所有的硬质弹射物都要用 2mm 的半径规检查其顶端的半径是否不小于 2mm（检查时注意要把弹射物旋转一周），如图 1-83 所示。

b. 检查玩具的高速旋转翼或螺旋桨的周围是否设计为圆环状。如果玩具未启动时旋转翼或螺旋桨处于折叠状态，则其周边不需要设计为圆环状，但应检查其端部和边缘是否是用合适的弹性材料制成的。

② 弹射物、弓箭动能测试

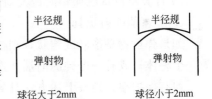

图 1-83　测量弹射物顶端半径示意图

a. 基本原则　在正常使用条件下，选定五次速度读数的最大值计算弹射物的动能。

若玩具不止包含一种弹射物，则每种弹射物的动能均应计算。

对于带箭的弓，如果箭的长度允许，将弓弦尽量拉展，但最大不应超过 70cm。

b. 仪器　可测定速度并计算所得的动能达到 0.005J 精度的仪器。

c. 程序

（a）动能的测定　使用下列公式计算弹射物在自由飞行时的最大动能 E_k：

$$E_k = mv^2/2 \tag{1-18}$$

式中　m——弹射物的质量，kg；

　　　v——弹射物的速度，m/s；

　　　E_k——最大的动能值，J。

（b）测定单位接触面积的动能　使用下列公式计算接触面积的弹射动能。

$$E_{k,area}=mv^2/2A \tag{1-19}$$

式中　A——弹射物的撞击面积，cm^2；

　　　$E_{k,area}$——单位接触面积的最大动能，J/cm^2。

测定有弹性保护头弹射物的接触面积可采用以下方法：在弹射物上加上适当的着色剂或墨水（如普鲁士蓝），向 300mm±5mm 以外的垂直表面发射，并测量残留印迹的面积。某些情况下，采用可留痕迹的冲击表面（如以复写纸覆盖白纸）的方法会比上述用弹射物来留印迹更适合。按以下方法测定出撞击面积。

ⓐ 在弹射物的顶端涂上适当的着色剂或墨水，将一张干净的白纸放在木块上。支撑住木块使其受到冲击时不移动。

使该白纸保持平坦地铺在木块上，或在木块和复写纸间放一张白纸（复写面朝着白纸），使这两张纸都保持平坦地铺在木块上。

ⓑ 将被测弹射物装进弹射机构中。将待发的弹射机构垂直对着木块表面，木块离弹射物顶端距离为 300mm±5mm。若发射机构有不止一种速度挡，则应以最大速度挡发射。

ⓒ 将弹射物弹射至纸上。

ⓓ 测量白纸上印记的面积。撞击面积是最少 5 次测量结果的平均值。

ⓔ 计算单位接触面积的最大动能。

② 非蓄能弹射玩具

如果弹射物是箭状或镖状，则检查弹射物是否有保护端，并与箭杆的前端成为一个整体，或有一磨钝的前端并连有保护端。

如有保护端，则按上述方法计算冲击截面的面积，是否不小于 $3cm^2$，检查保护端是否是用合适的弹性材料制成的（磁性金属圆盘除外）。

检查弹射物的保护件按"扭力测试"、"保护拉力测试"程序测试后，是否不会和主体分离，如果保护件和主体分离，则试验该没有保护端的弹射物是否能用所提供的弹射装置来发射。

进行动能测试（对于带箭的弓，如果箭的长度允许，将弓箭尽量扩展，但最大不超过 70cm）时，如果箭的最大动能大于 0.08J，则检查单位撞击面的动能是否超过 $0.16J/cm^2$。

检查弹射机构非正常使用的潜在危险是否设有警示说明。

注：以提醒使用者注意瞄准眼或脸部及使用非生产者提供或推荐的弹射物的危险。

（2）安全评价

① 一般要求

a. 如果玩具中所有硬质弹射物的半径小于 2mm，则判为不合格。

b. 如果玩具出现下面两种情况中的任一情况，则判为不合格：

（a）玩具的高速旋转翼或螺旋桨的周围没有设计为圆环状；

（b）如果玩具未启动时旋转翼或螺旋桨处于折叠状态，但其端部和边缘没有用合适的弹性材料制成。

② 蓄能弹射玩具　如果样品在试验中出现下述情况，则判为不合格：

a. 最大动能大于 0.08J 的箭状或刚性弹射物的冲击面没有弹性材料保护，或有弹性材料保护，但弹性冲击面的单位面积承受的最大动能大于 0.16J/cm^2；

b. 进行试验后，保护端从弹射物上脱落，而且该弹射物能再用所提供的弹射装置来发射；

c. 供玩具发射的弹射物是小零件，或含有锐利边缘、锐利尖点；

d. 对弹射机构正常使用和非正常使用的潜在危险无警示说明。

③ 非蓄能弹射玩具　如果样品在试验中出现下述情况，则判为不合格：

a. 如果弹射物是箭状或镖状，弹射物前端没有与箭杆的前端成为一个整体的保护端，也没有一磨钝的前端并连有保护端；

b. 如有保护端，是用弹性材料制成但冲击面小于 3cm^2（磁性金属圆盘除外）；

c. 进行试验后，保护端从弹射物上脱落，而且该弹射物能再用所提供的弹射装置来发射；

d. 进行动能测试后，箭的最大动能大于 0.08J，且单位撞击面的动能大于 0.16J/cm^2；

e. 对弹射机构非正常使用的潜在危险无警示说明。

1.3.19　水上玩具（A.4.19）

1.3.19.1　标准要求

水上玩具上的所有气门嘴都应有止回阀及永久连接于玩具上的气门塞。

当玩具充满气体时，气门塞应能塞入气门座，其留在外部的部分突出玩具表面高度不应超过 5mm。

不应有"暗示在无人监护下使用该类玩具是安全的"这样的文字或图案。

水上玩具应带有符合要求的警告语。

警示说明的要求：水上玩具应设有警示，说明此玩具应在成人监督下在浅水中使用，另应提醒此产品非救生用品。

1.3.19.2　安全分析

这些要求旨在减少因气孔漏气，使水上玩具的浮力突然丧失而导致的溺水危险。同时也提醒成人和儿童在深水使用这类玩具的危险。本部分适用于通常在成人监护下、能够承受儿童体重且用于浅水的充气玩具。

阀门上的盖塞不能脱落，应加以保护防止意外松开。单向阀通常便于玩具充气。

其他产品如大型可充气船，鉴于其尺寸与设计预定为供深水中使用，则不包括在本部分内。手臂圈和类似的助浮用品也不包括在内，因为它们被视为游泳辅助物，不属于玩具。

浴室玩具通常用于浴盆，不包括在本条内。充气沙滩球，主要用于沙滩，不是水中，也不包括在内。

1.3.19.3　测试方法与安全评价

（1）测试方法

检查玩具上所有气门嘴是否都有止回阀及永久连接于玩具上的气门塞。

检查玩具充气后，气门塞是否能推入气门座；用数显卡尺测量气门塞外露于玩具表面的高度。

检查玩具是否有"暗示在无人监护下使用该类玩具是安全的"这样的文字或图案。

检查玩具是否有提醒该玩具是非救生设备的警示说明。

（2）安全评价

如果玩具出现以下任一情况，则判定玩具不合格：

① 玩具上不是所有气门嘴都有止回阀及永久连接于玩具上的气门塞；

② 检查玩具充气后，气门塞不能推入气门座或气门塞推入气门座后外露于玩具表面的高度大于 5mm；

③ 玩具有"暗示在无人监护下使用该类玩具是安全的"这样的文字或图案；

④ 玩具无提醒该玩具是非救生设备的警示说明。

1.3.20　制动装置（A.4.20）

1.3.20.1　标准要求

本要求不适用下列玩具：

Ⅰ用手或脚对驱动轮提供动力或轮被直接驱动的玩具（如：脚踏车）；

Ⅱ未负载时最大速度为 1m/s、座高小于 300mm、脚部自由的电动乘骑玩具；

Ⅲ玩具自行车。

（1）按"自由轮装置测定"程序测试判定为自由轮的机械或电动乘骑玩具应：

① 有一个制动装置；

② 按"非玩具自行车的机械或电力驱动乘骑玩具的制动性能测试"程序测试时，玩具移动距离不应大于 5cm；

③ 质量大于等于 30kg 的乘骑车，应有制动锁定装置（停车制动）。

（2）电动童车应由一开关来操作，松开该开关时动力电源应自动断开而不使玩具倾倒。使用制动装置时电源自动切断。

1.3.20.2 安全分析

这些要求旨在减少玩具车因制动能力不足而引起的事故。制动装置要求规定所有带自由轮装置的乘骑玩具应装有制动装置。但以下带有直接传动系统的玩具除外：前轮上有脚蹬的三轮车、踏板车和电动童车，这类玩具儿童的脚部是自由的，可用脚进行制动。

在自由轮测试中，简单可行的方法是将玩具置于一个 10°的斜坡上，观察其是否加速滑下。只有在不确定的情况下才使用下列公式：

$$(m+25)g\sin10°=(m+25)g\times0.173=(m+25)\times1.70 \tag{1-20}$$

式中 m ——玩具自行车的质量，g。

1.3.20.3 测试方法与安全评价

（1）测试方法

① 自由轮装置测定 按"用脚稳定的玩具的稳定性测试"的方法将玩具水平放置，并按表 1-13 给玩具加载适当的负载，在铺有 P60 氧化铝纸的平面上以 2m/s±0.2m/s 的速度匀速拖拉玩具，测试最大的拉力。

若测得的最大拉力在以下范围，则该玩具不是自由轮玩具：

$$F_1\geqslant(m+25)\times1.7 \text{ 或} \tag{1-21}$$

$$F_2\geqslant(m+50)\times1.7 \tag{1-22}$$

式中 F_1 ——36 个月以下儿童的玩具的最大拉力，N；

F_2 ——36 个月及以上儿童的玩具的最大拉力，N；

m ——玩具的本身质量，kg。

> 注：如果玩具在加载 50kg 后，在 10°的斜面上加速下滑，则被视作自由轮。

② 非玩具自行车的机械或电力驱动乘骑玩具的制动性能测试 按"用脚稳定的玩具的稳定性测试"的方法将玩具放置在铺有 P60 氧化铝纸的 $(10^{+0.5}_{0})°$ 的斜面上，按表 1-13 施加适当的负载，使玩具纵轴平行于斜面板。

在正常操作制动把手的方向施加 50N±2N 的力。

如果制动把手的使用方式与自行车手闸相似，则垂直于把手在其中部施加 30N±2N 的力。

如果制动装置由踏板操作，在踏板的操作方向施加 50N±2N 的力，产生制动效果。

若有多个制动控制装置，应分别进行测试。

检查玩具在制动装置上施力后移动是否大于 5cm。

③ 玩具自行车的制动性能测试 将玩具自行车加载 50.0kg±0.5kg 的负荷，其重心在儿童乘坐面上方 150mm 处，将玩具自行车停放在 $(10^{+0.5}_{0})°$ 的斜面上，其纵轴与倾斜面平行。

如果制动装置的操作类似于自行车的手闸，则垂直于把手在其中部施加 30N

±2N 的力。

如果制动装置由踏板操作，在操作方向施加 50N±2N 的力，产生制动效果。检查玩具在制动装置上施力后移动是否大于 5cm。

（2）安全评价

① 自由轮的机械或电动乘骑玩具　如果玩具同时符合以下要求则可判定玩具合格：

a. 有一个制动装置；

b. 按"非玩具自行车的机械或电力驱动乘骑玩具的制动性能测试"程序测试时，玩具移动距离不大于 5cm；

c. 质量大于等于 30kg 的乘骑车，有制动锁定装置（停车制动）。

② 电动童车　如果玩具符合以下要求则可判定玩具合格：由一个开关来负责操作，松开该开关时动力电源应自动断开而不使玩具倾倒。使用制动装置时电源自动切断。

1.3.21　玩具自行车（A.4.21）

1.3.21.1　标准要求

> 注：鞍座高度在 435～635mm 的儿童自行车的安全要求见 GB 14746（idt ISO 8098）。

（1）使用说明

玩具自行车应附有组装和维护说明，应有提醒使用玩具自行车的儿童的父母或看护者注意乘骑玩具自行车可能存在的危险及应采取的防范措施的内容。

说明的要求：玩具自行车应附有标识以提醒骑车时应使用保护性头盔。

同时，使用说明书应包括提醒玩具自行车不应在公路上使用；而且父母或监护人应确保儿童在使用玩具自行车时已接受过适当的指导，特别是对于制动装置系统的安全使用。

（2）鞍座最大高度

鞍管上应有标示最小插入车架深度的永久标记。最小插入标记应位于距离鞍管插入端（有效部分）最小 2.5 倍鞍管直径的部位上，且标记刻度不应影响鞍管的强度。

（3）制动要求

经测定为自由轮的儿童自行车应在后轮安装一个制动装置。

对于手闸装置，如图 1-84 所示，从手闸闸把中点到车把外表面的距离 d 不应超过 60mm。手闸闸把经调节器调节应能够达到上述尺寸的要求。手闸闸把的长度（l）最少应为 80mm。

按"玩具自行车的制动性能测试"程序进行测试时，玩具移动距离不应大于 5cm。

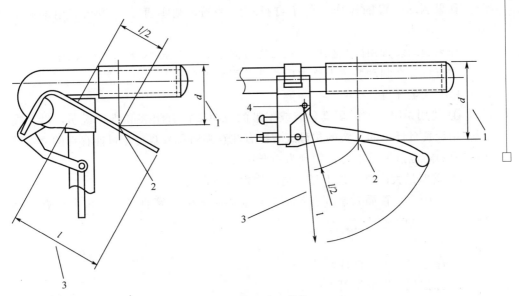

图 1-84　手闸闸把尺寸（单位：mm）

1—闸把尺寸，d；2—闸把中点；3—闸把长度，l；4—轴

1.3.21.2　安全分析

本要求包括最大鞍座高度为 435mm 的自行车。这类小自行车不是预定用于、也不应该在街道或公路上行驶。

供年幼儿童使用的设备和/或自行车应符合相关部分的规定。

1.3.21.3　测试方法与安全评价

（1）测试方法

① 使用说明　检查玩具包装或附带的说明中是否有组装和维护说明，以及提醒使用玩具自行车的儿童的父母或看护者注意乘骑玩具自行车可能存在的危险及应采取的防范措施的内容。

② 鞍座最大高度　在距离鞍管插入端（有效部分）最小 2.5 倍鞍管直径的部位上检查是否标有最小插入车架深度的永久标记，且标记刻度不影响鞍管的强度。

③ 制动要求

a. 按"自由轮装置测定"程序检查玩具是否为自由轮儿童自行车。若符合则检查后轮是否安装有一个制动装置。

b. 对于手闸装置，按图 1-84 测量从手闸闸把中点到车把外表面的距离 d，以及手闸闸把的长度 l。

c. 玩具自行车的制动性能测试：将玩具自行车加载 50.0kg±0.5kg 的负荷，其重心在儿童乘坐面上方 150mm 处，将玩具自行车停放在 $(10^{+0.5}_{0})°$ 的斜面上，其纵轴与倾斜面平行。

如果制动装置的操作类似于自行车的手闸，则垂直于把手在其中部施加 30N±2N的力。

如果制动装置由踏板操作，在操作方向施加50N±2N的力，产生制动效果。

检查玩具在制动装置上施力后移动是否大于5cm。

（2）安全评价

① 使用说明　如果玩具包装或附带的说明中没有组装和维护说明，以及提醒使用玩具自行车的儿童的父母或看护者注意乘骑玩具自行车可能存在的危险及应采取的防范措施的内容，则判为不合格。

② 鞍座最大高度　以下任一情况均判为不合格：

a. 在距离鞍管插入端（有效部分）最小2.5倍鞍管直径的部位上没有最小插入车架深度的标记；

b. 标记不耐久；

c. 标记的位置不符合要求；

d. 标记刻度影响鞍管的强度。

③ 制动要求

a. 如果自由轮儿童自行车的后轮没有安装一个制动装置，则判为不合格。

b. 对于手闸装置，若按图1-84测量从手闸闸把中点到车把外表面的距离 d 超过60mm，或者手闸闸把的长度 l 小于80mm，则判为不合格。

c. 如果按"玩具自行车的制动性能测试"程序测试时，玩具移动距离大于5cm，则判为不合格。

1.3.22　电动童车的速度要求（A.4.22）

1.3.22.1　标准要求

按"电动童车的速度测试"程序进行测试时，电动童车的最大速度不应超过为8km/h。

1.3.22.2　安全分析

此处的速度是指最大速度，当电动童车的速度设置为多个挡位时，速度判定应以其最高速挡为准。

为保证儿童安全和监护人的有效陪伴，必须限定电动童车的最大速度。由于正常人的正常跑步速度一般为8km/h，因此要求电动童车的最大速度应不超过8m/h，以确保监护人的有效陪伴。

1.3.22.3　测试方法与安全评价

（1）测试方法

在玩具通常坐立或站立的位置加载质量为25.0kg±0.2g的负荷。

在水平面上操作玩具，测定最大速度是否超过8km/h。

（2）安全评价

如果测得的电动童车的最大速度不超过 8 km/h，则可判定样品合格，否则不合格。

1.3.23　热源玩具（A.4.23）

1.3.23.1　标准要求

本要求不适用于化学或类似试验装置中的燃烧器、灯泡或类似物品。

按"温升测试"程序测试时：

① 满负荷输入时，带热源的玩具不应燃烧；

② 手柄、按钮和其他手可触及的部件的温升不应超过以下数值。

a. 金属部件：25K。

b. 玻璃或陶瓷部件：30K。

c. 塑料或木制部件：35K。

③ 具其他可触及部件的温升不应超过以下数值。

a. 金属部件：45K。

b. 其他材料部件：55K。

> 注：温度相差 1K 等同于温度相差 1℃。

1.3.23.2　安全分析

化学或类似试验装置中的燃烧器、灯泡或类似物品，可被视为功能性玩具或众所周知的危险物品，因此豁免。

本条款与电气安全检验的温升测试方法相类似。

根据不同部位的被触及的频次和不同材料的热导率的差异，确定玩具不同部位不同材料的温升限值。

1.3.23.3　测试方法与安全评价

（1）测试方法

温升测试：在周围无风、温度为 21℃±5℃ 的环境中，按使用说明以最大输入功率操作玩具，直至达到平衡温度。

测量可触及部分的温度并计算温升值。

观察玩具是否着火。

（2）安全评价

① 如果玩具燃烧，则不合格。

② 如果各点的温升（K）符合标准要求的限值则为合格，否则不合格。

1.3.24　液体填充玩具（A.4.24）

1.3.24.1　标准要求

按正常使用和可预见的合理滥用情况进行相关测试后，含有不可触及液体的玩具按"液体填充玩具的渗漏测试"程序进行测试后，玩具不应出现可能产生潜在危害的液体渗漏。

液体填充出牙器和液体填充牙咬玩具应标有不可放置于冷冻室的警示说明。

警示说明的要求：液体填充出牙器和液体填充牙咬玩具应附有说明："不应放置在冷冻室内"。

1.3.24.2　安全分析

这些要求旨在减少被刺穿的牙咬玩具及类似产品产生的危害，尤其可能会接触到已被污染或因为刺穿而被污染的液体。

当进行"液体填充玩具的渗漏测试"发生了渗漏时，评价液体潜在危害应注意以下几点。

（1）水质液体

① 渗漏发生的容易程度。

② 液体的微生物总量（如致病菌的存在）。

③ 化学防腐剂的使用（只能是食品中允许使用的防腐剂，当只有少量液体时，无数量限制）。

④ 其他可溶性物质（如颜料等）。

（2）非水质液体（一些非水质液体有国家法律规定）

① 渗漏发生的容易程度。

② 体的性质和种类。

③ 液体的体积。

④ 液体的毒性。

⑤ 体的易燃性。

⑥ 对与渗漏液体接触的其他材料的影响。

本要求不适用于电池的电解质，也不适用于装入容器内的颜料、指画颜料或类似物品。

本条款中要求的警告旨使父母知道牙咬玩具太冷可能对儿童造成伤害。

1.3.24.3　试方法与安全评价

（1）测试方法

液体填充玩具的渗漏测试：将玩具置于 $37℃\pm1℃$ 的环境中处理最少 4h。

在将玩具从预处理环境中取出后的 30 内，用直径为 $1.0mm\pm0.1mm$、顶端半径为 $0.50mm\pm0.05mm$ 的钢针，在玩具外表面的任意部分施加 $5^{+8.5}_0 N$ 的力。

在 5s 内逐渐加力，并保持 5s。

测试完成后，在施力处放上氯化钴试纸，检查玩具是否渗漏。同时用除针以外的其他合适方法在任意部位施加 $5^{+0.5}_0 N$ 的压力。

在 $5℃\pm1℃$ 温度下放置最少 4h，对玩具进行重复试验。

完成后，检查玩具的渗漏性。

如使用的填充液体不是水，可使用其他适当的方法测定渗漏性。

注：不应使用氯化钴于 5℃ 下测试，因为冷凝作用会导致错误的结果。

（2）安全评价

① 品内的液体如有泄漏现象，则可判为不合格。

② 液体填充出牙器或液体填充牙咬玩具未附有警告："不应放置在冷冻室内"，则可判定样品不合格。

1.3.25　口动玩具（A.4.25）

口动玩具应符合下列要求：

① 经"小零件测试"，口动玩具及其可拆卸零件不应完全容入小零件试验器；

② 口动玩具的不可拆卸零件经"扭力测试"和"一般拉力测试"后如果脱落，则所脱落的任何部件经"小零件测试"时不应完全容入小零件试验器；

③ 含有松动部件的口动玩具（如口哨中的小球、声响玩具中的簧片）经"口动玩具耐久性测试"后，不应脱出任何经"小零件测试"时能完全容入小零件试验器的部件；

④ 安装在气球上可拆卸或不可拆卸的吹嘴应符合①和②的要求。

1.3.25.1　安全分析

这些要求旨在防止口动玩具或其吹嘴部件无意中被吸入而引起儿童窒息死亡。

基本上含有可移动或可脱卸吹嘴（如喇叭的吹嘴）的玩具，其吹嘴不能太小以免造成在无意中吞下或吸入。

为确保小部件在口动玩具（如口琴或口哨）使用时不发生松脱，这些玩具应进行规定空气体积量的吹吸试验。

本要求适用于所有年龄组（即全儿童年龄组适用）。

1.3.25.2　测试方法与安全评价

（1）测试方法

① 按"小零件测试"程序对口动玩具及其可拆卸吹嘴进行测试。

② 如果口动玩具的吹嘴是不可拆卸的，则对吹嘴按"扭力测试"、"一般拉力测试"程序进行测试。如果吹嘴在测试后脱落，再按"小零件测试"程序测试。

③ 进行"口动玩具耐久性测试"。

a. 在玩具的气门嘴处连接一个在 3s 内能排出或吸入超过 $300cm^3$ 空气的活塞泵，并安装一个放气阀，使得泵不能产生大于 13.8kPa 的正负压力。将玩具连续进行 10 次吹吸交替测试，每个吹吸过程包括在 5s 内完成、最少吹和吸各

$295cm^3 \pm 10cm^3$ 的空气，该空气量包括可能通过放气阀释放的空气体积。如果玩具本身的排气阀可触及，则以上测试亦适用于该排气阀。

b. 按"小零件测试"程序判定是否有完全容入小零件试验器的脱落部件。

④ 对于安装在气球上的可拆卸或不可拆卸吹嘴分别按正常使用和可预见的合理滥用情况的相关要求进行测试。

（2）安全评价

如果口动玩具、口动玩具的可拆卸吹嘴和不可拆卸吹嘴，安装在气球上的可拆卸或不可拆卸吹嘴在上述相应的测试中，能够完全容入小零件试验器，则不合格。

1.3.26 玩具旱冰鞋、单排滚轴溜冰鞋及玩具滑板（A.4.26）

1.3.26.1 标准要求

玩具旱冰鞋、单排滚轴溜冰鞋及玩具滑板是设计供体重不超过20kg的儿童使用的产品。

玩具旱冰鞋、单排滚轴溜冰鞋及玩具滑板应标有警示说明，以提醒使用时须佩带保护装置以及产品是设计供体重不超过20kg儿童使用的产品。

警示说明的要求：玩具滚轴溜冰鞋、单排滚轴溜冰鞋和玩具滑板是设计供体重不超过20kg的儿童使用的产品。

玩具滚轴溜冰鞋、单排滚轴溜冰鞋和玩具滑板应带有标签指示此产品是设计供体重不超过20kg儿童使用的产品，并建议使用者使用如头盔、护腕、膝垫、肘垫等保护装置以及不要在机动车道上使用该产品。

1.3.26.2 安全分析

本条款是玩具旱冰鞋、单排滚轴溜冰鞋及玩具滑板的特殊要求。

本条款是提示性条款，未规定检验方法，主要对玩具旱冰鞋、单排滚轴溜冰鞋及玩具滑板的承载质量和警示说明作出要求，主要进行目测检查即可。

玩具旱冰鞋、单排滚轴溜冰鞋及玩具滑板与非玩具旱冰鞋、单排滚轴溜冰鞋及非玩具滑板的区别：承载质量20kg以下的为玩具，20kg以上的为非玩具。

必须有警示说明，必须标注限定体重和提醒使用者使用时需佩戴保护装置，同时应标注适用年龄。根据承载质量为20kg，适用年龄建议标注为3～6岁。

一般安全检查中应特别注意金属边缘、空隙、突出物等。

1.3.26.3 测试方法与安全评价

（1）测试方法

检查玩具旱冰鞋、单排滚轴溜冰鞋及玩具滑板是否带有标识说明，指示此产品是设计供体重不超过20kg儿童使用的产品，并建议使用者使用如头盔、手套、膝垫、肘垫等保护装置以及不要在机动车道上使用该产品。

（2）安全评价

玩具旱冰鞋和单排滚轴溜冰鞋及玩具滑板若没有上述的标识说明，则判定样品不合格。

1.3.27 玩具火药帽（A.4.27）

1.3.27.1 标准要求

玩具火药帽在可预见的合理使用过程中不应产生可能伤害眼睛的火花、灼热的物体及碎片。

玩具火药帽的包装盒上应设警示说明。

警示说明的要求：玩具火药帽的包装应附有警告：不应在室内、近耳、近眼处使用，不要将拆散的玩具火药帽放在口袋里。

1.3.27.2 安全分析

这些要求旨在减少眼睛受伤的危险，这些危险来自于玩具火药帽意外暴露于玩具武器之外产生的火焰、火花及强光，或因制造问题及结构缺陷而导致在正常使用情况下的危险性爆炸。该要求也适用于减少大量火药帽同时反应时造成的伤害。

1.3.27.3 测试方法与安全评价

（1）测试方法

检查玩具火药帽在可预见的合理使用过程中是否会产生可能伤害眼睛的火花、灼热的物体及碎片。

检查玩具火药帽的包装上是否有警示说明：不应在室内、近耳、近眼处使用，不要将拆散的玩具火药帽放在口袋里。

（2）安全评价

① 若样品在可预见的合理使用过程中产生可能伤害眼睛的火花、灼热的物体及碎片，则判定样品不合格。

② 若样品的包装上没有警示说明，则判定样品不合格。

1.3.28 声响要求（附录 A.F）

1.3.28.1 标准要求

（1）本要求不适用于：

① 口动玩具，即其声压级由儿童的吹吸力度所决定（例如口哨和玩具乐器，类似喇叭和长笛）；

② 由儿童操作发出的声音，例如由木琴、铃、鼓和挤压玩具发出的声音，其声压级由儿童动作力度所决定；连续声压级的要求不适用于摇铃，但摇铃应满足脉冲声压级的要求；

③ 收音机、录音带播放机、CD 播放机及类似电子玩具；

④ 由耳塞/头戴式耳机发出的声音。

（2）当进行"声压级的测试"时，设计发声的玩具应符合下述要求。

① 近耳玩具产生的连续声音的 A 级加权等效声压级 L_{pAeq}，不应超过 65dB。

② 除近耳玩具外的所有其他玩具产生的连续声音的 A 级加权等效声压级 L_{pAeq}（对于驶过试验，用最大 A 级加权声压级，L_{pAmax}），不应超过 85dB。

③ 近耳玩具产生的脉冲声音的 C 级加权峰值声压级 L_{pCpeak}，不应超过 95dB。

④ 除爆炸功能玩具（例如火药帽）外的任何类型的玩具产生的脉冲声音的 C 级加权峰值声压级 L_{pCpeak}，不应超过 115dB。

⑤ 火药帽玩具或爆炸功能玩具产生的脉冲声音的 C 级加权峰值声压级 L_{pCpeak}，不应超过 125dB。

⑥ 火药帽玩具或爆炸功能玩具产生的脉冲声音的 C 级加权峰值声压级 L_{pCpeak} 如果超过 115dB，则应提醒使用者注意其对听力的潜在危险。

警示说明的要求：产生高脉冲声压级的玩具或它们的包装上应有以下警示：

"警告！不要靠近耳朵使用！误用可能导致听力损坏。"

使用火药帽的玩具应增加以下警告标识：

"不能在室内击发！"

1.3.28.2　安全分析

本条款的要求是为了减少高强度连续和脉冲噪声对听力的损害。本条款的要求仅适用于明确设计成发出声响的玩具，也就是那些具有产生声音特征的玩具。例如电或电子的设备、火药帽、摇铃部件等。

①和②的要求是预定针对那些由连续声音（例如演讲、音乐等）产生的危害。这种危害是慢性的并且是在多年的暴露之下才会显露的。

③和④的要求是预定针对那些由脉冲声音（例如火药帽、爆裂的气球等）产生的危害。这种声响是特别有害的。仅仅暴露在高尖声响下一次，耳朵的听力就有可能造成永久的损坏。

脉冲声音等级被分解成两个类别：爆破动作和非爆破动作。对于那些以由于爆破行为产生脉冲声音的玩具，一个更高的分贝值等级是允许的。如以上的例子，这是因为人耳不能对快速上升时间的声波作出反应。

近耳玩具以 50cm 距离测量以最小化测量误差。可用的分贝值等级要向下调整以补偿更近的使用距离。

声响玩具应同时符合本部分的其他相关要求。

1.3.28.3　测试方法与安全评价

（1）测试方法

采用声压级的测量。

① 安装及安放条件

a. 总则　应当用新的玩具进行本测试。对于电池玩具，用新的原电池或充满电的充电电池进行试验。不要使用外部供应电源，因为在很多情况下，它们会影响玩具的性能。

b. 测试环境　测试环境应符合 GB/T 3768—1996 附录 A 中的条件要求。

> 注：1. 实际上，这意味着只要玩具的最大尺寸不超过 50cm，大多数正常布置的、空间超过 30m³ 的房间在测量距离为 50cm 时都是符合要求的。在测量距离小于 25cm 的情况下，几乎所有的环境都符合要求。
>
> 2. 如果采用 GB/T17248.2 的测试方法，则测试环境应符合 GB/T 3767 的要求。

c. 安放　用于安放玩具的试验装置和/或玩具的操作者，在测试中应不能影响到玩具声音的发射，也不能造成声音反射——这将增加测试点处的声压级。

> 注：1. 通常转动测量物比移动麦克风来得方便。
>
> 将近耳玩具和手持玩具安放在合适的试验装置里，高于反射面至少100cm；或由操作者把手臂伸直进行操作。
>
> 2. 如果由操作者进行操作，在测试非常响亮的玩具时，应佩戴听力保护器。

将静止的桌面、地面上的玩具和童床玩具放在 GB/T 17248.2 所述的标准测试台上。台面应足够大，以使玩具静止和整个放在台面上，测量所用的测试箱的侧边也位于台面上。

将自驱动的桌面玩具或地板玩具放置在标准测试台上的试验装置里，在满功率下操作，但应防止其绕行。

将推拉玩具放置于反射面（例如混凝土、地板砖或其他硬质表面）上并固定在试验装置里，使其以不同的速度直行经过测量麦克风（"驶过"试验）。确保反射面的摩擦力能防止车轮打滑。

将手动发条玩具上足发条后放置在反射面（例如混凝土、地板砖或其他硬质表面）上，使玩具前端沿 X 轴与"驶过"试验中的麦克风距离为 40cm±1cm。

按上述原则以最合适的方式来安放其他类型的玩具。

d. 操作条件　按预定的或可预见的模式操作待测试玩具，使其对麦克风产生最大的发射声压级，以得到最大噪声声级。

特别注意按以下方式操作：推拉玩具除外，用手来操作手动玩具，在按其预定的或可预见的使用点和方向上施力，使其产生最大发射声压级。对预定用手摇动的玩具，使用摆动幅度 15cm、频率 3 次/s 的力度摇动玩具。

操作摇铃，抓着它预定被抓的位置，如果不能确定该位置，则抓着能使摇铃的发声部分与手之间的横杆最长的位置。确保发射的声音不会被手的握持方式影响。以缓慢的节奏，将玩具向下用力撞击 10 次。使用手腕，前臂保持基本水平。尽量取得可能产生的最大声压级。操作者侧对麦克风站立，将摇铃保持在与麦克风同样的高度并相距 50cm。

以 2m/s 或以下的速度操作推拉玩具，使之发出最大的发射声压级。

用制造商推荐的和能从市场购得的火药帽操作火药帽玩具。

② 测量程序

a. 使用的基础国家标准　声压级测定的最低要求是在玩具周围规定的位置，根据 GB/T 17248.3 和 GB/T 17248.5 进行测定。如发生争议，使用更加精确的 GB/T 17248.2 进行测定。

> 注：1. 由于在房间边缘反射较少，GB/T 17248.2 将得到稍低于 GB/T 17248.3 和 GB/T 17248.5 的数值。
>
> 2. 在某些情况下，GB/T 17248.5 对工程方法而言是精确的。

b. 仪器　仪器系统，包括麦克风和电缆，应符合 GB/T 3785.1—2010 和 GB/T 3785.2—2010 中规定的 1 型或 2 型仪器的要求。在测量峰值发射声压级时，例如测量使用火药帽的玩具，麦克风和整个仪器系统应有能力处理超过 C 级加权峰值水平至少 10dB 的线性峰值水平。

> 注：当使用标准方法 GB/T 17248.2 时，需要用 1 型仪器。

c. 麦克风的位置

(a) 总则　测试中应当使用几个麦克风位置。在操作中这通常意味着麦克风需不断移动位置，以采用转动待测样品来代替转动麦克风则更具操作性。但应注意保持正确的测量距离。

(b) 近耳玩具　将麦克风设置在距玩具主要声源所在表面的测量距离为 50.0cm±0.5cm 的地方，并确保在麦克风位置获得最大声压级。

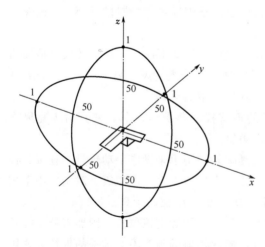

图 1-85　测量火药帽玩具发射声压级的
麦克风位置（单位：cm）

1—麦克风

(c) 火药帽玩具　在玩具周围设置 6 个麦克风位置，把玩具的主要发声部分放在测量坐标系统的原点，使处于正常操作位置的玩具的主轴与测量坐标系的轴重合（见图 1-85）。如玩具长度超过 50cm，则在不改变麦克风位置的情况下，把玩具在 xy 平面上绕 z 轴旋转 45°。

在原点沿每根轴的两个方向选取 50cm±1cm 的点，作为麦克风的测试位置，如图 1-85 所示。

(d) 摇铃　将麦克风安装在离地 1.2m、距声源 0.5m 处，测试室空间应足够大或消声能力足够使得声音反射可以忽略。

（e）其他手持玩具　在测量箱各面上选择 6 个麦克风位置，使距 GB/T 3768 中定义的玩具基准箱的测试距离为 50cm，如图 1-86 所示。这些位置位于测量箱各面的中心，与基准箱各面相距 50cm。

（f）静止的和自驱动的桌面、地面和童床玩具　在测量箱各面上选择 5 个麦克风位置，使距玩具基准箱的测量距离为 50cm；如果玩具的宽度或长度超过 100cm，则把测量箱的 4 个顶角增加为 4 个麦克风位置，如图 1-87 所示。高度为 H 的测量箱的各个面——底面除外，距基准箱对应的各个面的距离始终为 50cm；测量箱与基准箱的底面位于同一平面。所有麦克风的位置都在测量箱上。

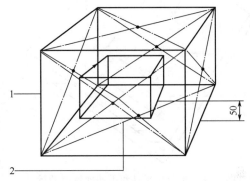

图 1-86　所有其他手持玩具的麦克风位置

（单位：cm）

1—测量箱；2—基准箱

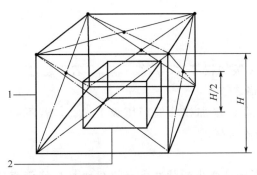

图 1-87　测量静止的和自驱动的桌面、地面和童床玩具的麦克风位置

1—测量箱；2—基准箱

（g）推拉玩具和手动弹簧驱动玩具　对于宽度（w）为 25cm 或以下的玩具，在与测量坐标系的 x 轴距离（d）为 50cm 处，使用两个麦克风位置，如图 1-88 所示。对于宽度（w）大于 25cm 的玩具，在与测量坐标系的 x 轴距离（d）为 40cm 加上一半玩具宽度处（40 ＋$w/2$），使用两个麦克风位置，如图 1-88 所示。将玩具放在测试装置或反射平面上，以其正常操作方向，使玩具能沿着经过两个麦克风位置的 x 轴方向前进。

d.测量

（a）总则　在试验开始前，应使玩具达到正常运行模式。

（b）连续声音的测量　如果测试的玩具有界限分明的运行周期，则在至少一个完整周期中，在每个麦克风位置测量等效声压级。但长于 15s 的安静期不包括在测量期内。总共进行三次测量。

如果测试的玩具没有界限分明的运行周期，则在最高噪声级的运行模式下在每个麦克风位置测量等效声压级，测量至少持续 15s。总共进行三次测量。

对于"驶过"试验，测量 A 级加权最大声压级。每边测量两次。

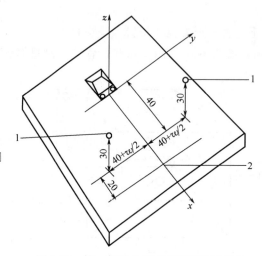

图 1-88　推、拉玩具和手动弹簧驱动玩具
的测量麦克风位置（"驶过"测试）（单位：cm）

1—麦克风；2—测量终点；w—玩具的宽度

（c）脉冲声音的测量　在每个麦克风位置测量 C 级加权峰值声压级 L_{pCpeak}。总共进行三次测量。

（d）摇铃的测量　测量 10 个周期的 C 级加权峰值声压级 L_{pCpeak}。总共进行三次测量。

（e）测量结果　声音测量结果应表述如下：

ⓐ 在指定位置的 A 级加权等效声压级 L_{pAeq}，单位为 dB；

ⓑ 在指定位置的 A 级加权最大声压级 L_{pAmax}（驶过试验），单位为 dB；

ⓒ 在指定位置的 C 级加权峰值声压级 L_{pCpeak}，单位为 dB。

在任一麦克风位置的适用测量的最高值（L_{pAeq}、L_{pAmax} 和 L_{pCpeak}）就是测量结果。

（2）安全评价

① 近耳玩具

a. 近耳玩具产生的连续声音的 A 级加权等效声压级 L_{pAeq}，若不超过 65dB 则判为合格，超过 65dB 则判为不合格。

b. 由近耳玩具产生的脉冲声音的 C 级加权峰值声压级 L_{pCpeak}，若不超过 95dB 则判为合格，超过 95dB 则判为不合格。

② 火药帽玩具

a. 由使用火药帽玩具或爆炸功能玩具产生的脉冲声音的 C 级加权峰值声压级 L_{pCpeak}，若不超过 125dB 则判为合格，超过 125dB 则判为不合格。

b. 由使用火药帽玩具或爆炸功能玩具产生的脉冲声音的 C 级加权峰值声压级 L_{pCpeak}，若超过 115dB，检查玩具或者其包装上是否标有以下警告语：

"警告！不要靠近耳朵使用！误用可能导致听力损坏。"

使用火药帽的玩具还需检查是否标有以下警告标识：

"不能在室内击发！"

若在玩具或其包装上有以上警告语，则判为合格；否则判为不合格。

③ 摇铃　由玩具产生的脉冲声音的 C 级加权峰值声压级 L_{pCpeak}，若不超过 115dB，则判为合格，超过 115dB，则判为不合格。

④ 其他手持玩具

a. 由玩具产生的连续声音的 A 级加权等效声压级 L_{pAeq}，若不超过 85dB，则判为合格，超过 85dB，则判为不合格。

b. 由玩具产生的脉冲声音的 C 级加权峰值声压级 L_{pCpeak}，若不超过 115dB，则判为合格，超过 115dB，则判为不合格。

⑤ 静止的和自驱动的桌面、地面和童床玩具

a. 由玩具产生的连续声音的 A 级加权等效声压级 L_{pAeq}，若不超过 85dB，则判为合格，超过 85dB，则判为不合格。

b. 由玩具产生的脉冲声音的 C 级加权峰值声压级 L_{pCpeak}，若不超过 115dB，则判为合格，超过 115dB，则判为不合格。

⑥ 推拉玩具和手动弹簧驱动玩具

a. 由玩具产生的最大 A 级加权声压级 L_{pAmax}，若不超过 85dB，则判为合格，超过 85dB，则判为不合格。

b. 由玩具产生的脉冲声音的 C 级加权峰值声压级 L_{pCpeak}，若不超过 115dB，则判为合格，超过 115dB，则判为不合格。

1.4　中国玩具标准机械物理安全要求与欧美标准的比较

表 1-15 中所比较的标准具体为：GB 6675—2013，EN 71-1：2011＋A3：2014，ASTM F963-11。

表 1-15　GB 6675 与 EN71、ASTM F963 机械物理性能要求的主要差异比较

GB 6675 条款	EN71 条款	与 EN71 异同点	ASTM F963 条款	与 ASTM F963 异同点
A.4 技术要求	4 一般要求	—	4 安全要求	—
A.4.1 正常使用	——	EN71 中无对应条款	8.5 正常使用测试	技术要求一致
A.4.2 可预见的合理滥用	——	EN71 在条款 8 测试方法中提出相关要求，不同玩具类别适用不同测试条款。	8.6 滥用测试	技术要求基本一致，但在滥用测试方法存在差异
A.4.3 材料	—	—	—	—
A.4.3.1 材料质量	4.1 材料	技术要求一致	4.1 材料质量	技术要求基本一致
A.4.3.2 膨胀材料	4.6 膨胀材料	技术要求一致，EN 71 测试方法增加测试时间 48h 和 72h。ASTM 无该项要求	——	ASTM 无对应条款
A.4.4 小零件	—	—	4.6 小零件	—

GB 6675 条款	EN71 条款	与 EN71 异同点	ASTM F963 条款	与 ASTM F963 异同点
A.4.4.1 36 个月及以下儿童使用的玩具	5.1.a 36 个月及以下玩具的小零件要求	技术要求基本一致	4.6.1 36 个月及以下儿童使用的玩具	技术要求基本一致,但 ASTM 豁免本条款的物品增加了"唱片"
A.4.4.2 37~72 个月儿童使用的玩具	7.2 非 36 个月及以下玩具的小零件要求	技术要求一致	4.6.3 37~72 个月儿童使用的玩具和游戏机	技术要求基本一致,但 ASTM 警告语的格式要求不同
A.4.5 某些特定玩具的形状、尺寸及强度	一	—	——	——
A.4.5.1 挤压玩具、摇铃及类似玩具	5.9 36 个月及以下某些玩具的形状和尺寸	EN 71 此条款覆盖产品除挤压玩具、摇铃、出牙玩具等外,还包括适用于太小而不能独立坐起的儿童使用的最大尺寸大于 30mm 的,质量小于 0.5kg 的刚性的玩具或部件	4.22 出牙器和出牙玩具 4.23 摇铃 4.24 挤压玩具	技术要求基本一致,但 ASTM 豁免了"连接成环状的充液珠子或穿在柔软绳或线上的珠子组成的出牙玩具"
A.4.5.2 小球	4.22 小球	技术要求一致	4.35 球	技术要求一致
A.4.5.3 毛球	——	EN71 中无对应条款	4.36 毛球	技术要求一致
A.4.5.4 学前玩偶	5.11 学前玩偶	技术要求一致	4.33.2 学前玩偶	技术要求一致,在 ASTM 标准中学前玩偶仅作为 4.33 条款的一个特定分条款。在 ASTM 标准中要求对所有具有球形末端的玩具都有形状规定
A.4.5.5 玩具奶嘴	——	EN71 中无对应条款	4.20.2 玩具奶嘴	技术要求基本一致
A.4.5.6 气球	4.12 气球	技术要求有差异:EN 71 要求标注警告和制造材料,GB 6675 仅要求标注警告	4.32 气球	技术要求一致
A.4.5.7 弹珠	4.5 玻璃	技术要求一致,警告语格式不同	4.34 弹珠	技术要求一致,警告语格式不同
A.4.5.8 半球形玩具	5.12 半球形玩具	技术要求一致	4.36 半球形物品	技术要求一致
A.4.6 边缘	4.7 边缘	—	4.7 可接触锐利边缘	—

续表

GB 6675 条款	EN71 条款	与 EN71 异同点	ASTM F963 条款	与 ASTM F963 异同点
A.4.6.1 可触及的金属或玻璃边缘	4.7.a 边缘-金属或玻璃边缘 4.7.1.b 边缘-搭接 4.7.d 边缘-功能性边缘	EN71 对于边缘的要求适用于全年龄段的玩具产品，GB 只适用于 8 岁以下儿童的玩具	4.7.1 可触及的金属或玻璃边缘	技术要求一致
A.4.6.2 功能性锐利边缘	4.7.d 边缘-功能性边缘	技术要求基本一致	4.7.2 功能性锐利边缘	技术要求中玩具适用年龄组存在差异：ASTM 要求 48～96 个月儿童使用的玩具如果存在功能性锐利边缘，应设警示说明，48 个月以下儿童使用的玩具不应存在功能性锐利边缘；而 GB 6675 中的年龄组分别对应为 37～96 个月和 36 个月及以下
A.4.6.3 金属玩具边缘	4.7.c 边缘-金属及模塑玩具边缘	技术要求基本一致	4.7.3 金属玩具边缘	技术要求中玩具适用年龄组存在差异：ASTM 未限定该条款适用的玩具年龄组，而 GB 6675 限定该条款适用于 96 个月及以下儿童使用的玩具
A.4.6.4 模塑玩具边缘	4.7.c 4 缘-金属及模塑玩具边缘 5.1.f 毛刺	技术要求基本一致	4.7.4 模塑玩具边缘	技术要求中玩具适用年龄组存在差异：ASTM 未限定该条款适用的玩具年龄组，而 GB 6675 限定该条款适用于 96 个月及以下儿童使用的玩具
A.4.6.5 外露螺栓或螺纹杆的边缘	4.7.c 边缘-金属及模塑玩具边缘	技术要求基本一致	4.7.5 外露螺栓或螺纹杆的边缘	技术要求一致
A.4.7 尖端	4.8 尖端和金属丝	—	4.9 可触及锐利尖端	——
A.4.7.1 可触及的锐利尖端	4.8.a 可触及的锐利尖端 5.1.c 金属丝	EN71 对于尖端的要求适用于全年龄段的玩具产品，GB 只适用于 8 岁以下儿童的玩具	4.9.1 可触及的锐利尖端	技术要求存在差异：GB 6675 增加了 36 个月及以下儿童使用的玩具的尖端的最大横截面直径的要求

GB 6675 条款	EN71 条款	与 EN71 异同点	ASTM F963 条款	与 ASTM F963 异同点
A.4.7.2 功能性锐利尖端	4.8.b 功能性锐利尖端	技术要求基本一致	4.9.2 功能性锐利尖端	技术要求中玩具适用年龄组存在差异：ASTM 要求 48～96 个月儿童使用的玩具如果存在功能性锐利尖端，应设警示说明，48 个月以下儿童使用的玩具不应存在功能性锐利尖端；而 GB 6675 中的年龄组分别对应为 37～96 个月和 36 个月及以下
A.4.7.3 木制玩具	4.8.(e)玩具表面和可触及边缘上的裂片，考虑到玩具在可预见使用时，不应存在不合理的伤害风险	技术要求一致	4.9.3 木制玩具	技术要求一致
A.4.8 突出物	4.9 突出部件-刚性管子及部件 4.2 组装	技术要求基本一致	4.8 突出物	技术要求基本一致
A.4.9 金属丝和杆件	4.8.c 尖端和金属丝-金属丝 4.9 突出部件-玩具伞伞骨	技术要求一致，但测试方法不同	4.10 金属丝和杆件	技术要求一致
A.4.10 用于包装或玩具中的塑料袋或塑料薄膜	4.3 软塑料薄膜 5.3 36 个月及以下玩具的塑料薄膜的附着性 6 包装	技术要求存在差异：GB 要求平均厚度不小于 0.038mm，最小厚度不得小于 0.032mm，EN 71 只有平均厚度不小于 0.038mm	4.12 包装薄膜	技术要求存在差异
A.4.11 绳索和弹性绳	5.4 36 个月及以下玩具的绳索	——	4.14 玩具上的绳索和弹性绳	
A.4.11.1 18 个月及以下儿童使用的玩具上的绳索和弹性绳	5.4.(a)～(d)的要求	技术要求有差异：GB 6675 要求绳厚度不小于 1.5mm，自由长度不超过 220mm，活套周长不超过 360mm；而 EN71 根据年龄组不同对绳有不同的长度要求，对固定绳圈和套索周长等也有要求	4.14.1 玩具上的绳索和弹性绳	技术要求存在差异：GB 6675 有绳索厚度的要求，ASTM 没有绳索厚度要求。GB 及 ASTM 对本条款要求从安全角度考虑实质上基本一致，都对绳长度规定了要求，但从技术上和方法上则各有不同

续表

GB 6675 条款	EN71 条款	与 EN71 异同点	ASTM F963 条款	与 ASTM F963 异同点
A.4.11.2 18 个月及以下儿童使用的玩具上的自回缩绳	5.4.(e)含自回缩绳的玩具	GB 中回缩长度不超过 6.4mm,EN 规定回缩力不应使绳索发生回缩	4.14.1.1 自回缩绳	回缩长度要求不一致
A.4.11.3 36 个月及以下儿童使用的拖拉玩具上的绳索或弹性绳	5.4.(g)～(h)	EN71 中年龄组分得更细了,分为 18 个月以下儿童使用的玩具上的末端自由的绳索或链和供 36 个月以下儿童使用的拖拉玩具上的末端自由的绳索或链,年龄组不同,绳或链的长度要求不同	4.14.2 拖拉玩具上的绳索或弹性绳	技术要求存在差异:GB 6675 要求在 25N 的拉力下,拖拉绳应小于或等于 220mm,如果大于 220mm,则不应连有可能使其缠绕形成活套或固定环的珠状物或其他附件。 ASTM 要求如果拖拉绳的自由长度超过 300mm,则不应连有可能使其缠绕形成活套或固定环的珠状物或其他附件
A.4.11.4 玩具袋上的绳索	4.4 玩具袋	技术要求有差异:GB 6675 适用于开口周长大于 360mm 的袋,而 EN71 适用于开口周长大于 380mm 的袋	4.14.5 供 18 个月及以下儿童用的玩具袋上的绳用不透气材料制成的玩具袋,若开口周长大于 14in(360mm),不应以抽拉线或绳作为封闭方式	技术要求一致
A.4.11.5 童床或游戏围栏上的悬挂玩具 A.4.11.6 童床上的健身玩具及类似玩具	5.4.(f)横跨在摇篮、童床或婴儿车上的带有绳索的玩具应标明警告语。本要求同样适用于附在摇篮、童床或婴儿车上的、绳索在儿童可接触到的范围之外的且绳索长度超过 220mm 能够形成缠结的绳圈或套索的玩具	技术要求一致	4.26 供连接在童床或游戏围栏上的玩具	技术要求一致
A.4.11.7 飞行玩具的绳索、细绳或线	4.13 玩具风筝和其他飞行玩具的线	技术要求有差异:GB 6675 适用于长度大于 1.8m 的线,而 EN71 适用于长度大于 2.0m 的线,其他要求完全一致	4.14.3 飞行玩具的绳索和绳线	技术要求一致

GB 6675 条款	EN71 条款	与 EN71 异同点	ASTM F963 条款	与 ASTM F963 异同点
A.4.12 折叠机构	4.10 相对运动的部件	—	4.13 折叠装置和铰链	
A.4.12.1 玩具推车、玩具摇篮车及类似玩具	4.10.1.a 4.10.1.b 玩具推车、玩具摇篮车及类似玩具	技术要求基本一致	——	ASTM 无对应条款
A.4.12.2 带有折叠机构的其他玩具	4.10.1.c 4.10.1.d 其他折叠和滑动机构	技术要求基本一致	4.13.1 折叠装置	技术要求基本一致,但 GB 6675 细化了具体要求
A.4.12.3 铰链间隙	4.10.3 铰链	技术要求一致	4.13.2 铰链线间隙	技术要求基本一致,但存在技术参数上的差异:ASTM 适用活动部分质量超过 0.5lb(0.225kg),适用的圆杆尺寸为 ϕ0.5in(13mm),而 GB 6675 活动部分质量超过 0.25kg,适用的圆杆尺寸为 ϕ12mm
A.4.13 机械装置中的孔、间隙和可触及性	——	—	4.18 孔、间隙和机械装置的可触及性	——
A.4.13.1 刚性材料上的圆孔	——	EN71 中无对应条款	4.18.2 刚性材料上的圆孔	技术要求基本一致,但存在技术参数上的差异:ASTM 适用的圆杆尺寸为 ϕ0.5in(13mm),而 GB 6675 适用的圆杆尺寸为 ϕ12mm
A.4.13.2 活动部件间的间隙	——	EN71 中无对应条款	4.18.1 活动部件间的间隙	技术要求基本一致,但存在技术参数上的差异:ASTM 适用的圆杆尺寸为 ϕ0.5in(13mm),而 GB 6675 适用的圆杆尺寸为 ϕ12mm
A.4.13.3 乘骑玩具的传动链或皮带	4.15.1.6.a 传动及车轮装置—传动装置	技术要求一致	4.18.3 传动链或皮带	技术要求基本一致,但 GB 6675 增加了"若不使用工具,保护罩不可移开"
A.4.13.4 其他驱动机构	4.10.2 驱动装置	技术要求有差异:EN71 增加了 8.7 冲击测试,而 GB 无该项测试	4.18.4 驱动机构的不可触及性	技术要求存在差异:ASTM 适用 60 个月及以下儿童使用的玩具,而 GB 6675 无适用年龄组限定

续表

GB 6675 条款	EN71 条款	与 EN71 异同点	ASTM F963 条款	与 ASTM F963 异同点
A.4.13.5 发条钥匙	4.10.2.c 驱动装置—发条钥匙	技术要求一致	4.18.5 发条钥匙	技术要求基本一致，但存在技术参数上的差异：ASTM 要求圆杆尺寸为 ϕ0.5in(13mm)，而 GB 6675 要求圆杆尺寸为 ϕ12mm。ASTM 适用的爪形把手与主体间间隙的圆杆尺寸为 ϕ0.25in(6.4mm)，而 GB 6675 适用的圆杆尺寸为 ϕ5mm
A.4.14 弹簧	4.10.4 弹簧	技术要求一致	4.18.6 弹簧	技术要求存在较大差异。适用范围差异：ASTM 适用于用来支撑儿童体重的螺旋弹簧，GB 6675 适用于所有盘簧和螺旋弹簧；技术参数差异：ASTM 适用的圆杆尺寸为 ϕ0.25in(6.4mm)，而 GB 6675 适用的圆杆尺寸为 ϕ3mm；测试方法差异：ASTM 方法为"在弹簧先承受 3lb(1.36kg)，再承受 70lb(31.8kg)的重物作用"，而 GB 6675 方法为"拉伸/压缩螺旋弹簧承受 40N 的拉/压力"；豁免范围差异：GB 6675 豁免了测试后不能回复原状的弹簧及带规定导棒的弹簧
A.4.15 稳定性及超载要求	4.15 用于承载儿童重量的玩具	—	4.15 稳定性及超载要求	——
A.4.15.1 乘骑玩具及座位稳定性	4.15.1.4 稳定性 4.15.3 摇滚木马及类似玩具	技术要求基本一致	4.15.1 乘骑玩具及座位稳定性要求 4.15.2 侧向稳定性要求 4.15.3 前后稳定性	技术要求存在差异。座位高度差异：ASTM 根据玩具适用年龄的不同分为 1～5 岁 5 个级别(1 岁对应 9in＝23cm，5 岁对应 13.3in＝34cm)，而 GB 6675 统一定为座位高度大于 27cm 均适用本条款。负载差异：ASTM 根据玩具适用年龄的不同分为 1～5 岁 5 个级别(1 岁对应 28lb＝12.7kg，5 岁对应 50lb＝22.7kg)，而 GB 6675 分为 3 岁及以下和 3～5 岁两个年龄组，负载分别为：25kg 和 50kg

GB 6675 条款	EN71 条款	与 EN71 异同点	ASTM F963 条款	与 ASTM F963 异同点
A.4.15.2 乘骑玩具及座位的超载性能	4.15.1.3 强度	技术要求有差异：GB 6675 的负载大于 EN71	4.15.5 乘骑玩具及座位的超载性能	技术要求存在差异。负载差异：ASTM 根据玩具适用年龄的不同分为 1～14 岁 14 个级别（1 岁对应 84lb＝38.1kg，3 岁对应 126lb＝57.2kg，8 岁对应 243lb＝110.3kg，14 岁对应 459lb＝208.4kg），而 GB 6675 分为 3 岁及以下、3～8 岁和 8 岁以上三个年龄组，负载分别为：35kg、80kg 和 140kg。GB 6675 增加了"A.5.24.4 有轮乘骑玩具的动态强度测试"
A.4.15.3 静止在地面上的玩具的稳定性	4.16 重型静止玩具	技术要求有差异：EN71 限定该类玩具应质量大于 4.5kg；而 GB 6675 限定该类玩具高度应大于 760mm 且质量应大于 4.5kg	4.15.4 静止在地面上的玩具的稳定性	技术要求一致
A.4.16 封闭式玩具	4.14 封闭式玩具	—	4.16 封闭式玩具	
A.4.16.1 通风装置	4.14.1.a 儿童可进入的玩具的通风装置要求	技术要求一致	4.16.1 通风装置	技术要求一致
A.4.16.2.1 盖子、门及类似装置	4.14.1.b 儿童可进入的玩具的关闭件要求	技术要求一致	4.16.2 关闭件	技术要求一致
A.4.16.2.2 玩具箱及类似玩具中的盖的支撑装置		EN71 中无对应条款	4.27.1 盖的支撑装置	技术要求基本一致，但在个别参数上存在差异：ASTM 要求落下的行程不大于 0.5in（12.7mm），而 GB 6675 为 12mm；ASTM 适用的圆杆尺寸为 ϕ0.5in（12.7mm），而 GB 6675 适用的圆杆尺寸为 ϕ12mm；GB 6675 增加了要求标注安装和维护说明

续表

GB 6675 条款	EN71 条款	与 EN71 异同点	ASTM F963 条款	与 ASTM F963 异同点
A.4.16.3 封 闭 头部的玩具	4.14.2 面罩和盔甲	技术要求一致	4.27.3 封闭头部的玩具	技术要求一致
A.4.17 仿制防护玩具（头盔、帽子、护目镜）	4.14.2.b 4.14.2.c 面罩和盔甲	技术要求有差异；测试方法不同。EN71 采用滥用测试；GB 6675 采用滥用测试和仿制防护玩具冲击测试	4.19 仿制防护玩具（头盔、帽子、护目镜）	技术要求一致
A.4.18 弹 射玩具	4.17 弹射物	—	4.21 弹射玩具	—
A.4.18.1 一 般要求	4.17.1 一般要求	EN71 增加对带吸盘弹射物的要求	4.21.1.2 硬质弹射物端部	技术要求存在差异：GB 6675 增加了高速旋转翼和螺旋桨的端部和边缘的要求
A.4.18.2 蓄能弹射玩具	4.17.3 蓄能弹射玩具	技术要求有差异；GB 6675 规定所有弹射物均不得容入小零件试验器，而 EN71 无该要求	4.21.1 蓄能弹射玩具 4.21.2 弹射装置	技术要求基本一致；但 GB 6675 量化了弹射动能超过 0.08J 时的要求，采用单位面积动能应不超过 0.16J/cm²
A.4.18.3 非蓄能弹射玩具	4.17.2 非蓄能弹射玩具 4.17.4 弓和箭	技术要求基本一致	4.21.3 箭	技术要求存在较大差异：ASTM 仅要求"任何箭必须带有符合 4.20.1.4 要求的保护端"，而 GB 6675 除此要求外，增加了以下要求：详细规定了箭形弹射物的端部形状、撞击面大小、材料；规定了箭的最大动能和/或单位面积动能限定；规定了非正常使用的潜在危险应设警示说明
A.4.19 水 上玩具	4.18 水上玩具	技术要求有差异；EN71 要求如果气门塞脱落，则不得容入小零件试验器；而 GB 6675 要求气门塞永久连接于玩具，不得脱落	——	ASTM 标准无对应条款
A.4.20 制 动装置	4.15.1.4 制 动装置	技术要求一致	——	ASTM 无对应条款
A.4.21 玩 具自行车	4.15.2 自由轮玩具自行车	—	——	ASTM 无对应条款

197

续表

GB 6675 条款	EN71 条款	与 EN71 异同点	ASTM F963 条款	与 ASTM F963 异同点
A.4.21.1 使用说明	4.15.2.1 使用说明	技术要求一致	——	ASTM 无对应条款
A.4.21.2 鞍座最大高度	4.15.2.2 鞍管最小插入深度	技术要求一致	——	ASTM 无对应条款
A.4.21.3 制动要求	4.15.2.3 制动要求	技术要求有差异,GB 6675 仅要求在后轮安装制动装置,而 EN71 要求在前轮和后轮分别安装独立的制动装置。但两标准对手刹装置的尺寸和制动性能的要求均一致	——	ASTM 无对应条款
A.4.22 电动童车的速度要求	5.7 36 个月及以下的电驱动玩具的速度	GB 只有速度要求,且所有适用的年龄组最大速度不应超过 8km/h,而 EN71 分年龄段对电动童车的速度进行限制。 36 个月以下:最大设计速度不得超过 6km/h。 3～6 岁:最大设计速度不得超过6km/h 或 8.2km/h。 6 岁及以上:最大设计速度不得超过16km/h	——	ASTM 无对应条款
A.4.23 热源玩具	4.21 热源玩具	技术要求基本一致,但对个别材料的温升有差异:EN 对可能用手触摸的所有手柄、按钮和类似部件中玻璃或陶瓷部件的温升要求为 50K,而 GB 为55K。	——	ASTM 无对应条款
A.4.24 液体填充玩具	5.5 36 个月及以下儿童的液体填充玩具	技术要求一致	——	ASTM 无对应条款

续表

GB 6675 条款	EN71 条款	与 EN71 异同点	ASTM F963 条款	与 ASTM F963 异同点
A.4.25　口动玩具	4.11 口动玩具	1.EN71 增加了对放入口中玩具的要求； 2.EN71 增加了对口动弹射玩具的测试方法	4.6.2 口动玩具	技术要求一致
A.4.26 玩具旱冰鞋及玩具滑板	7.11 滚轴溜冰鞋及玩具滑板	技术要求基本一致，但 GB 6675 定义了该类玩具承载体重为 20kg，EN71 只是在警告语中标出最大承载体重为 20kg	——	ASTM 无对应条款
A.4.27 玩具火药帽	4.19 玩具火药帽	GB、EN 对玩具火药帽要求一致，另外，EN71 提出了对使用玩具火药帽的玩具的要求		ASTM 无对应条款
A.4.28　声响要求	4.4.20 声响玩具	EN71 和 GB 的技术参数差异比较大。 1.EN71 增加了根据孩子的动作决定声音大小的玩具：敲击玩具（如：鼓、木琴等）、口吹玩具（如：喇叭、口哨等）和语音玩具（如：对讲机等）。 2.EN71 根据玩具发声的时间长短将玩具分为三种暴露类别，分别为： ①声音暴露长度超过 30s； ②声音暴露长度为 5～30s； ③声音暴露长度小于 5s。 根据每种产品的类别和声音的暴露时间长短规定了声响限值。 3.EN71 玩具声响测试条件和测试方法与 GB 都不同	4.5 声响玩具	GB 和 ASTM 对于不同玩具类型的技术要求基本一致，只是对驶过玩具的技术要求不一样：GB 测量最大 A 级加权声压级 L_{pAmax}，不应超过 85dB，而 ASTM 测量 C 级加权峰值声压级，不超过 115dB

续表

GB 6675 条款	EN71 条款	与 EN71 异同点	ASTM F963 条款	与 ASTM F963 异同点
4.1.28 类似仿真武器玩具		EN71 中无对应条款	4.31 玩具枪	技术要求存在差异。 ASTM 有豁免以下类型的枪。 （1）不具有任何真枪的基本外观、形状或结构，或上述各项组合的未来派玩具枪。 （2）外观逼真，可作为比例模型不作玩具使用的且不能发射的收藏品仿古枪。 （3）通过压缩空气、压缩气体或机械弹簧作用，或这几项的组合作用将弹射物发射出去的传统的 BB 型气枪、彩弹游戏枪或弹丸枪。 （4）具有真枪的外观、形状或构造，或上述各项的组合的装潢、装饰和微型物件，高度不超过 1.50in（38mm），长度不超过 2.75in（70mm），其中长度的测量不包括枪托部分。它们包括放在桌上陈列或装在手镯、项链、钥匙链等上的物件。 另外，GB 和 ASTM 玩具枪标记的颜色和位置也不同

注：表中"——"表示此标准没有同类或相近条款，或不能作比较。"—"表示无可比较内容。

1.5 典型不合格案例分析

1.5.1 哽塞危害

1.5.1.1 小零件

（1）产品：泰迪熊（见图 1-89）

描述：穿着衬衫的泰迪熊，为软体填充毛绒玩具。

危害：泰迪熊的拼缝经拼缝拉力测试后被拉破，内含的小球脱落，能完全融入小零件圆筒，为小零件，小孩吞咽后会引起哽塞危害。

（2）产品：玩具糖果老鼠（见图 1-90）

图 1-89　泰迪熊　　　　图 1-90　玩具糖果老鼠

描述：从外形上看，此款玩具为骑摩托车的老鼠，通过拉尾巴的自回缩绳，玩具能够在地面上移动。玩具底部连接一装糖果的圆筒。老鼠耳朵上带有金属耳环。

危害：老鼠的鼻子、耳环、以及玩具的后车轮子分别经拉力 2N、5N、10N 测试后被拉脱，脱落的部件能完全融入小零件圆筒，为小零件，小孩吞咽后会引起哽塞危害。

1.5.1.2　膨胀材料

产品：膨胀玩具——魔幻成长爬虫和恐龙蛋（见图 1-91）

图 1-91　魔幻成长爬虫和恐龙蛋

描述：此款玩具为爬虫和恐龙蛋，玩具放入水中会长大。

危害：此款玩具所有的爬虫和恐龙蛋以及经滥用测试后脱落的部件均能完全融入小零件圆筒，玩具及部件放入水中测试后，经 72h 之后玩具的三维尺寸均膨胀超过 50%。不符合欧洲 EN71-1 中有关膨胀材料的要求。

1.5.1.3　特定玩具的形状和尺寸

产品：蜜蜂摇铃和甲虫摇铃（见图 1-92）

描述：带有手柄的黑黄相间的蜜蜂摇铃和带有手柄的黑红相间的甲虫摇铃。

危害：手柄不符合欧洲标准 EN71-1 中特定玩具的形状和尺寸的要求，手柄能完全通过测试模板 A 和模板 B。此款玩具供年龄太小而不能独立坐起的儿童使用时，儿童能

图 1-92　蜜蜂摇铃和甲虫摇铃

放平手柄并放入口中，卡住儿童喉咙后部会引起哽塞危险。

1.5.1.4　弹射玩具吸盘

（1）产品：弩（见图 1-93）

描述：此玩具由一支弩、两支箭（其中箭头部连有由 PVC 材料制造的吸洗盘），以及纸制的圆靶组成。

危害：箭上的吸盘经拉力小于 90N 的测试时被拉脱（分别为 20N 和 21N），不符合欧洲标准 EN71-1 中有关带吸盘弹射物的要求。为了使吸盘更容易吸在表面上通常儿童会将吸盘放到口中弄湿吸盘表面，这样就会存在吸盘一旦吸入便会阻塞呼吸道的危险。

（2）产品：塑料空气挤压枪（见图 1-94）

图 1-93　弩

图 1-94　塑料空气挤压枪

描述：此玩具为一只鱿鱼，通过挤压鱿鱼身体发射带有吸盘的泡沫弹射物。

危害：泡沫制造的弹射物，其端部的吸盘经拉力测试后被拉脱，不符合欧洲标准 EN71-1 中有关带吸盘弹射物的要求，脱落的吸盘会造成哽塞危险。

1.5.1.5　突起

产品：卡车（见图 1-95）

危害：卡车的轮子经 60N 拉力测试后被拉脱，卡车的轮轴形成危险突出物，容易造成刺伤的危险。

1.5.1.6　折叠机构

产品：玩具娃娃折叠推车（见图 1-96）

描述：推车车身由金属材料制造。

危害：当在座位上加负载进行测试的过程中，推车会折叠，不符合欧洲标准 EN71-1 中对折叠机构的要求。

图 1-95　卡车

1.5.1.7　封闭空间

产品：游戏帐篷（见图 1-97）

图 1-96　玩具娃娃折叠推车

图 1-97　游戏帐篷

描述：此款玩具为金字塔形的游戏帐篷。游戏帐篷的入口采用拉链方式进行封闭。

危害：根据欧洲标准 EN71-1 对封闭空间的要求，门、盖或类似装置不能用拉链方式作为封闭手段。此款游戏帐篷的入口正是用了标准中禁止使用的拉链方式作为封闭手段。

1.5.2　听力危害

产品：儿童移动电话——发声的毛绒动物（见图 1-98）

描述：带有动物头部的毛绒移动电话。长度 12cm，玩具由三颗 1.5V 的纽扣电池驱动发出声音。

危害：此玩具属于近耳玩具，经噪声测试得知此玩具产生 84dB 的声压，超过欧洲标准 EN71-1 要求的 80dB 限值。婴儿通常会将电话放到耳边，容易造成听力受损。

1.5.3　视力伤害

产品：玩具机械枪（见图 1-99）

描述：通过触发扳机，枪会发射出红外光束。

危害：此款产品能对视力产生危害，因为它是一款能发出 3R 级别激光的产品。

1.5.4　电玩具温升

产品：玩具移动电话（见图 1-100）

描述：色彩鲜艳的玩具移动电话，按键后发声。

危害：此款玩具由于不同极性部件间绝缘可以短接，可触及金属部件的温升超出限值。

图 1-98　儿童移动电话——
发声的毛绒动物

图 1-99　玩具机械枪

图 1-100　玩具移动电话

第2章
玩具燃烧安全

2.1 欧洲玩具标准 EN71-2: 2011

2.1.1 概述

2.1.1.1 范围（条款1）

本欧洲标准详细说明了禁止用于所有玩具的易燃材料种类，以及关于某些玩具接触到小型火源时的可燃性的要求。

本节中所描述的测试方法用于判定玩具在所述的特定测试条件下的可燃性。因而不能将由此得到的测试结果视为全面说明了玩具或材料遇到其他火源时的潜在火灾危险。

该欧洲标准包含了与所有玩具有关的一般要求，也规定了与以下玩具有关的特别要求和测试方法，这些玩具被视为危险性最大的玩具：

① 戴在头上的玩具，包括胡须、触须、假发等，它们由头发、毛绒或具有相似特性的材料制成，还包括模塑和织物的面具、兜帽、头巾等；戴在头上的玩具的飘逸部件，但不包括那种通常在派对彩色爆竹中附送的纸质花饰帽；

② 玩具化装服饰和供儿童在游戏中穿戴的玩具；

③ 供儿童进入的玩具；

④ 带毛绒或纺织面料的软体填充玩具（动物和公仔等）。

> 注：对电玩具可燃性的其他要求详见 EN 62115。

2.1.1.2 测试喷嘴（条款5.1.1）

应通过符合 EN ISO 6941：2003 附录 A 规定的喷嘴获得测试火焰，并使用丁烷或丙烷气。

2.1.1.3 处理和测试柜（条款5.1.2）

每次测试前，玩具或试样必须在温度为（20±5）℃，相对湿度为（65±5）%

的条件下处理至少 7h。

在测试柜内进行测试，测试开始时空气流动速度应小于 0.2m/s，而且在测试过程中也不能受机械装置运转的影响。重要的是，测试柜内的空气量不能受氧气浓度降低的影响。当使用前方开口的测试柜时，应保证试样距离柜壁至少 300mm。开始测试前应保持室内温度为 10～30℃，相对湿度为 15%～80%。

样品从处理环境中取出后，应在 5min 内进行测试。

2.1.1.4 测试火焰（条款 5.1.3）

点燃喷嘴，预热最少 2min。

要求的火焰高度应按垂直放置的喷嘴从管口末端至火焰顶端进行测量。

2.1.2 一般要求

2.1.2.1 标准要求（条款 4.1）

> 注：1. 根据指令 2009/48/EC 的要求，以下有关清洁和清洗的安全要求适用于："供 36 个月以下儿童使用的玩具必须设计成和生产成可以被清洁的。纺织玩具最终应能被清洗，除非其内部含有的机构在清洗时会被破坏。当根据指令的要求和生产商的使用说明要求进行清洁后，玩具也应符合相关的安全要求。"如果可行的话，生产商应提供关于玩具如何清洗的使用说明。此信息并不够详尽，应查阅指令 2009/48/EC 和有关的指导性文件以了解更详尽的信息。
>
> 2. 非欧盟国家可以有不同法律要求。

以下材料不能用于制造玩具：

① 赛璐珞（硝酸纤维），除非用于清漆、油漆或胶水中，或用于乒乓球及类似游戏的球体。

② 在火中具有与赛璐珞相同特性的材料。

对于特殊的材料，要用测试火焰来试验以检查玩具是否符合 2.1.3～2.1.6 中相应的要求，如果满足这些要求，则视为符合了本要求。

③ 遇火后产生表面闪燃效应的毛绒表面材料［测试条件为：火焰高度为 (20±2)mm，燃烧喷嘴角度为 45°］。

远离测试火焰的毛绒表面如果没有出现瞬间的火焰区域，则视为符合本要求。

此外，玩具不能含有易燃气体、极度易燃液体、高度易燃液体、易燃液体和易燃凝胶体，下列情况除外。

① 密封于每个容量最大为 15mL 的容器内的易燃液体、易燃凝胶体和制剂。

② 完全储存于书写工具的毛细管内多孔材料中的高度易燃液体和易燃液体。

③ 按 EN ISO 2431 标准使用六号黏度杯测定，黏度大于 $260 \times 10^{-6} m^2/s$，对应于流动时间大于 38s 的易燃液体。

④ 化学类玩具中所包括的高度易燃液体。

2.1.2.2 安全分析

在火中具有与赛璐珞相同特性的材料可以定义为在短暂接触火源后容易着火以及火源撤离后继续燃烧或被烧尽的材料。在这种情况下，只有瞬间点燃（在短暂接触火源时）并迅速燃尽的固体才归入此类。塑料、纸、纺织品等，会全部燃烧，但通常不应被视为在火中具有与赛璐珞相同特性的材料。

根据在火中具有与赛璐珞相同特性的材料的要求，目前并未找到有效的测试方法。然而，可以根据从乒乓球上剪取的赛璐珞材料（8cm 长）的燃烧状况来评价：当把火焰调整为（20±2）mm 高和将燃烧喷嘴转到 45°后，接触垂直放置的条状赛璐珞材料的下部边缘，会瞬间燃烧，且测得的火焰蔓延速度大约为 400mm/s。

一张尺寸为 21cm×29.7cm、单位面积质量为 80g/m² 的纸在同样的火焰条件下进行测试，其火焰蔓延的速度约为 110mm/s。

如果需要进一步对材料进行评估，这些数据可以作为参考。

2.1.2.3 测试方法与安全评价

（1）测试方法

① 判断赛璐珞（硝酸纤维）及在火中具有与赛璐珞相同特性的材料的方法。

a. 燃烧法

（a）确定玩具上需要进行测试的部件或部分：每种材料需要选择 1～2 个代表性的部件或部分进行测试（通常应选择体积足够的部件，以让燃烧火焰持续几秒，充分表现燃烧现象以作判断）。如果这些部件或部分较小而且与其他材料所构成的部件或部分相距太近，可以把这些部件或部分拆卸下来。如果整个玩具是由同一材料制成的，则可对整个玩具进行燃烧。对于片状的材料，应裁成 8cm 长度的长条（宽度视实际而定）。

（b）将测试部件竖直地固定于 EN71 整体燃烧试验仪上，将燃烧喷嘴转到 45°，沿着喷嘴支架的滑轨将喷嘴推近玩具，调整喷嘴与测试部件的距离：使喷嘴管口边缘与测试部件间的距离约为 5mm，并使火焰能接触测试部件的下部边缘。定好位后移开喷嘴。

（c）点火。将燃烧喷嘴竖立，让喷嘴预热最少 2min；在火焰稳定后，用火焰卡尺 20mm 宽度的一端测量，把火焰调整为（20±2）mm 高。

（d）将燃烧喷嘴转到 45°，靠近样品，到达刚才设定好的位置。用火焰接触玩具 3s。

（e）如果试样燃烧，观察燃烧的现象（见注）。可以与由赛璐珞制成的乒乓球所产生的火焰和燃烧现象作比较。让火焰持续适当的时间，以明确地判断出试样是否含有赛璐珞或在火中具有相同特性的材料。对于裁成 8cm 长度的长条，记录燃烧的时间并计算出燃烧速度。

> 注：在火中具有与赛璐珞相同特性的材料可以定义为在短暂接触火源后容易着火以及火源撤离后继续燃烧或被烧尽的材料。赛璐珞点燃后，猛烈燃烧，伴有噗噗声，火焰明亮，烟呈棕色和酸性。按上述方法进行燃烧测试的赛璐珞长条，燃烧速度约为 400mm/s。

（f）用灭火器灭火。

b. 对于用燃烧法试验中能够点燃但燃烧不剧烈的材料，或有其他难以判断是否含有赛璐珞的情况时，需要用化学法进一步试验。

（a）方法一

ⓐ 清洁样品表面，如果有油漆要把油漆刮去。

ⓑ 把样品上的各种材料和乒乓球各剪一小片，分开放在试管内。

ⓒ 分别将它们与 1mL 水和 2 滴 10% 的苯酚氯仿溶液一齐摇匀。

ⓓ 慢慢贴着试管壁加入约 2mL 浓硫酸使之流到水层下方，形成互不相容的两层。

ⓔ 观察测试样品和乒乓球在溶液中的变化。

（b）方法二

ⓐ 清洁样品表面，如果有油漆要把油漆刮去。

ⓑ 把样品上的各种材料和乒乓球各剪一小片，分开放在陶瓷皿上。

ⓒ 滴加 1～2 滴溶于 70% 硫酸的二苯胺。

ⓓ 观察测试样品的材料和乒乓球在溶液中的颜色变化。

> 注：氧茚树脂、某些塑化剂和氧化剂会干扰测试结果。

② 毛绒表面材料的表面闪烁效应测试

a. 测试样品。

（a）样品的数量和尺寸　对每种毛绒材料剪取 2 块尺寸为 200mm×130mm 或更大一些的试样，长度为 130mm 的一边要与毛绒方向一致。如果毛绒方向不能确定，在互相垂直的 2 个方向各剪取两块 200mm×130mm 的试样。4 块试样都要接受测试。在结果记录中这两组要分开记录。

如果一块毛绒材料不足以制成 200mm×130mm 的试样，可以取几块毛绒材料用订书钉连接拼成一个试样。

（b）样品的选择　所选择的样品要能够代表被测试的毛绒材料，不能包括织边、镶边和含有破损了的毛绒的区域。

（c）样品的处理　把所有试样放在 (20±5)℃，(65±5)% 相对湿度的环境下处理至少 7h。样品要在从恒温恒湿箱中取出后的 5min 内进行测试。

b. 拿住样品的边缘，甩动样品，把样品表面松脱的毛绒抖掉。

c. 把样品夹在 EN71 燃烧测试仪上：使其长边沿着水平方向，毛绒主要指向下方，并确保样品平坦地贴着底板。

d. 调校燃烧测试仪：将燃烧喷嘴转到45°，调整喷嘴与玩具的距离，使喷嘴管口边缘与玩具间的距离约为5mm。燃烧喷嘴管口向上，点火，用火焰卡尺20mm宽度的一端测量，把火焰调整为（20±2）mm高。

e. 把燃烧喷嘴管口转到45°位置，使燃烧喷嘴水平地运动（速度约为150mm/s）。

f. 观察测试火焰经过样品表面时，是否发生表面闪烁现象，以及样品的基质是否被点燃。

g. 如果第一块样品没有出现表面闪烁现象，则在第二块样品上进行b.~f.的测试。

（2）安全评价

① 赛璐珞（硝酸纤维）及在火中具有与赛璐珞相同特性的材料

a. 如果样品上需要测试的所有材料都不能着火，则合格。

b. 如果材料快速被点燃，而且火焰猛烈而不能自己熄灭，燃烧现象近似于乒乓球的燃烧现象；对于裁成8cm长度的长条，如果燃烧速度接近400mm/s，则不合格。

c. 在化学法的方法一中，如果测试样品与乒乓球一样，数秒内在界面产生一个绿环，放置一段时间或小心混合得到一种绿色溶液，以水稀释后会产生绿色沉淀，则可判断样品中含有硝酸纤维，判为不合格。

d. 在化学法的方法二中，如果测试样品与乒乓球一样出现浓的蓝色，则可判断样品含有硝酸纤维，判为不合格。

② 毛绒表面材料　只要有一块样品发生表面闪烁现象，则可判定该种毛绒面材料不合格。

2.1.3　戴在头上的玩具（条款4.2）

2.1.3.1　标准要求

（1）一般要求（条款4.2.1）

本要求适用于：

① 戴在头上的玩具，包括胡须、触须、假发等，它们由头发、毛绒或具有相似特性的材料制成；

② 模塑和织物的面具；

③ 兜帽、头巾等；

④ 戴在头上的玩具的飘逸部件；

但不包括那种通常在派对彩色爆竹中附送的纸质花饰帽。

当产品包含多种特征，例如带有面具和头发的帽子，每个部分应按照与玩具特定组件相关的适用条款单独进行测试。

用来将面具、帽子等固定在头上、由松紧带或细绳做成的附件，不必进行测试。

（2）伸出部分距离玩具表面大于或等于50mm、由头发、毛绒或具有相似特

性的材料（如自由悬挂的丝带、纸带、布带或其他飘逸部件等）制成的胡须、触须、假发等（条款 4.2.2）

对玩具进行测试时，移开测试火焰后的燃烧时间不应超过 2s。

此外，如果玩具着火，头发、毛绒或具有相似特性的材料的最大燃烧长度应：

① 当原长度为 150mm 或以上时，则不超过最大原长度的 50%；

② 当原长度为 150mm 以下时，则不超过最大原长度的 75%。

在确定材料是否需要按本要求进行测试时，不应对伸出部分施加拉力来测量材料的伸出长度，例如，卷曲的头发不要拉直。测试前，有可能的话，辫子或编织的头发应完全地解开和梳理。

（3）伸出部分距离玩具表面小于 50mm、由头发、毛绒或具有相似特性的材料（如自由悬挂的丝带、纸带、布带或其他飘逸部件等）制成的胡须、触须、假发等材料（条款 4.2.3）

伸出部分距离玩具表面小于 5mm、由头发、毛绒或具有相似特性的材料制成的胡须、触须、假发等材料视为头巾和适用于条款 5。

对玩具进行测试时，火焰移开后的燃烧时间不应超过 2s，燃烧区域上边缘与测试火焰点火处之间的最大距离不应大于 70mm。

（4）整体或局部式的模塑头戴面具（条款 4.2.4）

进行测试时，火焰移开后的燃烧时间不应超过 2s。燃烧区域上缘与测试火焰点火处之间的最大距离不应大于 70mm。

此要求不适用于那些不包裹下巴或者面颊的模塑眼罩，这类归入条款 5 中。

（5）戴在头上的玩具的飘逸部件（条款 2 和条款 3 所涵盖的产品除外）、兜帽、头巾及条款 4 中不包括的局部或全部包裹着头部的面具（如布和纸版面具，眼罩和面罩），但不包括条款 4 所涵盖的产品（条款 4.2.5）

进行测试时，材料的火焰蔓延速度不应超过 10mm/s，或应在第二根标记线被烧断前自灭。

2.1.3.2　安全分析

本条款用于涵盖那些带有可能在儿童不知情的情况下，例如当生日蛋糕上蜡烛点着的时候，被点燃的组件的物品。从这方面考虑，头发、毛绒或者类似特性的材料接触火焰时会出现高度易燃的危险情况。因此，根据此类材料突出表面的长度（长度从玩具表面算起，至材料的末端）而制定了针对此类材料的特定要求。

任何向上突起的物体，如印第安人头上戴的羽毛，不作此条款考虑。

除了对燃烧的时间有要求外，条款 2 还规定了关于头发、毛绒或者其他类似材料的最大燃烧长度的要求，条款 3 还规定了玩具表面最大燃烧区域的要求。

伸出玩具表面长度小于 5mm、由头发、毛绒或者其他类似材料制成的假发等被视为同头巾具有相同的燃烧危险且确实如此。条款 5 所包括的玩具类型是条款 1 至条款 4 所不包括的。

然而，如果包含了多种特性，如头发，则玩具每一特定部件都要按相应的条款进行测试。

2.1.3.3 测试方法与安全评价

（1）测试方法

① 对于伸出玩具表面 50mm 或以上，由头发、毛绒或具有相似特性的材料（如自由悬挂的丝带、纸带、布带或其他飘逸部件）制成的胡须、触须、假发等材料的测试（条款 5.2）

a. 测试火焰　调节火焰高度至（20±2)mm。

b. 测试喷嘴的方位　竖直。

c. 测试过程

（a）测量头发、毛绒或具有相似特性的材料的长度，放置玩具，使头发、毛绒或具有相似特性的材料以最大的尺寸垂直或尽可能垂直地悬挂。

（b）用测试火焰接触样品材料的下部边缘或末端（2.0±0.5)s，使火焰深入测试样品约 10mm。

（c）如果着火，测定燃烧时间以及头发、毛绒或具有相似特性的材料被烧毁的最大长度。

② 对于伸出玩具表面不到 50mm、由头发、毛绒或具有相似特性的材料（如自由悬挂的丝带、纸带、布带或其他飘逸部件）制成的胡须、触须、假发等材料以及整体或局部式模塑头戴面具的测试（条款 5.3）

a. 测试火焰　调节火焰高度至（20±2)mm。

b. 测试喷嘴的方位　把喷嘴移动到 45°角。

c. 测试过程

（a）垂直放置玩具。

（b）用测试火焰接触玩具和/或附着物的下部边缘上方的 20～30mm 之间（5.0±0.5)s，从喷嘴的最近点到玩具表面的水平距离约为 5mm。

（c）如果着火，测量燃烧时间和燃烧区域上边缘与火焰接触点之间的最大距离。

③ 整体或局部式的模塑头戴面具的测试（条款 5.3）

a. 测试火焰　调节火焰高度至（20±2)mm。

b. 测试喷嘴的方位　把喷嘴移动到 45°角。

c. 测试过程

（a）垂直放置玩具。

（b）用测试火焰接触玩具和/或附着物的下部边缘上方的 20～30mm 之间（5.0±0.5)s，从喷嘴的最近点到玩具表面的水平距离约为 5mm。

如果着火，测量燃烧时间和燃烧区域上边缘与火焰接触点之间的最大距离。

④ 戴在头上的玩具的飘逸部件（条款 2 和条款 3 所涵盖的产品除外），兜帽、头巾及条款 4 中不包括的局部或全部包裹着头部的面具（如布和纸版面具，眼罩和面罩）的测试（条款 5.4）

a. 样品的制备　每次测试应在全新的玩具上进行。

对于供 36 个月以下儿童使用的玩具，见条款 2 注 1 有关清洁和清洗的要求。

如果含有对消费者的建议，例如在玩具或包装上的保养标签：

（a）如说明玩具不可洗涤，则玩具在测试前不应洗涤；

（b）如果提出了洗涤或清洁的建议方法，则在测试样品从玩具上裁剪前应按照这些被视为由制造商提供的使用说明的建议来处理玩具；

（c）在没有洗涤或清洁的相关信息的情况下，如果玩具在其使用寿命内可能被洗涤，则在测试前从玩具裁剪出来的测试样品应按下列方法进行处理。

将测试样品浸入自来水中（温度约为 20℃），玩具质量与水的体积的比例至少为 1：20，放置 10min。然后将水排干并重复两次；再将玩具放入软水中漂洗2min。排干水后采用合适的方法将玩具干燥；在合适的情况下，尽可能使毛绒恢复原状。

从玩具上裁下测试样品，每种可以取得的材料尺寸至少为 610mm×100mm。每块测试样品应由同一种材料组成。可能的话，样品不应包括拼接边缘或用花边装饰的边缘。由于拼缝会改变火焰蔓延速度，它们应当放在样品夹板的上部。

如果没有足够的材料制取上述完整样品，可以从同一个玩具上剪裁出两块同样大小为 310mm×100mm 的同种材料拼成一块的测试样品，将其重叠拼接时的搭接尺寸为 10mm——就能得到一块至少为 610mm×100mm 的完整测试样品。为了确保在叠合处没有间隙，可以使用订书钉来加固连接。

由于纺织物不同方向上的火焰蔓延速度可能有所不同，如有足够材料，应按照玩具使用时的竖直方向的对应长度来裁取测试样品。

b. 夹持样品　如图 2-1 所示，将样品放在样品夹板上，轻轻地拉紧以避免折痕、起伏或卷曲。

对于条款 3 的 5 和条款 4 所指的玩具，使用时材料的外表面应朝上放置。

如果条款 5 所指玩具的材料的两个表面并不相同，则两面都要测试。

把标记线跨过样品固定在图 2-2 中的 A 点和 B 点，它与样品表面的距离不大于 2mm，并用一装置来指示标记线何时被烧断。

把样品夹板与水平面成（45±1）°角放置。

c. 测试火焰　调节火焰高度为（40±3）mm。

d. 测试喷嘴方位　竖直放置喷嘴，使样品边缘与喷嘴顶部相距（30±2）mm（见图 2-2）。

e. 测试过程　将喷嘴和上述测试火焰保持（10±1）s。

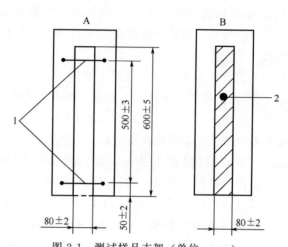

图 2-1 测试样品支架（单位：mm）

A—顶面；B—底面；1—100％棉质标记线；2—样品

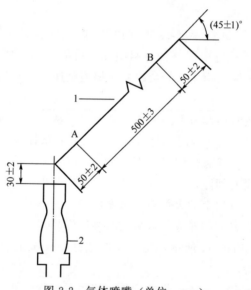

图 2-2 气体喷嘴（单位：mm）

A，B—100％棉质标记线的位置；1—样品；2—喷嘴

如果着火，当第一根标记线被烧断时启动计时装置，当第二根标记线被烧断时停止计时。

f. 结果　如果在点火后，样品没被点燃以及如果第一根标记线没有被烧断，火焰蔓延速度等于0。

如果样品被点燃，第一根线被烧断，而火焰在第二根标记线被烧断前熄灭了，则认为测试材料自灭。

如果第二根标记线被烧断，记录时间，计算火焰蔓延速度，以 mm/s 为单位。把计算结果四舍五入。

（2）安全评价

① 伸出部分距离玩具表面大于或等于 50mm、由头发、毛绒或具有相似特性的材料（如自由悬挂的丝带、纸带、布带或其他飘逸部件等）制成的胡须、触须、假发等

a. 如果玩具不着火，则合格。

b. 火焰移开后的燃烧时间若大于 2s，则样品不合格。

c. 如果玩具着火，而头发、毛绒或具有相似特性的材料的最大原长度为 150mm 或以上，头发、毛绒或具有相似特性的材料的最大燃烧长度占最大原长度的百分比不大于 50%，则可判定该样品合格。

d. 如果玩具着火，而头发、毛绒或具有相似特性的材料的原最大长度为 150mm 以下，头发、毛绒或具有相似特性的材料的最大燃烧长度占最大原长度的百分比不大于 75%，则可判定该样品合格。

② 伸出部分距离玩具表面小于 50mm、由头发、毛绒或具有相似特性的材料（如自由悬挂的丝带、纸带、布带或其他飘逸部件等）制成的胡须、触须、假发等材料

a. 如果火焰移开后的样品燃烧时间超过 2s，则可判定该样品不合格。

b. 如果被烧毁部分从上边缘到点火处的最大距离大于 70mm，则可判定该样品不合格。

③ 整体或局部式的模塑头戴面具

a. 如果火焰移开后的样品燃烧时间超过 2s，则可判定该样品不合格。

b. 如果被烧毁部分从上边缘到点火处的最大距离大于 70mm，则可判定该样品不合格。

④ 戴在头上的玩具的飘逸部件（条款 1 和条款 2 所涵盖的产品除外）、兜帽、头巾及条款 3 中不包括的局部或全部包裹着头部的面具（如布和纸版面具、眼罩和面罩），但不包括条款 3 所涵盖的产品

如果样品的火焰蔓延速度不超过 10mm/s，或在第二根标记线被烧断前自灭，则判为合格。

2.1.4　玩具化装服饰和供儿童在游戏中穿戴的玩具（条款 4.3）

2.1.4.1　标准要求

其中包括例如牛仔套装、护士制服等，以及不与 2.1.3 的第 5 条涵盖的头饰相连的飘逸长斗篷等产品。

进行测试时，火焰蔓延速度不应超过 30mm/s，或应在第二根标记线被烧断前自灭。

如果火焰蔓延速度为 10～30mm/s，玩具及其包装上都必须永久性地标注下面的警告语："Warning! Keep away from fire.（警告：切勿近火!）"

2.1.4.2　安全分析

这些玩具包括牛仔套服、护士制服等，以及不附着在 2.1.3 的第 5 条所涵盖的头饰上的长斗篷等。为了确保更广泛的测试范围（主要是覆盖了小尺码的服饰等），测试样品可以由同一个玩具上的两个相同的部分组成。

2.1.4.3　测试方法与安全评价

（1）测试方法（条款 5.4）

参见 2.1.3/2.1.3.3 测试方法与安全评价/（1）测试方法。

（2）安全评价

① 如果样品的火焰蔓延速度不超过 30mm/s，或在第二根标记线被烧断前自灭，则判为合格。

② 如果火焰蔓延速度介于 10～30mm/s 之间，玩具和玩具包装上牢固地标明："Warning! Keep away from fire.（警告！切勿近火。）"，则判为合格。

2.1.5　供儿童进入的玩具（条款 4.4）

2.1.5.1　标准要求

其中包括例如玩具帐篷、木偶剧院、棚屋、玩具隧道等。

进行测试时，火焰蔓延速度不应超过 30mm/s，或应在第二根标记线被烧断前自灭。

进行测试时，如果样品的火焰蔓延速度大于 20mm/s，不能有燃烧碎片或熔化点滴。

如果样品的两个表面不同，则两面都要测试。

如果火焰蔓延速度为 10～30mm/s，玩具及其包装上都必须永久性地标注下面的警告语："Warning! Keep away from fire.（警告：切勿近火!）"

2.1.5.2　安全分析

这些玩具包括如玩具帐篷、木偶剧院、棚屋和玩具隧道。标准认为，任何此类玩具都不可能由于样品尺寸不够而逃避测试。燃烧碎片的要求仅限于针对火焰蔓延速度大于 20mm/s 的那些材料。尼龙和其他人造材料制成的产品会产生燃烧碎片，但却由于相对较低的火焰蔓延速度而被广泛地用于儿童服装的生产。这就导致了一些更为危险的材料的使用，这些材料符合燃烧碎片的要求但火焰蔓延速度更快。

2.1.5.3　测试方法与安全评价

（1）测试方法（条款 5.4）

参见 2.1.3/2.1.3.3 测试方法与安全评价/（1）测试方法。

（2）安全评价

① 样品的火焰蔓延速度不超过 30mm/s，或在第二根标记线被烧断前自灭，则判为合格。

② 如果样品的火焰蔓延速度大于 20mm/s，而且有燃烧碎片或熔化点滴，则判为不合格。

③ 如果火焰蔓延速度介于 10～30mm/s 之间，玩具和玩具包装上牢固地标明："Warning! Keep away from fire.（警告！切勿近火。）"，则判为合格。

④ 如果样品的火焰蔓延速度超过 30mm/s，则判为不合格。

2.1.6　软体填充玩具（条款 4.5）

2.1.6.1　标准要求

此条款不适用于在玩耍过程中不能被儿童抱或搂的软体填充玩具或者玩具的软体填充部分。

本条款的要求不适用于竖直放置（即头部位于最上方）时，无障碍最大垂直高度小于或等于 150mm 的玩具。

玩具必须按提供时的状况进行测试，包括任何与玩具一起提供的衣服，而如果脱掉衣服测试会使情况更加不利，则在不损坏衣服或玩具的前提下，可以脱掉衣服。

进行测试时，表面的火焰蔓延速度不应超过 30mm/s 或应自灭。

2.1.6.2　安全分析

之前 2006 年版的欧洲标准对"带有毛绒或者织物表面的软体填充玩具（动物和玩偶）"作了规定。在修改此标准期间，并未决定对标题的范围（关于玩具的形状和材料）进行限制。因此，本条款的要求改为包括所有那些能被儿童抱或搂的软体填充玩具（例如泰迪熊、玩具地毯）。然而，那些在玩耍过程中不能被儿童抱或搂的软体填充玩具则继续不在这些要求范围当中（例如推椅上的软体填充边框，玩具摇篮上不能移取的软体填充坐垫）。

2.1.6.3　测试方法与安全评价

（1）测试方法（条款 5.5）

① 测试火焰　调节火焰高度至（20±2）mm。

② 测试喷嘴的方位　把喷嘴调动到 45°。

③ 测试过程

a. 竖直放置玩具，即头部位于最上方（如果存在这种位置），否则玩具要置于使其软体填充表面不阻碍火焰蔓延的竖直面积最大的位置。

b. 用测试火焰接触玩具（3.0±0.5）s，使喷嘴管口边缘与玩具间的距离约为 5mm，并使火焰接触玩具最易燃烧材料下部边缘的上方 20～50mm 处。测试火焰接触玩具的位置离玩具顶部应不少于 150mm。

c. 如果测试火焰接触玩具最易燃烧材料的位置离玩具顶部小于 150mm，那么选择下一个离玩具顶部大于 150mm 的最易燃烧的材料作为点火处。

注：1. 一般地，当样品在第一次测试中燃烧时，必须通过对样品火焰蔓延情况的观察来预先确定最易燃烧的材料。自灭并且只有一点儿烧毁的样品可选取在样品更高处的其他材料用测试火焰点火，自灭的火焰要远离那一片新材料。测试火焰的点火处距离玩具表面的最高处不能小于150mm。

移开火焰后，测定火焰在玩具表面蔓延直到火焰顶端第一次达到玩具最高表面的高度所需的时间。

如果样品着火且火焰在达到玩具最高表面的高度前熄灭，则认为测试样品自灭。

2. 如果火焰点火处与玩具最高表面之间的垂直距离为500mm或以上，则当火焰顶端从测试火焰的点火处到达500mm的高度时可以停止测试。然后用到达该点所用的时间来计算火焰的蔓延速度。

（2）安全评价

① 如果样品烧不着，则可判为合格。

② 如果样品着火且火焰在达到玩具最高表面的高度前熄灭，则测试样品被认为是自灭，则可判为合格。

③ 如果火焰蔓延速度超过30mm/s，则可判为不合格。

2.2 美国玩具标准 ASTM F963—2011

在ASTM F963—2011的条款4.2中，对玩具及所用的纺织品提出了易燃性要求。

2.2.1 固体和软玩具的可燃性

2.2.1.1 标准要求
玩具中使用的非纺织品材料（不包括纸）不能是易燃的。

2.2.1.2 安全分析
本要求旨在降低因玩具而引起的火灾危险。

2.2.1.3 测试方法与安全评价
（1）测试方法（附录A5）

① 定义（附录A5.2）

a. 主轴线：一条穿越产品的最大长度把产品上相距最远的部分或端点连接起来的直线。一个产品可以有一条以上的主轴线（见图2-3），但它们的长度必须相等。

玩具固定或摆动，安置产品使它的主轴线达到最长的维度。

b. 软玩具：任何填绒或植绒玩具，有可能作为其他玩具的部件或组件。

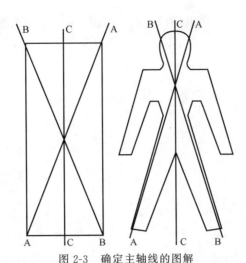

图 2-3　确定主轴线的图解

（注：直线 A—A 和 B—B 都是主轴线，直线 C—C 不是主轴线）

c. 固体：刚性、柔软或易弯固体构成的玩具或玩具部件。

d. 附件：拟移除以增强游戏模式的物件。

e. 细绳：通常由编织或扭绞在一起的几股（线或纱）组成的长而细的柔软材料，通常用于绑、缚、拴或系等操作。这不包括用作洋娃娃头发的细绳。

f. 纸：由纤维压缩产生的薄、平、单层材料。纤维通常由纤维素组成。纸产品的例子有传统扑克牌、报纸、杂志和彩色美术纸。不是纸产品的例子有卡纸板和厚纸板（结合在一起的多层纸）。

② 免除例外（附录 A5.3）

a. 细绳、纸和乒乓球。

b. 主要尺寸为 1in（25mm）或更小的可触及组件。

打算取出的纺织品应当单独测试，并应符合 2.2.2 的要求。不打算取出的纺织品，在其成为测试表面一部分的范围内进行测试。

c. 睡袋。

d. 消费者打算丢弃的包装材料。可能结合进入玩具的游戏模式中的包装组件不能豁免。

③ 固体和软玩具的样品制备（附录 A5.4）

a. 测试按照制造商的说明完全组装好的产品。如果仅为储存的目的而要求拆卸，则在按照制造商的说明完成组装时进行测试。如果组装、拆卸或者两者都是游戏模式的一部分（即：附件、智力玩具、建筑玩具等），则分别测试每一个组件。

b. 认为必要时，从产品上取下所有的细绳或纸。

c. 在可能的情况下，要用 4 个样品进行测试。

④ 固体和软玩具的测试程序（附录 A5.5）

a. 测量样品的尺寸　借助测试夹具（见图 2-4）或相当的装置支撑样品，使主轴的端部指向水平方向。沿主轴放一把刻度尺就足以测量燃烧距离。

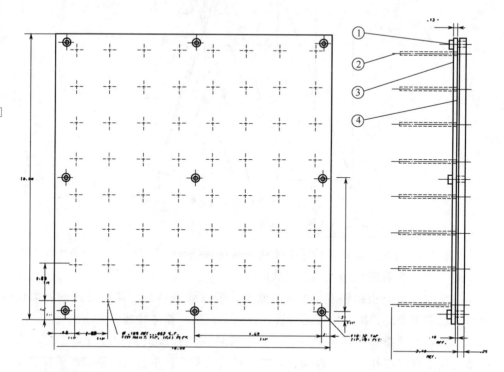

规格参数说明：

项目	数量要求	描述	材料
①	9	♯10-32×0.38LG.	S. H. C. S.
②	64	♯8d×2.50LG	普通钉
③	1	0.12×10.12×10.12LG	不锈钢
④	1	0.25×10.00×10.06LG	不锈钢

注：1. 公差（除非另有规定）；项目③：尺寸±0.005；项目②：尺寸±0.015；角度±1°。
2. 将所有锐边处理掉，在所有的部件上印上工具名称和号码，拧紧（除非另有规定）。

图 2-4　建议的易燃性试验装置

b. 试样的点火方向和位置　确定试样方向时，要支撑整个主轴线以避免下垂，确保上述支撑装置不会严重地阻碍火苗的蔓延。也可采用下列方法：对于有长头发的样品，可能必需在有些钉子之间增加细金属丝（24AWG 或更高），以提供对头发的足够支持。除非躺在测试夹具上时头发垂直下垂，否则不必增加头发支撑物以对毛发提供充分支撑使其平直。只有长度超过肩膀的毛发才需要加以支撑。

> 注：CPSC 中不对毛发进行单独测试，而是把它作为玩具的一个普通部分进行测试。可以将玩具面部朝下测试，使头发在玩具顶部保持水平；也可将玩具背朝下测试，使头发在玩具下方。垂直悬挂的毛发不用于计算燃烧速度。

如果样品太大以致不可能对整个长度加以支撑，必须把试样放在测试装置可以支撑其主轴线端部的位置。

应在主轴线的一端将一个或以上的试样点着，并且，如果可能，应在主轴线相反的一端将一个或以上的试样点着。应当将试样放在凭经验判断为最容易燃烧的位置。

c. 手持一支直径至少为 1in（25mm）的燃烧着的石蜡蜡烛，火焰高度至少为 5/8in（16mm），用内层圆锥体火焰顶端与试样主轴线一端的表面接触 5s。蜡烛与试样保持接触 5s 或直到试样起火。如果试样熔化而离开火焰，将蜡烛往前移，使其与试样接触达到 5s 或直到试样起火。如果试样立即燃烧，拿稳蜡烛，让燃烧火焰蔓延开。

根据需要，修剪蜡烛和烛芯，使火焰高度保持在 5/8～1in（16～25mm）。

d. 移开蜡烛。用秒表测量燃烧时间。不要让自行燃烧的火焰的测试时间超过 60s。

e. 如果有必要，在 60s 后用 CO_2 或类似的非破坏性灭火器灭火。熟练地用水灭火也是可接受的办法。

> 注：灭火时必须注意不能影响燃烧长度测量的准确性，例如用水灭火时要注意灭火过程是否会导致样品燃烧部分的尺寸收缩。

f. 沿着试样主轴线测量被烧部分的长度，并计算燃烧速度。

g. 结果处理：不起火的样品被认为合格。对这些试样不用计算燃烧速度。对于在 60s 内自行熄灭的产品，计算燃烧速度时应当用实际燃烧时间作为分母。例如：起火的产品在 20s 内烧毁 3in（76mm）并且自行熄灭。燃烧速度这样计算：

$$\frac{3in}{20s} = 0.15in/s$$

对自行熄灭的产品的燃烧速度的计算应小心处理，避免引入测量误差，因为当燃烧长度短时，小的测量误差也会对最终结果产生很大的影响。

> 注：对在测试过程中燃烧速度大于 0.10in/s，而又始终自行熄灭的产品，CPSC 不会采取强制性措施。然而，如果这样的燃烧速度会导致产品造成实质性人体伤害或引发实质性疾病，CPSC 保留采取行动权。

如果产品不自行熄灭，应让火焰继续燃烧 60s。用火焰在整个 60s 内蔓延的实际长度计算燃烧速度。例如：产品起火并在 60s 内烧毁 9in（229mm），燃烧速度这样计算：

$$\frac{9in}{60s} = 0.15in/s（易燃固体）$$

> 注：在测试过程中，不能过早熄灭火焰以免影响燃烧速度。例如：一只填充玩具兔子的一只耳朵顶端起火，当火焰蔓延到耳朵根部时被熄灭了，如果耳朵材料的燃烧速度比产品其余部分的燃烧速度快，这会夸大了燃烧速度。因此，考虑样品的耳朵和其他部分，让样品燃烧整整60s。

可能会有些情况，在达到整整60s之前，可能需要让火焰过早地熄灭。例如：产品主轴的长度是6in。产品在4s内点火和燃烧整个主轴长度（6in），但是会继续燃烧。一旦火焰蔓延了主轴的整个长度，不管是否已经达到了整整60s，立即熄灭火焰。按以下公式计算燃烧速度：6in/4s＝0.15in/s

不起火的试样不计算燃烧速度。

计算燃烧速度，至两位有效数字（使用常规的四舍五入法，也就是将5或5以上的数字进一位，精确到百分之一位。）

将燃烧速度用四舍五入法精确到十分之一位（也就是将0.15进到0.2）。

（2）安全评价

固体和软玩具的可燃性（附录A5.6）

a. 可接受的水平为沿着主轴的最大燃烧速度＝0.1in/s（2.5mm/s）。

b. 对制造商的补充导则——制造商应根据至少四个试样来确定一个产品的性能。这为发现产品中不符合要求的各种情况提供了合理的机会。按下列程序进行：

（a）如果所有试样的燃烧速度都小于0.1in/s（2.5mm/s），则接受。

（b）如果所有试样的燃烧速度都大于0.1in/s（2.5mm/s），但小于0.15in/s（3.75mm/s），则接受，但进一步研究考虑如何改进性能的措施。

（c）如果样品中有一个样品的燃烧速度为0.15in/s（3.75mm/s）或更大，则拒收，并用另外四个样品重复进行测试（只一次）。如果重新测试的样品中任何一个样品的燃烧速度为0.15in/s（3.75mm/s）或更大，则不接受。

（d）如果4个初始样品中有不止一个样品的燃烧速度为0.15in/s（3.75mm/s）或更大，则不接受。

> 注：CPSC根据每一个单独试样的燃烧速度决定产品是否为易燃固体。然后CPSC确定在任何习惯性的或合理可预见的使用过程中或之后，产品是否可引起实质性的人体伤害或实质性的疾病。CPSC不反对其他实验室将结果四舍五入到0.1in/s。CPSC的做法是将燃烧速度计算到小数后第二位，对于燃烧速度大于0.10in/s但小于0.15in/s的产品，不会采取强制性措施。然而，如果这种燃烧速度会使产品引起实质性的人体伤害或实质性疾病，CPSC保留采取行动的权力。

2.2.2　纺织品的可燃性测试（附录 A6）

2.2.2.1　标准要求

玩具中使用的任何纺织品均应该符合 16 CFR 1610 的要求。

2.2.2.2　安全分析

本要求旨在降低因玩具而引起的火灾危险。

2.2.2.3　测试方法与安全评价

（1）定义（附录 A6.2）

① 纺织品：用任何天然或人造纤维、替代品或其组合经过编织、编结、制毡或其他方式生产的任何涂覆或未涂覆的材料（有硝基纤维素纤维、涂饰或涂层的薄膜和纺织品除外）。

② 平面纺织品：没有故意凸起纤维或纱表面（例如：绒毛、细毛或丝线）的任何纺织品，但是应该包括那些有花式编织、编结或植绒印花表面的纺织品。

③ 凸面纺织品：有故意凸起纤维或纱表面（例如：绒毛、细毛或丝线）的任何纺织品。

（2）豁免（附录 A6.3）

① 不能选取邻边 2in×6in 片状的纺织品。

> 注：如果不能获得邻边 2in×6in 的片状的纺织品，但是由于其邻近存在其他纺织品，可以获取复合的 2in×6in 的样品，并且所述纺织品永久附着于共衬底上，那么应该对该样品进行测试。这样的例子有用 6in 长薄纺织品条子做成的洋娃娃草裙。每一单独条子都由共衬底（即：塑料腰带）在顶部结合，并且与其直接邻近的其他条子组合在一起时，可以获取 2in×6in 的样品。

② 永久附着于固体上的纺织品必须最初按照条款 2.2.1 固体和软玩具的可燃性要求进行测试。

（3）样品制备（附录 A6.4）

① 在（221±10）℉的温度下预处理水平姿势的所有纺织品最少 30min。

② 欲洗涤的纺织品应该符合《为区分耐用和不耐用终饰而进行可燃性测试之前的 AATCC 家洗纺织品——2007》。

③ 在任何可行的情况下，每个位置均应切割总共 5 个样品。可以从不止一个玩具获得样品。

④ 样品应该以其在玩具上出现的方式（即：暴露侧向上）进行测试。

⑤ 使用最不利的指向（例如：翘曲或填充）。

⑥ 如果必须使用由不止一类纺织品组成的样品，那么要从最不利的位置采集样品。

⑦ 如果纺织品是分层的，并且各层在任何点彼此永久固定（例如：缝在一

起），那么剪断足够的材料以获得样品，包括单个样品中的所有各层。让各层在样品夹中的指向与其在玩具中出现的方式相同（见图 2-5）。

图 2-5　分层的纺织品样品

⑧ 对于带有不同材料（即：花边、缎带等）做成的终饰端部的纺织品，分开测试终饰端部。

⑨ 如果褶边由与测试样品相同的材料组成（即：镶边、折叠等），那么 2in×6in 的样品尽量不选取这一部分。此外，如果纺织品含有任何接缝或缝合处，样品尽量不选取接缝或缝合处。如果样品选取时，不能避开这些褶边或接缝/缝合处，那么在测试中可将其包括在样品中，但是需要将褶边或接缝/缝合处放在夹具的顶部或侧面，使其可能对燃烧速度产生的影响降到最低。

⑩ 如果纺织品需要支撑，以便夹持在夹具中，那么可用等距地穿过板孔张紧的细金属丝（24AWG 或更高）来支撑（见图 2-6）。

⑪ 不管样品大小如何，如果纺织品上有永久附着的非纺织品组件（即：纽扣、圆形闪光金属片、珠子等），则取下这些组件（只要取下这些组件不会对纺织品或对非纺织品组件造成永久损坏），分别测试每一组件。如果在取下过程中不可避免地会永久损坏组件，那么用附着的非纺织品组件进行测试。

（4）测试程序（附录 A6.5）

① 按照 16 CFR 1610.4（g）中规定的测试方法测试纺织品。

② 使用 16 CFR 1610.4（b）中规定的设备。

（5）安全评价（附录 A6.6）

① 平面纺织品（附录 A6.6.1）　如果是以下情况，试样是可以接受的。

a. 所有试样没有点燃、点燃但自熄或者其任何组合形式。

b. 平均燃烧时间为 3.5s 或更长。

如果 5 个试样中只有 1 个试样点燃并用 3.5s 或更长的时间烧坏停止绳，则样品是可接受的。

如果 5 个试样中只有 1 个试样点燃并在不到 3.5s 的时间内烧坏停止绳，则测试另一组 5 个试样。计算所有 10 个试样的火焰蔓延的平均时间。如果这些试样中有 2 个或更多试样点燃并

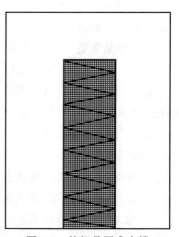

图 2-6　纺织品要求支撑

烧坏停止绳，计算这些试样结果的平均值。如果 10 个试样中只有 1 个试样点燃并烧坏停止绳，则样品是可接受的。

② 凸面纺织品（附录 A6.6.2）　如果是以下情况，试样是可以接受的。

a. 所有试样没有点燃、点燃但自熄或者其任何组合形式。

b. 平均燃烧时间为 4s 或更长。

c. 平均燃烧时间小于 4s 并且所有试样以表面闪燃形式燃烧，表面火焰强度不足以点燃、烧焦或融化底基纺织品。

d. 5 个试样中只有 1 个试样点燃并在小于 4s 的时间内烧坏，同时底基纺织品不点燃或融化，则样品是可以接受的。

e. 5 个试样中只有 1 个试样点燃或用超过 4s 的时间烧坏，不管底基纺织品是否点燃或融化，则样品是可以接受的。

计算每组 5 个试样的火焰蔓延的平均时间，至少 2 个试样必须点燃并烧坏停止绳。

如果 5 个试样中只有 1 个试样点燃并用小于 4s 的时间烧坏，其中底基纺织品点燃或融化，则测试另一组 5 个试样。计算所有 10 个试样的火焰蔓延的平均时间。如果 10 个试样中有 2 个或更多试样点燃并烧坏停止绳，计算这些试样结果的平均值。如果 10 个试样中只有 1 个试样点燃并烧坏停止绳，则样品是可接受的。

2.3　中国玩具标准 GB 6675—2003 附录 B 易燃性

2.3.1　概述

2.3.1.1　范围（附录 B.1）

标准规定了所有玩具禁止使用的易燃材料类别及某些可能接触小型火源的玩具的燃烧性能要求。

本节所述的测试方法适用于在特定的测试条件下测试玩具或材料的燃烧性能。其测试结果不能被用以确定这些玩具或材料在接近其他火源时完全没有潜在的火灾危险。

本节包括与所有玩具燃烧性能有关的一般要求及对下列被认为最易着火的玩具的具体要求和测试方法：

① 胡须、触须、假发和面具及其他含毛绒、毛发或其他附属材料的头饰玩具；

② 化装服饰（如牛仔套服、护士制服），包括相关的供儿童穿戴的头饰和玩具（不包括条款 3 中的玩具和与鞭炮一同提供的纸质花饰帽）；

③ 供儿童进入的玩具（如玩具帐篷、木偶剧院、棚屋）；

④ 含毛绒或纺织面料的软体填充玩具，但不包括头部和四肢完全由非纺织的聚合材料制成的软体娃娃。

2.3.1.2　安全分析

因儿童与上述玩具接触密切，这些玩具存在烧伤危险。一旦被点燃后，这些玩具或材料燃烧时的火焰蔓延速度应在造成严重伤害之前，可以让儿童有时间搬去、扔下或者离开玩具。

2.3.1.3　预处理和测试环境 （附录 B.5.2）

每次测试前玩具或试样应在温度为 20℃±5℃，相对湿度为 65%±5% 的条件下预处理至少 7h。

为保证测试人员安全和良好的测试环境，应在专用燃烧测试柜内进行测试。测试柜内空气流动速度在测试开始时应小于 0.2m/s，测试过程中不应受机械装置运转的影响；且最重要的是测试柜内的空气量不因氧气浓度减小而受影响。使用前方有开口的测试柜时应保证试样与柜壁间的距离至少为 300mm。开始测试前应保持柜内温度为 10～30℃，相对湿度为 15%～80%。

测试应在将试样从预处理环境中取出后的 2min 内进行。

2.3.1.4　测试火焰 （附录 B.5.3）

测试火焰应由符合 ISO 6941 规定的燃烧器提供，该燃烧器使用合适的丁烷或丙烷气，火焰高度由垂直放置的燃烧器管口至火焰顶部测得。

2.3.2　一般要求

2.3.2.1　标准要求 （附录 B.4.1）

下列材料不能用于制造玩具：

① 赛璐珞（亚硝酸纤维）及在火中具有相同特性的材料（除用于清漆或油漆的材料）。

② 遇火后会产生表面闪烁效应的毛绒面料。

此外，除下列情况外，玩具不应含有易燃气体、极度易燃液体、高度易燃液体、易燃液体和易燃固体。

③ 单个密封容器内的易燃液体，且每个容器的最大容量为 15mL。

④ 完全储存于书写工具细管内的疏松材料中的高度易燃液体或易燃液体。

⑤ 按 GB/T 6753.4—1998 使用六号黏度杯测定，动力黏度大于 $260×10^{-6} m^2/s$、对应流动时间大于 38s 的易燃液体。

⑥ EN 71-5 规定中的高度易燃液体。

2.3.2.2　测试方法和安全评价

（1）测试方法

① 判断赛璐珞（亚硝酸纤维）及在火中具有相同特性的材料（除用于清漆或油漆的材料）的方法

a. 燃烧法

（a）确定玩具上需要进行测试的部件或部分：每种材料需要选择 1～2 个代表性的部件或部分进行测试，通常应选择体积较大的部件。如果这些部件或部分较小而且与其他材料所构成的部件或部分相距太近，可以把这些部件或部分拆卸下来。如果整个玩具是由同一材料制成，则可对整个玩具进行燃烧。

（b）根据待测样品或其部件或部分的大小和形状，选用合适的装置来固定。比如很小的样品，可以用镊子夹着，大的样品可以使用钉板或悬挂支架固定。

（c）点燃一支直径至少为 25mm 的蜡烛。在试验中，根据需要来修剪蜡烛和烛芯，使蜡烛火焰高度保持在 20mm 左右。

用蜡烛火焰接触待测部件或部分的表面。接触大约 2s 后即移开蜡烛。

（d）如果试样燃烧，观察火焰是否较猛烈。可以与由赛璐珞制成的乒乓球所产生的火焰和燃烧现象作比较。让火焰持续适当的时间，以明确地判断出试样是否含有赛璐珞或在火中具有相同特性的材料。

> 注：赛璐珞点燃后，猛烈燃烧，伴有噗噗声，火焰明亮，烟呈棕色和酸性。

（e）用喷水灭火器灭火。

b. 对于在燃烧法试验中能够点燃但燃烧不剧烈的材料，或有其他难以判断是否含有赛璐珞的情况，需要用化学法进一步试验。

（a）方法一

ⓐ 清洁样品表面，如果有油漆要把油漆刮去。

ⓑ 把样品上的各种材料和乒乓球各剪一小片，分开放在试管内。

ⓒ 分别将它们与 1mL 水和 2 滴 10% 的苯酚氯仿溶液一齐摇匀。

ⓓ 慢慢贴着试管壁加入约 2mL 浓硫酸使之流到水层下方，形成互不相容的两层。

ⓔ 观察测试样品和乒乓球在溶液中的变化。

（b）方法二

ⓐ 清洁样品表面，如果有油漆要把油漆刮去。

ⓑ 称取 0.5g 样品放入试管中，加入 3～4mL 丙酮和 3 滴 2% α-萘酚乙醇溶液。

ⓒ 转移溶液至另一试管中。

ⓓ 缓慢加入 2mL 浓硫酸，不要摇动，在丙酮溶液下层形成一薄层。

ⓔ 按以上步骤准备一份空白溶液和一份标准亚硝酸纤维溶液（用乒乓球制备）。

ⓕ 比较标准亚硝酸纤维溶液与测试溶液的颜色。

② 毛绒表面材料的表面闪烁效应测试

a. 测试样品

（a）样品的数量和尺寸　对每种毛绒材料剪取两块尺寸为 200mm×130mm

或者更大一些的试样，长度为130mm的一边要与毛绒方向一致。如果毛绒方向不能确定，在互相垂直的两个方向各剪取两块200mm×130mm的试样。四块试样都要接受测试。在结果记录中这两组要分开记录。

如果一块毛绒材料不足以制成200mm×130mm的试样，可以取几块毛绒材料用订书钉连接拼成一个试样。

（b）样品的选择　所选择的样品要能够代表被测试的毛绒材料，不能包括织边、镶边和含有破损了的毛绒的区域。

（c）样品的处理　把所有试样放进恒温恒湿箱内，在（20±2）℃、（65±5）％相对湿度的环境下处理至少7h。样品要在从恒温恒湿箱中取出后的2min内进行测试。

b. 拿住样品的边缘，甩动样品，把样品表面松脱的毛绒抖掉。

c. 把样品夹在燃烧测试仪上：使其长边沿着水平方向，毛绒主要指向下方，并确保样品平坦地贴着底板。

d. 调校燃烧测试仪：使燃烧喷嘴管口到夹好的试样表面距离为5mm。燃烧喷嘴管口向上，点火，用火焰卡尺50mm宽度的一端测量，把火焰调整到50mm。

e. 把燃烧喷嘴管口定于水平位置。使燃烧喷嘴水平地运动（速度约为150mm/s）。

f. 观察测试火焰经过样品表面时，是否发生表面闪烁现象，及样品的基质是否被点燃。

g. 如果第一块样品没有出现表面闪烁现象，则在第二块样品上进行b.～f.的测试。

（2）安全评价

① 赛璐路（亚硝酸纤维）及在火中具有相同特性的材料（除用于清漆或油漆的材料）

a. 如果样品上需要测试的所有材料都不能着火，则合格。

b. 如果在燃烧法测试中，材料快速被点燃，而且燃烧的火焰和燃烧现象与由赛璐路制成的乒乓球所产生的火焰和燃烧现象相似，则不合格。

c. 在方法一中，如果测试样品与乒乓球一样，数秒内在界面产生一个绿环，放置一段时间或小心混合得到一种绿色溶液，以水稀释后会产生绿色沉淀，则可判断样品中含有亚硝酸纤维，判为不合格。

d. 在方法二中，如果在测试溶液的薄层中有与标准亚硝酸纤维溶液中一样的绿色出现，则可判断样品含有亚硝酸纤维，判为不合格。

② 毛绒表面材料

只要有一块样品发生表面闪烁现象，则可判定该种毛绒面材料不合格。

2.3.3　胡须、触须、假发和面具及其他含毛发或其他附属材料的头饰玩具（附录 B.4.2）

2.3.3.1　标准要求

（1）伸出玩具表面长度大于或等于 50mm 的胡须、触须、假发和面具及其他含毛发、毛绒或其他附件的头饰玩具（附录 B.4.2.1）

胡须、触须、假发和面具及其他含毛发、毛绒或其他附件（如纸绳）的头饰玩具，当毛发、毛绒或其他附件从玩具表面伸出长度大于或等于 50mm，进行测试时，火焰移开后的燃烧时间不应超过 2s，且玩具虽着火，其剩余毛发、毛绒或其他附件的最大长度应：

如原长度为 150mm 或以上，则不小于其最大长度的 50%；

如原长度为 150mm 以下，则不小于其最大长度的 25%。

波形毛发的长度应以其拉直后的长度计算。测试时按其使用时和最复杂的状况进行（如拆去辫褶）。

（2）伸出玩具表面长度小于 50mm 的胡须、触须、假发和面具及其他含毛发、毛绒或其他附件的头饰玩具（附录 B.4.2.2）

胡须、触须、假发和面具及其他含毛发、毛绒或其他附件（如纸绳，但用于固定玩具的除外）的头饰玩具，当毛发、毛绒或其他附件从玩具表面伸出的长度小于 50mm，进行测试时，火焰移开后燃烧时间不应超过 2s，最大燃烧尺寸从点火处测量不应大于 70mm。

不含毛发、毛绒或其他附件（用于固定玩具的附件除外）、遮住部分脸部的纸板面具不包括在内，除非其眼睛中心与面具顶端的距离大于 130mm。

2.3.3.2　测试方法和安全评价

（1）测试方法

① 对胡须、触须、假发和面具及其他含从玩具表面伸出长度大于 50mm 的毛发或其他附属材料的头饰玩具的测试（附录 B.5.5）

a. 将玩具置于适当的位置，使毛绒、毛发或其他附件垂直或尽可能处于垂直位置，从而测量毛绒、毛发或其他附件的最大尺寸。

b. 将燃烧器垂直放置，用 20mm±2mm 高的测试火焰接触玩具的毛绒、毛发或其他附件的下部边缘 2s，同时使火焰深入测试试样约 10mm。

c. 如果测试试样着火，测量燃烧时间和剩余毛绒、毛发或其他附件的最小长度。

② 对胡须、触须、假发和面具及其他含从玩具表面伸出长度小于 50mm 的毛发或其他附属材料的头饰玩具的测试（附录 B.5.6）

a. 将玩具垂直放置。

b. 在垂直位置测得燃烧器火焰高度为 20mm±2mm，然后移动燃烧器至 45°角度；将火焰接触玩具 5s，接触点位于距样品下部边缘至少 20mm 处，同时使燃烧器管口与样品表面相距 5mm±1mm。

c. 如果玩具着火，测量燃烧时间和烧毁部分上部边缘与火焰接触点间的最大距离。

（2）安全评价

① 伸出玩具表面长度大于或等于 50mm 的胡须、触须、假发和面具及其他含毛发、毛绒或其他附件的头饰玩具

a. 燃烧时间若大于 2s，则可判样品该试验不合格。

b. 当毛绒、毛发或其他附属材料的原最大长度大于或等于 150mm 时，如果剩余毛绒、毛发或其他附属材料的最大长度占原最大长度的百分比小于 50%，则可判定该样品本试验不合格。

c. 当毛绒、毛发或其他附属材料的原最大长度小于 150mm 时，如果剩余毛绒、毛发或其他附属材料的最大长度占原最大长度的百分比小于 25%，则可判该样品本试验不合格。

② 伸出玩具表面长度小于 50mm 的胡须、触须、假发和面具及其他含毛发、毛绒或其他附件的头饰玩具

a. 如果燃烧时间超过 2s，则可判定该样品本试验不合格。

b. 如果被烧毁部分的上部边缘与起燃点之间的最大距离大于 70mm，则可判定该样品本试验不合格。

2.3.4 化装服饰（附录 B.4.3）

2.3.4.1 标准要求

化装服饰，包括相关的供儿童穿戴的头饰和其他供儿童穿着的玩具服饰（不包括条款 3 中的玩具和纸质花饰帽）。

在进行测试时，火焰蔓延速度应小于或等于 30mm/s。

如果火焰蔓延速度为 10～30mm/s，则玩具及其包装上都应设警告语："警告：切勿近火！"

2.3.4.2 测试方法和安全评价

（1）测试方法

① 化装服饰和供儿童进入的玩具的预处理（附录 B.5.4） 每次测试应对首次供销售的新玩具或从此类玩具中取得的试样进行。如果制造商：

a. 说明玩具不可洗涤，则玩具在测试前不应洗涤或浸泡；

b. 建议一种洗涤或清洁的方法，则玩具应按该方法处理；

c. 对洗涤或清洁未加说明，则玩具在测试前应按下列方法进行处理：将玩具完全浸入自来水中（温度约为 20℃），玩具质量（g）与水体积（mL）的比例

至少为 1∶20；维持 10min 后将水排去，重复两次；再将玩具放在软水中漂洗 2min；采用合适的方法将水排去并将玩具弄干；根据具体情况，尽可能将绒毛恢复至原状。

② 化装服饰和供儿童进入的玩具的测试（附录 B.5.7）

a. 从服饰或玩具上剪切代表性试样，按试样在玩具上的位置进行测试（如当儿童站立时沿裤子的裤脚）。

b. 试样夹具为两块内部尺寸为 600mm×80mm 的 U 形金属板。将试样铺在第一块 U 形金属板上，然后将第二块 U 形金属板放在上面夹紧以固定试样。剪切试样使材料边缘与夹具板两边缘对齐（见图 2-7）。第二块 U 形金属板或上面的金属板在距开口端 50mm 和 550mm 处各有一个系结点。

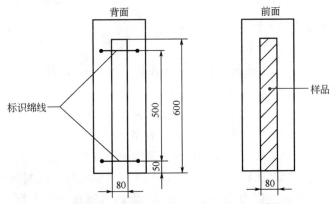

图 2-7　化装服饰和供儿童进入的玩具的测试（单位：mm）

c. 用 100％纯棉线（经丝光处理的最大线密度为 50tex 的白棉线）固定一端系结点，然后拉紧经试样横跨到另一段系结点，并在上面安装有仪器以指示、标记棉线何时被烧断。

注：可直接与计时器连接，或与目视指示器连接（如跌落重锤）。

d. 标记棉线与样品表面相距 2mm，将 U 形金属板置于与水平面成 45°±1° 的角的位置。

e. 将燃烧器垂直放置，将 40mm±3mm 的测试火焰接触样品边缘，使上述边缘与燃烧器管口的距离为 30mm±2mm；将火焰与预先确定为最易燃材料下部边缘接触 10s±1s，观察样品是否发生表面闪烁。

f. 以第一条标记线烧断与第二条标记线烧断的时间间隔确定火焰蔓延速度。

g. 如果材料的两面材质不相同，则对该材料的两面均应进行测试。

（2）安全评价

a. 如果在（10±1）s 之内试样不着火，则判为合格。

b. 如果火焰蔓延速度超过 30mm/s，则判为不合格。

c. 如果火焰蔓延速度介于 10～30mm/s 之间，玩具和玩具包装上标有"警告：切勿近火！"的警示说明，则判为合格。

2.3.5 供儿童进入的玩具（附录 B.4.4）

2.3.5.1 标准要求

供儿童进入的玩具的代表性试样在进行测试时，其火焰蔓延速度应小于或等于 30mm/s。

如果代表性试样的火焰蔓延速度大于 20mm/s，则不应有燃烧碎片。

如果代表性试样自行熄灭，样品应认为通过测试。

如果火焰蔓延速度为 10～30mm/s，玩具及其包装上都应设警告语："警告：切勿近火！"

2.3.5.2 测试方法和安全评价

（1）测试方法（附录 B.5.7）

参见 2.3.4/2.3.4.2 测试方法与安全评价/（1）测试方法。

（2）安全评价

① 如果在（10±1）s 之内试样不着火，则判为合格。

② 如果代表性样品自行熄灭，则判为合格。

③ 如果火焰蔓延速度超过 30mm/s，则判为不合格。

④ 如果火焰蔓延速度超过 20mm/s，并且有燃烧碎片，则判为不合格。

⑤ 如果火焰蔓延速度为 10～30mm/s，玩具和玩具包装上标有"警告：切勿近火！"的警示说明，则判为合格。

2.3.6 软体填充玩具（附录 B.4.5）

2.3.6.1 标准要求

本条款不适用于最大尺寸为 150mm 及以下的软体填充玩具。

含毛绒（如丝绒、毛长绒、人造毛皮）或纺织物面料的软体填充玩具（各类动物、娃娃等，但不包括头部和四肢完全由非纺织的聚合材料制成的软体娃娃）进行测试时，其火焰蔓延速度不应超过 30mm/s。玩具应按提供时的状况测试，含衣服的玩具应连衣服一起测试。如果在衣服和玩具均不损坏的情况，可根据具体需要将衣服取下后测试。

2.3.6.2 测试方法和安全评价

（1）测试方法（附录 B.5.8）

将玩具垂直放置，即玩具头部在最高处位置。

> 注：如有多个方位可选择，应选择满烧最快的方位。

将燃烧器以 45°角度放置，用 20mm±2mm 高的测试火焰接触玩具 3s，使燃烧器管口与玩具间的距离约为 5mm，同时使火焰接触预先确定为最易燃材料下部边缘的上方 20～50mm，移开火焰后，测定火焰在玩具表面从接触点到玩具上部边缘蔓延所需的时间。

（2）安全评价

① 如果样品烧不着，则判为合格。

② 如果火焰蔓延速度超过 30mm/s，则判为不合格。

2.4　中国玩具标准燃烧安全要求与欧洲标准的比较

注释：以下内容中的条款号为该条款在相应标准中的条款序号。差异之处用下划线标示。

2.4.1　测试要求的比较

内容	EN 71-2:2011	GB 6675—2003 附录 B
范围	戴在头上的玩具，包括胡须、触须、假发等，它们由头发、毛绒或具有相似特性的材料制成，还包括模塑和织物的面具、兜帽、头巾等；戴在头上的玩具的飘逸部件，但不包括那种通常在派对彩色爆竹中附送的纸质花饰帽； 玩具化装饰和供儿童在游戏中穿戴的玩具； 供儿童进入的玩具； 带毛绒或纺织面料的软体填充玩具（动物和公仔等）	胡须、触须、假发和面具及其他含毛绒、毛发或其他附属材料的头部玩具； 化装服饰（如牛仔套服、护士制服），包括相关的供儿童穿戴的头饰和玩具（不包括玩具和与鞭炮一同提供的纸质花饰帽）； 供儿童进入的玩具（如玩具帐篷、木偶剧院、棚屋）； 含毛绒或纺织面料的软体填充玩具，但不包括头部和四肢完全由非纺织的聚合材料制成的软体娃娃
预处理要求	20℃±5℃,65%±5%,至少 7h	20℃±5℃,65%±5%,至少 7h
环境要求	10～30℃,15%～80% 空气流动速度＜0.2m/s 取出后 5min 内进行	10～30℃,15%～80% 空气流动速度＜0.2m/s 取出后 2min 内进行
试样准备	如果没有足够的材料制取上述完整样品，可以从同一个玩具上剪裁出两块同样大小310mm×100mm 的同种材料拼成一块的测试样品	当材料不够制成尺寸为 80mm×600mm 的完整测试样品时，该材料无需测试
测试火焰	符合 EN ISO 6941:2003 附录 A 规定的喷嘴获得测试火焰，并使用丁烷或丙烷气	由符合 ISO 6941 规定的燃烧器提供，该燃烧器使用合适的丁烷或丙烷气
定义	头发 用来代表人类或动物头发的纤细柔软的纤维	毛发（hair） 包括按设计用来表示毛发的材料
	—	自行熄灭（self-extinguishing） 代表性试样着火，但在第二标记线前熄灭
	—	代表性试样（representative sample） 能代表玩具成品的测试试样

续表

内容	EN 71-2:2011	GB 6675—2003 附录 B
定义	软体填充玩具 　这种玩具穿有衣服或不穿衣服,身体表面柔软并用软性材料填充,玩具的主要部分可以用手轻易进行压缩	软体填充玩具(filled soft toy) 　身体表面用纺织物或毛绒材料做成的玩具,用软性材料填充(如聚苯乙烯发泡颗粒、聚酯纤维或聚氨酯泡沫),因此可以用手随意将玩具的身体压缩。包括穿着或不穿装的软体填充玩具
	熔化点滴 　熔化材料坠落的小滴	无
	易燃液体 　闪点等于或大于23℃而且小于或等于60℃的制剂	无
	高度易燃液体 　闪点低于23℃和初始沸点大于35℃的制剂	无
	极度易燃液体 　闪点低于23℃和初始沸点小于等于35℃的制剂	无
	易燃气体 　在温度20℃和一个标准大气压101.3kPa的条件下与空气接触会起燃的气体或气体混合物	无
	化学类玩具 　用于直接接触化学物质和混合物的玩具,且此类玩具是供特定年龄组和在成人监督的情况下使用的	无
	具有相同特性的材料 　具有好像头发那样飘动,紧靠着头部附近悬挂着的和当头部旋转而后停止的时候会继续移动等特性的材料	无
	模塑头戴面具 　按照头部或者面部轮廓模塑制成的面具。 　注:易燃液体、高度易燃液体、极度易燃液体和易燃气体的定义从以下规则中提取:欧洲国会和2008年12月16日理事会关于物质和混合物分类、标签和包装的规则No 1272/2008,修正和废除指令67/548/EEC和1999/45/EC,以及修正规则(EC)No 1907/2006	无
要求	注2:根据指令2009/48/EC的要求,以下有关清洁和清洗的安全要求适用于:"供36个月以下儿童使用的玩具必须设计成和生产成可以被清洁的。一个纺织玩具,最终应能被清洗,除非其内部含有一机构,当清洗时会被破坏。当根据指令的要求和生产商的使用说明要求进行清洁后,玩具也应符合相关的安全要求。"如果可行的话,生产商应提供关于玩具如何清洗的使用说明。此信息并不够详尽,应查阅指令2009/48/EC和有关的指导性文件以了解更详尽的信息	无

续表

内容	EN 71-2:2011	GB 6675—2003 附录 B
一般要求	以下材料不能用于制造玩具： 赛璐珞(硝酸纤维)，除非用于清漆、油漆或胶水中，或用于乒乓球及类似游戏的球体，以及以下几种： 在火中具有与赛璐珞相同特性的材料； 对于特殊的材料，要用测试火焰来试验以检查玩具是否符合 4.2～4.5 的要求，如果满足 4.2～4.5 的适当要求，则视为符合了本要求。 遇火后产生表面闪燃效应的毛绒表面材料。 远离测试火焰的毛绒表面如果没有出现瞬间的火焰区域，则视为符合本要求。 此外，玩具不能含有易燃气体、极度易燃液体、高度易燃液体、易燃液体和易燃凝胶体，下列情况除外	下列材料不能用于制造玩具： 赛璐珞(亚硝酸纤维)及在火中具有相同特性的材料(除用于清漆或油漆的材料)； 遇火后会产生表面闪烁效应的毛绒面料。 此外，除下列情况外，玩具不应含有易燃气体、极度易燃液体、高度易燃液体、易燃液体和易燃固体
戴在头上的玩具	4.2.1 4.2 的要求适用于： 戴在头上的玩具，包括胡须、触须、假发等，它们由头发、毛绒或具有相似特性的材料制成； 模塑和织物的面具； 兜帽、头巾等； 戴在头上的玩具的飘逸部件； 但不包括那种通常在派对彩色爆竹中附送的纸质花饰帽。 当产品包含多种特征，例如带有面具和头发的帽子，每个部分应按照与玩具特定组件相关的适用条款单独进行测试。 用来将面具、帽子等固定在头上、由松紧带或细绳做成的附件，不必进行测试	无
	4.2.2 伸出部分距离玩具表面大于或等于 50mm、由头发、毛绒或具有相似特性的材料(如自由悬挂的丝带、纸带、布带或其他飘逸部件等)制成的胡须、触须、假发等 对玩具进行测试时，移开测试火焰后的燃烧时间不应超过 2s。 此外，如果玩具着火，头发、毛绒或具有相似特性的材料的最大燃烧长度应： a. 当原长度为 150mm 或以上时，则不超过最大原长度的 50%； b. 当原长度为 150mm 以下时，则不超过最大原长度的 75%。 在确定材料是否需要进行测试时，不应对伸出部分施加拉力来测量材料的伸出长度，例如，卷曲的头发不要拉直。测试前，有可能的话，辫子或编织的头发应完全地解开和梳理好	B.4.2.1 伸出玩具表面长度大于或等于 50mm 的胡须、触须、假发和面具及其他含毛发、毛绒或其他附件的头饰玩具 胡须、触须、假发和面具及其他含毛发、毛绒或其他附件(如纸绳)的头饰玩具，当毛发、毛绒或其他附件从玩具表面伸出长度大于或等于 50mm，进行测试时，火焰移开后的燃烧时间不应超过 2s，且玩具虽着火，其剩余毛发、毛绒或其他附件的最大长度应： a. 如原长度为 150mm 以上，则不小于其最大长度的 50%； b. 如原长度为 150mm 以下，则不小于其最大长度的 25%。 波形毛发的长度应以其拉直后的长度计算。测试时按其使用时和最复杂的状况进行(如拆去辫褶)

内容	EN 71-2:2011	GB 6675—2003 附录 B
戴在头上的玩具	4.2.3 伸出部分距玩具表面小于 50mm、由头发、毛绒或具有相似特性的材料(如自由悬挂的丝带、纸带、布带或其他飘逸部件等)制成的胡须、触须、假发等材料 对玩具进行测试时,火焰移开后的燃烧时间不应超过 2s,燃烧区域上边缘与测试火焰点火处之间的最大距离不应大于 70mm	B.4.2.2 伸出玩具表面长度小于 50mm 的胡须、触须、假发和面具及其他含毛发、毛绒或其他附件的头饰玩具 进行测试时,火焰移开后燃烧时间不应超过 2s,最大燃烧尺寸从点火处测量不应大于 70mm,不含毛发、毛绒或其他附件(用于固定玩具的附件除外)、遮住部分脸部的纸板面具不包括在内。除非其眼睛中心与面具顶端的距离大于 130mm
	4.2.4 整体或局部式的模塑头戴面具 进行测试时,火焰移开后的燃烧时间不应超过 2s。燃烧区域上缘与测试火焰点火处之间的最大距离不应大于 70mm。 此要求不适用于那些不包裹下巴或者面颊的模塑眼罩	无
	4.2.5 戴在头上的玩具的飘逸部件(4.2.2 和 4.2.3 所涵盖的产品除外),兜帽、头巾及 4.2.4 中不包括的局部或全部包裹着头部的面具(如布和纸版面具,眼罩和面罩),但不包括 4.3 所涵盖的产品 进行测试时,材料的火焰蔓延速度不应超过 10mm/s,或应在第二根标记线被烧断前自灭	无
化装服饰	4.3 玩具化装服饰和供儿童在游戏中穿戴的玩具 其中包括例如牛仔套装、护士制服等,以及不与 4.2.5 涵盖的头饰相连的飘逸长斗篷等产品。 进行测试时,火焰蔓延速度不应超过 30mm/s,或应在第二根标记线被烧断前自灭。 如果火焰蔓延速度为 10～30mm/s,玩具及其包装上都必须永久性地标注下面的警告语:"Warning! Keep away fromfire.(警告:切勿近火!)"	B.4.3 化装服饰 化装服饰,包括相关的供儿童穿戴的头饰和其他供儿童穿着的玩具(不包括 B.4.2 中的玩具和纸质花饰帽)。 进行测试时,火焰蔓延速度应小于或等于 30mm/s。如果火焰蔓延速度为 10～30mm/s,则玩具及其包装上都应设警告语:"警告:切勿近火!"
供儿童进入的玩具	4.4 供儿童进入的玩具 其中包括例如玩具帐篷、木偶剧院、棚屋、玩具隧道等。 进行测试时,火焰蔓延速度不应超过 30mm/s,或应在第二根标记线被烧断前自灭。 进行测试时,如果样品的火焰蔓延速度大于 20mm/s,不能有燃烧碎片或熔化点滴。 如果样品的两个表面不同,则两面都要测试。 如果火焰蔓延速度为 10～30mm/s,玩具及其包装上都必须永久性地标注下面的警告语:"Warning! Keep away from fire.(警告:切勿近火!)"	B.4.4 供儿童进入的玩具 供儿童进入的玩具的代表性试样进行测试时,其火焰蔓延速度应小于或等于 30mm/s,如果代表性试样的火焰蔓延速度大于 20mm/s,不应有燃烧碎片。 如果代表性试样自行熄灭,样品应认为通过测试。 如果火焰蔓延速度为 10～30mm/s,玩具及其包装上都应设警告语:"警告:切勿近火!"

续表

内容	EN 71-2:2011	GB 6675—2003 附录 B
软体填充玩具	4.5 软体填充玩具 此条款不适用于在玩耍过程中不能被儿童抱或搂的软体填充玩具或者玩具的软体填充部分。 本条款的要求不适用于无障碍最大垂直高度小于或等于 150mm 的玩具。 玩具必须按提供时的状况进行测试,包括任何与玩具一起提供的衣服,而如果认为脱掉衣服测试会使情况更加不利,则在不损坏衣服或玩具的前提下,可以脱掉衣服。 进行测试时,表面的火焰蔓延速度不应超过 30mm/s 或应自灭	B.4.5 软体填充玩具 本条款不适用于最大尺寸为 150mm 及以下的软体填充玩具。 含毛绒(如丝绒、毛长绒、人造毛皮)或纺织物面料的软体填充玩具(各类动物、娃娃等,但不包括头部和四肢完全由非纺织的聚合材料制成的软体娃娃)进行测试时,其火焰蔓延速度不应超过 30mm/s。玩具应按提供时的状况测试,含衣服的玩具应连衣服一起测试。在衣服和玩具均不损坏的情况下,可根据具体需要将衣服取下后测试

2.4.2　测试方法的比较

条款号		4.2.2/5.2	4.2.3/5.3	4.2.4/5.3	4.2.5/5.4	4.3/5.4	4.4/5.4	4.5/5.5
EN 71-2		胡须、触须、假发等:≥50mm	胡须、触须、假发等:<50mm	模塑的全式或局部式头戴面具	头戴玩具的飘逸部件	化装服饰	供儿童进入的玩具	软填充玩具
GB 6675 附录 B		B.4.2.1/B.5.5 胡须、触须、假发、面具等:≥50mm	B.4.2.2/B.5.6 胡须、触须、假发、面具等:<50mm	—	—	B.4.3/B.5.7 化妆服饰(头饰和服饰)	B.4.4/B.5.7 供儿童进入的玩具	B.4.5/B.5.8 软填充玩具
样品方向	EN 71	垂直	垂直	垂直	(45±1)°	(45±1)°	(45±1)°	垂直,头部在最高处
	GB 6675	垂直	垂直	—	—	(45±1)°	(45±1)°	头部在最高处
喷嘴方向	EN 71	垂直或尽可能垂直	45°	45°	垂直	垂直	垂直	45°
	GB 6675	垂直或尽可能垂直	45°	—	—	垂直	垂直	45°
火焰高度	EN 71	(20±2)mm	(20±2)mm	(20±2)mm	(40±3)mm	(40±3)mm	(40±3)mm	(20±2)mm
	GB 6675	(20±2)mm	(20±2)mm	—	—	(40±3)mm	(40±3)mm	(20±2)mm
火焰与样品接触长度	EN 71	约 10mm	—	—	—	—	—	—
	GB 6675	约 10mm	—	—	—	—	—	—

续表

条款号		4.2.2/5.2	4.2.3/5.3	4.2.4/5.3	4.2.5/5.4	4.3/5.4	4.4/5.4	4.5/5.5
喷嘴口与玩具的距离	EN 71	—	约5mm(水平)	约5mm(水平)	(30±2)mm(竖直)	(30±2)mm(竖直)	(30±2)mm(竖直)	5mm
	GB 6675	—	(5±1)mm	—		(30±2)mm(竖直)	(30±2)mm(竖直)	5mm
喷嘴与样品接触部位	EN 71	下部边缘或末端	下部边缘的20~30mm	下部边缘的20~30mm	下部边缘	下部边缘	下部边缘	下部边缘的20~50mm
	GB 6675	下部边缘	下部边缘至少20mm处	—		下部边缘	下部边缘	下部边缘的20~50mm
点火时间	EN 71	(2.0±0.5)s	(5.0±0.5)s	(5.0±0.5)s	(10±1)s	(10±1)s	(10±1)s	(3.0±0.5)s
	GB 6675	2s	5s	—	—	(10±1)s	(10±1)s	3s

2.5 典型不合格案例分析

欧洲玩具标准和中国玩具标准均对下列被认为最易着火的玩具作出了要求：

① 戴在头上的玩具；

② 玩具化装服饰；

③ 供儿童进入的玩具；

④ 带毛绒或纺织面料的软体填充玩具。

因儿童与上述玩具接触密切，这些玩具存在烧伤危险。一旦被点燃后，这些玩具或材料燃烧时的火焰蔓延速度应在造成严重伤害之前可以让儿童有时间扔下或离开玩具。

参考英国的"家庭事故监视系统"、美国的"消费者产品委员会"和中国的相关数据库，目前没有迹象显示发生过由于儿童直接接触玩具中的燃烧材料而发生的事故。原因可能在于各玩具生产商已意识到燃烧性能对儿童的安全有很重要的意义，在选择原材料及生产的过程中都注意选取防火性能好的材料。同时，多年来的标准或立法已经促使玩具产品在易燃性方面具备了安全性。

以下列举一个有关烧伤危害的案例。

产品：面罩（见图2-8）。

描述：熊猫造型的面罩。

危害：当进行头戴玩具燃烧测试时，测试样品燃烧时间持续超过2s，不符合欧洲标准EN71-2的要求，标准要求燃烧时间不得超过2s。

图2-8　面罩

第**3**章
电玩具安全

3.1 欧洲标准 EN 62115: 2005+A2: 2011 电玩具安全

3.1.1 试验的一般条件（条款 5）

3.1.1.1 标准要求

① 在最不利的情况下，进行本标准要求的所有试验。

当玩具在预定或可预见方式下进行使用时，将玩具或任何可移动部件放置在最不利的位置进行试验；打开或移去电池室的盖，拆除或保留其他可拆卸部件，取其中更不利的情况；如果玩具上的开关或控制器的设定能由使用者改变，则将这些装置的设定调至其最不利的状态进行试验；对于双电源玩具，评估每个试验的供电方式，用结构允许的最不利电源进行试验；电池玩具使用新的不可充电电池或满充的可充电电池进行试验，取其中较不利的情况。

② 如果玩具预定由儿童进行装配，本标准的要求适用于每个能由儿童装配的部件和装配后的玩具。如果玩具由成人装配，本标准的要求只适用于装配后的玩具。

③ 除非结构上能确保极性正确，否则电池玩具也要在极性颠倒的情况进行试验。

④ 试验开始之前，按照 EN71 的下述要求对样品进行预处理，其后，不检查是否符合 EN71 的要求，而检查是否会产生有违本标准要求的缺陷：跌落试验，含电池在内的重量不超过 4.5kg 的玩具；静态强度试验，供坐下或站立的玩具；动态强度试验，有轮的骑乘玩具；拉力试验，该拉力是与尺寸和适用的年龄组无关的 70N 的力；拼缝拉力试验，其电池或电气部件被纺织品或其他柔性材料覆盖的玩具。

3.1.1.2 安全分析

标准条款 5 为试验的一般条件，其目的是规定玩具安全测试的试验顺序、条件和预处理要求等，使得检测结果尽可能少地受到主观因素的影响，在对不同类型电玩具进行测试时，结果准确，保证玩具对使用者而言是安全的。

在上述标准要求中多次提及"按其中最/更不利情况进行测试/选择"，下列内容对应标准条款要求，对"最不利情况"作了分析。

对由儿童进行装配的玩具，装配前或后，选择其中"更不利情况"对玩具进行试验。例如，在玩具装配前，其部件的不同电极间绝缘能被标准规定的直钢针短路，而装配完成后不能短路，则应对装配前的玩具进行测试；又如，玩具在装配后，其负载比装配前大，可能产生更大的温升，应选择装配后的玩具进行测试。

对拆除或保留玩具的可拆卸部件，取其中更不利的情况对玩具进行试验。例如，电池腔的盖应拆除，因为在测量温升时，电池表面的温度比电池腔盖表面的温度更高，将产生更不利的测试结果；又如，飞机螺旋桨应保留，因为在测量温升时有螺旋桨的玩具飞机将产生更大的阻力，使电机和电池的表面温度更高，产生更不利的测试结果。如果不能确定拆除或保留玩具的可拆卸部件二者的更不利测试结果，则应对两种情况分别进行测试，对比试验结果后，选其更不利的情况作为最终测试结果。

此外，标准条款 5.15 在本标准试验开始之前，按 EN71 的相关条款对玩具进行预处理，其后，不检查是否符合 EN71 的要求，而评估玩具是否会产生有违本标准要求的缺陷。因此，在进行上述滥用试验前，应检查玩具的内部结构，以确定滥用测试的位置，然后有针对性地对玩具进行滥用试验；例如，对内部有发热元件的玩具，如果该发热元件可触及将导致第 9 条款表面温升测试不合格，则对发热元件的保护外壳进行拉力测试；又如，如果玩具内部电路变得可触及，将导致玩具在进行 9.4 条款短路温升测试时不合格，则重点对该部位进行滥用试验。在实际检测工作中，有很多外壳薄弱的电玩具，如果不进行上述预测试而直接进行本标准的正式试验，该玩具符合本标准的要求；但是，经上述预测试后再进行正式试验，则导致该玩具不符合本标准的要求，这一点是生产设计和安全检测期间应注意的。

试验的一般条件设定了一系列标准化的条件，所有测试都必须在这些条件下进行，除非另有规定。这些条件设计成尽可能模拟正常的使用条件以及所用样品数量和测试执行顺序的指示。测试应该以标准中规定的条款顺序对单个玩具进行，除非此条款中另有规定。此外，此条款要求测试在某些可预见的滥用条件下进行，例如：原电池的极性颠倒。

3.1.2 减免测试项目的预测试（条款 6）

3.1.2.1 标准要求

对某些玩具，如果满足条款 6.1 或条款 6.2 的条件，则没有必要进行标准规定的所有试验。条款 6.1 适用于所有玩具，但条款 6.2 只适用于电池玩具。

条款 6.1 内容：不同极性部件之间的绝缘短路试验符合第 9 条款要求的玩具，则认为也符合第 10、11、12、15 和 18 条款的要求。短路试验依次施加在所有易于击穿和可用软电线进行短路的绝缘上。

条款 6.2 内容：如果电池玩具满足下列条件，则认为也符合第 10、11（除 11.1）、12、15、17（除条款 17.1 用于装纽扣电池的电池舱）、18 和 19 条款的要求。

① 不同极性部件（电池舱里的除外）之间的可触及绝缘不能被直径 0.5mm、长度超过 25mm 的直金属钢针桥接。

② 在玩具不工作和限流装置短路状态下，用 1Ω 的电阻连接在电源端子之间 1s 后测得的总电池电压不超过 2.5V。

3.1.2.2　安全分析

条款 6.1 和条款 6.2 测试了能符合减免原则的某些情况。条款 6.1 允许对于在绝缘击穿时可以安全运行的玩具，可以忽略某些关于电气绝缘的测试。该条款要求在不同极性的部件短路时进行测试。如果玩具可以经受这种故障情况，并且继续符合第 9 条款中温升测试要求，则认为玩具在不同极性部件之间绝缘击穿时引起危险的可能性降低。条款 6.2 允许对于有限定功率的电池并且不可能发生短路的电池玩具，忽略某些与短路有关的测试。测试方法是通过测量电压，确定玩具供电电源能量的大小。对供电能量不超过上述标准要求的玩具，则认为其不会产生有违本标准相关条款的危害，符合这些条款的要求，减免相关测试，提高工作效率。

3.1.2.3　测试方法与安全评价

① 条款 6.1. 适用于包括电池、变压器及双电源玩具在内的所有电玩具。标准要求对玩具中所有易于击穿和可用软电线进行短路的不同极性部件间绝缘依次进行短路，也就是说可用软电线对玩具电源的绝缘进行短路，而对电源进行短路可能会导致玩具相关部件/电池表面产生最大温升。

对电池玩具的电源/电池进行短路时，绝大部分类型电池的表面温升会远超过标准要求，同时，电池会产生漏液、破裂甚至爆炸等有害情况；因此，大部分电池玩具不适合于本条款的减免测试条件。但是，纽扣式电池的能量是有限的，当对其进行短路时，大部分纽扣式电池的表面温升不会超过标准要求；因此，根据实际检测经验，主要检查以纽扣式电池作为唯一电源的电池玩具是否适合本条款的减免测试条件。

对变压器玩具内的电源输入端绝缘进行短路，实际上是短路玩具用变压器的输出端，这将导致玩具用变压器的表面温升增加；但是，本标准第 1 章范围中已经明确指出，玩具变压器不属于玩具，因此，当短路变压器玩具内的电源输入端绝缘时，只对玩具的可触及表面进行温升测试，在这种情况下，玩具的表面温升一般不会超过标准要求。除玩具内的电源输入端绝缘外，还应对变压器玩具内其他不同极性部件间绝缘依次进行短路，根据实际检测结果，检查变压器玩具是否适合本条款的减免测试条件。

对双电源玩具，选择上述两种类型玩具中可能产生较不利情况的检测结果，作为检查该玩具是否适合本条款的减免测试条件的最终结果。

② 条款 6.2 仅适用于电池玩具，要适合本条款的减免测试条件应同时符合条件①和②，①是可触及的不同极性部件之间的绝缘不能被标准规定的直钢针桥接，②是用 1Ω 的电阻连接在玩具电源接线端子之间，1s 后测得的玩具电池两端之间的总电压值不超过 2.5V。

要检查是否符合上述第二个条件，首先将电池玩具的可拆卸部件打开，以正确的方式装入电池，检查玩具有无限流装置，如果有，将其短路；用导线把 1Ω 电阻连接到玩具电源/电池输出接线端之间，然后用示波器观察记录在电源与该电阻建立连接 1s 时，电池两端电压波形，记下其电压值，如果总电压值不超过 2.5V，则符合该条件的要求。

3.1.3 标识和说明（条款 7）

3.1.3.1 标准要求

本标准对电玩具的具体技术要求从条款 7 开始，下列内容对应标准相关条款的要求。

① 玩具或其包装上应有下述标志：制造厂或责任承销商的名称、商标或识别标记；型号或规格。

a. 用可更换电池的电池玩具应有下述标志：电池的标称电压，在电池腔内或其外表面上；直流电符号，如果玩具有电池盒。如果使用一个以上电池，电池腔应标记尺寸成比例的电池形状及其标称电压和极性。

b. 变压器玩具应有下述标志：额定电压（单位：V）；直流电或交流电符号；额定输入功率（单位：W 或 VA），如果该功率大于 25W 或 25VA，则标注额定输入功率（单位：W 或 VA）；玩具用变压器的符号，该符号也应标记在包装上。额定电压的标志及交流电或直流电的符号应标记在接线端子附近。

c. 双电源玩具的标志应符合对电池玩具及变压器玩具的标志要求。

② 可拆卸灯的识别符号应标记：灯的额定电压和型号、最大输入功率或最大电流。

③ 当使用符号时，应按下述要求标记：

----- 直流电； ⌒⌒ 交流电；- ☼ -灯； ⊞ 玩具变压器符号。

物理量单位和相应的符号应是国际标准体系中的符号。

④ 如果清洁和保养对于玩具的安全操作是必要的，则应在说明（书）中提供有关的详细要求，并应声明：应定期检查玩具用的变压器和电池充电器的电

线、插头、外壳和其他部件的损坏情况；如果出现此类损坏，应停止使用直至损坏消除，方可与玩具一起使用。

在下列情况下玩具应提供组装说明（书）：预定由儿童装配的；该说明（书）对玩具的安全操作是必需的。如果玩具预定由成人装配，则应声明。

变压器玩具和含电池盒的玩具，其说明（书）应声明：玩具不能连接多于推荐数量的电源。

带有无连接方法的导线的玩具，其说明（书）应声明不可将其插入插座中。

双电源玩具的说明应包括电池玩具和变压器玩具的说明要求。

适用时，可更换电池的电池玩具，其说明（书）在适用时应包含下述内容：如何取出和装入电池；非可充电电池不能充电；可充电电池仅能在成人的监督下进行充电；可充电电池在充电前应从玩具中取出；不同型号的电池或新旧电池不能混用；仅可使用型号与推荐型号相同或等同的电池；电池应以正确的极性装入；用完的电池应从玩具中取出；电源连接端子不得短路。

适用时，变压器玩具的说明（书）应包含下述内容：玩具不得供 3 岁以下的儿童使用；玩具只能使用推荐的变压器；变压器不是玩具；需用液体清洗的玩具，清洗前应与变压器断开（若是使用儿童用的电池充电器给玩具供电，标识更改成电池仅由成人或 8 岁以上儿童充电）。

说明（书）可以标记在宣传单、包装或玩具上。如果该说明（书）标记在玩具上，从外部看应可见；如果玩具包括多个部件，只需要对其主体进行标记。

预定在水中使用的电池玩具，其说明（书）应声明只有按说明（书）完全装配好才能在水中工作。

⑤ 当说明（书）和标志在包装上时，还应声明由于该包装含有重要信息应予以保留。

本标准要求的说明（书）和其他文件应用该玩具销售地所在国的官方语言书写。

玩具上的标志应清晰且持久。

通过视检，并用手拿沾水的布对该标志擦拭 15s，再用沾汽油溶剂的布擦拭 15s，检查其合格性。试验用汽油是正己烷。在经受本标准全部试验后，标志应仍然清晰易读，标志牌应不易揭下且没有卷曲。

> 注：在考虑标识的耐久性时，应考虑正常磨损（如经常清洗）的影响。

3.1.3.2　安全分析

要求玩具附带足够的信息，以使其可安全工作。此条款包含玩具或其包装要用制造商或负责供货商的名称和地址进行标示的要求，确保其追溯性及符合某些欧洲指令。

有玩具电池舱、玩具变压器和可更换灯泡的标示要求，以降低用户以错误规范使用这种元件的可能性。

此外，要求确保玩具指示含有足够的用户信息。条款 7.4 要求包括使用可更换电池和变压器的玩具的某些使用指示。应该注意只要求使用此信息的物质，同时有些陈述可能是不适用的，适当时可删除或改写。

所有警告和指示必须以玩具销售国家的官方语言书写，确保用户可理解指示。当包装或指示上出现重要信息时，应告知消费者注意记住这些信息的重要性。当出现在玩具上时，标示必须是耐久的并且符合条款 7.7 的测试。

3.1.3.3　测试方法与安全评价

① 玩具或其包装上应有：制造厂或责任承销商的名称、商标或识别标记，以及玩具的型号或规格。当玩具出现问题时，可以找到相关的责任人或单位。

a. 用可更换电池的电池玩具应有图 3-1 所示的标志。

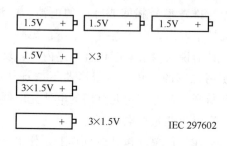

图 3-1　三节电池的示例

b. 本要求适用于所有变压器玩具，其中额定电压和直流电或交流电符号应标记在玩具的接线端子附近，玩具用变压器的符号应标记在包装上；如果玩具或其包装/说明书上没有额定输入功率符号，以额定电压给玩具供电，并在玩具进行正常工作的情况下，测量玩具的输入功率，如果该功率大于 25W 或 25VA，则应在玩具或包装/说明书上标记功率符号。

② 含可拆卸灯的玩具标志的示例："灯最大 2.5W"、"灯最大 1.0A"、"最大 3.8W"、"最大 1.2A"。上述标志应标记在灯泡接合处附近，使在更换灯泡时该标志应清晰可见。

③ 对变压器玩具/使用充电电池的玩具应在说明（书）中提供有关的详细清洁和保养要求，并声明：应定期检查玩具用的变压器和电池充电器的电线、插头、外壳和其他部件的损坏情况；如果出现此类损坏，应停止使用直至损坏消除，方可与玩具一起使用。

对变压器玩具以及电池盒供电的玩具，其说明（书）应声明"玩具不能连接多于推荐数量的电源"。

对带有无连接方法的导线的玩具，例如遥控玩具上的金属天线，如将其插入到电网的插座中，容易造成触电危险。玩具的说明（书）应声明："不可将导线/天线插入插座中。"

对可更换电池的电池玩具，如何取出和装入电池可以用图示方式说明。

④ 擦拭试验是模拟使用者清洁擦拭玩具的情形，防止玩具上重要的标志在日常清洁维护过程中变得不清晰或脱落。该试验的擦拭力度约是正常清洁时所使用的力。绝大部分模刻在玩具材料表面以及粘贴牢固并以透明胶面封盖的标志都能通过该试验。

3.1.4　输入功率（条款 8）

3.1.4.1　标准要求

变压器玩具和双电源玩具的输入功率不应超出额定输入功率的 20%。

在玩具的输入功率稳定并达到正常工作温度后，在下列条件下，通过测量检查其合格性：所有能同时工作的电路均在工作状态；玩具以额定电压供电；玩具在正常工作状态下使用。

> 注：必须测量输入功率以确定是否需要标记额定输入功率。

3.1.4.2　安全分析

此条款旨在确定与变压器玩具一起供应的变压器相应的玩具额定功率。此要求旨意在处理与以下情况相关的危险：变压器玩具所吸收功率将比供应或推荐变压器能够提供的功率更高，防止因玩具实际输入功率大大超过额定输入功率，造成玩具产生发热等危害。

3.1.4.3　测试方法与安全评价

变压器玩具的直流输入功率为电压 U 与电流 I 的乘积，即：$P = UI$，其中变压器玩具的额定电压 U 是相对固定的，因此当 P 增大时，I 也随之增大。工作电流是引起玩具发热的主要原因，因为温升：$\Delta t = P/kS = I^2 R/kS$，其中，$R$ 为样品电阻，I 为测试电流，S 为样品散热面积，k 为样品散热系数。因此，标准规定了功率较大的变压器玩具的实际输入功率不应超过额定输入功率的 20%。

3.1.5　发热和非正常工作（条款 9）

3.1.5.1　标准要求

条款 9 是本标准的技术重点和难点，下述技术内容对应条款 9 的相应条款。

① 条款 9.1　玩具在使用中，温度不应过高。玩具的构造应尽可能避免由于误操作或元件失效而引起的着火、影响安全的机械损坏危险或者其他危险。

玩具应在条款 9.2 规定的条件下经受条款 9.3～9.8 的试验。

所有玩具应经受条款 9.3～9.5 的试验。

带有电机的玩具应经受条款 9.6 的试验。

变压器玩具、双电源玩具和带有电池舱的玩具经受条款 9.7 的试验。

带有电子电路的玩具应经受条款 9.8 的试验。

只带有输入功率不超过 1W 的白炽灯的玩具不需要经受这些试验。

除非另有规定，应按条款 9.9 检查本条款的符合性。

条款 9.3 和条款 9.4 的试验应持续到建立起稳定状态为止。在这些试验过程中，热断路器不应动作。然而，如无线遥控车等机动玩具在进行条款 9.3 和条款 9.4 的温升试验时，自恢复热断路器允许动作。

条款 9.5～9.8 的试验直到非自动复位热断路器动作或建立起稳定状态为止。如果发热元件或一个有意设置的薄弱部件成为永久性开路，则要在第二个样品上重复有关试验。第二次试验除非以其他方式满意地完成，否则应以同样的方式终止。

> 注：1. 有意设置的薄弱部件，是指一个用来防止出现有损本标准符合性的情况而损坏的部件。这类部件可以是可更换的元件，如电阻或电容器；或其他可更换元件的一部分，如装在电机内的不可触及的热熔断体。
>
> 2. 玩具内装的熔断器、热断路器、过流保护装置或类似装置，可以用来提供需要的保护。
>
> 3. 如果同一玩具要进行多个试验，则这些试验应在玩具冷却到室温后按顺序进行。

② 条款 9.2　玩具要置于在玩耍中可能出现的最不利位置。

手持玩具应自由悬挂。

其他玩具放在测试角的地板上，尽可能靠近壁板或远离壁板，取较不利的情况。测试角用两块呈直角的壁板和一块地板组成，这些壁板和地板用约 20mm 厚的涂无光黑漆的胶合板制成。玩具应用四层尺寸为 500mm×500mm、质量为 40g/m² ± 8g/m² 的漂白薄棉纱布覆盖，棉纱布应盖在可能会出现高温和烧焦的表面。尺寸不超过 500mm 的玩具应用棉纱布完全覆盖。

电池玩具以额定电压供电。

变压器玩具和双电源玩具以 0.94 倍或 1.06 倍额定电压供电，取较不利的情况。

用对受试部件温度影响最小的细丝热电偶来确定温升。热电偶不能成功测量试验中最大温升的地方可以用热敏纸或其他方法测量温升。

> 注：直径不超过 0.3mm 的热电偶被认为是细丝热电偶。

移动玩具应在产生最高温升的使用条件下试验。当非自复位热断路器动作时，最多复位 3 次。带自复位热断路器的玩具应一直试验到稳态为止。

③ 条款 9.3　玩具在正常工作条件下运行，并确定其各部件的温升。可在充电期间运行的可充电电池玩具也应在充电模式下试验。

> 注：可能需要复位电池充电器上的定时器以建立稳态。

④ 条款 9.4　对取下可拆卸部件（除灯以外）后可触及的不同极性间的绝缘体（除电池舱里的）进行短路，重复进行 9.3 试验。但是，只对用直径为 0.5mm、长度大于 25mm 的直钢针，或者用直径为 1.0mm 的棒通过外壳上深度不大于 100mm 的孔能够桥接的不同极性间的绝缘体进行短路。仅用适当的力将直钢针或棒保持在位。

对需用手或脚来保持通电的产品，如果上述的短路导致产品不工作，则开关在 30s 后放开。

⑤ 条款 9.5　将条款 9.3 和条款 9.4 试验中限制温度的控制器短路，重复条款 9.3 的试验。如果玩具有多个控制器，应依次短路。

如果控制器仅由正温度系数热敏电阻（PTC）、负温度系数热敏电阻（NTC）或压敏电阻（VDRs）组成，且使用在制造商说明的参数范围内，则不需要短路。

对需用手或脚来保持通电的产品，如果上述的短路导致产品不工作，则开关在 30s 后放开。

⑥ 条款 9.6　堵住可触及运动部件，重复条款 9.3 的试验。

注：如果玩具装有多个电机，则依次堵住每个电机驱动的部件进行试验。

如果玩具必须用手或脚来保持通电，则运行 30s 后终止试验。

⑦ 条款 9.7　变压器玩具、双电源玩具和带电池舱的玩具除连接到说明推荐使用的电源外，以串联或并联的方式再接到一个与玩具推荐的同样的电源上，取较不利的情况。然后进行条款 9.3 和条款 9.4 试验。

注：该试验只适用于能用两个（套）同样玩具的或组装玩具的部件、不借助工具就能容易地进行连接的情况。

⑧ 条款 9.8　电子电路除非符合条款 9.8.1 规定的条件，否则所有的电路或电路上的部件应通过条款 9.8.2 中规定的故障条件评估来检查其符合性。

如果印刷电路板的某个导体变为开路，只要满足下述两个条件，则认为该玩具已经经受住本试验：

a. 印刷电路板材料经受住附录 B 的针焰试验；

b. 玩具在该开路导体桥接的情况下经受住条款 9.8.2 的试验。

注：通常，通过检查玩具及其电路图将会找出那些必须模拟的故障情况，以便把试验限制在预期会出现最不利结果的那些情况中。

条款 9.8.1　在满足下述两个条件时，电路或电路中的部件不进行条款 9.8.2 规定的 a.～f. 故障试验：

a. 此电子电路是下述的一个低功率电路；

b. 玩具的其他部件对着火危险或危险故障的保护不依赖于该电子电路的正

常工作。

低功率电路按下述来确定。

玩具以额定电压供电，并且将一个已调到其最大值的可变电阻连接到被检查点和电源的相反极性之间。

然后减小电阻值，直到该电阻消耗的功率达到最大值，在第5s终了时，供给该电阻器的最大功率不超过15W的最靠近电源的那些点，被称为低功率点。距电源比低功率点远的那一部分电路被认为是一个低功率电路。

> 注：1. 只从电源的一极上进行测量，最好是最少低功率点的那个极。
> 2. 在确定低功率点时，推荐从靠近电源的点开始。

条款9.8.2 应考虑下列的故障条件，必要时每次施加一个故障条件。考虑随之发生的故障：

a. 如果不同极性部件间的电气间隙和爬电距离小于第18条款规定的值，应对其短路，除非该部分被合适地封装起来；

b. 任一元件接线端开路；

c. 电容器短路，除非其符合GB/T 14472或它是陶瓷电容且使用在制造商规定的参数范围内；

d. 非集成电路的电子元件的任意两个端子之间短路；

e. 三端双向可控硅以二极管的方式工作；

f. 集成电路的故障。在此情况下要评估玩具可能出现的危险情况，以确保其安全性不依赖于这一元件的正确工作。要考虑集成电路故障条件下所有可能的输出信号。如果能表明不可能产生一个特殊的信号，则不考虑其有关的故障。

> 注：1. 可控硅和三端双向可控硅之类的元件，不经受f. 故障条件。
> 2. 微处理器按集成电路进行试验。

另外，要通过连接低功率点与测量低功率点时的电源极来短路每个低功率电路。

模拟故障条件时，玩具应在条款9.2规定的条件下以额定电压运行。对需用手或脚来保持通电的产品，如果上述的短路导致产品不工作，则开关在30s后放开。

如果玩具装有一个其运行是为了保证符合条款9.5～条款9.7要求的电子电路，则按上述a.～f. 所述，以模拟单一故障方式对该玩具重复进行有关的试验。

如果电路不能用其他方法评估，则对封装的或类似的元件进行故障条件f. 试验。

如果PTC电阻在制造厂规定的参数内使用，则不用短路。但是PTC-S型热敏电阻应进行短路，除非符合GB/T 7153。

⑨ 条款 9.9　在试验期间要连续监视可触及部件的温升。

手柄、旋钮及其他易被手触及的部件的表面温升不应超过下列值：

a. 25K 金属部件；

b. 30K 玻璃或陶瓷部件；

c. 35K 塑料或木制部件。

其他的可触及部件温升不应超过下列值：

a. 45K 金属部件；

b. 50K 玻璃或陶瓷部件；

c. 55K 其他材料部件。

> 注：1. 电池表面作为金属表面看待。
>
> 2. 如果开关按附录 C 试验，则应测量开关端子温度。

在试验期间，应满足：

a. 密封剂不应流出来；

b. 玩具不应喷射出火焰或熔融金属；

c. 不应产生危险的物质，如危险数量的有毒气体或可燃性气体；

d. 蒸汽不应在玩具内积聚；

e. 外壳变形不应达到有损本标准符合性的程度；

f. 电池不应泄漏有害危险物质或爆裂；

g. 材料（包括棉纱布）不应烧焦。

试验后，玩具损坏不应达到有损本标准符合性的程度。

3.1.5.2　安全分析

所谓"温升"是指测量所得的温度与外部环境空气温度的差值，即：$\Delta t = t_1 - t_0$ 其中 Δt 为温升，t_1 为测量所得的温度，t_0 为外部环境空气温度。本条款适用于所有的电玩具，是本标准的技术重点和难点。第 9 款的测试旨在处理玩具过热相关的危险。此条款要求玩具不应达到可能会引起皮肤烧伤风险的温度，不着火，不存在电池泄漏或其他类似的危险。测试条件包括模拟正常使用以及最可能预见的情况。

下述解析对应上述标准条款的内容。

① 条款 9.1 说明将应用于每一类型玩具的有哪些测试。

② 条款 9.2 说明玩具应该如何定位以及在条款 9.3 的测试中将使用多大的电源电压。移动的玩具，例如：玩具汽车或乘骑玩具，在最不利使用条件下进行测试，以产生由于儿童的正常行为预计会产生的最高温升。对于这种玩具，当非自动复位热熔断路器工作时，它们被复位最多三次。带有自动复位热熔断路器的玩具要测试直至建立稳态条件为止。

③ 条款 9.3 要求玩具在正常条件下工作并且玩具应该不超过温度极限或存在条款 9.9 中所述的其他相关危险。

　　"正常工作"是指按玩具的操作说明，或按传统的、习惯的、明显的玩具玩耍方式进行使用。下述内容讲述的是如何在玩具正常工作的过程中确定该玩具发热部位的温度是否达到稳定状态，或者说在电池寿命使用期间该发热部位的温度是否达到最大值。

　　对于一些相对静态的电池动力玩具，例如只是简单的发光、发声音的玩具，很容易就可以模拟其正常使用的情况，然后通过热电偶法测试其发热表面的温度。但是，对于如电动玩具车这样，在正常使用过程中是动态的玩具，只通过在玩具表面粘贴热电偶的方法，就很难直接对其进行正常使用并监测其最大温升，因为热电偶丝的长度是有限的，在玩具车正常使用的过程中会从玩具表面脱落而导致无法测温。

　　对于电动玩具而言，工作电流是引起其发热的主要原因，因为温升：$\Delta t = P/kS = I^2R/kS$

　　其中，R 为样品电阻，I 为测试电流，S 为样品散热面积，k 为样品散热系数。对此，可以通过模拟玩具车的正常使用，并监测记录其工作电流 I 正常，然后通过使用辅助测试器具模拟正常使用，并通过调整车轮与辅助测试器具间的摩擦力使其工作电流与之前测得的 I 正常一致，在玩具车发热表面粘贴热电偶，连续监测其发热表面的温度，直到最大值出现为止。通过这种方法我们可以准确地测量出这类玩具在"正常工作"时的最大温升。

　　④ 条款 9.4　适用于所有电玩具，其目的在于防止类似直钢针的导电体被误用而导致可触及不同极性间绝缘被桥接导通。尤其是电源正负极间绝缘被导通后，会导致电源短路，使电池表面温升超标，甚至电池漏液爆炸等有害情况发生。

　　⑤ 条款 9.5　此要求设计成通过在这种元件上施加短路以模拟限温装置的故障。如果一个玩具含有不止一个这种装置，则两个元件不可能同时发生故障时，将每一装置依次短路。

　　当发生故障情况时，玩具应该不超过温度极限或存在条款 9.9 中所述的其他相关危险。

　　所谓温度控制器是指动作温度可固定或可调的温度敏感装置，在正常工作期间，通过自动接通或断开电路来保持玩具或其某个部位的温度在某些限值之间。普通的电玩具中一般不会使用温度控制器，但是对某些功能性发热实验型玩具或内部装有大功率电机的乘骑玩具，通过在相关发热元件表面安装温度控制器，可以防止因元件过热而产生的危害。因此，对这些类型的玩具在进行试验时要特别检查是否适用于本条款。

　　⑥ 条款 9.6　此要求设计成模拟运动部件的故障，例如：锁定的玩具汽车的轮子。执行测试，直至达到稳态条件为止，需要由用户操作开关以启动运动部件的玩具除外。对于这种玩具，在认为玩具不工作的情况下儿童不会握住开关较长

时间时，执行测试 30s。

"锁定可触及的运动部件"是指对于带电机的玩具，如果玩具的外部运动部件与电机硬连接，且能被使用者堵转，则通过物理的方法强行使电机停转。由此可见，玩具适用于"锁定可触及的运动部件"的条件是玩具带有电机，且连接到电机的运动部件是可触及的。相对于"正常工作"而言，在"锁定可触及的运动部件"条件下测得的玩具表面温升要高得多。在日常检测工作过程中，一些功率较大但没有保护电路的大型玩具车经常会因温升超标而导致不合格。"电机停转"时，电机的负载增加，反电动势接近为零，工作电流增大，而温升 $\Delta t = P/kS = I^2R/kS$，所以当工作电流急剧变大时，温升就会非常大。

如果玩具设计不当，在"锁定可触及的运动部件"条件下重复进行上述条款 9.3 规定的温升试验，就很容易产生温升超标而导致不合格情况的发生，这点也是我们在测试过程中应该注意的。

⑦ 条款 9.7　此要求设计成模拟滥用条件，将玩具修改成连接到使用指示所推荐电源之外的附加电源。这是要将玩具故意连接到附加电源，以便让玩具以不同条件工作时的危险降到最低，例如：连接两个电源，以加快玩具火车的速度。只有儿童用另一相同玩具的部件而不使用其他元件或工具很容易进行修改时，才应用此测试。

需要进行本测试的玩具有三个条件：①用于与推荐使用电源连接的附加电源来自两个相同玩具或组装套件的部件；②两电源相同；③两电源不用工具即可轻易地进行连接。

⑧ 条款 9.8　此要求设计成模拟电子元件的故障，以便使电子元件或其连接发生故障时出现危险情况的风险降到最低。

此测试不适用于符合低功率电路定义的电路。低功率电路按下述方法确定：以额定电压给玩具供电，并将一个已调至最大值的可变电阻器连接到待测点和电源异性极之间。然后减小电阻值，直到该电阻器上消耗的功率达到最大值。在第 5 秒末，供给该电阻器的最大功率不超过 15W 的最靠近电源的那些点，称为低功率点。离电源比低功率点远的电路部分被认为是低功率电路。低功率电路不要求按照条款 9.8.2 进行测试。认为低功率电路在发生故障时不可能出现显著危险。

对于不属于低功率电路的电路，按照条款 9.8.2 规定将故障情况依次应用于每一电子元件。

所谓电子元件是指主要通过电子在真空、气体或半导体中运动来完成传导的部件。电子元件不包括电阻、电容和电感器。所谓电子电路是指至少装有一个电子元件的电路。

⑨ 条款 9.9　此要求通过设定可触及玩具部件的温升极限来处理与高温相关的危险。已经按照 CENELEC 指南 29 和 IEC 指南 117 拟定了极限。指南包

括由于材料导热特性差异而规定的不同材料类型的极限。为了易于测试，这些极限值是根据指南中给出并从最高允许环境温度计算的热力学温度作为温升而提出的。

此外，对于欲搬运的玩具部件，例如：控制旋钮或开关，有较低的温升极限。

对于故障情况的评估，在认为玩具使用中儿童不可能识别这种故障时，正常工作的温升极限就适用。

此子条款进一步要求在第9条款测试过程中不应该发生与高温相关的危险，例如：密封化合物不应该流出，电池不应该泄漏，玩具不应该发出火焰，玩具中不应该有水蒸气聚积以及危险物质不应该易于接近，同时要求符合本欧洲标准的其余部分。

3.1.5.3 测试方法与安全评价

（1）准备工作及注意事项

① 准备工作

a. 对玩具结构以及电原理图进行分析，找出所有用模拟手指检测可以触及到可能发热的部位；测试角A面和B面设置两个测温点，作为环境温度测试点。A、B点温度值是随机变化值，在计算玩具某测温点温升时，应从温度时间曲线上找到温升最高点读取对应的A、B点温度值，并取A、B点温度平均值。

b. 将温度传感器的热电偶丝用金属黏胶带（可用其他方法辅助固定，但不能影响玩具测温部位的热传导）固定。

c. 测试项目的确定　玩具应在条款9.2规定条件下经受（3）～（8）的试验。

（a）所有玩具必须测（3）～（5）项。

（b）带有电机的玩具除做（3）外，加做（6）项。

（c）变压器玩具和电池盒玩具除做（3）外，加做（7）项。

（d）含有电子线路的所有玩具，除了做上述相关项外，加做（8）项。

（e）输入功率小于1W的白炽灯免于试验。

② 注意事项

a. 持续进行（3）和（4）中的测试并直至稳定状态建立，测试期间，热断路器不应运作。对于条款9.4，需用手或脚来保持通电的产品，如果短路导致产品不工作，则开关在30s后放开。

b. 持续进行（5）～（8）的测试，直至非自复位热断路器开始运作或稳定状态建立为止。如果一个热元件或故意设计的薄弱部件变成永久性的开路，则在第二个样品上重复相关测试。除非第二个测试以其他方式满意地完成，否则第二个测试应在发生与第一个测试相同模式时终止。机动玩具例如遥控车允许自恢复温控器工作。对需用手或脚来保持通电的产品，如果上述的短路导致产品不工作，则开关在30s后放开。对于锁定可动部件，开关在30s后放开。

> 注：1. 一个特意设置的薄弱部件是为防止有损标准要求的情况发生而预备损坏的部件，这种部件可能是可更换的元件，如：电阻、电容器、电感或一个可更换元件的一部分。
>
> 2. 玩具内的熔断器、热断路器、过流保护装置或类似装置，可以被用来提供需要的保护。
>
> 3. 如果同一个玩具要经过多个测试，则每个测试应在玩具冷却到室温后按顺序进行。

（2）测试条件

① 测试环境　玩具放置于在玩耍中可能出现的最不利的位置。

a. 对于手持式玩具，用绳子自由悬挂在测试角中（为不受支承物对温度测试的影响）。

b. 其他玩具按如下条件放在测试角的地板上进行测试，注意尽可能靠近或远离板壁，取其最不利位置：

（a）如果玩具尺寸不超过 500mm，则用四层漂白棉纱完全覆盖；

（b）如果玩具尺寸超过 500mm，首先找出玩具表面预期有可能产生高温并烧焦棉纱的部件，然后用四层 500mm×500mm 的棉纱，放置于这些部件的表面上。

c. 机动玩具应在能产生最大温升的情况下测试。如果是非自恢复温控器工作，它们最多复位 3 次，如果是自恢复温控器，应测试直至达到稳定状态。

② 供电　在允许的情况下，用最不利的电源给玩具供电。

a. 电池玩具用额定电压供电（新电池）。

b. 变压器玩具，按额定电压的 0.94 倍或 1.06 倍给其供电，二者取最不利的情况。

c. 配有可充电电池的玩具，必须严格按制造商指定或配用的可充电电池和充电器充电，保证电池充满。用电池性能测试仪验证其 A.h 值，判定是否与电池标称容量相符，以验证充电程序的可靠性。

d. 对其他没有配专用充电器的可充电电池，应按电池制造商提供的充电特性曲线或依据 IEC285 标准提供相应电池的充电特性曲线，用电池性能测试仪进行充电，以保证电池充满；用电池性能测试仪进行放电测试，验证其 A.h 值，判定是否与电池标称容量相符，以验证充电程序的可靠性。

将电池重新充电，充满电后方可进行电动玩具的相关测试。

（3）正常工作条件下温度变化部位温升的测试步骤

① 按（1）①做好测试准备工作。

② 开启计算机、温度记录仪。

③ 使玩具处于正常工作状态，观察并记录开始时的室温和各测试点温度。

对于有轮的乘骑玩具应该根据 EN 71-1：8.22 加上负载。

对于电池驱动的电动玩具，应在正常工作状态下（最不利运行条件）测得电池供电电流 I；将该电动玩具置于合适的模拟导轨上，调整导轨对车轮的摩擦阻力，使电池供电模拟运行电流达到 I，即可开始由温度记录仪自动记录各测温点温度。

④ "可充电电池玩具"如果在充电时可操作，那么也应在充电时进行检测。检测时，可能需要重设电池充电器的时间以使玩具建立一个稳定的状态。

⑤ 当各测试点温升处于稳定状态或温升开始下降时即可停止测试，由温度记录仪记录下各测试点的最高温升值。

⑥ 数据保存，测试结束关闭计算机、温度记录仪。

（4）不正常工作条件下温度变化部位温升的测试

依次取下可拆卸部件（除灯以外），找出可触及的不同极性间的绝缘部位，检查这些部位能否被直钢针（直径为 0.5mm、长度大于 25mm）短接。

或用直径为 1.0mm 的棒通过外壳上深度不大于 100mm 的孔将能够桥接的不同极性部件间的绝缘体进行短路，仅适用于将直钢针或棒保持在位。

如能短接，则直接用适当长度的导线将这两极短路，并重复（3）的测试，记录各测试点的最高温升值。

直钢针和棒都是用手操作并施加合适的力来使它保持在合适的位置上。产品必须由手或脚保持开关接通，如果短路导致产品不运行，开关应在 30s 后释放。如不能短接，则该项不做。

> 注：上述条款不适用于电气实验装置。

（5）限温控制器短路后温度变化部位温升的测试

分析电原理图，如电路中有限温装置，则打开玩具内部电路，将在（3）和（4）测试期间的所有限温装置短路，然后重复（3）的测试，并记录各测试点的最高温升值。

如果玩具有多个限温控制器，则依次对这些控制器进行短路。如果 PTCs、NTCs、VDRs 在制造商参数内使用，则不需要短路。产品必须由手或脚保持开关接通，如果短路导致产品不运行，开关应在 30s 后释放。

如果没有限温装置，则该项不用做。

（6）含电动机的玩具温度变化部位温升的测试

堵住由电动机带动的可触及的可动部件，重复（3）的测试并记录各测试点的最高温升值。

> 注：1. 若玩具有多于一个的马达，则测试在每个马达上依次进行。
> 2. 用手或脚进行开关的玩具，在开关维持 30s 即测试停止。用秒表计时。
> 3. 上述条款不适用于电气实验装置。

（7）变压器玩具、双电源玩具和电池盒玩具，温度变化部位温升的测试

① 适用范围　只适用于两个（套）同样玩具的或组装玩具的部件，不借助工具就很容易进行连接的情况。

② 测试步骤　分析变压器玩具和电池盒玩具的电原理图及两个（套）同样玩具电源连接的结构特点，考虑到两个电源串联或并联的可能性，取其二者最不利的情况连接，然后按（3）和（4）测试并记录各测试点的最高温升值。

③ 注意　在做电源并、串联时，要注意有防护措施，以防电池爆裂，保证人身安全！

④ 安全措施　戴防护眼镜和橡胶防护手套。

（8）含有电子线路的测试

测试条件的选择：除非所有的电子线路或线路部件都符合①的规定，否则它们应通过②的失效模式进行评估测试。

① 如果印刷线路板上的导体呈开路状态，则认为玩具能承受本试验，但要满足下列两个条件：

Ⅰ．印刷线路板的基材要承受附录 B 的针焰试验（见附录 B）：

Ⅱ．开路导体桥接的情况下，经受②的试验。

> 注：通常通过查看玩具结构和它的电原理图就可以确定那些不得不模拟的失效条件，以便使测试限定在预计可能产生的最不利的情况下。

以下两种情况可不做②的安全测试：

Ⅰ．低功率电路内的电子线路；

Ⅱ．玩具其他部件对着火或危险故障的保护不依赖于电子电路的功能是否正常。

图 3-2 所示为 c 点对 a 点为功率测试点（注意数字功率计的连接——电压表应在电流表之后），ε 为等效电源侧电势，r 为等效电源侧内阻，A 为数字功率

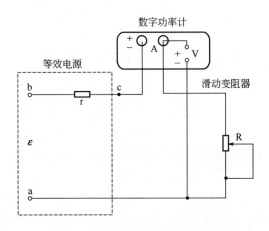

图 3-2　低功率点的等效测试电路

计电流表，V 为数字功率计电压表，R 为测试等效功率的可变负载。

根据标准条款 9.8.1 的描述，当负载 R 上的功率 $W_R \leqslant 15W$ 时，测试点 c 相对电源 a 端为低功率点。

(a) 分析玩具的电原理图，根据上述低功率点的测试原理，找到可能相对电源某一极的测试点为高功率的点，从该点开始测试，离电源越远的测试点功率越低，反之越高。

测定低功率点时，推荐从接近电源的点开始进行。一般从电源的一极开始，且最好选择产生的低功率点较少的一极。一般电源的另一极被看做基准极，连接测试仪表的一条线。

例如：图 3-3 中 a 点为电源基准极，从 b 点开始测试低功率点，仪表的一条引线接到基准点 a，另一条线接到测试点 b、A、B、C 或 D。

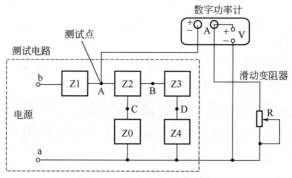

图 3-3　低功率点测试电路

(b) 根据低功率点测试原理，按图 3-4 所示的连接方法，玩具在额定电压条件下供电，在测试点测试，5s 终了时从数字功率计读出该点功率，并判断是否为低功率点。

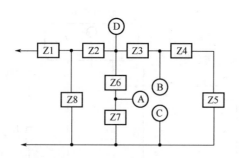

图 3-4　低功率电路举例

D—高功率点；A,B—低功率点；C—电源测试点

> 注：测试时的电源必须用制造商要求配用的玩具电源（额定值）。

(c) 低功率电路的确定

离电源的距离比低功率点远的线路部分被认为是低功率线路。

注：在接近电源点测试时，要注意有防护措施，以防电池爆裂，保证人身安全！

② 模拟相关元件失效对玩具温度变化部位温升的测试

a. 如果需要，应考虑下面(a)～(f)条款的失效条件进行发热和光辐射安全测试。

给玩具加额定电压，对可触及部件可能发热的部位进行温升测试并记录各测试点的最高温升值。

如玩具中有激光器和发光二极管，若在低功率电路中光辐射也可能有危害，则应模拟相关部位失效时的情况测试光辐射的安全性。

注：失效条件每次只适用一种情况，相应发生的失效情况一并考虑。

（a）检查玩具结构，如果相关部件没有足够的密封，则要检查不同极性部件之间的爬电距离和电气间隙，如果低于第 18 条款要求的数值，则用导线使之短路。

（b）分析玩具电原理图，找出所有这样的元件，当其接线端断开时会使电路电流过大或电压过高，使玩具某些部件发热，造成玩具不安全。将这些元件中的任一元件的接线端全断开。

例：稳压电路中，控制三极管基极对地的稳压二极管开路，使电路失控，供电电压升高。

（c）分析玩具电原理图，找出所有电容器，除非符合 IEC 60384-14：1993 电子设备用固定电容器　第 14 部分，否则电容器作短路。陶瓷电容在制造商设定的参数内使用不需短路电容器。

（d）分析玩具电原理图，找出所有这样的电子元件，当其接线端短路时会使电路电流过大或电压过高，使玩具某些部件发热，造成玩具不安全。将这些元件的接线端短路。

例：由三极管控制电感元件的开关电路中，存在与电感元件并联的续流二极管。当该二极管失效而短路时，开关三极管将发热。

注：集成电路除外。

（e）三端双向可控硅失效测试。

分析玩具电原理图，如有三端双向可控硅元件，将其拆下，用同功率的二极管代替三端双向可控硅，以单向导电的模式模拟其失效，正反向各一次（即模拟单向失效）。

（f）集成电路失效测试。

注：产品必须由手或脚保持开关接通，如果失效情况导致产品不工作，开关应在 30s 后释放。

分析玩具电原理图，根据集成电路在电路中的功能（或真值表），考虑集成电路在其输出端是否有不正常的信号输出，是否存在使电路不安全的可能性。模拟不安全的输出信号，测试其安全性，以确认其安全性不依赖于这些集成电路的正确功能。

在集成电路失效的情况下，所有可能的输出信号都应考虑。如果有一个特殊的输出信号，表明不可能产生不安全因素，则相关失效不予考虑。

> 注：1. 可控硅和三端双向可控硅之类的元件不适用于条件（f）失效。
> 2. 微处理器按集成电路测试。

b. 通过低功率点与电源测量极的连接来实现将每个低功率电路短路，如图3-4中A—C或B—C短接，对可触及部件可能发热的部位进行温升测试并记录各测试点的最高温升值。

以上模拟故障状态，按（2）指定的条件操作，以额定电压供电。

如果玩具包含有一个电子线路，用以保证符合(5)～(7)的要求，上述(a)～(f)的失效条件在该线路上依次模拟（每次一种情况），相关测试重复进行。

失效条件（f）适用于密封或类似的不能用其他方法评估的元器件。

> 注：如果自复位热敏电阻（自恢复保险丝）PTC元件按照在厂商指定的参数范围内使用，则不进行短路测试。但是PTC-S型热敏电阻应进行短路测试，除非其符合IEC 60738-1（直热式阶跃型正温度系数热敏电阻器）标准。

（9）安全评价

测试期间可触及部件的温升被连续监视，并不能超出下述要求。

① 把手、手柄和类似的能用手触摸到的部件的温升如下。

a. 金属部件：　25K。

b. 陶瓷或玻璃部件：　30K。

c. 塑料或木制部件：　35K。

② 玩具其他可触及部件的温升如下。

a. 金属部件：　45K。

b. 陶瓷或玻璃部件：　50K。

c. 其他材料部件：　55K。

> 注：1. 电池的表面被认为是金属部件。
> 2. 如果开关按附录C试验，则还应测量开关接线端子温度。

③ 其他要求：通过目视检查，必须满足以下条件。

a. 密封材料不流出。

b. 玩具不得喷出火焰或熔融金属物。

c. 不应产生危险物质，如危险数量的有毒气体或可燃气体。

d. 蒸汽不应在玩具中聚积。

e. 外壳的形变不应达到有损对本标准符合性的程度。

f. 电池不应爆裂或泄漏有毒物质。

g. 包括棉纱在内的材料，不应炭化。

测试完毕后，玩具不应有危害 IEC62115 安全性的情况产生。

3.1.6　工作温度下的电气强度（条款 10）

3.1.6.1　标准要求

在工作温度下，玩具的电气绝缘应是足够的。通过下述试验，检查其合格性。

将跨接在电源两端之间的所有元件的一个接线端子断开，使不同极性部件之间绝缘承受 1min 频率为 50Hz 或 60Hz、值为 250V、基本为正弦波的电压。不应出现击穿。

3.1.6.2　安全分析

此条款通过评估正常工作温度下玩具绝缘的适当性来处理不同极性部件之间弱绝缘相关的危险，例如：短路引起的高温或着火。让玩具工作，直至达到稳态温度条件为止；通过施加实质上正弦波形的 50Hz、250V 电压到每一元件的一个端子上 1min 的时间，来评估玩具的绝缘性能。当测试时，将元件从电路中断开，使得只测试不同极性之间的绝缘情况。

3.1.6.3　测试方法与安全评价

本条款的试验电源的电压为正弦波、频率为 50Hz 或 60Hz。当测试样品被击穿时，泄漏电流剧增，当达到耐压测试仪器预先设定的动作电流值时，250V 的测试电压被切断；因此，如果设定的动作电流值太大，则测试样品有严重的闪络也检验不出来，相反，如果该电流值太小，则可能被误认为击穿；通常，该动作电流值设定为 10mA。

由于测试用的耐压测试仪可输出高电压，因此在使用该仪器进行本条款试验时一定要注意安全，以防触电！在试验场地应划分高压测试区域并设置类似"高压危险"的安全警告标识。

3.1.7　耐潮湿（条款 11）

3.1.7.1　标准要求

① 条款 11.1 预期在水中使用的电池玩具和可能用液体清洁的玩具，应有提供适当防护的外壳。

注：1. 预期用来模仿准备食物的玩具是可能使用液体进行清洁的例子。

可能用液体清洁的玩具通过 IEC 60529 的 14.2.4 试验检查其符合性，试验时应可取下可拆卸部件。

除去外壳上多余的水，玩具应经受住第 12 条款的电气强度试验，并检查表面绝缘上没有导致电气间隙和爬电距离减小到小于第 18 条款规定的值的水迹。

预期在水中使用的电池玩具通过下述试验检查其符合性，如果取下可拆卸部件更不利，则应取下可拆卸部件。

将玩具浸泡在含有约 1% NaCl 的水中，玩具的所有部件至少低于水面 150mm，玩具在最不利的方向上运行 15min。玩具外壳内不应由于滞留的气体而产生过压。

2. 滞留气体可能来源于电池内或其他电气部件之间的电化学反应。

3. 气压可以通过过压阀、气体吸收物或在电池室留出适当的孔隙来限制。

然后将玩具从水中取出，置于有利于排出多余水的位置，然后擦干外壳，玩具应经受住第 12 条款的电气强度试验。

② 条款 11.2 玩具应耐潮湿。

通过下述试验检查其符合性。

可拆卸部件应该取下，必要时，与主要部件一起经受潮湿试验。

潮湿试验应在相对湿度为 93%±3%，温度为 20～30℃ 的任一 t 值（温度变化在 1K 内）的潮湿箱内进行（48h），在放入潮湿箱之前，使玩具达到 t℃。

然后重新装上取下的部件，玩具应在潮湿箱或规定温度的室内经受住第 12 章的试验。

注：1. 多数情况下，在潮湿试验前，将玩具置于规定的温度下至少 4h 可达到该温度。

2. 通过在潮湿箱内放一个装有 Na_2SO_4 或 KNO_3 饱和水溶液的容器，并保证溶液与空气有足够大的接触面，可获得 93%±3% 的相对湿度。

3. 通过确保隔热箱内空气稳定地循环可达到规定的条件。

3.1.7.2　安全分析

① 条款 11.1 处理与玩具中水侵入相关的危险，例如：短路引起的高温。

此子条款的第一部分处理可能用水或其他液体清洗的玩具。让这种玩具经受 EN 60529：1991 14.2.4 的测试，以评估玩具的耐水侵入性能。

此子条款的第二部分处理欲在水中使用的玩具例如：机动玩具、沐浴玩具或者易于以其他方式与水接触的玩具。对于这些玩具，条款 11.1 的测试要求玩具浸入盐水溶液中，工作 15min。测试要求玩具保持在 150mm 深度，以提供标准化的水压，同时水中盐含量旨在提供可再现的水传导性。这些要求已经对 EN

60529 中类似要求进行了延伸。

　　然后在每一种情况下，按照第 12 条款中规定，通过施加实质上正弦波形的 50Hz、250V 电压到每一元件的一个端子上，来评估玩具的绝缘性能。在此条件下，绝缘不应该击穿。

　　② 条款 11.2 处理与环境湿度变化相关的危险。湿度变化会引起电气元件上和不同极性部件之间的绝缘桥上形成小水滴。此外，高湿度环境会引起材料、元件和电气绝缘部件的膨胀，这会影响玩具的安全工作。

　　不被潮湿过度影响的玩具，要经受条款 11.2 的测试。首先将玩具在高湿度下处理 48h，然后按照第 12 条款中规定，通过施加实质上正弦波形的 50Hz、250V 电压到每一元件的一个端子上，来评估玩具的绝缘性能。

　　在此条件下，绝缘不应该击穿，并且玩具必须符合条款 5.3 中规定的标准的程序条款。

3.1.7.3　测试方法与安全评价

　　(1) 对很可能用液体清洗的玩具做淋水试验

　　① 拆除玩具的可拆卸部件。

　　② 按图 3-5 所示，将玩具按最不利位置固定于淋水试验仪台面上，注意玩具底面中心与摆管圆心应重合。

　　③ 选出合适半径的摆管：摆管半径 R，应使玩具最大实体边缘离摆管边缘距离不大于 200mm。

　　④ 安装好摆管和合适的平衡锤，调整好平衡。

　　⑤ 试验时使用清水；试样在试验前不得用高压水和/或使用溶剂清洗。

　　⑥ 调整试验用水的温度，使水温与试样温差应不大于 5K，如水温低于试样温度 5K，应使防护外壳内外气压保持平衡。

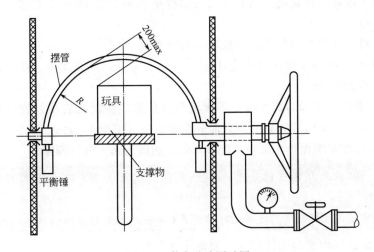

图 3-5　淋水试验测试图

⑦ 开启进水阀，按表 3-1 调节好水总流量，并保证每个喷水孔均有水喷出。

表 3-1　可能用液体清洗的玩具做淋水试验的开孔及进水量

管半径 R/mm	IPX3		IPX4	
	开孔/个	总水量 q_v/(L/min)	开孔/个	总水量 q_v/(L/min)
200	8	0.56	12	0.83
400	16	1.1	25	1.8
600	25	1.8	37	2.6
800	33	2.3	50	3.5
1000	41	2.9	62	4.3
1200	50	3.5	75	5.3
1400	58	4.1	87	6.1
1600	67	4.7	100	7.0

⑧ 开启摆管摆动机构，使摆管沿垂面两边各摆动 180°；摆动周期为（2×360°）12s；试验进行 10min 结束。

> 注：如有关产品标准未做规定，被试外壳的支撑物应开孔，以避免成为挡水板。将摆管在每个方向摆动到最大限度，使外壳在各个方向均能受到水的溅射。

⑨ 除去玩具外壳上多余的水。

⑩ 玩具应当承受第 12 条款的电气强度测试。

⑪ 检查在绝缘体上不应有会导致爬电距离和电气间隙减小到低于第 18 条要求的数值的水迹。

注意：试验时，壳内水分可能有部分冷凝，凝露水的沉积不要误以为是进水。

⑫ 检查玩具，玩具内壳没爆裂，试验后能承受第 12 条款的抗电强度测试，并且绝缘上没有导致爬电距离和电气间隙减小到小于第 18 条款要求的水迹，则判断为合格。

（2）对预计在水中使用的电池玩具进行测试

① 于水浸试验水箱内注入含 1‰ NaCl 的水溶液；调整水温，使水温和被测玩具温差不大于 5K。

② 如果拆除可拆卸部件会更不利就将其拆除。将玩具启动并置于最不利的方向放入试验水箱内，玩具的所有部分在水面以下至少 150mm。

③ 玩具在水中保持 15min；玩具壳内不能因为诱发气体而超压。

> 注：1. 诱发气体可能由电池内部或者其他电子部件之间的电化学反应产生。
> 2. 可以通过过压阀、气体吸收器或者在电池腔内开个合适的孔来限制气压。

若测试过程中密封壳体爆裂，则该项判为不通过。

④ 然后将玩具从水中拿出，摆放好，除去外壳上多余的水，将外壳擦干，

玩具承受第 12 条款的抗电强度测试。

⑤ 检查玩具，玩具内壳没爆裂，试验后能承受第 12 条款的抗电强度测试，并且绝缘上没有导致爬电距离和电气间隙减小到小于第 18 条款要求的水迹，则合格。

（3）玩具的抗湿性测试

适用范围：

a. 除电气实验装置和条款 11.1 所述之外的玩具；

b. 条款 6.2 中用 1Ω 电阻测试电源电压大于 2.5V 的玩具。

① 将玩具可拆卸部件拆除，如有必要，也可与主要部件一同承受防潮测试。

② 将玩具试样置于 21～25℃ 控温环境内进行预处理，至少放置 4h 以上，直至玩具试样的温度达到 21～25℃。

③ 开启恒温恒湿箱，设定温度为 21℃、相对湿度控制在 93％。待恒温恒湿箱温度为 21℃±1℃、相对湿度稳定在 93％±3％后，将试样放入恒温恒湿箱正式开始测试，放置 48h。测试期间保证相对湿度控制在 93％±3％、温度为 25℃，控温范围在 1K 之内。

④ 抗湿性实验完毕后，重新组装可拆卸部件，在恒温恒湿箱内（或指定温度的室内）按第 12 条款方法进行电气强度测试。

⑤ 经第 12 条款测试，若没有击穿发生，则判断为合格。

> 注：1. 在多数情况下，将玩具置于规定温度下保持至少 4h，再进行抗湿性测试。
>
> 2. 为获得 93％±3％ 的相对湿度，可以在箱内放置 Na_2SO_4 或 KNO_3 水溶液，并保证其表面与空气有充分的接触。
>
> 3. 在绝热箱内保证空气不断流通，以达到规定的条件。

3.1.8　室温下的电气强度（条款 12）

3.1.8.1　标准要求

室温时，玩具的电气绝缘应是足够的。通过下述试验，检查其合格性。

将跨接在电源两端之间的所有元件的一个接线端子断开，使不同极性部件之间绝缘承受 1min 频率为 50Hz 或 60Hz、值为 250V、基本为正弦波的电压。不应出现击穿。

3.1.8.2　安全分析

此条款通过评估室温下玩具绝缘的适当性来处理不同极性部件之间弱绝缘相关的危险，例如：短路引起的高温或着火。通过施加实质上正弦波形的 50Hz、250V 电压到每一元件的一个端子上 1min 的时间，来评估玩具性能。在测试时，将元件从电路中断开，使得只测试不同极性之间的绝缘情况。

在此条件下，绝缘不应该击穿。

3.1.8.3 测试方法与安全评价

测试方法与安全评价同第六点：工作温度下的电气强度。

3.1.9 机械强度（条款13）

3.1.9.1 标准要求

外壳应有足够的机械强度。

通过 IEC 60068—2-75 锤击试验 Ehb，检查其合格性。

玩具被刚性支撑，在其外壳可能薄弱的每一个点上用 0.7J±0.05J 的冲击能量击打六次。玩具不应损坏到影响本标准符合性的程度。

> 注：外壳应经受该试验的例子是：内含液体的非密封电池腔的外壳；覆盖不同极性之间绝缘的外壳，除非玩具符合条款9.4的试验（即使外壳是不可拆卸的）；覆盖可能存在危害的运动部件的外壳。

3.1.9.2 安全分析

本要求旨在处理与儿童触及危险元件（例如：高温电气部件、运动部件）相关的危险。使用 EN 60068—2-75：1997 第 5 条款中的弹簧锤（测试 Ehb）进行滥用测试。如果玩具的外壳较弱，则在可预见的使用过程中外壳会破裂，因而让儿童可触及的危险元件。本技术要求适用于所有电玩具，用于模拟实际使用过程中或运输过程中可能因疏忽大意而受到的摔打或撞击，使玩具产品损坏，包括外壳变形和损坏，导致安全性能下降，影响爬电距离和电气间隙、产品结构、电气强度等。

3.1.9.3 测试方法与安全评价

玩具样品的固定方式：将样品刚性支撑在聚酰胺板上，使被测试点的冲击方向水平且与聚酰胺板垂直，对不同的测试点要调整样品位置使其符合上述冲击方向的要求。

3.1.10 结构（条款14）

3.1.10.1 标准要求

下述技术内容对应标准第14条款的相应条款。

① 条款 14.1 玩具应为电池玩具、变压器玩具或者双电源玩具，其供电电压不应超过 24V。

当玩具以额定电压供电时，其任何两个可触及部件之间的工作电压不应超过 24V。

> 注：这个工作电压要考虑白炽灯的故障。

通过视检和测量检查其符合性。

② 条款 14.2 变压器玩具使用的变压器或电池充电器不应是玩具整体的一

个部分。

玩具的控制器不应与变压器组成一体。

通过视检检查其符合性。

③ 条款 14.3　变压器玩具和双电源玩具不应预期在水中使用。

通过视检检查其符合性。

④ 条款 14.4　变压器玩具和双电源玩具不应预期给 3 岁以下的儿童使用。

通过视检检查其符合性。

⑤ 条款 14.5　为符合本标准所需的非自复位热断路器应只有借助工具才可复位。

通过视检和手动试验检查其符合性。

⑥ 条款 14.6　不借助工具时，纽扣电池和 R1 电池应是不可触及的，除非电池室的盖只有在同时施加至少两个独立的动作时才能打开。

通过视检和手动试验检查其符合性。

> 注：IEC 60086-2 对电池有规定。

⑦ 条款 14.7　预期给三岁以下儿童使用的玩具的电池，不借助工具应不可取下，除非电池室的盖的防护是足够的。

通过视检和以下试验检查其符合性。

试着用手动方法进入电池室，除非至少同时施加两个独立的动作，否则应不可能打开盖子。

将玩具放在一个水平的钢材表面上，然后使一个质量 1kg，直径 80mm 的圆柱形金属块从 100mm 高处落下，并保证其平面落在玩具上，电池室不应被打开。

经过 5.15 预处理后，电池室不应被打开。

⑧ 条款 14.8　无论玩具处于何种位置，玩具中的可充电电池都不应泄漏，即使必须使用工具取下盖子或类似部件，电解液也应不可触及。

通过视检来检查其符合性。

⑨ 条款 14.9　玩具不应用并联连接的电池来供电，除非新旧电池混用或电池极性装反都不会有损本标准的符合性。

通过视检或审核电路图检查其符合性。

⑩ 条款 14.10　玩具的插头和插座不能与 GB 1002、GB 1003 所列的插头和插座互换。这个要求不适用于那些大得插不进电源插座的插头或小得只能松动地插进且不能稳固地留在与电源连接的插座缝里的插头。

预期给三岁以下的儿童使用的玩具，不应使用没有连接器的软线和电线。

通过视检和手动试验检查其符合性。

⑪ 条款 14.11　用于防止触及运动部件或热表面的不可拆卸部件，或用于防

止进入可能发生爆炸或着火的部位的不可拆卸部件，应可靠固定，并能承受正常玩耍时产生的机械应力。

通过下述拉力检查其符合性：

a. 50N，如果部件可触及的最长尺寸不超过 6mm；

b. 90N，其他部件。

该作用力应在 5s 期间内逐渐施加，并再保持 10s。

部件不应分离。

⑫ 条款 14.12　当可充电电池置于玩具内时，应不可能对其充电。

除非为以下情况，才可对其充电。

a. 对质量不超过 5kg 的玩具，且需满足以下条件：

（a）只有破坏玩具才能用一次电池替代可充电电池；

（b）不可能通过玩具对其他单独的电池或玩具充电；

（c）给电池充电时不可能会接错极性；

（d）在不符合多电源玩具要求的前提下，在充电时也可以运行。

b. 对其他玩具：

（a）电池固定在玩具内；

（b）所提供的连接方式可防止接入标准的一次电池，并确保在可充电电池插入和充电时极性正确；

（c）在充电期间，玩具不可能运行。

通过视检检查其符合性。

⑬ 条款 14.13　玩具中不应装有输入功率大于 20W 的串激电机。

使玩具在额定电压下正常运行，通过测量检查其符合性。

⑭ 条款 14.14　玩具不应含有石棉。

通过视检来检查其符合性。

⑮ 条款 14.15　玩具内部部件超过 24V 电压时不应导致电击危害。

通过视检和测量来检查其符合性。除掉保护部件或防止接触导电部件的部件，即使不得不破坏玩具。

通过一个 100Ω 无感电阻来测量放电量或能量。用 GB 12113 中图 4 的电路测量电流。除测试外，还需满足下面的量值：

a. 额定电压供电下，玩具任何两个部件之间的工作电压不得超过 5kV；

b. 产生超过 24V 电压的电路的最大电流应小于 0.5mA；

c. 产生超过 24V 电压的电路的最大能量应小于 2mJ；

d. 充电电量不应超过 $45\mu C$。

⑯ 条款 14.16　儿童用电池玩具的电池舱预期固定位置高于儿童时，应具备能防止电解液从玩具内漏出的电池舱。

注：婴儿床上挂着的玩具是电池舱固定位置高于儿童的一个例子。

用以下试验检测符合性。

移除所有电池。玩具按正常方向放置，在电池舱内注入表 3-2 中规定量的 (21 ± 1)℃的水。

可以破坏玩具以接触到电池舱加的水，但任何破坏都不应影响试验结果。

加水之后，根据制造商说明，关闭电池舱，注意在试验之前避免水从玩具中漏出。把玩具放在固定位置上 5min。试验中水不应从玩具中漏出。

表 3-2　各类型电池的注水量

电池类型	水量/mL
LR03/R03（AAA）	0.25
LR6/R6（AA）	0.5
0.5LR14/R14（C）	1.0
LR20/R20（D）	2.0
6LR61/6R61（9V）	0.75
纽扣电池	0.1

3.1.10.2　安全分析

① 条款 14.1　此条款旨在处理与带电源玩具相关的危险，电源会引起电击、烧伤、着火或其他危险情况。

此子条款旨在处理玩具欧洲安全指令 2009/48/EC 的附录中第Ⅱ和第Ⅳ部分第 1 段中的特殊安全要求。该要求规定玩具不得用高于 24V 的电压供电，并且如果玩具内电压高于 24V，不会引起危险。

应该注意标称 24V 的充满电的电池和额定 24V 的玩具变压器在无负载条件下电压可能会高于 24V。

用户不可接近的高于 24V 的内部电压是允许的，但是必须符合条款 14.15。

② 条款 14.2～14.4　这些要求旨在处理儿童玩耍和使用带电源电压的部件（例如：玩具的变压器、电源线组和电源插座）时相关的危险。

通过要求变压器不要作为玩具的组成部分（条款 14.2）以及要求玩具的变压器不要面向 3 岁以下儿童（条款 14.4），来降低暴露于这类潜在危险的机会。

为降低有害电击的风险，条款 14.3 要求变压器玩具不得用于水中，使直接接触水的带有电源电压的部件的风险降到最低。

这些要求也适用于由电池和变压器供电的玩具（双电源玩具）。

③ 条款 14.5　此要求旨在处理玩具充分冷却，达到正常工作或进行必要的修理之前儿童复位或更换"断路器"元件时相关的危险。通过要求非自动复位热熔断路器不能够在无工具辅助下而复位，来使此风险降到最低，因此希望任何的复位或更换都由成年人执行。

④ 条款 14.6 和条款 14.7　此要求旨在降低儿童吞咽纽扣电池和其他电池相

关的风险。

通过要求电池盖只有用工具辅助或者只有执行两个同时应用的独立动作才能拆下，从而限制儿童触及纽扣电池或其他电池的行为，来使风险降到最低。构成用户所用两个独立同步运动的动作不构成由重力或玩具重量引起的动作。

对于电池，此要求适用于 3 岁以下儿童专用玩具。对于纽扣电池和 R1 电池，此要求适用于所有年龄的儿童。

此外，条款 14.7 要求电池舱盖有足够的强度，要求其经得住 1kg 质量的物体从 100mm 高度坠落时所产生的冲击。

⑤ 条款 14.8　此要求旨在处理电解液泄漏相关的危险。儿童不可能识别电解液泄漏相关的危险，因此玩具放在任何位置时电解液一定不能从电池中泄漏。

⑥ 条款 14.9　此条款旨在处理某些电池向其他电池"反向充电"可能引起的过热、泄漏或喷出时的相关危险。

通过要求电池没有并联配置，此子条款使这些潜在危险降到最低。因此，只有表明混合使用新旧电池或以反极性装入电池不影响符合本欧洲标准的其他部分时，才能使用电池的并联配置。

⑦ 条款 14.10　此要求旨在处理儿童将插头、连接器和电线插入电源插座时的相关危险。

通过要求玩具的插头和插座不可与 IEC 60083 中所列插头和插座互换，来降低风险。此要求不适用于以下插头：

a. 太大而不能插入电源插座；

b. 太小而只能在接触电源时松动地插入但不能牢固地停留在插座孔内，因此插头引起的风险降低。

因此，认为某些尺寸（直径或对角线尺寸在 3.75～5.25mm 之间且长度大于 7mm）的连接器不符合此要求。

此外，3 岁以下儿童专用玩具不应该含有无终端连接器的电线或软线，以避免其插入电源插座中。

⑧ 条款 14.11　此条款旨在降低儿童能够接近运动部件、热表面或可能引发爆炸或火灾之处相关的危险。要求有防止接近这种部件的不可拆卸部件，以便经得住规定的张力测试。此测试与 EN 71-1 中的张力测试相当。

⑨ 条款 14.12　此条款旨在处理儿童给玩具内可再充电电池进行充电时的相关危险。这种危险包括原电池的再充电以及会导致过热、泄漏或喷出的非玩具专用电池的充电。此条款也处理了儿童玩弄玩具时会导致的电击危险，这种玩具在通过电池充电器连接到电源时通常能够自动运动。此条款还处理了重玩具中与电池充电相关的附加危险。

通过要求电池不能从玩具中或放入玩具中充电，来降低由原电池充电引起的伤害风险。此外，玩具不能单独从玩具中给电池充电或者给其他玩具供电。

如果使用可再充电电池，则这些电池必须设计成装入玩具时其极性不能装反。

对于插入电源时通常是便携式的玩具，要让玩弄这种玩具时暴露于相关危险的机会降到最低，方法是确保这种质量不超过 5kg 的玩具在充电时不能进行操作，除非其符合双电源玩具的要求。这就意味着在电池充电时不能玩弄玩具。

重于 5kg 的玩具允许电池在装入时进行充电，以防止用户需要取下为再充电通常填充了酸的重电池。这种玩具通常包括乘骑玩具，如果在充电时进行操作，则引起电源插座损坏的风险较大。

⑩ 条款 14.13　此条款旨在处理使用串联电动机相关的危险。串联电动机的速度只能由负载控制。没有适当负载的串联电动机可能会出现超速。因为玩具电动机上的负载可能取决于儿童的行动，所以串联电动机限定用于输入功率不超过 20W 的玩具。

⑪ 条款 14.14　此条款禁止玩具中使用石棉，因为各种立法都限制使用石棉。

⑫ 条款 14.15　此条款旨在处理与内电压超过 24V 的玩具相关的风险。玩具内部超过 24V 的电压必须是用户不可接近的。此外，电流和电压的组合不得引起有害的电击。通过要求最大电流小于 0.5mA，最大电能小于 2mJ 以及放电不超过 $45\mu C$，将引起有害电击的可能性降到最低。

⑬ 条款 14.16　此条款旨在处理与可能引起烧伤的电解液泄漏相关的风险。通过要求电池舱在儿童上方固定位置的玩具设计成防止电池舱泄漏的样式，使这种风险降到最低。此要求不涵盖便携式玩具。

此要求适用于电解液泄漏不易引起烧伤的玩具，例如：电池舱直接位于儿童游戏或睡觉位置上方的小床玩具或婴儿健身房。因此，此要求不适用于诸如电池舱位于远离儿童的小床玩具，或者儿童不直接长期处于玩具下方的玩具，如：悬挂在天花板上的直升机玩具。这种情况下，认为儿童不可能接触到电解液。

3.1.10.3　测试方法与安全评价

（1）玩具电源电压及工作时的电路电压的测试

用数字万用表测量玩具的可触及电压。无论是变压器供电、电池供电或两者同时或交替供电，玩具的可触及电压均不应超过 24V。经测试，可触及电压低于或等于 24V 为合格，否则为不合格。

（2）变压器玩具和使用电池充电器的玩具的测试

目视检查，变压器玩具使用的变压器或电池充电器不应属于玩具整体的一部分，玩具的控制部件不应包含在变压器内（例如变压器不应置于玩具内）。如果变压器或电池充电器不是玩具的一个部分，玩具的控制部件不包含在变压器内，则为合格。

（3）水中使用的玩具的测试

检查玩具有关标识以及玩具本身，打算在水中使用的玩具不应是变压器玩具或双电源玩具。能够确认该玩具不是变压器玩具或双电源玩具，则为合格。

（4）三岁以下儿童使用玩具的测试

检查玩具有关标识以及玩具本身，打算给 3 岁以下儿童使用的玩具不应是变压器玩具或双电源玩具。确认该玩具不是变压器玩具或双电源玩具为合格。

（5）内含有非自复位热断路器玩具的测试

分析玩具电原理图和整体结构，检查玩具所有非自复位热断路器是否符合标准中 3.6.4 的定义，不能自动实现复位。如果符合定义则判为合格，否则不合格。

（6）电池腔、盖的测试

① 检查电池腔的盖，必须同时施加至少两个互相独立的动作时才能打开。

② 检查纽扣电池和 R1 型电池，在没有工具时应不能变得可触及。

结论判断：经检查，如上所述为合格，否则为不合格。

（7）三岁以下儿童使用的带电池玩具的测试

① 检查覆盖电池腔的盖，必须同时施加至少两个互相独立的动作时才能打开，或者使用工具才能打开。

② 如果样品经过预处理，电池室不能被打开，则不必按 ISO 8124—1 作相关试验。

③ 撞击试验：将玩具放在一个水平的钢板表面上，然后使强度试验块从 100mm 高处落下，并保证其平面落在玩具上。

经上述试验后，电池腔盖符合①所述测试，并且经②、③测试，电池腔不会打开，则合格；若电池变得可触及则判为不合格。

（8）玩具中的可充电电池的测试

无论玩具处于任何位置，检查玩具中的可充电电池，其不应泄漏。检查玩具，在用工具拆掉盖或类似部件的情况下，电解液不应变得可触及。

经上述检查，若符合，则判定为合格。

（9）电池安装有误的检测

① 分析电原理图，检查玩具电池腔结构，不应有容易使电池极性误装的可能性。例如电池腔内的电极结构，应有防止反接的构造。

② 分析电原理图，检查玩具有关标识，必须清楚标明新、旧电池不能混用，电池极性不能反插。

③ 分析电原理图，检查玩具电池腔结构，不允许有电池并联使用的可能性。

> 注：玩具除非从结构或电路图上清楚标明，新、旧电池混用或电池极性插反，不会危害该玩具的安全性，否则不允许将电池以并联方式对玩具供电。

如果玩具符合①和②的要求，则③可不做要求，即合格。

如果玩具不符合①和②的任意一项要求，则必须符合③的要求，才能判为合格。

（10）玩具插头和插座及连接装置的检测

①　如果玩具有插头和插座等接插件，则检查所有接插件不能与 IEC 60083 所列的插头和插座互换，即必须一一对应，以免交叉插错。本要求不适用于插头太大不能插入电源插座或太小只能松动插入或不能牢固放置在电源插座孔接触到电源的情况。

②　对于打算给 3 岁以下儿童使用的玩具，检查其是否含有没有连接器的软线和电线。如没有这种电线则为合格。

经上述的检查判定是否合格。

（11）玩具有防止触及危险部位构件的检测

①　检查玩具中，对于用于防止接触活动部件或热表面，或用于防止进入可能发生爆炸或火险的部位的不可拆卸部件应以可靠的方式固定。

②　检查上述有关部件，应能承受在玩耍时产生的机械应力。

a. 对这些不可拆卸部件先用游标卡尺测量其可触及尺寸，再按下列要求进行拉力测试。

可触及尺寸与施加拉力的关系：

（a）如果最长的可触及尺寸不大于 6mm，为 50N；

（b）其他部件，为 90N。

b. 用适当的拉力夹具夹持被测部件，夹持时不能损坏附着机构或玩具的主体。

c. 将推拉力计固定在工作台面上，推拉力计与拉力夹具连接，手持被测部件，沿被测部件主轴方向，在 5s 内逐渐施加拉力达到额定值，并维持 10s 结束。

将节拍器的滑片调到刻度为 60 处，即每半周期（响一下）为 1s。

测试完成后，被保护的部件没有变得可触及则判为合格，否则判为不合格。

（12）可充电电池的充电检测步骤

①　检查玩具内部结构，当电池在玩具内时，应该不能被充电。

②　检查玩具，只有在下列条件下才允许被充电（先用电子天平称得玩具的重量）。

a. 对于重量小于 5kg 的玩具；

（a）用一次电池更换可充电电池时不破坏玩具；

（b）不能给单独的电池或其他玩具充电；

（c）充电时不能错误连接极性；

（d）充电时不能操作玩具除非能符合双电源玩具的要求。

b. 对于重量大于 5kg 的玩具：

（a）电池固定在玩具内；

（b）连接方式能防止连接到标准一次电池并确保插入和充电时可充电电池极性正确；

（c）充电时不能操作玩具。

除②所述情况下的玩具，当电池在玩具内时对其进行充电，可判为合格；其他含充电电池的玩具必须满足①的要求，方可判为合格。

（13）玩具中有串激电机检测

① 分析电路原理图和玩具结构，如果玩具中有串激电机，则给玩具输入额定电压，并进行 14.13.2 的测试。

② 参照图 3-6 所示的方法，测出玩具中串激电机的输入功率，其值不应大于 20W（正常操作状态）。

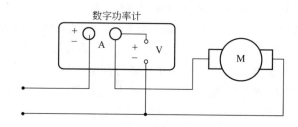

图 3-6　串激电机输入功率测试图

经上述检查如测得电源供给玩具的功率小于或等于 20W，则判定为合格，否则不合格。

（14）玩具中不应含有石棉的检测步骤

拆开玩具，检查玩具内的填充物或零件是否由石棉及其制品制成。

经检测玩具中如果有石棉制品，则判为不合格。

（15）玩具内部超过 24V 部件的电击危险检测。

① 用于防止进入有电部件的保护件应移除，甚至要破坏玩具。

② 台式数字多用表安装上衰减 100× 的万用表指针，选择直流电压挡。分析电路图和测试样品，找出可能存在高压的两电极。常见的高压两电极有蓄电电容两极、电源端等。用万用表量度两端的电压，所得的实际电压（V）＝示值电压（V）×100。

③ 对于②中测量超过 24V 的两极，使用图 3-7 的加权接触电流（感知电流和反应电流）的测量网络来测试加权接触电流。

④ 对于②中测量超过 24V 的两极，令高压电路蓄电，用万用表监控，待测试端达到最高电压，断开供电端。示波器探针并接 100W 的无感电阻，记录并计量充电量。

⑤ 在所有情况的测试中，若下列的值都满足则判定为合格。

a. 当玩具额定电压供电时，玩具任意两个部件不应超过 5kV。

b. 过 24V 电压的电路产生的最大电流应小于 0.5mA。

c. 超过 24V 电压的电路产生的最大电能量应小于 2mJ。

d. 释放电量不应超过 45μC。

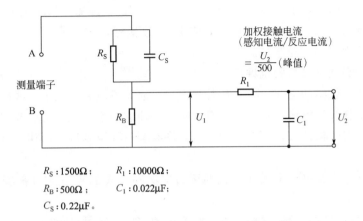

$$加权接触电流\ (感知电流/反应电流) = \frac{U_2}{500}(峰值)$$

R_S：1500Ω； R_1：10000Ω；

R_B：500Ω； C_1：0.022μF；

C_S：0.22μF。

图 3-7 加权接触电流（感知电流和反应电流）的测量网络

（16）预定放在儿童上方的电池玩具电池舱电池液的泄漏性检测。

注：童床玩具就是一个固定在儿童上方的玩具的例子。

通过以下测试检查符合性。将全部的电池从玩具中移除。玩具要以正常方向放置同时电池舱要按表 3-2 用移液器注水。水温为 21℃±1℃。玩具的外壳可能需要被破坏以进入封闭的电池舱来注水，但破坏应不会影响测试的效果。

加水后，电池舱要根据制造商的指示来关闭以防止测试前玩具漏水。玩具放置 5min，在测试过程中，目视检测是否有任何泄漏。如果电池舱出现漏水则判定为不合格。

3.1.11 软线和电线的保护（条款 15）

3.1.11.1 标准要求

① 条款 15.1 电线槽应是光滑的和无锐利边缘的。

软线和电线应受到保护，以免它们触及毛刺、散热片或类似可能损害其绝缘的边缘。

软线和电线穿过的金属孔应具有光滑导圆的表面或提供衬套。

应有效防止软线和电线触及运动部件。

通过视检来检查符合性。

② 条款 15.2 裸露的电线和发热元件应是刚性的，且被固定，以保证在正常使用时电气间隙和爬电距离不会减小到低于第 18 条款规定的值。

通过视检和测量检查其符合性。

3.1.11.2 安全分析

本技术要求适用于所有电玩具。其目的是通过检验线路通道是否光滑，裸线和电热元件是否坚硬并固定，使得与因运动部件或潜在锋利边缘保护不良而引起的软线和电线短路相关的危险降到最低，以确保玩具在使用过程中不会有导致爬电距离和电气间隙不能减少到小于第 18 条款规定的值或短路情况的发生。此外，要求未绝缘的元件，例如：加热元件或 LED 连接器，被刚性地夹持住，以便不降低必要的爬电和间隙距离。

3.1.11.3　测试方法与安全评价

检查所有软线和电线，各接插件应完整可靠，不应有易伤害电线电缆的机械构件，特别软线和电线在穿孔处应有保护，以便它们不能触及毛刺或利边。经过散热片或类似的构件处，应有保护，不允许有利边或温度过热而伤害电线电缆的因素。

对于有导线穿过的金属孔，孔的周边应圆整，表面光滑或有衬套、胶圈等保护。

软线和电线应有效地保护，以免触及可动部件。通过目视检查，判断是否符合要求。检查裸线和电热元件应该坚硬且安装稳固，以免玩具在玩的过程中变形或位移，从而导致爬电距离和电气间隙减少到小于第 18 条要求的值。

3.1.12　元件（条款 16）

3.1.12.1　标准要求

① 条款 16.1　只要合理适用，元件应符合相关的国家标准的安全要求。

通过视检和条款 16.1.1 及条款 16.1.2 中的试验检查其符合性。

> 注：符合相关元件的国家标准，未必能保证符合本标准的要求。

条款 16.1.1 在进行条款 9.3 和条款 9.4 的试验时，载流超过 3A 的开关和自动控制器应符合附录 C 的要求。但是，如果它们按照玩具的使用条件和附录 C 中规定的周期次数单独试验，分别符合 IEC 61058-1 或 IEC 60730-1 的要求，则无需进一步的试验。

> 注：载流不超过 3A 的开关和自动控制部件没有特别要求。

条款 16.1.2 除非另有规定，如果元件标有运行特性，则元件在玩具中使用的条件应符合这些标识。

必须符合其他标准的元件，通常要按相关标准单独进行。

如果元件在标识的限值内使用，应按玩具中出现的条件进行试验，样品的数量由相关的标准确定。

当元件没有相应的国家标准，或当元件没有标汉或没有按标识使用时，应按玩具中出现的条件进行试验，样品的数量通常由类似的技术规范确定。

② 条款 16.2　玩具不应装有下列元件。

a. 可通过锡焊操作而复位的热断路器。

b. 水银开关。

通过视检来检查其符合性。

③ 条款 16.3　玩具变压器应符合 IEC 61558-2-7。

通过视检来检查其符合性。

> 注：变压器要与玩具分开试验。

④ 条款 16.4　玩具提供的电池充电器应符合 IEC 60335-2-29，如果是供儿童使用的电池充电器，应符合该标准的附录 AA。

通过依据 IEC 60335-2-29 的要求和试验检查符合性。

> 注：电池充电器要与玩具分开试验。

3.1.12.2　安全分析

① 条款 16.1　此条款旨在处理与玩具中使用的不正确规格元件或错误额定值元件相关的危险。

通过要求符合每一元件的相关 IEC 标准（条款 16.1），来处理错误规格元件相关的风险。不符合正确标准的元件，当用于玩具中时，可能不会正确或安全地发挥功能。

与玩具中使用的错误规格元件相关的风险，按照条款 16.1.1 和条款 16.1.2 的要求进行处理。如果元件没有做标示，没有按照其标示使用，或者没有 IEC 标准，则在本欧洲标准中规定的条件下在玩具中对该元件进行测试。

② 条款 16.2　此条款禁止使用可由焊锡操作进行复位的热熔断路器。当这种断路器通过焊锡进行复位时，有重大风险，焊锡操作将改变元件的特性，因此让玩具在装置断开前达到危险的高温。

此条款禁止在玩具中使用水银开关，因为各种立法都限制使用水银。

③ 条款 16.3　玩具用变压器应该符合线性变压器标准 EN 61558-2-7 和开关式变压器标准 EN 61558-2-16。这些要求为玩具用变压器以及为用户提供了必要的保护。不符合这些标准的变压器不会提供与玩具一起使用时所要求的必要的附加保护（例如：符合 EN 61558-2-6 的变压器）。

④ 条款 16.4　此条款要求随玩具供应的电池充电器应该符合 EN 60335-2-29，如果是供儿童使用的电池充电器，应符合 EN 60335-2-29：2004 的附录 AA。如果电池充电器不是由儿童使用，则在随玩具提供的信息中应该明确说明这点（见 7.4）。

不符合 EN 60335-2-29 的电池充电器不会提供安全使用所要求的必要保护。不符合 EN 60335-2-29：2004 的附录 AA 中给出的儿童用电池充电器要求的电池充电器，不会提供儿童使用时所要求的必要的附加保护。

3.1.12.3　测试方法与安全评价

分析玩具说明书、电池充电器、玩具用变压器的电参数、检测报告和相关资料，检查是否符合相关的要求。分析电路原理图，拆开玩具检验核实玩具是否带有焊锡操作进行复位的热熔断路器和水银开关。

3.1.13 螺钉和连接（条款17）

3.1.13.1 标准要求

① 条款17.1 其失效可能有损本标准符合性的固定和电气连接，应能承受住玩具在使用过程所产生的机械应力。

用于这些目的的螺钉不应是软的或易于变形的金属，例如锌和铝，如果螺钉由绝缘材料制成，则标称直径至少为3mm，并且不能用于任何电气连接。

用于电气连接的螺钉应旋进金属内。

通过视检和下述试验检查其符合性。

用于电气连接或者可能被使用者拧紧的螺钉和螺母要进行试验。

不要用猛力拧紧或拧松螺钉和螺母：

a. 与绝缘材料螺纹相啮合的螺钉，10次；

b. 螺母和其他的螺钉，5次。

与绝缘材料螺纹相啮合的螺钉每次应该完全拧出，然后重新拧入。

试验时要使用合适的螺丝刀、扳手或钥匙，并按表3-3的数值施加扭矩。

第Ⅰ列适用于拧紧时螺钉头不从螺孔中凸出的无头金属螺钉。

第Ⅱ列适用于其他金属螺钉以及绝缘材料的螺钉和螺母。

表3-3 测试螺钉和螺母的扭矩

螺钉标称直径螺纹外径 φ/mm	力矩/(N·m)	
	Ⅰ	Ⅱ
$\varphi=2.8$①	0.2	0.4
$2.8<\varphi\leqslant3.0$	0.25	0.5
$3.0<\varphi\leqslant3.2$	0.3	0.6
$3.2<\varphi\leqslant3.6$	0.4	0.8
$3.6<\varphi\leqslant4.1$	0.7	1.2
$4.1<\varphi\leqslant4.7$	0.8	1.8
$4.7<\varphi\leqslant5.3$	0.8	2.0
$\varphi>5.3$	—	2.5

①直径小于2.8mm的螺钉不用进行测试。

> 注：1. 不应出现有损该固定或电气连接结构继续使用的危害。
> 2. 试验用螺丝刀的刀头形状应适合螺钉头。

② 条款17.2 载流超过0.5A的电气连接的结构，应保证不会通过易收缩或变形的绝缘材料传递接触压力，除非金属部件有足够的回弹力补偿非金属材料

任何可能的收缩和变形。

通过视检检查其符合性。

> 注：陶瓷材料是不易收缩或变形的。

3.1.13.2　安全分析

本技术要求适用于用螺钉进行固定的电玩具，以及含电气连接结构的电玩具。其目的是通过对螺钉进行扭矩试验和检查电气连接，确保玩具不会因连接失效而造成内部电路可触及和电气连接松动造成火花短路等危害情况的发生。例如：触及带电部件、触及运动部件或触及热表面。通过以下方式，使故障相关的风险降到最低：

① 设定标准连接器完整性所需的要求；

② 设定确保欲由消费者解开和旋紧的螺钉的连续完整性所需的要求；

③ 进一步设定带电流连接器的要求。

直径小于 2.8mm 的螺钉不要测试，因为这种小螺钉的符合性是通过条款 5.15 的预处理测试进行检查的。

3.1.13.3　测试方法与安全评价

使用扭矩螺丝对旋进绝缘材料和螺母的螺钉作拧松拧紧试验，测试中，螺钉和螺母不要突然地拧紧或拧松。测试后不应在以后作固定使用或电气连接使用时产生危害，如符合上述要求，则判定为合格。对于电流连接件，如果电流超过 0.5A，检查螺钉（考虑螺钉的电气连接部分要发热），结构上是否使用容易收缩或变形的绝缘材料（陶瓷材料不被视为有收缩或变形的倾向）来传递接触压力。如果没有使用此类绝缘材料，则合格；如果此类螺钉由这种绝缘材料制成，则还要检查金属部件，如果其从结构上自身有足够的弹力来补偿非金属材料可能的收缩和形变，则此类螺钉可以使用，否则不合格。

3.1.14　电气间隙和爬电距离（条款 18）

3.1.14.1　标准要求

功能绝缘的电气间隙和爬电距离应不小于 0.5mm，除非用这个距离短路试验时玩具仍满足第 9 条款的要求。

然而，印刷电路板的功能绝缘，除电路板的边缘外，这个距离可减少至 0.2mm，只要玩具在正常使用过程中，该绝缘所处位置的微环境污染不太可能超过 2 级污染程度。

除非用这个距离短路试验时玩具仍满足第 9 条款的要求，是符合 14.15 条款且电压超过 24V 的玩具内部部件。

3.1.14.2　安全分析

本技术要求适用于所有电玩具。此要求旨在处理不同极性部件意外短路相关的危险。这种危险包括高温或着火，需确保不同电压/极性的两带电部件间的绝缘距离足够大，防止在潮湿或积尘等不利情况下产生短路等危害。

通过要求最小爬电距离和最小电气间隙，使风险降到最低。如果在爬电和间隙短路情况下玩具符合第 9 条款的测试要求，那么最小值不适用。

此条款也允许印刷电路板有较小的最低爬电和间隙距离 ［如果预计的污染（例如：灰尘）程度处于适度低水平］。绝缘所在微环境的污染程度必须小于或等于 EN 60335-1 中规定的 2 级污染度。认为超过这一程度的污染有产生短路的风险。

对于内电压大于 24V 的产品，按照条款 14.15，爬电和间隙距离应该增大到 EN 60335-1 中规定的距离值。

功能绝缘（functional insulation）的定义：仅为器具的固有功能所需，而在不同极性的导电部件之间设置的绝缘。功能性绝缘是在正确使用玩具样品的前提下的绝缘，该绝缘用于不同电压/极性的带电部件间，而非用于防护电击危险。

3.1.14.3 测试方法与安全评价

分析玩具内电气结构，找出所有不同极性导电部件之间是否有功能绝缘。

如有功能绝缘则，进行以下测量。

（1）电气间隙（两不同极性导电部件间的直线距离）的测量 用数显卡尺、测试卡（棒）或显微分划放大镜等工具测量出两不同极性导电部件间的实际空气间隙。如用 0.5mm 的测试卡（棒）测试，若是能通过的间隙，则间隙大于 0.5mm，通不过的，则间隙小于 0.5mm。

> 注：如间隙中间有绝缘体，则应分段测量间隙，将各段间隙相加即为实际空气间隙。

（2）爬电距离（沿不同极性两部件间绝缘材料的表面距离）的测量：沿绝缘材料的表面分段测量，用数显卡尺、测试卡或显微分划放大镜等工具分别测出每段的长度，再将各段数据相加即得爬电距离。

> 注：如不同极性间沿绝缘材料表面中间，有相距很近的绝缘表面，当该两个表面间的间隙小于 0.5mm 时，则认为该间隙是短路。

为了评估爬电距离，如 IEC60335-1 定义，建立了微观环境的四个污染等级。

污染等级 1：无污染或仅有干燥的非导电性污染。污染没有任何影响。

污染等级 2：只有非导电性污染。但是，也应考虑到偶然由于凝露造成的暂时的导电性。

污染等级 3：存在导电性污染，或者由于凝露使干燥的非导电性污染变成导电性的污染。

污染等级 4：造成持久性的导电性污染，例如由于导电尘埃或雨雪造成的污染。

注：污染等级 4 不适用于器具。

3.1.15　耐热和耐燃（条款 19）

3.1.15.1　标准要求

① 条款 19.1　如果玩具的工作电压超过 12V 且电流超过 3A，用于封闭电气部件的非金属材料的外部部件和支撑电气部件的绝缘材料部件，应足够耐热。

注：1. 上述电压和电流在 9.3 试验中测得。

2. 具有较低的工作电压或电流的玩具，不会产生足以造成危害的热量。

通过对相关部件进行 IEC 60695-10-2 的球压试验，检查其符合性。

该试验在 40℃±2℃加上第 9 章试验期间确定的最高温升下进行，但该温度至少为 75℃±2℃。

3. 试验只施加在其恶化会有损本标准符合性的部件上。

4. 对线圈骨架，只有那些用来支撑或保持接线端子在位的零件才经受本试验。

5. 陶瓷材料部件不需要进行本试验。

6. 耐热试验顺序的说明见附录 D。

② 条款 19.2　用于封闭电气部件的非金属材料的外部部件和支撑电气部件的绝缘材料部件应能阻燃和阻止火焰的蔓延。

该要求不适用于装饰件、旋钮和其他不易被玩具内部产生的火焰点燃或传递来自玩具内部火焰的部件。

通过条款 19.2.1 和条款 19.2.2 的试验检查符合性。

应从玩具取下非金属部件进行本试验，灼热丝试验时，被试部件应按正常使用时放置。软线和电线的绝缘不需要进行本试验。

注：耐燃试验顺序的说明见附录 D。

条款 19.2.1　非金属材料部件应经受 GB/T 5169.11 的灼热丝试验，试验温度为 550℃。

假如相关非金属材料部件不薄于分级试验用样条的厚度，根据 IEC 60695-11-10 分级为 HB40 及以上的材料部件不需进行灼热丝试验。

不能进行灼热丝试验的部件，例如由软材料或泡沫材料构成的部件应符合 ISO 9772 分级为 HBF 的材料的要求，且相关部件的厚度不应薄于分级试验用的样条的厚度。

条款 19.2.2　支撑载流超过 3A 且工作电压超过 12V 的连接的绝缘材料部件以及与该连接间距在 3mm 以内的绝缘材料部件，应经受 IEC 60695-2-11 中 650℃的灼热丝试验，但是，假如相关部件的厚度不薄于分级试验用的样条的厚度，根据 IEC 60695-2-13 分类，灼热丝起燃温度为 675℃ 及以上的材料的部件不必进行灼热丝试验。

> 注：1. 元件中的触点，例如开关触点也认为是连接。
> 2. 灼热丝的顶端应施加在连接附近的部件上。

经受住 IEC 60695-2-11 灼热丝试验的部件，如果试验过程中出现了一个持续时间超过 2s 的火焰，则还需要进行如下试验：在连接的上方，直径 20mm、高度为 50mm 的垂直圆柱形包络范围内的部件要经受附录 B 的针焰试验，但是，由符合附录 B 针焰试验的隔板遮蔽的部件不进行该试验。

假如相关部件的厚度不薄于分级试验用的样条的厚度，根据 IEC 60695-11-10 分级为 V-0 或 V-1 的材料的部件不进行针焰试验。

3.1.15.2 安全分析

本技术要求的球压试验、针焰试验和 650℃ 灼热丝试验适用于工作电压超过 12V 和电流超过 3A 的电玩具；550℃ 灼热丝试验适用于所有电玩具。其中球压试验是耐热试验，其他两个为耐燃试验。

球压试验的目的是：封装电气部件的非金属材料外部部件和支撑电气部件的非金属绝缘材料，由于其质量原因，在高温状态下会熔融或变软，导致电玩具内部电路的电气强度降低，爬电距离和电气间隙产生变化，严重时可造成电源短路，引起火灾。可通过球压试验进行检验，确保这些非金属材料在较高温度的情况下也不会产生熔融或变软。

灼热丝试验的目的是：电玩具在实际使用中可能会由于过载、短路等非正常工作情况而导致过热，玩具中的非金属材料如果质量不过关，可能会因为过热而引起着火危险。可通过灼热丝试验进行检验，确保这些非金属材料在过热的情况下也不会产生着火危险。

针焰试验的目的是：模拟电玩具内部因短路等原因产生火花引起局部起燃的现象，检查玩具的非金属材料是否会因此而起燃。确保这些非金属材料在过热的情况下也不会产生着火危险。

3.1.15.3 测试方法与安全评价

（1）绝缘材料耐热测试

① 在进行条款 9.3 的测试时，测出玩具的电压和电流，下列情况不做本测试：

a. 当玩具电路工作电压低于 12V 或电流小于 3A 时；

b. 对于一旦发生故障，不会使玩具不符合标准规定（即不会使玩具变得有危害）的部件；

c. 陶瓷材料部件。

如果玩具电路有超过 12V 的工作电压或超过 3A 的工作电流，对其封闭电气部件的非金属材料和支撑电气部件的绝缘材料，按标准 IEC60695-10-2 的要求进

行球压测试，该部件应能足够地耐热。用球压测试装置测试的方法如图 3-8
所示。

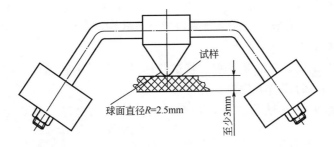

图 3-8　球压测试装置

② 用切割方法，取出玩具用于支撑或直接封闭电气部件的绝缘材料。被测
绝缘材料厚度至少为 2.5mm，如果厚度不够则可几件材料重叠达到。

③ 测试前，部件放在温度 15～35℃，相对湿度 45%～75% 的环境中搁
置 24h。

④ 将球压测试装置和支撑样品的立柱放入电子恒温干燥箱。将数字温度记
录仪的热电偶粘贴在支撑试样的立柱上，监控球压试验装置的温度。

⑤ 开启电子恒温干燥箱，使电子恒温干燥箱开始升温，设定测试温度值 T_m
并保持测试温度 24h 或达到测试温度热平衡状态。

　注：测试温度为 40℃±2℃ 再加上第 9.9 条测试时得到的最大温升值，
且其温度值应高于 75℃±2℃。

⑥ 待温度稳定后，观察数字温度记录仪显示的温度值是否达到测试温度，
如果未达到，通过调整电子恒温干燥箱设定值以达到测试温度。

⑦ 待数字温度记录仪显示温度值达到测试温度后，将被测绝缘材料水平放
置在球压测试装置的立柱上，轻缓地压上球压测试装置，将装置的球面压在样品
表面上。当测试温度再次达到设定的 T_m 值时，开始计时，即球压试验开始。

⑧ 当球压试验进行 1h 后，立即将被测绝缘材料从测试装置中取出，并将被
测部件立即放入冷水中，以便样品在 10s 之内冷到室温，使球压的痕迹定型不
变。用读数显微镜测量样品上球压痕迹的直径，其数值不应超过 2mm。

压出的坑的直径如果不超过 2mm 即合格，否则不合格。

（2）用于封闭电气部件的非金属材料对点燃和火焰蔓延有抵抗力的测试

该试验不适用于装饰件、手柄和其他不可能传导玩具内部燃烧或不可能被引
燃的部件。

按照①和②进行测试和评估。

其测试样品的制备，可用不小于在玩具中的厚度的同等材料制作材料样品，
对于可拆卸部件也可直接从玩具上拆卸下来作为测试样品。

① 非金属材料部件按标准 IEC60695-2-11 进行灼热丝测试（550℃）。灼热丝测试时，被试部件应按正常使用时状态放置。

a. 灼热丝测试仪测试点下方 200mm±5mm 处，放置一块 10mm 厚的白松木板，并覆以单层薄皱纸。如果玩具以整体方式测试，则将样品以正常位置放置在覆有单层薄皱纸的松木板上方。

b. 开始测试前，样品预处理。将试验样品和薄皱纸在温度 15～35℃，相对湿度 45％～75％的环境下放置 24h。

c. 将样品夹持在试验架上，开启灼热丝测试仪电源，将灼热丝温度升至 550℃±10℃。

当温度达到要求值后，至少 60s 内温度变化不大于 5K，则认为温度达到稳定值。

d. 样品接触灼热丝，测试时间 30s±1s。

测试结束，立刻将灼热丝从样品移开，试验样品如满足以下三个条件，则认为合格，

a. 灼热丝移开后 30s 内样品上的火焰熄灭；

b. 在样品灼热时，自样品表面掉落的颗粒，落在置于试验样品下方，放置在松木板上覆盖的单层薄皱纸未起燃。

c. 白松木板不被炭化，则为合格。白松木板轻微褪色可以忽略。

② 支撑部件绝缘材料的耐燃性测试

a. 650℃灼热丝测试

（a）对于条款 19.1 中测得被支承电流超过 3A、工作电压超过 12V 的载流件的绝缘部件，以及与这些部件接触的部件或很接近（距离不超过 3mm）连接件的部件，按标准 IEC60695-2-11 灼热丝测试以 650℃的温度进行测试。

注意：相关部件的厚度不薄于分级试验用的条样的厚度，根据 IEC60695-2-13 分类，灼热丝起燃温度为 675℃以上的材料部件可不进行 675℃灼热丝试验。

注：1. 元件中的触点，如开关触点也认为是连接。
2. 灼热丝的顶端应施加在连接附近的部件上。

（b）在灼热丝试验过程中，如果样品起燃，则要测量出火焰高度和持续时间。

对于经受了灼热丝测试但灼热丝试验时起燃的部件，则该部件的周围应经受如下针焰测试，并测量燃烧时间。

注：燃烧时间（以 s 表示）是从移开燃烧器的时刻开始，到样品上的火焰熄灭之间的时间。

b. 针焰测试

针焰测试适用于在灼热丝测试时出现持续时间超过 2s 的火焰时，在连接的上方，直径为 20mm、高度为 50mm 的垂直圆柱形包络范围的部件。

下列情况不需针焰测试：

Ⅰ若部件符合附录 B 针焰测试的隔板遮蔽的部件，不需针焰测试。

Ⅱ相关部件的厚度不薄于分级试验用的条样的厚度，根据 IEC60695-11-10 分级为 V-0 或 V-1 的材料部件不进行针焰测试。

（a）预处理：将试验样品和薄绉纸在温度 15～35℃、相对湿度 45％～75％ 的环境下放置 24h。

（b）在针焰测试仪测试点下方 200mm±5mm 处，放置一块适当大小 10mm 厚的白松木板，并覆以单层薄绉纸。如果玩具以整体方式测试，则将样品按正常位置放置在覆有单层薄绉纸的松木板上。

（c）将玩具置于正常使用最不利的位置，试验样品的固定不应对试验火焰或火焰蔓延效应有影响。

（d）调整火焰高度为 12mm±1mm，燃烧稳定 5min，保持火焰高度。

（e）将试验样品移至火焰顶端，使火焰接触样品表面，测试过程中样品相对火焰不能移动，测试时间为 30s±1s。

ⓐ移去针焰后，若试验样品、周围零件和铺底层的火焰或灼热持续时间小于 30s，且薄纸不起燃及白松木板不被炭化，判定为合格。

ⓑ测试在一个样品上进行，如果样品不能经受测试，则在另外两个样品上重复测试，如果另外两个样品都能承受测试，则判为合格。

3.1.16　辐射、毒性和类似危害（条款 20）

3.1.16.1　标准要求

玩具不应存在毒性和类似危害。

按 EN71-3 检查其符合性。

> 注：EN71-3 不适用于电池。

3.1.16.2　安全分析

此条款是处理本标准中定义的任何毒性、辐射或电气方面类似危险的一般要求。

3.1.16.3　测试方法与安全评价

毒性按 EN71-3 检查其符合性。辐射按 IEC60825 检查其符合性。

3.2　美国玩具标准 ASTM F963-2011 电玩具安全要求

3.2.1　标准要求

出口到美国的所有玩具应符合美国消费者产品安全委员会（CPSC）所制定

的美国联邦消费品安全法规第 16 部分（16 CFR）的要求。ASTM F963-11 是一部根据美国联邦法规的强制性要求制定的玩具产品非强制性标准，该标准的内容基本涵盖了 CPSC 16CFR 的相关技术要求；也就是说玩具符合 ASTM F963 的要求，就基本满足 CPSC 16CFR 的有关技术要求。

ASTM F963-11《消费者安全规范：玩具安全》（下称本标准）涉及电玩具的有两个条款，其中电网供电的电玩具应符合本标准的条款 4.4 "电/热能"的要求，电池供电的电玩具应符合条款 4.25 "电池供电玩具"的要求。本标准中电网供电的电玩具，是指由美国电网额定电压 120V（110～125V）的交流电供电驱动的电玩具；电池供电的电玩具是指至少有一个功能是靠电池供电的玩具；该功能可是玩具的主要功能，也可是玩具的非主要功能，上述"电"是指所有类型的电池和电网电源，也就是说只要玩具中使用了"电"，就在该标准的检测范围内。

① 在电池腔或其临近位置应标记正确的电池极性符号"＋"和"－"；在玩具上或其说明书里必须有正确的电池尺寸和电压值。本要求不适用于不可更换电池、设计成只能正确插入的可充电电池组、扣式电池的玩具。

含不可更换电池的玩具应按条款 5.15 进行标识。

② 任何两个可接触带电点之间的直流电压的标称最大允许值为 24V。

③ 电池供电的玩具应设计成不能对任何不可充电电池进行充电。

本条款不适用于以扣式电池作为唯一电源的玩具。

④ 对于供三岁以下儿童使用的玩具，在进行条款 8.5～8.10 测试的前后，所有电池在不使用硬币、螺丝刀或其他普通家用工具时都不能可触及。测试时要装上建议使用的电池。

⑤ 对于所有玩具，如果电池能完全容入小物体测试圆筒，那么在按条款 8.5～8.10 测试的前后，不使用硬币、螺丝刀或其他家用工具的情况下，都不能可触及。测试时要装上建议使用的电池。

⑥ 在任何单一的电路内不能将不同型号或容量的电池混用。在实际使用中为了达到不同的功能，需要使用一种以上型号或容量的电池，或在实际使用中需要将交流电和不可充电电池结合在一起使用时，应当对每一个电路进行电绝缘处理，以防止电流在各独立电路间流动。

⑦ 电池的表面温度不能超过 71℃。

a. 本要求适用于在正常使用条件下的所有电池供电玩具。另外，供 96 个月或以下的儿童使用的电池供电玩具，应在合理可预见的滥用后符合本要求。

b. 如果玩具的外部活动部件通过机械装置连接到马达，且能被使用者堵转，则按条款 8.18 的程序在马达堵转的条件下测试，以确定是否符合温度限量。

⑧ 不应出现会导致玩具不符合⑦b 的温度要求，或导致玩具出现 3.2.1 中所述的燃烧危险的情形。

⑨ 电池供电的玩具应符合条款 6.6 中关于电池安全说明的要求——对在一个电路里使用一个以上电池的玩具，玩具或其说明书应标记下述相关内容：新旧电池不能混用；碱性、标准（碳-锌）、可充电（镍-镉）电池不能混用。

3.2.2　安全分析

电网供电的电玩具，是指由美国电网额定电压 120V（110～125V）的交流电供电驱动的电玩具。此类玩具在日常检测时并不多，由于其连接到电网，如果其设计结构不合理将导致电击、烫伤甚至火灾等安全问题，因此本标准特别要求其符合美国联邦法规 16 CFR1505 部分"电动玩具或预定供儿童使用电动商品的要求"。

电池供电的电玩具是指使用 1 号、2 号、5 号、7 号、9 号电池和纽扣式电池等的玩具。标准要求用于防止与玩具（除乘骑玩具外）中使用电池有关的潜在伤害危险；如：电池过热、泄漏、爆炸或着火，以及噎住或吞咽电池。

3.3　电玩具标准差异对比

3.3.1　中国与欧盟的电标准差异

中国与欧盟的电玩具安全标准的技术条款和安全测试项目基本一致，采用我国电玩具标准 GB 19865 等同采用国际电工委员会的标准 IEC 62115，欧洲电玩具安全标准 EN 62115 修改采用 IEC 62115，表 3-4 是两个标准的主要差异。

表 3-4　中国与欧盟电玩具要求的差异

条款	名称	GB 19865/IEC62115	EN62115
3.5.5	电子元件	无右栏内容	①注:电子元件不包括电阻、电容和电感器
5.15	预处理	跌落高度:随机 4 次、(93±5)cm	跌落高度:最不利位置 5 次、(850±50)mm
6.1	减免测试原则 1	①右栏内容改为:……认为也符合第 10 章、11 章……	①……认为也符合第 10、11.2 条款……
6.2	减免测试原则 2	①无右栏引号中内容	①……认为符合"第 9(9.3 条款和 9.6 条款除外)章"、10 条款……
7.4	电池说明	①可以使用电池的类型……	①无左栏内容
14.2	变压器玩具结构	①在变压器内不应包含玩具用控制器,"但该要求不适用于非组装型的轨道组件"	①无左栏引号中内容
17.1	螺钉和连接	①无右栏引号中内容	①表 1 试验螺钉和螺丝用的扭矩中增加"直径小于 2.8mm 的螺钉不进行试验"

3.3.2　中国与美国的标准差异

中国标准 GB 19865 等效采用国际标准 IEC62115，其结构严谨，涉及所有电气安全检验项目；美国标准 ASTM F963 中涉及玩具电性能安全的条款只有条款4.4"电热能"和条款 4.25"电池供电玩具"，虽然其测试项目不多但注重实际针对性。表 3-5 是两标准的主要差异。

表 3-5　中国与美国电玩具要求差异

测试项目	GB 19865/IEC62115	ASTM F963
测试范围	24V 或以下的所有电玩具	24V 以下电池供电玩具，及 120V 电网供电玩具
试验条件	对测试顺序、环境、样品状态、使用电源、样品预处理等都有详细要求	只对测试电池和样品预处理有要求
测试选择	只要求结构安全且电源能量较小样品符合部分测试项目	无测试选择
标志说明	对所有电玩具都要求有详细的安全使用说明和标志	对普通电池供电玩具只有简单的电池安全使用说明和标志；对电池供电乘骑玩具和 120V 电网供电玩具有详细的安全使用说明
输入功率	对功率超过 25W 的变压器玩具有功率要求	无要求
表面温升	测量所有可触及热表面的温升，在有直条钢丝短路、器件模拟失效、电源误接等非正常工作情况下测试玩具可触及表面温升	只测量电池表面温度，无左栏中的非正常工作要求
电气强度	所有电玩具有足够的电气强度	无要求
耐潮湿	所有电玩具应耐潮，预定在水中使用的电玩具还要耐湿	无要求
机械强度	玩具外壳应有足够的机械强度。在玩具外壳可能薄弱的每一个点上承受 $0.7J\pm0.05J$ 冲击能量击打六次	无要求
电线防护	电线电缆应有保护	无要求
元件	电玩具的开关等元件应符合标准要求	对电池供电乘骑玩具适用
电气间隙	所有电玩具适用	无要求
耐热耐燃	所有电玩具适用	对电池供电乘骑玩具适用
电池供电乘骑玩具特殊测试要求	无	有针对大功率的电池供电乘骑玩具的特殊要求
120V 电网供电玩具特殊要求	不在标准测试范围内	有针对 120V 电网供电玩具的特殊要求

第**4**章
玩具化学安全

　　玩具的化学安全是评估玩具安全性能的一个重要方面。我国出口玩具召回中的很大一部分是化学方面的原因。因此对玩具化学性能的评价和检测技术的研究具有重要意义。

4.1　欧盟玩具化学安全要求

　　欧盟是由多个欧洲国家组成的国际组织，目前有 27 个成员国，包括：奥地利、比利时、荷兰、卢森堡、塞浦路斯、捷克、德国、丹麦、爱沙尼亚、希腊、西班牙、芬兰、法国、英国、匈牙利、爱尔兰、意大利、立陶宛、拉脱维亚、马耳他、波兰、葡萄牙、瑞典、斯洛文尼亚、斯洛伐克、罗马尼亚和保加利亚。欧盟的健康安全法律法规是凌驾于各成员国的国家健康安全法律之上的。欧盟要求成员国将欧盟制定的健康安全法规无条件转换成成员国的法规，在欧盟法规没有覆盖到的领域，成员国才可以建立自己国家的法规；另外，在欧盟法规已覆盖的领域，在通报欧盟委员会的前提下，也允许成员国制定满足欧盟法规强制性要求（例如为了保护公众健康与安全或保护环境）所必需的国家法规和标准，但这种法规仅在本国执行。基于欧盟存在这两个层次的法律法规，当产品在特定成员国销售时，除关注欧盟的法律法规安全要求外，还应考虑该国是否存在特定的安全要求。

　　欧盟有五种不同性质和效力的法规文件：法令、指令、决议、建议和意见。法令：法令是一种具有普遍适用性和全面约束力的法规，它直接适用于所有成员国，成员国不能再制定与之相冲突的本国法令。指令：指令虽然对其所发至的成员国均有约束力，但成员国对于实施指令的具体方式和方法具有选择权。决议：决议直接适用于执行的对象，决议一经颁布，各成员必须遵照执行，没有选择变通的余地。建议和意见：建议是理事会和欧委会对某种行为提出的建议，意见是欧委会和理事会对欧盟或成员国内的一种情况或事实作出的评估，这两种工具可以使欧盟相关机构对成员国或公民提出一种没有约束力的立场，从而有利于问题的解决或事件向预定的方向发展。

欧盟健康安全方面的技术性法规多以指令的形式出现。其中有通用型的法规，如：2001/95/EC《通用产品安全指令》；有针对特定产品的指令，如：2009/84/EC《新玩具安全指令》；也有针对特定物质的使用的限制性指令。欧盟玩具法律法规相对来说是最严格的，其对化学方面的要求较高。最近几年来，欧盟对玩具化学方面的要求变化比较快。以下主要介绍欧盟玩具新指令 2009/48/EC、REACH 指令、RoHS 指令对玩具化学方面的要求。

4.1.1 欧盟玩具新指令 2009/48/EC

欧盟玩具安全新指令 2009/48/EC 于 2009 年 6 月 30 日发布，2009 年 7 月 20 日生效，2011 年 7 月 20 日开始部分作废 88/378/EEC 指令，而且新的化学要求已于 2013 年 7 月开始生效。

4.1.1.1 新指令出台的背景

旧版欧盟玩具安全指令 88/378/EEC，自 1988 年颁布以来，在保证欧盟市场玩具安全和消除成员国之间贸易壁垒方面取得了巨大成就。然而，随着时代的变迁，该指令的不足之处日渐暴露，如指令中有些范围和概念不够清晰、指令的实施效率不高、安全性要求需进一步提高等，并且市场上的玩具新材料种类越来越多，遇到的问题也越来越复杂。于是 2003 年，欧盟开始考虑对其进行修订，并广泛征集公众意见。2008 年 1 月 25 日欧盟发布了指令修改提案 COM（2008）9。2008 年 12 月 18 日欧洲议会通过了该提案，2009 年 6 月 18 日正式文本通过，最终于 2009 年 6 月 30 日在欧盟《官方公报》上刊登，新指令的编号为 2009/48/EC。

新指令发布之后，各成员国于 18 个月之内，即 2011 年 1 月 20 日之前将其转换为本国法律。此外，新指令还设定了 2 年的过渡期，即符合旧指令要求的产品于 2011 年 7 月 20 日之前可以继续投放市场；而其中化学要求条款的过渡期则是 4 年，即符合旧指令中化学要求、而不符合新指令中化学要求的产品，可以于 2013 年 7 月 20 日之前投放市场。

4.1.1.2 新指令的主要改变

欧盟对 88/378/EEC 指令修订的目的是提高玩具的安全性，并改善指令实施的效率。2009/48/EC 玩具安全新指令和 88/378/EEC《玩具安全指令》的主要区别见表 4-1。

表 4-1　新旧指令的主要区别

项目	旧指令 88/378/EEC	新指令 2009/48/EC
玩具定义	设计或明显预期用于 14 岁以下儿童玩耍用的产品	设计或预期用于 14 岁以下儿童玩耍用的产品，不管是否专门用于玩耍
玩具从业者的责任及义务	在旧指令中，仅对制造商和授权代表的责任进行了规定	对"制造商"、"授权代表"、"进口商"和"分销商"进行了明确定义，增加了对"进口商"和"分销商"的义务要求
机械物理性能要求	—	增加了对于体内窒息、食品中玩具的要求
化学性能要求	—	新增了 11 种有害元素要求、增加了对于亚硝胺类物

续表

项目	旧指令 88/378/EEC	新指令 2009/48/EC
		质、致敏性芳香剂及 CMR 类物质的要求
电性能要求	—	增加了有关激光、LED 及其他类型辐射的安全要求
卫生要求	—	增加了针对于 36 个月以下儿童的纺织品玩具可清
合格评定	—	洗的要求 增加了"安全评估"的要求

玩具化学安全性要求的加强是新指令最主要的变化。新指令对于玩具中的化学成分，增加了必须与欧盟 REACH 法规相一致的要求，首次引入针对玩具中 CMR（致癌、致基因突变或致生殖毒性）的特别条款。主要的变化如下。

① 玩具不应含有对健康有害的物质。

② 玩具的构成物质或配方应遵守 67/548/EEC 和 1999/45/EC《危险物质和危险配制品的分类、包装和标签指令》。

③ 明确玩具产品要求满足 REACH（EC1907 2006）在内的欧盟通用化学品法规要求。

④ 不应含有被 67/548/EEC 和 1999/45/EC 归类为 CMR（致癌、致突变和生殖毒性）类物质。

⑤ CMRⅠ类和Ⅱ类物质允许使用的特殊情况：

a. 该物质的使用经科学委员会评估并证明是安全的；

b. 没有合适的替代品；

c. REACH 法规并没有限制它们在消费品中使用。

⑥ CMRⅢ类物质允许使用的特殊情况。

⑦ 化妆品玩具还应遵守化妆品指令 76/768/EEC 中规定的成分和标签要求。

⑧ 新指令首次提出禁止玩具中使用 66 种过敏性香味剂。

新指令增加了 55 种禁用致敏性香味剂，以及 11 种含量超 0.01％时需要进行标识的过敏性芳香剂。而 88/378/EEC 指令中则没有明确禁止有机化合物。55 种禁用致敏性香味剂和 11 种含量超 0.01％时需要进行标识的过敏性芳香剂如表 4-2 和表 4-3 所列。

表 4-2　55 种禁用过敏芳香物质

序号	中文名称	英文名称	CAS 号
1	土木香	alanroot(inula helenium)	97676-35-2
2	异硫氰酸烯丙酯	allylisothiocyanate	57-06-7
3	苯乙腈	benzyl cyanide	140-29-4
4	对叔丁基苯酚	4-tert-butylphenol	98-54-4
5	土荆芥油	chenopodium oil	8006-99-3
6	兔耳草醇	cyclamen alcohol	4756-19-8
7	马来酸二乙酯	diethyl maleate	141-05-9
8	二氢香豆素	dihydrocoumarin	119-84-6

序号	中文名称	英文名称	CAS 号
9	2,4-二羟基-甲基苯甲醛	2,4-dihydroxy-3-methylbenzaldehyde	6248-20-0
10	3,7-二甲基-2-辛烯-1-醇	3,7-dimethyl-2-octen-1-ol (6,7-dihydrogeraniol)	40607-48-5
11	4,6-二甲基-8-叔丁基香豆素	4,6-dimethyl-8-tert-butylcoumarin	17874-34-9
12	二甲基柠康酸 617-54-9	dimethyl citraconate	617-54-9
13	7,11-二甲基-4,6,10-十二碳三烯-3-酮	7,11-dimethyl-4,6,10-dodecatrien-3-one	26651-96-7
14	2,6-二甲基十一碳-2,6,8-三烯-10-酮	6,10-dimethyl-3,5,9-undecatrien-2-one	141-10-6
15	二苯胺	diphenylamine	122-39-4
16	丙烯酸乙酯	ethyl acrylate	140-88-5
17	无花果叶(新鲜的和制成品)	Fig leaf, fresh and preparations	68916-52-9
18	反式-2-庚烯醛	trans-2-heptenal	18829-55-5
19	反式-2-己烯醛二乙缩醛	*trans*-2-hexenal diethyl acetal	67746-30-9
20	反式-2-己烯醛二甲基乙缩醛	*trans*-2-hexenal dimethyl acetal	18318-83-7
21	氢化松香醇	hydroabietyl alcohol	13393-93-6
22	4-乙氧基苯酚	4-ethoxy-phenol	622-62-8
23	6-异丙基-2-十氢萘酚	6-lsopropyl-2-decahydronaphthalenol	34131-99-2
24	7-甲氧基香豆素	7-methoxycoumarin	531-59-9
25	4-甲氧基苯酚	4-methoxyphenol	150-76-5
26	4-(对甲氧基苯基)-3-丁烯-2-酮	4-(*p*-methoxyphenyl)-3-butene-2-one	943-88-4
27	1-(4-甲氧基苯基)-1-戊烯-3-酮	1-(*p*-methoxyphenyl)-1-penten-3-one	104-27-8
28	巴豆酸甲酯	methyl-*trans*-2-butenoate	623-43-8
29	6-甲基香豆素	6-methylcoumarin	92-48-8
30	7-甲基香豆素	7-methylcoumarin	2445-83-2
31	5-甲基-2,3-己二酮	5-methyl-2,3-hexanedione	13706-86-0
32	木香油	costus root oil (saussurea lappa clarke)	8023-88-9
33	4-甲基-7-乙氧基香豆素	7-ethoxy-4-methylcoumarin	87-05-8
34	六氢香豆素	hexahydrocoumarin	700-82-3
35	秘鲁香膏粗品	peru balsam(myroxylonpereirae klotzsch)	8007-00-9
36	2-亚戊基环己酮	2-pentylidene—cyclohexanone	25677-40-1
37	3,6,10-三甲基-3,5,9-十一烷三烯-2-酮	3,6,10-trimethyl-3,5,9-undecatrien-2-one	1117-41-5
38	马鞭草油	verbana oil (lippia citriodora kunth)	8024-12-2
39	葵子麝香	musk ambrette (4-tert-butyl-3-methoxy-2,6-dinitrotoluene)	83-66-9
40	4-苯基-3-丁烯-2-酮	4-phenyl-3-buten-2-one	122-57-6

续表

序号	中文名称	英文名称	CAS 号
41	α-戊基肉桂醛	amyl cinnamal	122-40-7
42	α-戊基肉桂醇	amylcinnamyl alcohol	101-85-9
43	苄醇	benzyl alcohol	100-51-6
44	水杨酸苄酯	benzyl salicylate	118-58-1
45	肉桂醇	cinnamyl alcohol	104-54-1
46	肉桂醛	cinnamal	104-55-2
47	柠檬醛	citral	5392-40-5
48	香豆素	coumarin	91-64-5
49	丁香酚	eugenol	97-53-0
50	香叶醇	geraniol	106-24-1
51	羟基香茅醛	hydroxy-citronellal	107-75-5
52	羟基异己基-3-环己烯甲醛	hydroxy-methylpentylcyclohexenecarboxaldehyde	31906-04-4
53	异丁香酚	isoeugenol	97-54-1
54	橡苔	oakmoss	90028-68-5
55	树苔	treemoss	90028-67-4

　　注：允许这类芳香剂痕量存在，但规定，痕量出现这些物质在技术上不可避免，而且含量不超过100mg/kg。

　　如果重量超出 0.01% 应该标识出来，具体的成分名称见表 4-3。

表 4-3　标识物质清单

序号	中文名称	英文名称	CAS
1	4-甲氧基苄醇	anisyl alcohol	105-13-5
2	苯甲酸苄酯	benzyl benzoate	120-51-4
3	肉桂酸酸苄酯	benzyl cinnamate	103-41-3
4	香茅醇	citronellol	106-22-9
5	金合欢醇	farnesol	4602-84-0
6	己基肉桂醛	hexyl cinnamaldehyde	101-86-0
7	丁苯基甲基丙醛	lilial [referred to in the cosmetics directive in entry 83as: 2-(4-tert-butylbenzyl) propionaldehyde]	80-54-6
8	苧烯	d-Limonene	5989-27-5
9	芳樟醇	linalool	78-70-6
10	2-辛炔酸甲酯	methyl heptine carbonate	111-12-6
11	α-异甲基紫罗兰酮	3-methyl-4-(2,6,6-trimethyl-2-cyclohexen-1-yl)-3-buten-2-one	127-51-5

　　⑨ 增加了对 N-亚硝胺类物质的限制。

　　对于供 36 个月以下婴儿使用的玩具中和设计放入口中的玩具中，N-亚硝胺迁移量限制为 0.05mg/kg，可转化为 N-亚硝胺类物质迁移量限值为 1mg/kg。

⑩ 可迁移元素限制种类大幅增加、限量大幅降低。

可迁移元素限制种类由以前 8 种增加到 19 种，新增了铝、硼、钴、铜、锰、镍、锡、锶和锌九种迁移元素的限制；对于迁移元素铬的限制，旧指令只要求限制总铬，并不分价态；新指令要求对三价铬和六价铬分别进行限制；对于锡元素的限制，除无机锡外，还对有机锡进行了限制。旧指令针对所有材料基本是统一限量，新指令对玩具材料将按"干燥、易碎、粉状或易弯的玩具材料"、"液态或黏性玩具材料"，以及"刮漆玩具材料"分别设定了高低不同的限量要求。

值得注意的是在新的《玩具安全指令》中更多的 CMR（致癌、致基因突变或致生殖毒性）物质将会受到限制，如在原来的 8 种有害重金属元素的基础上又增加了 11 种元素含量的限制，更多香料（见表 4-2 和表 4-3）将进行毒性评估等，玩具企业应密切关注新修订指令发布日期，同时也要关注新增元素的限量要求，提前做好选择符合新修订指令的材料，避免造成不必要的经济损失。

4.1.2 欧盟玩具安全协调标准

在 88/378/EEC 指令中，欧盟对玩具产品的监管过程大致如下：欧委会作为立法机构通过指定 88/378/EEC《玩具安全指令》对玩具产品提出强制性的基本安全要求（大纲性的）和合格评定程序，再授权标准组织（CEN）根据该指令的基本安全要求编写协调标准，给出具体细致的技术要求（EN71 和 EN62115 等）。玩具生产企业需对产品进行合格评定。产品评定合格后必须加贴 CE 标志，并可在欧盟市场内自由流通。成员国负责进行市场抽查和监管。

通常产品指令会根据产品安全风险的大小对管辖的产品提供几种合格评定模式，包括内部生产控制、第三方检测、EC 型式试验、产品验证或产品测试＋工厂审查等。玩具产品的合格评定模式有两种方式：第一是自我证明（SELF-VERIFICATION）；第二是通过欧盟相关指令中指定的通报机构（NOTIFIED BODY）的型式试验。玩具生产企业究竟应采取何种方式进行符合性评估？根据以下两种产品类型决定：第一类是全部或部分不能由相关协调标准（如 EN71、EN62115 等）涵盖的玩具，这类玩具应由欧盟的通报机构（NOTIFIED BODY）进行 EC 型式试验（EC TYPE EXAMINATION），并出具 EC 型式试验证书（EC TYPE CERTIFICATE）；第二类是能完全由相关协调标准涵盖的玩具，这类玩具不需要由通报机构（NOTIFIED BODY）进行 EC 型式试验和出具 EC 型式试验证书，可由制造商自行验证（SELF-VERIFICATION）并加贴 CE 标志，但必须提交测试报告（TEST REPORT）等验证文件。

上述第一类玩具是指一些非常特殊的欧洲协调标准没有涵盖的玩具，主要是一些全新类型的玩具，协调标准制定时没有将这些玩具的安全问题考虑进去。这类玩具占中国出口欧洲玩具中的比例非常小。而绝大部分出口欧洲的玩具属于第二类，企业只需要自行验证及自行加贴 CE 标志即可，但必须备有测试报告等验证证明文件。由于大部分企业不具备自行验证及出具测试报告的能力（这种能力是指可以进行所有欧洲协调标准要求的该玩具适用项目的测试），需要委托有能力的第三方检测机构进行测试，当然，这些第三方检测机构可以是通报机构（NOTIFIED BODY），但并不限于通报机构（NOTIFIED BODY）。

指令的基本安全要求：儿童按预定方式使用玩具，或考虑到儿童的行为而按可预见的方式使用玩具时，不得损害使用者或第三方的安全和健康。玩具投放市场后，考虑到可预见的和正常的使用周期，必须符合本指令规定的安全和健康条件。主要包括玩具的机械与物理性能、燃烧性能、特定元素的迁移、电气安全性能等安全要求。目前欧盟只发布了针对 2009/48/EC 新指令机械物理、燃烧性能和电性能方面的协调标准，对于其他方面的协调标准在过渡期内仍然会应用到 88/378/EEC 的协调标准。欧盟委员会在官方公告中确认的与化学有关的协调标准见表 4-4。

表 4-4　欧盟委员会在官方公告中确认的与化学有关的玩具协调标准

标准组织	标准号	标准名称	主要内容
针对 2009/48/EC 的协调标准			
CEN	EN 71-1：2011 + A2：2013	玩具安全：第 1 部分　机械和物理性能	规定了从新生婴儿至 14 岁儿童使用的不同年龄组玩具的机械与物理性能的安全技术要求和测试方法，也规定了对包装、标记和使用说明方面的要求
CEN	EN 71-2：2011	玩具安全：第 2 部分　燃烧性能	规定了所有玩具禁止使用的易燃材料种类及对某些小型火源的玩具的燃烧性能要求。并详细规定了 5 类玩具材料的燃烧性能要求和测试方法
CEN	EN 71-3：2013	玩具安全：第 3 部分　特定元素的迁移	确定了新材料的分类、可接触部件新元素的新迁移限制，规定了玩具的可触及部件或材料中 19 种可迁移元素（铝、锑、砷、钡、硼、镉、六价铬、三价铬、钴、铜、铅、锰、汞、镍、硒、锶、锡、锌和有机锡）的最大限量和测试方法
CEN	EN 71-4：2013	玩具安全：第 4 部分化学及与化学相关的实验装置	规定了特定的化学及相关活动的实验玩具的安全技术要求
CEN	EN 71-5：2013	玩具安全：第 5 部分除实验装置外的化学玩具（装置）	规定了除化学及相关活动的实验玩具以外的其他特定化学玩具的安全技术要求
CEN	EN 71-8：2011	玩具安全：第 8 部分　家庭娱乐用玩具	规定了适合于家用的秋千、滑梯、旋转木马、攀爬架、玩耍的房子和帐篷、戏水池、非水上的充气类玩具的安全技术要求和测试方法，主要为机械与物理方面的内容。还规定了不适用的产品范围

标准组织	标准号	标准名称	主要内容
CEN	EN 71-12:2013	玩具安全:第 12 部分 N-亚硝胺和可转化为 N-亚硝胺的物质	规定了对指画颜料、玩具中橡胶部分(包括气球)中的可迁移 N-亚硝胺和可转化为 N-亚硝胺物质的种类和测试方法
CENELEC	EN62115:2005 IEC 62115:2003(修订)＋A1:2004	电动玩具-安全	本标准涉及的产品范围覆盖了从小到纽扣电池工作的灯具,大到的铅酸电池供电的乘骑玩具等所有电玩具的关于电方面的安全技术要求和测试方法
	EN 62115:2005/A11:2012/AC:2013 EN62115:2005/A2:2011/AC:2011	电动玩具-安全	重点关注其应用范围,包括新制定以及更新的电脑玩具、充电器、充电电池玩具以及功能性绝缘材料等电子设备
针对 88/378/EEC 的协调标准			
CEN	EN71-3:1994/A1:2000/AC:2000 EN 71-3:1994/AC:2002	玩具安全:第 3 部分　特定元素的迁移	规定了玩具的可触及部件或材料中可迁移元素(锑、砷、钡、镉、铬、铅、汞、锡)的最大限量和测试方法
CEN	EN 71-4:1990	玩具安全:第 4 部分化学及与化学相关的实验装置	规定了特定的化学及相关活动的实验玩具的安全技术要求
CEN	EN71- 5:1993	玩具安全:第 5 部分除实验装置外的化学玩具(装置)	规定了除化学及相关活动的实验玩具以外的其他特定化学玩具的安全技术要求
CEN	EN71- 7:2002	玩具安全:第 7 部分　指画颜料——技术要求及测试方法	规定了特定的指画颜料的安全技术要求和测试方法

此外,至 2014 年 3 月止,CEN 已经发布,但欧盟仍未公告与玩具化学有关的为协调标准的标准见表 4-5。

表 4-5　与化学相关的未经欧盟委员会公告为协调标准的玩具标准

标准组织	标准号	标准名称	主要内容
CEN	EN 71-9:2005 EN 71-9:2005/A1:2007	玩具安全　第 9 部分:有机化合物——要求	该部分对玩具中所含的有机化合物提出了总体要求,以保证这些物质不会危及玩具使用者的健康
CEN	EN 71-10:2005	玩具安全　第 9 部分:有机化合物——制样及提取	该部分规定了玩具中有机化合物的制样方法和提取方法
CEN	EN 71-11:2005	玩具安全　第 11 部分:有机化合物——分析方法	该部分规定了玩具中有机化合物的分析测试方法

4.1.2.1　EN 71-3 对可迁移元素的要求

2009/48/EC 新玩具安全指令对玩具的化学安全性能进行了新的规定。为进一步规定并明确重金属对健康造成的危害，欧洲标准化委员会（CEN）针对玩具中以前常见的 8 种可溶性重金属元素在之前的基础上新增加了 11 种，制定了更具体的限量要求，并规定了样品的制样方法和测试方法，即 EN71 标准系列的第三部分：EN 71-3。EN 71-3 是一个关于玩具化学性能的非常重要的标准，所有进入欧盟市场的玩具都必须符合其要求；EN 71-3 也为许多其他国家和地区制定玩具技术法规提供了范本。

EN 71-3 的最早版本为 EN71-3：1988，后被 EN71-3：1994 代替。EN 71-3：2000 是 EN71-3：1994 的修订版，由欧洲标准化委员会于 2000 年 3 月 11 日批准并从 2000 年 10 月开始实施。EN71-3：2000 标准基本和 EN71-3：1994 相同，但减少了一个附录，这就是 1,1,1-三氯乙烷的酸度要求和测定方法。目前新的 EN 71-3 版本已于 2013 年正式发布。

欧盟玩具安全指令 2009/48/EC 确定了新材料的分类、可接触部件新元素的新迁移限制，该要求于 2013 年 7 月 21 日生效，协调标准为 EN71-3：2013。2009/48/EC 玩具新指令将玩具材料分为三大类，第一类为干的、脆的、粉状或柔软的玩具材料，第二类为液体或黏性的玩具材料，第三类为可刮削的玩具材料。

2009/48/EC 规定了从玩具材料和玩具部件中可迁移元素的最大限量（见表 4-6）。2012 年 3 月 3 日，欧盟在其官方公报上发布了 2012/7/EC 指令，修改了 2009/48/EC 附件 2 的第三部分的第十三条内容，修订了镉限值，将镉在三种材料中的限制从 1.9mg/kg、0.5mg/kg、23mg/kg 分别降低到 1.3mg/kg、0.3mg/kg 和 17mg/kg。新限值要求于公报发表之日起二十日后正式生效。

表 4-6　玩具材料中可迁移元素的最大限量

元素	材料类型		
	干的、脆的、粉状或柔软的玩具材料/（mg/kg）	液体或黏性的玩具材料/（mg/kg）	可刮去的玩具材料/（mg/kg）
铝（aluminium）	5625	1406	70000
锑（antimony）	45	11.3	560
砷（arsenic）	3.8	0.9	47
钡（barium）	1500	375	18750
硼（boron）	1200	300	15000
镉（cadmium）	1.3	0.3	17
三价铬（chromium）	37.5	9.4	460
六价铬（chromium）	0.02	0.005	0.2

续表

元素	材料类型		
	干的、脆的、粉状或柔软的玩具材料/(mg/kg)	液体或黏性的玩具材料/(mg/kg)	可刮去的玩具材料/(mg/kg)
钴(cobalt)	10.5	2.6	130
铜(copper)	622.5	156	7700
铅(lead)	13.5	3.4	160
锰(manganese)	1200	300	15000
汞(mercury)	7.5	1.9	94
镍(nickel)	75	18.8	930
硒(selenium)	37.5	9.4	460
锶(strontium)	4500	1125	56000
锡(tin)	15000	3750	180000
有机锡(organic tin)	0.9	0.2	12
锌(zinc)	3750	938	16000

EN 71-3 测试重金属元素的方法将在后面玩具重金属检测方法部分详细介绍。2009/48/EC 增加了对玩具中可迁移有机锡的限制，其测试方法也在 EN 71-3：2013 中进行了规定。

4.1.2.2　EN 71-7 指画颜料——要求和测试方法

指画颜料与其他玩具产品相比，存在因油漆材料摄入和长时间与皮肤接触可能导致的危险，因此 EN 71 标准其他部分表述的安全限量并不完全适用于指画颜料。为适应并减少因油漆材料的摄入引起的危险，该标准详细说明了指画颜料在生产过程中可能会用到的成分，并指明指画颜料中所含杂质、防腐剂、特定元素迁移的限量和其他特征，规定了用于指画颜料的物质和材料的限量，并附加规定了标记、标识和包装的要求（见表 4-7）。

指画颜料中特定元素的迁移已经在 EN 71-3 中受到限制，但因指画颜料与其他玩具相比而言更易于被儿童摄入，因而降低了这些元素的限量，测试方法还是按照 EN 71-3。

表 4-7　玩具材料中可迁移元素的最大限量

元素	锑 Sb	砷 As	钡 Ba	镉 Cd	铬 Cr	铅 Pb	汞 Hg	硒 Se
指画颜料中的最大迁移量/(mg/kg)	10	10	350	15	25	25	10	50

EN 71-7 还规定了指画颜料中禁用偶氮染料和初级芳香胺的限量和测试方法。按该标准附录 D 方法进行检测时①不得检出表 4-8 中所列的禁用芳香胺；②除表 4-8 所列的禁用芳香胺外，表 4-9 中芳香胺的总含量应不超过 20mg/kg，单种芳香胺的含量不应超过 10mg/kg。

表 4-8　指画颜料中禁用的芳香胺

序号	英文名称	中文名称	CAS 号
1	benzidine	联苯胺	92-87-5
2	2-naphthylamine	2-萘胺	91-59-8
3	4-chloro-o-toluidine	4-氯-邻甲苯胺	95-69-2
4	4-aminodiphenyl	4-氨基联苯	92-67-1

表 4-9　除禁用芳香胺外的其他芳香胺

序号	英文名称	中文名称	CAS 号
1	o-aminoazotoluene	邻氨基偶氮甲苯	97-56-3
2	2-amino-4-nitrotoluene	2-氨基-4-硝基甲苯	99-55-8
3	4-chloroaniline	4-氯苯胺	106-47-8
4	2,4-diaminoanisole	2,4-二氨基苯甲醚	615-05-4
5	4,4'-diaminobiphenylmethane	4,4'-二氨基二苯甲烷	101-77-9
6	3,3'-dichlorobenzidine	3,3'-二氯联苯胺	91-94-1
7	3,3'-dimethoxybenzidine	3,3'-二甲氧基联苯胺	119-90-4
8	3,3'-dimethylbenzidine	3,3'-二甲基联苯胺	119-93-7
9	3,3'-dimethyl-4,4'-diaminodiphenylmethane	3,3'-二甲基-4,4'-二氨基二苯甲烷	838-88-0
10	p-cresidine	2-甲氧基-5甲基苯胺	120-71-8
11	4,4'-methylene-bis-(2-chloroaniline)	4,4'-亚甲基-双-(2-氯苯胺)	101-14-4
12	4,4'-oxydianiline	4,4'-二氨基二苯醚	101-80-4
13	4,4'-thiodianiline	4,4'-二氨基二苯硫醚	139-65-1
14	o-toluidine	邻甲苯胺	95-53-4
15	2,4-xylidine	2,4-二甲基苯胺	95-68-1
16	2,6-xylidine	2,6-二甲基苯胺	87-62-7
17	4-amino-3-flurophenol	4-氨基-3-氟苯酚	399-95-1
18	6-amino-2-ethoxynaphthalene	6-氨基-2-乙氧基萘	—
19	o-anisidine	邻氨基苯甲醚	90-04-0
20	4-aminoazobenzene	4-氨基偶氮苯	60-09-3
21	2,4-toluylendiamine	2,4-二氨基甲苯	95-80-7
22	2,4,5-trimethylaniline	2,4,5-三甲基苯胺	137-17-7

　　按 EN71-7 标准检测特定偶氮染料时，将样品放在 70℃的密封容器中，加入柠檬酸盐缓冲溶液，再用连二亚硫酸钠还原分解，产生的芳香胺用叔丁基甲醚通过硅藻土型的 SPE 柱提取。醚相提取液小心浓缩后，残留物根据所用的测定方法，用乙腈或其他适当的溶剂溶解，进样测试。测定游离芳香胺时，无需还原裂解，芳香胺的定量用 HPLC/DAD 或 GC/MS 进行。

随着新指令的施行，对指画颜料中的 N-亚硝胺物质也进行了限制，要求指画颜料中的 N-亚硝胺总量不得超过 0.02mg/kg。目前列表中列出的一种亚硝胺物质为二乙醇亚硝胺（NDELA）。相关的测试方法在 EN 71-12 中进行了介绍。

EN71-7 标准的附录 A 给出了允许用于指画颜料中的染料列表；附录 B 给出了允许用于指画颜料中的防腐剂列表；附录 C 为资料性附录，列出了用于生产指画颜料的成分；附录 E 是制定该标准的基本原理。

4.1.2.3　EN 71-9,10,11 玩具中有机化合物的要求和测试方法简介

2009/48/EC 新玩具安全指令和 88/378/EEC 指令一样，都对玩具的化学安全性能进行了规定。为进一步规定并明确有机化合物对健康造成的危害，欧盟委员会授权欧洲标准化委员会（CEN）针对某些玩具中常见的有机化合物制定了更具体的要求，即 EN71 系列标准中的第 9 部分。该部分对玩具中所含的有机化合物提出了总体要求，以保证这些物质不会危及玩具使用者的健康。EN71-10 规定了玩具中有机化合物的制样方法和提取方法；EN 71-11 规定了有机化合物的测试方法。

按照 EN 71-9 的要求，一个玩具全套测试下来费用往往上万，鉴于多种原因，EN 71-9、EN 71-10 和 EN 71-11 目前还没有作为强制性的要求。欧洲标准化委员会已经解散了制定该标准的第 9 工作组，因此将来不会再对这三个标准作任何改动。但值得注意的是它们对于制造商仍然有用，作为自愿性标准它在某种程度上澄清了应该关注玩具中的哪些有机化合物；规定了合格与不合格的标准，规定了这些化合物的测试方法。

EN71-9 标准针对玩具及玩具材料中迁移出的或含有的某些有机化合物提出了要求，接触此类玩具和玩具材料的途径包括：摄入、皮肤接触、眼睛接触、吸入。EN 71-9 限制的有机化合物可以归为以下几组：

① 溶剂；

② 防腐剂；

③ 增塑剂（不包括邻苯二甲酸酯类增塑剂）；

④ 阻燃剂；

⑤ 单体；

⑥ 生物杀灭剂（木材防腐剂）；

⑦ 染料。

EN 71-9、EN 71-10、EN 71-11 应配合使用，先根据玩具的类型和用到的材料从 EN 71-9 找出需要测试的项目（见表 4-10）以及限量，然后按 EN 71-10 和 EN 71-11 对玩具样品进行提取和测试。表 4-10～表 4-23 列出了各类有机化合物的限量以及制样、提取和测试方法。

表 4-10 不同玩具材料测试项目列表

	玩具/玩具部件	玩具材料	限量									
			阻燃剂	染料	芳香胺	单体	可迁移溶剂	可吸入溶剂	木材防腐剂（室外）	木材防腐剂（室内）	防腐剂	增塑剂
1	供三岁以下儿童嘴咬的玩具	聚合物①				x	x					x
2	供三岁以下儿童在手中玩耍的不大于150g的玩具或可接触的玩具部件	聚合物①				x	x					x
3		木材		x	x				x	x		
4		纸		x	x							
5	供三岁以下儿童使用的玩具和可接触部件	纺织物	x	x	x							
6		皮		x	x						x	
7	用嘴驱动的玩具上与嘴接触的部分	聚合物①				x	x					x
8		木材		x	x				x	x		
9		纸		x	x							
10	充足气后表面积大于 0.5m² 的充气玩具	聚合物①						x				
11	罩在嘴或鼻子上的玩具	聚合物①				x		x				
12		纺织物		x	x			x				
13		纸		x	x							
14	儿童可进入的玩具	聚合物①						x				
15		纺织物						x				
16	以玩具形式售卖或用于玩具中的画图器具的部件	聚合物①				x	x					x
17	室内使用的玩具和玩具的可接触部件	木材							x	x		
18	室外使用的玩具和玩具的可接触部件	木材							x			
19	模仿食物的玩具和玩具部件	聚合物①				x	x					x
20	可留下痕迹的固态玩具材料	所有		x	x							
21	玩具中可接触的有色液体	液体		x	x						x	
22	玩具中可接触的无色液体	液体									x	
23	造型黏土、玩具泥和类似的材料，EN71-5 中提到的化学玩具除外	所有		x	x						x	
24	制造气球的化合物	所有		x	x			x				

续表

	玩具/玩具部件	玩具材料	限量									
			阻燃剂	染料	芳香胺	单体	可迁移溶剂	可吸入溶剂	木材防腐剂（室外）	木材防腐剂（室内）	防腐剂	增塑剂
25	带黏合剂的模仿文身	所有		x	x		x				x	
26	仿制珠宝	聚合物①				x	x					x

①不包括厚度小于 $500\mu m$ 的聚合物涂层。

注：对某一个玩具、玩具部件和玩具材料，在本表中没有给出限量的项目不作要求。限量表中的限量是根据所列玩具和玩具材料推算出来的，不适用于其他的玩具和玩具材料，应用于其他的玩具和玩具材料时，需要专家作进一步的毒性/暴露性评估。

表 4-11　阻燃剂

化合物	限量/(mg/kg)	制样、提取和测试方法
五溴二苯醚(共有 3 个异构体)	①	从玩具的纺织品部件上移取可触及面积≥10cm² 的测试试样。称取 0.5g 样品，加 5mL 乙腈，置超声波水浴中 40℃超声 60min。过滤。提取液用液相色谱-二极管阵列检测器-质谱联用仪(LC-DAD-MS)检测，外标法定量
八溴二苯醚(共有 4 个异构体)	①	
三邻甲苯磷酸酯	50(检出限)	
三(2-氯乙基)磷酸酯	50(检出限)	

①指令 2003/11/EC 检测限为 0.1％（1000mg/kg）。

表 4-12　染料

染料	限量(检出限)/(mg/kg)	制样、提取和测试方法
分散蓝 1	10	纺织品/皮革/纸取可触及面积≥10cm² 的测试试样；木材厚度小于 1cm，从可触及表面上移取测试试样至少 5g；厚度大于 1cm，钻取至少 5g 木屑作为测试试样；其余材料直接取样混匀。不同材料、不同颜色都视为单独样品测试。 称取 0.5g 样品，加 10mL 乙醇，置超声波水浴中超声 15min。提取液浓缩至约 1mL。过滤。提取液用配二极管阵列检测器的液相色谱仪(LC-DAD)定性和半定量。如结果呈阳性，再用液相色谱-质谱(LC-MS)联用仪确认
分散蓝 3	10	
分散蓝 106	10	
分散蓝 124	10	
分散黄 3	10	
分散橙 3	10	
分散橙 37	10	
分散红 1	10	
溶剂黄 1	10	
溶剂黄 2	10	
溶剂黄 3	10	
碱性红 9	10	
碱性紫 1	10	
碱性紫 3	10	
酸性红 26	10	
酸性紫 49	10	

表 4-13　初级芳香胺

化合物	限量(检出限)/(mg/kg)	制样、提取和测试方法
邻甲苯胺	5	纺织品/皮革/纸取可触及面积≥10cm² 的测试试样;木材厚度小于 1cm,从可触及表面移取测试试样至少 5g;厚度大于 1cm,钻取至少 5g 木屑作为测试试样;其余材料直接取样。不同材料、不同颜色都视为单独样品测试。称取约 1.0g 样品,加 15mL 水,在振荡器上振荡 30s。离心后将上清液倒入多孔硅藻土柱,让其吸收 20min。以 2×40mL 叔丁基甲醚提取硅藻土。合并提取液,浓缩至 1mL。用气相色谱-质谱联用仪(GC-MS)测定,外标法定量
2-甲氧基苯胺	5	
对氯苯胺	5	
2-萘胺	5	
联苯胺	5	
苯胺	5	
3,3'-二甲基联苯胺	5	
3,3'-二氯联苯胺	5	
3,3'-二甲氧基联苯胺	5	

表 4-14　可迁移单体——丙烯酰胺

化合物	萃取液中的限量/(mg/L)	制样、提取和测试方法
丙烯酰胺	0.02 (检出限)	移取面积约为 10cm² 的测试试样(如测试样品表面积小于 10cm²,直接测试样品)。将测试试样放入提取瓶中,加入 100mL20℃的水(萃取液),以 60r/min 的速度旋转 60min,过滤。萃取液用配二极管阵列检测器的液相色谱仪(LC-DAD)检测

表 4-15　可迁移单体——苯酚和双酚 A

化合物	萃取液中的限量/(mg/L)	制样、提取和测试方法
苯酚(作为单体)	15	移取面积约为 10cm² 的测试试样(如测试样品表面积小于 10cm²,直接测试样品)。将测试试样放入提取瓶中,加入 100mL20℃的水(萃取液),以 60r/min 的速度旋转 60min,过滤。萃取液用配二极管阵列检测器和荧光检测器的液相色谱仪(LC-DAD-FLD)检测
双酚 A	0.1	

表 4-16　可迁移单体——甲醛

化合物	萃取液中的限量/(mg/L)	制样、提取和测试方法
甲醛 (作为单体)	2.5	移取面积约为 10cm² 的测试试样(如测试样品表面积小于 10cm²,直接测试样品)。将测试试样放入提取瓶中,加入 100mL20℃的水(萃取液),以 60r/min 的速度旋转 60min,过滤。滤液衍生化(萃取液中的甲醛和乙酰丙酮在醋酸铵存在的条件下反应生成 3,5-二乙酰基-1,4-二氢二甲基吡啶)后用分光光度计检测

表 4-17　可迁移溶剂——三氯乙烯和二氯甲烷

化合物	萃取液中的限量/(mg/L)	制样、提取和测试方法
三氯乙烯	0.02 (检出限)	移取面积约为 10cm² 的测试试样(如测试样品表面积小于 10cm²,直接测试样品)。将测试试样放入提取瓶中,加入 100mL20℃的水(萃取液),以 60r/min 的速度旋转 60min,过滤。萃取液用配电子捕获检测器的顶空气相色谱(HS-GC-ECD)检测
二氯甲烷	0.1	

表 4-18　可迁移溶剂——甲醇、甲苯、乙苯、二甲苯和环己酮

化合物	萃取液中的限量/(mg/L)	制样、提取和测试方法
甲苯	2.0	移取面积约为 10cm² 的测试试样(如测试样品表面积小于 10cm²，直接测试样品)。将测试试样放入提取瓶中，加入 100mL20℃的水(萃取液)，以 60r/min 的速度旋转 60min，过滤。萃取液用顶空-气相色谱-质谱联用仪(HS-GC-MS)检测
乙苯	1.0	
二甲苯	2.0	
环己酮	46	
甲醇	5.0	

表 4-19　可迁移溶剂——2-甲氧基乙酸乙酯、2-乙氧基乙醇等

化合物	萃取液中的限量/(mg/L)	制样、提取和测试方法
2-甲氧基乙酸乙酯		移取面积约为 10cm² 的测试试样(如测试样品表面积小于 10cm²，直接测试样品)。将测试试样放入提取瓶中，加入 100mL20℃的水(萃取液)，以 60r/min 的速度旋转 60min，过滤。萃取液 50mL 过固相萃取柱后用 1mL 乙酸乙酯淋洗柱 5 次，合并洗脱液，加二氯甲烷定容至 50mL。用气相色谱-质谱联用仪(GC-MS)检测
2-乙氧基乙醇		
2-乙氧基乙酸乙酯	0.5(总和)	
双(2-甲氧基乙基)醚		
2-甲氧基乙酸丙酯		
苯乙烯	0.75	
异佛尔酮	3.0	
硝基苯	0.02(检出限)	

表 4-20　木材防腐剂

化合物	限量(检出限)/(mg/kg)	制样、提取和测试方法
2,4-二氯苯酚	(5)[1]	厚度小于 1cm，从木材的可触及表面上移取测试试样至少 5g；厚度大于 1cm，钻取至少 5g 木屑作为测试试样。称取 2.5g 样品至 50mL 锥形烧瓶中，加 25mL(9+1)乙醇/冰醋酸溶液，置超声波水浴中提取 1h。移取 400μL 提取液至 35mL0.1mol/L 碳酸钾溶液中振荡 30s，加入 5mL 正己烷和 1mL 醋酸酐，振荡后取正己烷相测定。乙酰化提取物用配电子捕获检测器的气相色谱仪(GC-ECD)分析，内标法定量
2,4,6-三氯苯酚	(5)[1]	
2,4,5-三氯苯酚	(10)[1]	
2,3,4,6-四氯苯酚	(1)[1]	
五氯苯酚(室外)	2	
六氯化苯(室外)	2	
氟氯氰菊酯(室内)	10	
氯氰菊酯(室内)	10	
溴氰菊酯(室内)	10	
二氯苯醚菊酯(室内)	10	

①EN71-9 对此成分没有要求，但括号中的值能达到。

表 4-21　防腐剂

化合物	限量/(mg/kg)	制样、提取和测试方法
1,2-苄基异噻唑啉-3-酮	5(检出限)	不同材料制样方法不同。皮革material可触及面积≥10cm² 的测试试样；其余材料直接取样。不同材料、不同颜色都视为单独样品测试。称取 1.0g 测试试样，加 15mL 水振荡 30s。上清液过滤后用配紫外检测器的液相色谱仪检测，外标法定量
2-甲基-4-异噻唑啉-3-酮	10	
5-氯-2-甲基-4-异噻唑啉-3-酮	10	

表 4-22　增塑剂（迁移）

化合物	萃取液中的限量（检出限）/(mg/L)	制样、提取和测试方法
磷酸三苯酯	0.03	移取面积约为 10cm² 的测试试样（如测试样品表面积小于 10cm²，直接测试样品）。将测试试样放入提取瓶中，加入 100mL20℃ 的水（萃取液），以 60r/min 的速度旋转 60min，过滤。萃取液用气相色谱-质谱联用仪（GC-MS）检测，外标法或内标法定量
磷酸三邻甲苯酯	0.03	
磷酸三间甲苯酯	0.03	
磷酸三对甲苯酯	0.03	

表 4-23　可吸入溶剂

化合物	限量/(μg/m³)	制样、提取和测试方法
甲苯	260	
乙苯	5000	
二甲苯	870	
1,3,5-三甲苯	2500	样品中挥发性有机化合物（VOC）由热解吸-GC/MS 定性和定量。样品首先在 40℃ 热捕集器中捕集 15min，挥发性物质被捕集到空气采样吸附管中。将吸附管热解吸，挥发性成分由冷阱富集于 GC/MS 系统的进样口，用 GC/MS 测定
三氯乙烯	33	
二氯甲烷	3000	
正己烷	1800	
硝基苯	33	
环己酮	136	
3,5,5-三甲基-2 环己烯-1-酮	200	

4.1.2.4　EN 71-12 玩具中可迁移 N-亚硝胺的测试方法

2009/48/EC 玩具新指令增加了对可迁移 N-亚硝胺和可转为化 N-亚硝胺物质的限制，并且 EN 71-7 中也对指画颜料中的 N-亚硝胺进行了限定。EN 71-12《玩具中可迁移 N-亚硝胺和可转化为 N-亚硝胺物质的测试方法》给出了对指画颜料、玩具中橡胶部分（包括气球）中的可迁移 N-亚硝胺和可转为化 N-亚硝胺物质的测试方法。测试原理：以人工唾液为模拟液，样品在恒温条件下在模拟液中进行迁移，对迁移液进行 N-亚硝胺的测试。将迁移液在一定的酸性条件下进行转化，将可亚硝化的物质转化为 N-亚硝胺，然后对 N-亚硝胺的含量进行测定。

4.1.3　欧洲其他涉及玩具化学安全要求的法规

4.1.3.1　《关于化学品注册、评估、授权和限制制度》（REACH 制度）

2006 年 12 月 13 日，欧洲议会通过《关于化学品注册、评估、授权和限制制度》（REACH 法规）。该法规从 2007 年 6 月 1 日正式实施。REACH（REGISTRATION，EVALUATION AUTHORIZATION AND RESTRICTION OF CHEMICALS）法规是欧盟关于化学品注册、评估、授权和限制法令的简称，是欧盟对进入其市场的所有化学品进行预防性管理的一项化学品管理法律。它类似于特殊产（商）品的登记、授权和许可制度，将化学品安全信息举证的责任完全转到企业身上，主张"没有数据就没有市场"。

（1）REACH 制度主要内涵

① 注册（registration）　要求年产量超过 1t 的所有现有化学品和新化学品及应用于各种产品中的化学物质必须注册其基本信息，对年制造量或进口量大于或等于 10t 的化学品和化学物质还应进行化学安全评估并完成安全报告。按照欧盟拟订的时间表，产量在 1000t 以上的化学物质，应于 3 年内完成注册；产量在 100～1000t 的化学物质，于 6 年内完成注册；产量在 1～100t 的化学物质于 11 年内完成注册，未能按期纳入该管理系统的产品不能在欧盟市场上销售。为此，欧盟将建立一个新的化学品机构来管理数据，接受注册文件，并负责向公众披露信息。同时，该法规还规定了严格的检测标准，需要高昂的检测费用。据欧盟估算，每一种化学物质的基本检测费用约需 8.5 万欧元（不含长期环境影响的评估费用），每一新物质检测费用约需 57 万欧元，这些费用将全部由企业承担。已进行的实验不必重复，后申请者需支付 50％的费用。

② 评估（evaluation）　评估包括档案评估和物质评估。档案评估包括测试草案的审查和注册符合性审查；测试草案的审查是要求年生产量在 100t 以上的注册者或下游用户提交测试草案，优先处理年生产量在 100t 以上的 PBT、VPVB 等物质；注册符合性审查是抽查各吨数范围档案的 5％，审查提交的材料是否符合法规的要求。欧盟主管机关将检查企业提供的数据，根据企业提供的建议确定针对化学品特性的试验程序。目前，有两种化学品评估方法。一是动物试验。REACH 法规规定所有动物试验提案必须经过文件评估。此举的目的是为了分享动物试验数据，鼓励其他替代性数据的使用。文件评估也用作检查注册是否与注册要求相一致。第二种是物质评估。有关机构可以评估任何他们有理由怀疑对人体健康和环境有危害可能的化学物质。这项物质评估将会由欧盟各成员国机构根据欧盟管理机构设定的标准要求具体操作。以上两种评估之后，欧盟管理机构可以在所有成员国同意的基础上要求获取进一步的信息。如果所有成员国没有达成一致，由欧盟委员会决定。

③ 授权（authorization）　对具有一定危险特性并引起人们高度重视的化学品进行许可授权，其中包括 CMR（所有 1 类或 2 类致癌物质、诱导基因突变的物质或对生殖有害的物质），PBT（持久的、生物累积的和有毒的物质），vPvB（非常持久、高生物累积性物质）等。作为已引起高度关注的化学物质，经认定对人体和环境会造成严重影响的物质必须接受严格的市场进入许可。列在规定附录中的必须授权的化学物质只有在特殊用途中免除或特许情况下才被使用。如果使用该化学物质产生的危害风险可以被"充分控制把握"，可以进行授权。如果无法充分控制把握，该化学品的使用提议的批准将取决于该化学品的风险系数，使用的社会和经济重要性，以及有无替代品等因素。

④ 限制（restriction）　如果认为某种物质自身、配置品或制品的制造、投放市场或使用所引致的对人类健康和环境造成的风险不能被充分控制，且需在共同体层面予以指出，则委员会或某成员国应提交档案，风险评估委员会和社会-经济分析委员会在分别考虑了档案相关部分的基础上阐明对限制建议的意见，欧委会根据有关程序做出最终决定。除了特殊的使用授权规定，化学品还受到普通的有关生产销售和使用的限制。欧盟委员会的解释是"限制规定和其他欧盟法令一样，是整个 REACH 的保护支持网"，因为在处理化学品危害风险问题的时候，所有产品都受到欧盟限制性规定的约束。

（2）REACH 制度的形成历程和具体时间表

2001 年 2 月，欧盟公布《未来化学品政策战略》白皮书；2003 年 5 月公布咨询文件进行公众咨询；2003 年 10 月最终形成 REACH 法规议案提交部长理事会讨论；2005 年 11 月 REACH 通过了一读；2006 年 12 月 13 日，欧洲议会以529 票赞成、98 票反对、24 票弃权通过了关于 REACH 法规的二读议案；REACH 法规于 2007 年 6 月 1 日开始生效，2008 年 6 月 1 日开始实施。

2008 年 6 月欧盟化学品管理机构（European Chemicals Agency）成立并开始运行。

2008 年 6 月 1 日～2008 年 11 月 30 日 分阶段物质（Phase-in Substances）预注册。

2009 年 1 月成立物质信息交换论坛（SIEF）。

2010 年 6 月年产量或进口量 1000t 以上的化学物质；年产量或进口量 1t 以上的根据指令 67/548/EEC 中划分为 1、2 类的 CMR 致癌物质；年产量或进口量 100t 以上的根据指令 67/548/EEC 中 N：R50-53 划分为导致水生环境长期负面影响的高水生生物毒性的物质完成注册。

2013 年 6 月年产量或进口量 100t 以上的化学物质完成注册。

2018 年 6 月年产量或进口量 1t 以上的化学物质完成注册。

注：2008 年 6 月 1 日后正式接受提交注册文件。

化学物质在欧盟内生产和销售必须在规定的注册最后期限之前进行注册，新化学物质必须在投放市场前进行登记。

（3）范围（REACH 包括哪些化学品）

REACH 制度涉及的不仅是化学品的生产商，还囊括了进口商、下游产业等多个领域，包括广泛应用化学品的轻工、机电和纺织行业等。与之前欧盟实施的WEEE、ROHS 和 EUP 指令相比，REACH 法规更为严格，影响范围更广，将对我国石油、化工、制药、农药以及广泛应用化学品的纺织、服装、鞋、玩具、家具、机电等下游行业产生重大影响。虽然该法规在加强化工产品安全管理，减少化工产品对人身健康和环境的危害等方面将发挥一定的积极作用，但由于规则规定的注册程序复杂，试验费用高昂，需要提交的技术资料繁多并且缺乏对有关商业秘密的保护等，将大幅度增加化工企业的生产成本，对相关下游行业以及化工产品的国际贸易也将产生较大影响。玩具行业作为化工产品的下游产品，这个规则会给玩具业带来巨大影响。

（4）REACH 与 76/769/EEC 指令

76/769/EEC 指令全称为《关于统一各成员国有关限制销售和使用某些有害物质和制品的法律法规和管理条例的理事会指令》，它覆盖包括玩具在内的所有产品，是一条重要的有关限制使用有害物质的指令。该指令最早于 1976 年由欧盟理事会通过，通常被称为"限制指令"（LIMITATIONS DIRECTIVE），所限制的物质种类列表、要求及其所涉及的商品列于指令的附录部分。

由于科学的进步和人类对各类物质的认识的增加，该指令的内容也是不断变化的。到 2007 年为止，该指令已经先后经历 45 次修改，限制使用的有害物质种类也在不断增加。对该指令的修订是由欧盟理事会通过某一修订指令而对 76/769/EEC 指令的附录部分增加或修改相应的限制物质的内容来实现的。该指令发布后，一般都是规定在一定的时间内给各个欧盟成员国将指令的内容转变成各自国家的法令或法规。76/769/EEC 指令限制的有害物质非常多，大多为无机物或有机化学物质。例如：多氯联苯（PCB）、多溴联苯（PBB）、禁用偶氮染料、阻燃剂、镍释放、镉含量、五氯苯酚、有机锡等与玩具有关的一些化学品都先后陆续被加入到该指令中。

2009 年 6 月 1 日起 REACH 正式废止 76/769/EEC 指令，取代了 76/769/EEC 指令及其系列修订指令。76/769/EEC 中 50 多类有害物质生产、使用和投放市场方面的限制 [包括邻苯二甲酸酯增塑剂指令（2005/84/EC）、禁用有害偶氮染料指令（2002/61/EC）、镍释放指令（94/27/EC）、禁用两种含溴阻燃剂指令（2003/11/EC）、镉含量指令（91/338/EEC）、五氯苯酚指令（91/173/EEC，1999/51/EC）等] 都并入到 REACH 附录 XVII 中。REACH 限制物质的种类和限量同 76/769/EEC 指令，并在 76/769/EEC 基础上有所扩展，欧洲议会于 2009 年 6 月 22 日公布了（EC）No.552/2009，将 REACH 内容修订增加至 58 大类。

下面就 REACH 附录 XVII 中与玩具产品有关的受限制的物质进行具体介绍。

① REACH 附录 XVII 对邻苯二甲酸酯增塑剂的限制　REACH 附录 XVII 第 51 条和第 52 条对玩具和儿童护理用品中的增塑材料邻苯二甲酸酯的含量进行了规定。REACH 第 552/2009（EC）号法规修订代替了 76/769/EEC 指令中的 2005/84/EC《邻苯二甲酸酯增塑剂指令》。2005/84/EC 是专门针对限制玩具和儿童用品中邻苯二甲酸酯增塑剂的使用的指令，从 2007 年 1 月 16 日开始实施。对邻苯二甲酸酯增塑剂的限制是当前的一个热点，而且是目前玩具召回非常多的一个原因。

a. 立法背景知识　聚氯乙烯（polyvinyl chloride，简称 PVC）是由氯乙烯经过聚合而成的高分子化合物，是一种通用型热塑性树脂，具有价格低廉、可塑性好、易于造型和着色等优点，其综合性能优良，生产工艺成熟，能进行大规模工业化生产，是玩具、日用消费品、化妆品、纺织品、食品包装材料制造的常用原料，目前产量仅次于聚乙烯（PE）位居第二位，总产量占全部塑料的 20% 左右。但 PVC 熔点高，难以加工成型。因此，在 PVC 的制造过程中常常需要添加适量的增塑剂以增强可塑性。

邻苯二甲酸酯类是指一类邻苯二甲酸酐与各种醇合成的酯类，一般为无色或者淡黄色透明油状液体，具有芳香气味，常溶于醚类、醇类、酮类、苯类、烃类和氯代烃类等有机溶剂，不溶于水，邻苯二甲酸酯类化合物为碳氢氧化合物，其化学结构具有共同的特点：

即在苯环邻位含有两个对称的或者不对称的甲酸烃酯。由于邻苯二甲酸酯的溶解度参数和介电常数与 PVC 都较相近，与 PVC 有良好的相容性。因此，PVC 常用邻苯二甲酸酯类作为增塑剂，这是一种使用最广泛，性能最好也最廉价的增塑剂。自从 20 世纪 30 年代开始作为增塑剂使用以来，现在的消耗量占据了增塑剂总消耗量的 80% 左右，世界上对于邻苯二甲酸酯增塑剂的年消耗量在 300 多万吨，其中有 1% 左右通过各种途径流入到自然界，目前已经在全球几乎所有的海洋、大气、饮用水、动植物及初生婴儿体内都可不同程度地检出邻苯二甲酸酯。因为邻苯二甲酸酯在人体和动物体内发挥着类似雌性激素的作用，是环境雌激素的典型代表，可干扰内分泌，具有致癌、致畸、破坏免疫和生殖功能等毒性，会损害人体肝脏、肾脏，并且能通过食物链在生物体内逐渐富集，且可转移到下一代，尤其对儿童存在危害，因为含有邻苯二甲酸酯的塑料玩具及儿童用品有可能被小孩放进口中，这就可能会导致邻苯二甲酸酯的溶出量超过安全水平，会危害儿童的肝脏和肾脏。

欧美国家逐渐开始对该类物质施加严格的标准和法规限制。如美国玩具安全标准 ASTM F963、CPSC 等对邻苯二甲酸酯类增塑剂中的 DEHP 有限量要求。而欧盟经过了较长时间的磋商，并综合了各个欧盟成员国的意见，在 1999 年正式作出一项"1999/815/EC 决议"，通过了一项临时禁令。该禁令只是对三岁以下儿童的与口接触的 PVC 塑料制品中的六种增塑剂（DEHP、DBP、BBP、DNOP、DINP、DIDP）进行了限制，没有限制所有 PVC 玩具。

该禁令推出后在玩具界引起了较大的反响。由于立法方面的原因，该项临时性禁令的有效期只有三个月。在通过此临时禁令的同时，欧盟也在 1999 年也开始启动通过永久禁止邻苯二甲酸酯增塑剂法令的立法程序。为使该决议的内容在立法通过前保持有效，自 2000 年开始欧盟对该禁令大约每三个月进行一次延期，先后进行了多达十几次延长有效期并一直实施到 2005 年。最终欧盟确认邻苯二甲酸酯由于对环境有污染及对人体具有潜在的危害，在经过了较长时间的探讨，并综合了各个欧盟成员国的意见之后，在 2005 年 12 月欧盟部长理事会通过了全面限制玩具和儿童用品中邻苯二甲酸酯含量的 2005/84/EC《邻苯二甲酸酯增塑剂指令》。2007 年 1 月 16 日开始实施。

2005/84/EC 指令永久禁止塑料玩具中使用 DBP、BBP、DEHP 这 3 种增塑剂（总含量不得超过 0.1%），并有条件限制另外 3 种增塑剂（DNOP、DINP、DIDP）在塑料玩具中的使用。目前对增塑剂的限制已经扩展到其他使用增塑剂的日用消费品如鞋、服装等，2005 年 11 月，德国发生了芭比娃娃玩具增塑剂超标事件，引起了各大媒体的广泛报道。

b. 限制内容

（a）要求　在欧盟范围内，避免在塑料、含塑料部件的玩具和儿童用品中使用对儿童健康造成危害或造成潜在危害的增塑剂。限令中涉及的增塑剂包括表 4-24 中所列的六种邻苯二甲酸酯。

表 4-24　六种限制使用的增塑剂

序号	邻苯二甲酸酯名称	英文名称（缩写）	CAS 号	化学结构式	化学分子式
1	邻苯二甲酸二丁酯	dibutyl phthalate（DBP）	84-74-2		$C_{16}H_{22}O_4$
2	邻苯二甲酸丁苄酯	benzyl butyl phthalate（BBP）	85-68-7		$C_{19}H_{20}O_4$
3	邻苯二甲酸二（2-乙基）己酯	bis（2-ethylhexyl）phthalate（DEHP）	117-81-7		$C_{24}H_{38}O_4$
4	邻苯二甲酸二正辛酯	di-n-octyl phthalate（DNOP）	117-84-0		$C_{24}H_{38}O_4$

序号	邻苯二甲酸酯名称	英文名称(缩写)	CAS 号	化学结构式	化学分子式
5	邻苯二甲酸二异壬酯	di-*iso*-nonyl phthalate(DINP)①	28553-12-0 68515-48-0		$C_{26}H_{42}O_4$
6	邻苯二甲酸二异癸酯	di-*iso*-decyl phthalate(DIDP)①	26761-40-0 68515-49-1		$C_{28}H_{46}O_4$

（b）限量

ⓐ对于所有玩具和儿童产品中的塑胶材料，DBP、DEHP 和 BBP 三类增塑剂作为成分或预加工产品中的组分，其质量分数不得超过 0.1%。

ⓑ对于可被儿童放入口中的玩具及儿童产品中的塑胶材料，DINP、DIDP 和 DNOP 三类增塑剂作为成分或预加工产品中的组分，其质量分数不得超过 0.1%。

儿童用品的定义是"专门用来方便睡眠、休息、卫生、儿童进食或可以让儿童吮吸的任何产品"，涵盖折叠式婴儿车、车辆座椅和自行车座等用来在行车途中方便睡眠和休息的物品的可触及部件。睡衣的主要目的是给正在睡觉的儿童穿上衣服，并不是方便睡觉，不属于本指令的范围。睡袋是设计来便于睡眠的，因此属于本指令的范围。

② REACH 附录ⅩⅧ对禁用有害偶氮染料的限制　REACH 附录ⅩⅦ第 43 条第一部分针对纺织品制成或皮革制成的玩具和带有纺织或皮制衣物的玩具中的禁用有害偶氮染料进行了限制。偶氮染料经还原可裂解出一种或多种致癌芳香胺，在最终产品或产品染色部分含有可释放出浓度高于 30mg/kg 致癌芳香胺的偶氮染料不得用于与人体皮肤或口腔直接长期接触的纺织品和皮革制品。76/769/EEC 中的 2002/61/EC《禁用有害偶氮染料指令》是专门对禁用有害偶氮染料进行限制的指令，该指令自 2003 年 9 月 11 日起生效，现已被 REACH 的第 1907/2006 号法规及其修订法规（EC）552/2009 取代。

a. 背景　在染料分子结构中，凡是含有偶氮基（ —N═N— ）的统称为偶氮染料，其中偶氮基常与一个或多个芳香环系统相连构成一个共轭体系而作为染料的发色体，几乎分布于所有的颜色，广泛用于纺织品、服装、皮革制品、家居布料等染色及印花工艺。当纺织品、服装和皮革制品与人体直接接触后，某些类型的偶氮染料与人体正常代谢物（如汗液）混合，能形成致癌的芳香胺化合物而再被人体吸收，对人体危害极大。这部分偶氮染料就是可致癌的偶氮染料。需要澄清的是，偶氮染料被广泛采用，目前使用的偶氮染料就达 3000 种之多，其中大部分偶氮染料都是安全的，受禁的只是可还原释放出指定的二十多种芳香胺的那一小部分偶氮染料，大约只有 200 多种。

从保护人体健康、安全的角度出发，1992 年 4 月 10 日德国颁布了"食品与日用消费品法"（GERMAN FOOD AND CONSUMER ARTICLE LAW，简称 LMBG），该法令中第 30 条涉及禁用部分染料，但没有可操作的明确规定。1994 年 7 月 15 日，德国颁布了该法令的第二修正案，第一次明确了在纺织品服装、鞋类等日用品中禁止使用某些在一定条件下会裂解并释放出 MAKⅢA1（对人类致癌）和 MAKⅢA2（对动物致癌）的 20 种致癌芳香胺的偶氮染料，方式包括禁止生产、禁止进口、禁止销售。1994 年 12 月 16 日～1996 年 7 月 23 日德国先后三次颁布修正案，把法令的执行时间加以推迟。1999 年 8 月 4 日，德国颁布的第六修正案增加了两种致癌芳香胺，使禁用芳香胺的总数达到 22 种。

1997 年 1 月 21 日，法国政府以官方公报（OFFICE GAZETTE OF THE FRENCH REPUBLIC，NOTIFICATION 97/0141/F）的形式，规定禁止使用某些可裂解并释放出致癌芳香胺的偶氮染料，限定值为 30mg/kg。

1998 年 7 月 29 日，奥地利政府以联邦公报的形式发布了偶氮染料法令（AZO ORDINANCE，BGBL Ⅱ Nr.241/1998），禁止在消费品中使用某些偶氮染料和颜料，这些消费品是指服装和纺织材料制品或皮革制品，致癌芳香胺的限定值为 30mg/kg。

1999 年，欧洲为了保护欧盟公民的身体健康，同时也为了统一欧盟各成员国关于限制某些偶氮类染料使用的法规，提出了《关于禁止使用偶氮类染料指令》的立法建议。此后，由于各成员国在指令的某些细节问题上分歧大，该立法建议在欧洲议会以及欧盟理事会中均经历了长时间的讨论。2002 年 2 月，欧盟理事会终于通过了该指令的"共识文件"，在最终通过该指令的立法程序上迈出了重要的一步。从 2002 年 2 月底开始，欧洲议会开始对该指令的共识文件进行第二轮审议，最终该指令将由欧盟理事会和欧洲议会共同通过。2002 年 9 月 11 日，欧盟正式通过了 2002/61/EC《禁用有害偶氮染料指令》，即这是对 76/769/EEC《关于统一各成员国有关限制销售和使用某些有害物质和制品的法律法规和管理条例的理事会指令》做出的第 19 次修订。该指令主要禁止纺织品、服装和皮革制品生产时使用禁用的偶氮染料，禁止使用了含有偶氮染料且直接接触人体的纺织品、服装和皮革制品在欧盟市场销售，禁止这类商品从第三国进口。

b. 主要内容

（a）偶氮染料经还原可裂解出一种或多种致癌芳香胺。在最终产品或产品染色部分含有可释放出浓度高于 30mg/kg 致癌芳香胺的偶氮染料不得用于与人体皮肤或口腔有直接长期接触的纺织品和皮革制品，如：

Ⅰ衣服、床上用品、毛巾、假发、帽子、尿布和其他卫生用品、睡袋；

Ⅱ鞋袜、手套、手表带、手提包、皮包或钱包、行李箱、座椅套、颈挂式皮包；

Ⅲ纺织制或皮制玩具和带有纺织制或皮制衣物的玩具；

Ⅳ供消费者使用的纱线和织物。

（b）上述纺织品和皮革制品如不符合规定要求，不得投放市场。2005 年 1 月 1 日之前对由再生纤维制成的纺织品可放宽要求到由再生纤维中残余染料引起的芳香胺释放浓度为 70mg/kg。

（c）"偶氮染料列表"中新增的偶氮染料不得投放市场或作为质量浓度高于 0.1% 的物质或制剂成分用于纺织品和皮革制品。

c. 检测标准

（a）德国食品和日用消费品法第 35 章官方检测方法（§35LMBG）规定了三种测试方法。

§35 LMBG B82.02-2：2005 适用于纤维素纤维和蛋白质纤维（棉、黏胶、毛、丝、麻）制品的检验。

§35LMBG B82.02-3：2005 与 DIN 53316 方法相一致，适用于染色皮革的检验。

§35LMBG B82.02-4：2005 适用于由聚酯纤维制成的特殊染色纺织品的检验。

§35LMBG B82.02-2：2005 方法简述如下。

在密封容器中，样品在 70℃柠檬酸缓冲溶液（pH＝6）中用连二亚硫酸钠处理。在硅藻土柱上经液-液分配提取，还原产生的芳香胺转移到叔丁基甲醚相中。在真空旋转蒸发器中，叔丁基甲醚提取液在温和条件下浓缩，视所用方法将残液溶解在甲醇或乙酸乙酯中。

芳香胺的定量采用配二极管阵列检测器的高效液相色谱仪（HPLC/DAD）或气相色谱-质谱联用仪（GC/MS）。

§35LMBG B82.02-3：2005 方法的特殊要求如下。

由于皮革样品中存在的大量脂肪会对样品的萃取和分离产生影响，因此需对样品脱脂处理。称取一定量粉碎的皮革样品，加入一定量的正己烷，于 40℃的超声波浴或 50℃的恒温振荡器中提取两遍，弃去正己烷相后，样品于通风橱中挥干。

其他步骤与§35LMBG B82.02-2：2005 方法基本相同。

§35LMBG B82.02-4：2005 方法的特殊要求如下。

本方法与§35LMBG B82.02-2：2005 方法的最大差别在于样品的前处理。由于用连二亚硫酸钠很难直接将聚酯纤维的染色部分还原，因此先选用合适的溶剂，将样品上的染料与聚酯纤维剥离后，再用连二亚硫酸钠还原剥离下的染料。

用氯苯或二甲苯回流提取聚酯纤维中的染料。萃取液浓缩干后用少量甲醇溶解并转移至密封容器中，加入 70℃柠檬酸缓冲溶液（pH＝6），并在超声波容器中处理以分散染料。之后的步骤与 B82.02-2 相同。

（b）2003 年 9 月 9 日，欧盟官方刊物公布了针对不同材料的三种偶氮染料测试方法

ⓐ皮革制品　CEN ISO/TS 17234：2003《皮革制品　化学测试　禁用偶氮染料测定方法》。

该标准系欧洲标准委员会引用的国际标准，与 §35LMBG B82.02-3：1997基本相同。

ⓑ纺织制品　EN 14362-1：2003《纺织品　偶氮染料分解出禁用芳香胺的测定方法第一部分：直接测定方法》。

EN 14362-1：2003 与 §35LMBG B82.02-2：1998 基本相同。

ⓒ聚酯纤维产品　EN 14362-2：2003《纺织品　偶氮染料分解出禁用芳香胺的测定方法第二部分：萃取测定方法》。

EN 14362-2：2003 与 §35LMBG B82.02-4：1998 基本相同。

2010 年 6 月～2012 年 4 月，欧盟又相继公布了 EN ISO 17234-1：2010《皮革　测定染色皮革中某些偶氮着色剂的化学试验　第 1 部分：偶氮染料释放出的某些芳香胺的测定》、EN ISO 17234-2：2011《皮革　测定染色皮革中某些偶氮着色剂的化学试验　第 2 部分：对氨基偶氮苯的测定》和 EN 14362-1：2012《纺织品　检验偶氮染料释放出的芳香胺　第一部分：在提取或不提取纤维的情况下测试某些芳香胺的方法》新标准。EN ISO 17234-1：2010 取代了 CEN ISO/TS 17234：2003 的方法，是测试皮革材料中禁用 22 种芳香胺的测试标准，EN ISO 17234-2：2011 是专门针对皮革材料中对氨基偶氮苯的测试标准。特别是，2012 年 4 月欧盟发布的 EN 14362-1：2012 新标准，取代了 EN 14362-1：2003标准，并且取消了 EN 14362-2：2003 标准。EN 14362-1：2012 新标准根据纤维的性质及着色处理（有无分散染料着色）来判断是采用直接法还是萃取法，综合了纺织品材料和聚酯材料的前处理方法。

③ REACH 附录ⅩⅦ对镍释放的限制　REACH 附录ⅩⅦ第 27 条主要涉及仿真饰品，对镍释放进行了限制。规定在由穿刺引起的伤口愈合过程中插入耳孔和人体其他穿刺部位的耳钉或其他类似物品，镍释放量不得超过 $0.2\mu g/(cm^2 \cdot$ 周)；与皮肤有直接及长期接触的制品中镍的释放量不得超过 $0.5\mu g/(cm^2 \cdot$ 周)。规定的范围包括：耳环；项链、手镯和手链、踝饰、戒指；手表壳、表带和带扣；铆扣、搭扣、铆钉、拉链和金属标牌等用在服装上的物件。

在某些与人体有直接和长时间接触的物品中镍的存在可能引起人的皮肤过敏，并可能导致过敏反应，这种反应在某些西方人种上面尤其明显。鉴于以上原因，欧盟提出对镍金属在某些物品上的使用应该有所限制。1994 年 6 月 30 日欧盟颁布了 94/27/EC《镍释放指令》，这是对 76/769/EEC《关于统一各成员国有

关限制销售和使用某些有害物质和制品的法律法规和管理条例的理事会指令》的第 12 次修正。该指令要求在含镍产品中镍的释放量不得超过 $0.5\mu g/$（$cm^2 \cdot$ 周），正式实施日期是 1999 年 1 月 20 日。1997 年 7 月 20 日，欧盟根据 94/27/EC《镍释放指令》的要求发布了三个协调标准，即 EN1810、EN1811 和 EN 12472，明确了镍的标准释放定量分析方法。目前 94/27/EC《镍释放指令》的内容已并入 REACH 附录ⅩⅦ。

　　检测方法　EN 1810：1998、EN 1811：199 和 EN 12472：2005 是与欧盟指令 94/27/EC《镍释放指令》相配套的检测方法标准，其中 EN 1810 主要应用于穿透或植入人体的金属饰品或产品；EN 1811 主要应用于直接或长期与皮肤接触的金属制品；EN 12472 主要应用于表面有涂层的直接或长期与皮肤接触的金属制品。

　　（a）EN 1810：1998《穿过人体饰品中镍含量的测定　火焰原子吸收光谱法》　该标准方法规定了用火焰原子吸收光谱法测铝、钛、铜、银、金及其合金以及钢中的镍含量，此方法主要适用于镍含量为 0.03%～0.07% 的样品。方法的原理是：取部分试样溶解于酸性溶剂中，将溶液引入原子吸收分光光度计，被喷成雾状后导入空气-乙炔火焰，镍被高温原子化后其基态原子吸收 232nm 的镍特征谱线，从而测出其吸光度，与标准溶液比较进行定量。

　　（b）EN 1811：1998《直接接触和长期接触皮肤的产品中镍释放量的测定方法》　该标准方法规定了从直接接触或长期接触皮肤的商品中模拟释放镍以及测定释放镍是否超过 $0.5\mu g/(cm^2 \cdot 周)$ 的方法。方法的原理是：将被测试样置于人造汗液中 1 周，溶解于人造汗液的镍用原子吸收分光光度法、电感耦合等离子发射光谱法或其他合适的方法测定。镍释放量的表达用每平方厘米每周微克［$\mu g/(cm^2 \cdot 周)$］表示。

　　（c）EN 12472：2005《镍释放量的检测方法　模拟穿戴的磨损试验》　该标准方法规定了一种快速的磨损和侵蚀的检测方法，用于与皮肤直接接触或长期接触的物品中镍释放量的测定。方法的原理是：待测物暴露在腐蚀性的空气环境中，再和磨砂片、水、润湿剂等一起置于规定容器中。旋转容器，使待测样品与磨砂片发生摩擦。样品表面被磨光后，再按照 EN 1811 规定的方法测定其镍释放量。

　　④ REACH 附录ⅩⅦ中对镉含量的限制　REACH 附录ⅩⅦ第 23 条对铬含量进行了限制。规定塑料中镉的质量分数高于 0.01% 时不得在市场上销售，包括玩具中的塑料。

　　由于重金属镉具有累积效应，能引起环境污染，危害人体健康。欧盟开始实施一项全面的措施，限制镉的使用，展开替代品的研究。尤其是聚氯乙烯不可以使用含镉的颜料染色。欧盟委员会于 1991 年 7 月 12 日发布了 91/338/EEC《镉含量指令》，并从即日起生效。目前该指令的内容已并入 REACH 附录ⅩⅦ中。

对镉含量的规定如下。

a. 含量大于 0.01％（100mg/kg）的镉及其化合物不能被用来对以下物质和其生产的最终产品染色：

（a）聚氯乙烯（PVC）；

（b）聚亚氨酯；

（c）低密聚乙烯（LDPE），用来生产色母的氯乙烯除外；

（d）醋酸纤维素（CA）；

（e）乙酸丁酸纤维素（CAB）；

（f）环氧树脂；

（g）三聚氰胺-甲醛树脂（MF）；

（h）尿素-甲醛树脂（UF）；

（i）不饱和聚酯（UP）；

（j）聚对苯二甲酸乙酯（PET）；

（k）聚对苯二甲酸丁烯酯（PBT）；

（l）透明/通用型聚苯乙烯；

（m）聚丙烯腈（AMMA）；

（n）交联聚乙烯（VPE）；

（o）耐冲击聚苯乙烯；

（p）聚丙烯（PP）。

以上物质中如果其镉的含量超过塑性材料质量的 0.01％，便不可以被投放市场。

b. 涂料　涂料中其镉染色剂的含量也不可超过总质量的 0.01％。但如果涂料中锌的含量也高，则镉的浓度在尽可能低的前提下，可以放宽要求到 0.1％。

c. 含量大于 0.01％（100mg/kg）的镉及其化合物不能被用作稳定剂稳定由氯乙烯的共聚物或聚合体生产的以下最终产品：

（a）包装材料（袋子、容器、瓶子、盖子）；

（b）办公室或学校用品 [3926 10]；

（c）用于家具、汽车的装置 [3926 30]；

（d）衣物或衣服点缀品（包括手套）[3926 20]；

（e）地板或墙壁的涂层 [3918 10]；

（f）涂层、填充的层装纺织物 [5903 10]；

（g）人造皮革 [4202]（1）；

（h）留声机、碟片 [8524.0]；

（i）导管及其配件 [3917.23]；

（j）旋转门；

（k）公路运输车辆（车厢里外、车下）；

（l）工业或建筑用钢坯涂层；

（m）电线绝缘层。

如果以上产品的镉的含量超过聚合物质量的 0.01％，不能被投放市场销售。

d. 由于安全需要而染色的产品不在以上要求之列。

由于玩具使用到多种类型的聚合物材料，而 REACH 法规几乎要求所有常见的聚合物材料中都不可以有超过 100mg/kg 的镉含量。这对我国玩具企业是一项非常高的要求，而且我国玩具企业普遍还没有在这方面引起足够的重视。除去一些国际大玩具厂商外，大多数国内玩具厂商都还没有对这一项目进行检测监控，一旦违反此项法令，将造成比较大的损失。

⑤REACH 附录ⅩⅦ对五氯苯酚的限制　对五氯苯酚的限制指令是 91/173/EEC，这是对 76/769/EEC《关于统一各成员国有关限制销售和使用某些有害物质和制品的法律法规和管理条例的理事会指令》的第 9 次修订。目前其内容已并入 REACH 附录ⅩⅦ中。

五氯苯酚（PCP）及其合成物是一种重要的防腐剂，它能阻止真菌的生长、抑制细菌的腐蚀作用，因此是传统防腐防霉剂。五氯苯酚可用于棉花和羊毛等天然纤维的储存、运输，也可用作印花浆料防腐防霉的稳定剂。五氯苯酚还用作除草剂，也用于木材防腐、防治朽木菌等。

动物试验证明五氯苯酚是一种毒性物质，对人体有强致畸和致癌性。五氯苯酚的化学性质十分稳定，自然降解过程漫长，不仅对人体健康有害，而且也会对环境造成持久性的危害。另外，PCP 在燃烧时会释放出对人类有剧毒的二噁英类化合物。因此，一些欧盟国家如德国、法国、荷兰、奥地利、瑞士都针对五氯苯酚或包含这种物质的制剂的使用采取了一些限制措施。为此欧盟制定了 91/173/EE《五氯苯酚指令》。

91/173/EE《五氯苯酚指令》要求市场上销售的物质或制剂中含五氯苯酚（CAS No 87-86-5）以及它的盐和酯的浓度不能超过 0.1％（1000mg/kg）。该指令涉及含有纺织品、皮革的玩具及木制玩具。对于某些纺织品和皮革制品，欧盟国家如德国、荷兰、奥地利等有更加严格的法律规定，允许浓度不大于 0.0005％（5mg/kg），瑞士的物质法令限定值为 10mg/kg。

检测标准如下。

（a）德国标准 DIN 53313：1997《皮革中五氯苯酚含量检测方法》　介绍如下。

简介：将剪碎的皮革样品置于索氏提取器中，用丙酮萃取，萃取物过 Sorbens 层析柱，再用正己烷洗脱被吸附的 PCP。在正己烷相中加入碳酸钾溶液，通过液液萃取，使其中的五氯苯酚转移至水相。水相中加入乙酸酐后，五氯苯酚被乙酰化。用正己烷提取乙酰化五氯苯酚，净化、浓缩后上机检测。用带电子捕获检测器的气相色谱仪（GC-ECD）检测，内标法定量。选用四氯-邻-甲氧基酚（TCG）作内标物。

（b）我国标准 GB/T 18414—2001《纺织品　五氯苯酚残留量的测定》　介绍如下。

简介：用碳酸钾溶液提取试样，提取液经乙酸酐乙酰化后以正己烷提取，用 GC/MS 或 GC-ECD 测定，外标法定量。

⑥ REACH 附录 XVII 对有机锡的限制　REACH 附录 XVII 第 20 条对有机锡化合物进行了限制。

有机锡化合物可用作聚氯乙烯塑料稳定剂，也可用作农业杀菌剂、油漆等的防霉剂、水下防污剂、防鼠剂等。有机锡化合物也是一种环境激素，可造成人体的内分泌紊乱。有机锡的一个典型用途就是用来涂刷在船舶的船体外防止贝类等海洋生物的生长。但近年来国际海事组织（IMO）已经意识到三丁基锡（TBT）对环境及生物所造成的危害，IMO 的海洋环境保护委员会号召到 2003 年 1 月 1 日全球范围内禁止有机金属锡作为生物杀灭剂在船只防污系统中应用。三丁基锡（TBT）主要还用于纺织品及木质品等的防腐。

欧盟于 1989 年 7 月 12 日发布了 89/677/EEC《有机锡（TBT）化合物指令》，这是对 76/769/EEC 指令的第 8 次修订。指令规定不得在市场上销售用于自由交联防污涂料中的生物杀灭剂。

2009 年 5 月 28 日，欧盟通过了得 2009/425/EC，进一步限制对有机锡化合物（organostannic compounds）的使用。从 2010 年 7 月 1 日起，规定物品中不得使用锡含量超过 0.1%（质量分数）的三取代有机锡化合物，如三丁基锡（TBT）和三苯基锡（TPT）。2012 年 1 月 1 日起，向公众供应的混合物或物品中不得使用锡含量超过 0.1%（质量分数）的二丁基锡（DBT）化合物，对某些物品的禁令可以推迟到 2015 年 1 月 1 日；2012 年 1 月 1 日起，向公众供应或由公众使用的下列物品中，不得使用锡含量超过 0.1%（质量分数）的二辛基锡（DOT）化合物：设计为与皮肤接触的纺织品；手套；设计为与皮肤接触的鞋或鞋上的相应部位；墙和屋顶覆盖物；儿童护理用品；女性保洁产品；尿布；双组分室温硫化模具（RTV-2 模具）。

2010 年 4 月，此决议通过法规（EU）276/2010 被并入 REACH 附件 XVII。此欧盟法规针对二丁基锡、二辛基锡及三取代有机锡化合物。自 2010 年 7 月 1 日起，含有三取代有机锡化合物且其中锡的质量分数超过 0.1% 的产品不得投放市场。二丁基锡及二辛基锡化合物的使用从 2012 年 1 月 1 日起受限，供一般公众使用的混合物和物品中不得使用锡的质量分数超过 0.1% 的二丁基锡（DBT）化合物［法规（EC）1935/2004 中规定的直接与食品接触的材料和物品及其他在 2015 年 1 月 1 日前豁免的材料除外］。供一般公众使用的混合物和物品中不得使用锡的质量分数超过 0.1% 的二辛基锡（DOT）化合物。表 4-25 所列为限制条件及限制日期。

表 4-25　有机锡的限制条件及限制日期

物质	范围	要求	生效日期
三取代有机锡化合物,如三丁基锡(TBT)和三苯基锡(TPT)	物品或物品部件	锡的质量分数≤0.1%	2010 年 7 月 1 日
三取代有机锡化合物,如三丁基锡(TBT)和三苯基锡(TPT)	1. 化合物 2. 物品或物品部件(食品接触材料除外)	锡的质量分数≤0.1%	2012 年 1 月 1 日
	1. 单组分和双组分室温硫化密封剂(RTV-1 和 RTV-2 密封剂)及黏合剂 2. 含二丁基锡化合物作为催化剂的油漆和涂料 3. 纯软聚氯乙烯(PVC)型材或与硬聚氯乙烯复合的软聚氯乙烯(PVC)型材 4. 供户外使用,涂有软聚氯乙烯中含有二丁基锡化合物作为稳定剂的纺织品 5. 户外雨水管道、排水沟及配件、屋顶和外墙覆盖材料	锡的质量分数≤0.1%	2015 年 1 月 1 日
二辛基锡(DOT)化合物	1. 与皮肤接触的纺织品 2. 手套 3. 与皮肤接触的鞋或鞋的部分 4. 墙壁及地板 5. 儿童护理产品 6. 女性卫生产品 7. 尿布 8. 双组分室温硫化成型工具(RTV-2 成型工具)	锡的质量分数≤0.1%	2012 年 1 月 1 日

⑦ 高度关注物质（SVHC，Substances of Very High Concern）　对于满足 REACH 第 57 条规定的物质通常被认为是一种高度关注的物质（SVHC）。对于此类物质，并且满足以下条件，按照 REACH 第 7 条第（2）款的要求需要进行通告：a. 该物质已被列入须经许可才能允许使用的候选物质名单中（附件 ⅩⅣ）；b. 该物质存在于物品中的浓度大于 0.1%（质量分数）；c. 每个制造商或进口商每年制造或者进口的物品中该物质的总量超过 1t；d. 该物质作为此项用途尚未被注册过。

一旦某种物质被认为满足上述条件，其将被列为 SVHC 物质，因此 SVHC 物质清单将持续更新。

从 2008 年 10 月 28 日欧洲化学品管理署（ECHA）确认 15 种物质被归入 REACH 法规授权候选清单（SVHC 第一批）以来，截止到 2014 年 3 月，已经有 10 批共计 151 种化学物质被列入 SVHC 列表。

4.1.3.2　欧盟关于在电气电子设备中限制使用某些有害物质指令（2011/65/EC）

RoHS 是《电气、电子设备中限制使用某些有害物质指令》（the Restriction of the use of certain hazardous substances in electrical and electronic equipment）的英文缩写。RoHS 指令涉及电玩具，限制铅（Pb）、镉（Cd）、汞（Hg）、六价铬（Cr^{6+}）、多溴联苯（PBB）和多溴二苯醚（PBDE）的使用，从 2006 年 7 月 1 日起实施。

欧盟委员会在 2003 年 1 月 27 日完成并批准了 2002/95/EC《关于在电子电气设备中限制某些有害物质指令》（RoHS 指令），并于 2003 年 2 月 13 日在其官方公报上公布，即日起生效。2002/95/EC 管辖的电子电气产品有 8 类：①大型家用电器；②小型家用电器；③信息技术和远程通信设备；④用户设备；⑤照明设备；⑥电气和电子工具（大型固定工业工具除外）；⑦玩具、休闲和运动设备；⑧自动售货机。

2002/95/EC 规定，自 2006 年 7 月 1 日起禁止含有铅（Pb）、镉（Cd）、汞（Hg）、六价铬（Cr^{6+}）、多溴联苯（PBB）和多溴二苯醚（PBDE）6 种有害物质的电子电气产品（有部分豁免）进入欧盟市场。指令规定范围内的电子电气设备产品的生产者必须确保其产品符合上述要求，但该指令未对有害物质的限量做出规定。2005 年 8 月 19 日公布的 2005/618/EC 决议对 RoHS 指令做了补充，规定在构成电子电气设备的每个均质材料中，铅、汞、六价铬、PBB 与 PBDE 的含量不能超过 0.1%（1000mg/kg），镉含量不能超过 0.01%（100mg/kg）。均质材料的定义为不能通过机械拆分的手段进一步分解的单一材料，机械拆分包括典型的刨、磨、剪、钻等机械手段。RoHS 指令在 2008 年进行了调整，将十溴联苯醚（Deca-BDE）列入了受限制物质范围内。

2011 年 7 月 1 日，欧盟议会和理事会在欧盟官方公报上发布了指令 2011/65/EU（RoHS 2.0）以取代 2002/95/EC RoHS 指令，于 2011 年 7 月 21 日生效。2013 年 1 月 3 日起指令 2002/95/EC 被废除，欧盟各国必须于 2013 年 1 月 2 日前将指令 2011/65/EU 更新到当地法律中。

RoHS 2.0 的主要内容如下。

（1）产品范围

明确了指令管控范围和相关定义，在 2002/95/EC 限制的八类产品的基础上，将管控产品范围扩大至除特殊豁免外的所有电子电气设备：

① 包括被 2002/95/EC 豁免的第 8 类产品医疗设备、第 9 类产品监控设备；

② 第 11 类产品——不被 1~10 类产品涵盖的其他所有电子电气设备，包括线缆及其他零部件。

（2）限制物质

在 2006/95/EU 禁止使用铅、汞、镉、六价铬、聚溴二苯醚和聚溴联苯 6 类有害物质的基础上，选定 4 种有毒有害物质（HBCDD、DEHP、DBP 和 BBP）

作为限制物质的候选。

4. 1. 3. 3　欧盟有关甲醛控制方面的法规

（1）涉及产品

涉及的玩具产品有：木制玩具，含纺织品、皮革的玩具等。

甲醛（formaldehyde），又名蚁醛。甲醛是无色具有刺激性气味的气体，易溶于水，水溶液浓度最高可达 55％，一般水溶液浓度为 36％～38％。甲醛的水溶液，称福尔马林（Formalin），常用作消毒剂或生物防腐剂。甲醛是一种原生毒质和过敏性原，危害人体的方式主要是皮肤接触与呼吸吸入。甲醛对人类的危害，早期的认识只是刺激眼睛、皮肤和黏膜。现在的研究发现甲醛可与蛋白质生物细胞发生反应，有可能致癌。过量的甲醛会使黏膜和呼吸道严重发炎，也可以导致皮炎。而长时间接触甲醛气体，可引起感觉障碍、软弱无力、体温变化、脉搏加快、排汗不规则等严重的生理影响。

甲醛常用作服装或纺织品的防腐、防皱整理剂，以及木材的防腐剂等。

近年来，甲醛的危害问题得到了国内外环境保护和工业界的广泛关注，各国也相继制定了法规和标准，对甲醛含量作出了严格限定。欧盟目前对甲醛还没有推出一个统一的限定法规。但在一些欧盟的主要国家如德国、法国、荷兰等都有一些法规限定甲醛在纺织品中的使用。我国的强制性国标 GB 18401—2003 也对纺织品中的甲醛提出了严格限定。

（2）检测方法

对于甲醛的检测方法也有很多国际标准。

① ISO 14184-1—2011《纺织品　甲醛的测定　第一部分：游离水解的甲醛（水萃取法）》。

② ISO 14184-2—2011《纺织品　甲醛的测定　第二部分：释放甲醛（气相吸收法）》。

③ 美国标准：AATCC 112—2008《织物释放甲醛的测定：密封瓶法》。

英国标准：BS 6806：2002《纺织品的甲醛第一部分：甲醛总量的测定》。

BS 6806 Part 3：1987《纺织品的甲醛第三部分：释放甲醛的测定方法》。

德国标准：DIN 53315：1996《皮带检验　皮带中甲醛含量的测定》。

德国官方方法 535 LMBG B82.02-1：1985《释放甲醛的测定》。

日本标准：JIS L1041：2000《树脂整理纺织品试验方法》。

中国标准：GB/T 2912.1—2009《纺织品　甲醛的测定　第 1 部分：游离水解的甲醛（水萃取法）》。

GB/T 2912.2—2009《纺织品　甲醛的测定　第 2 部分：释放甲醛》。

这些方法中，日本标准 JIS L1041 是甲醛测试的基本方法，其他方法都与之类似。我国的 GB/T 2912—2009 等同采用国际标准 ISO 14184 方法。

虽然强制性的纺织品和木制品的甲醛控制国标已经实行，但我国的玩具原材料中甲醛应用的情况仍然普遍存在。在广东曾有因为甲醛含量超标而遭到外商退货的案例发生，给企业造成了比较大的损失。对于我国玩具企业来说，利用国内外对于甲醛的关注，开展甲醛替代品的研究，关注国内外有关甲醛控制的最新动态，加强甲醛控制，有利于我国玩具制造业的健康发展。

4.1.3.4 欧盟有关多环芳香烃控制方面的法规

多环芳烃（polycyclic aromatic hydrocarbons，PAHs）是一类芳香族化合物的统称，包括萘、蒽、菲、芘等 150 余种化合物，主要来源于焦油炼油中的残留，存在于原油、木馏油、焦油、染料、塑料、橡胶、润滑油、防锈油、矿物油等石化产品中，还存在于农药、木炭、杀菌剂、蚊香等日常化学产品中。在含有橡胶部件的物品，特别是使用回收轮胎部件/材料的产品中，可能含有大量的多环芳烃。多环芳烃化合物具有致癌性、致突变性和生殖系统毒害性，常见的具有致癌作用的多环芳烃多为四到六环的稠环化合物。

（1）REACH 关于多环芳香烃的规定

欧盟 2005 年发布的《关于多环芳香烃指令》（PAHs 指令 2005/69/EC），限制了包含苯并芘（Bap）在内的 16 种 PAHs 的使用。基于已经发生的在德国港口发现的进口产品中 PAHs 超标的事实，德国安全技术认证中央经验交流办公室（ZLS-ATAV）规定从 2008 年 4 月 1 日起，所有 GS 标志认证机构将加测 PAHs 项目，不能通过 PAHs 测试的产品将无法获得 GS 认证而顺利进入德国。这 16 种 PAHs 分别是：①萘（naphthalene），②苊烯（acenaphthylene），③苊（acenaphthene），④芴（fluorene），⑤菲（phenanthrene），⑥蒽（anthracene），⑦荧蒽（fluoranthene），⑧芘（pyrene），⑨苯并 [a] 蒽（benzo [a] anthracene），⑩䓛（chrysene），⑪苯并 [b] 荧蒽（benzo [b] fluoranthene），⑫苯并 [k] 荧蒽（benzo [k] fluoranthene），⑬苯并 [a] 芘（benzo [a] pyrene），⑭茚苯 [1,2,3-cd] 芘（indeno [1,2,3-cd] pyrene），⑮二苯并 [a,n] 蒽（dibenzo [a,h] anthracene），⑯苯并 [g,h,i] 芘（二萘嵌苯）（benzo [g,h,i] perylene）。

2013 年 12 月 6 日，欧洲管理委员会发布了条例（EU）No 1272/2013，修订了 REACH 法规附件 ⅩⅦ 第 50 条 PAHs 的内容。此指令于 2015 年 12 月 27 日起正式实施。REACH 法规附件 17 第 50 条主要是限制轮胎的填充油中的多环芳香烃（PAHs）含量，此次修订将多环芳烃（PAHs）的限制扩展到了能长期或短期重复接触皮肤或口腔的产品。限制的 8 种 PAHs 物质为：①苯并 [a] 芘（benzo [a] pyrene），②苯并 [e] 芘（benzo [e] pyrene），③苯并 [a] 蒽（benzo [a] anthracene），④䓛（chrysene），⑤苯并 [b] 荧蒽（benzo [b] fluoranthene），⑥苯并 [j] 荧蒽（benzo [j] fluoranthene），⑦苯并 [k] 荧蒽（benzo [k] fluoranthene），⑧二苯并 [a,h] 蒽（dibenzo [a,h] anthracene）。

材料范围及限量如表 4-26 所示。

表 4-26　多环芳香烃的使用范围及限量

范围	限制要求
包括并不仅限于以下产品： 运动器材如自行车、高尔夫球杆、球拍； 家用器具、手推车、步行支架； 家用工具； 服装、鞋类、手套、运动服装； 表带、腕带、面具、头箍。	1mg/kg
玩具，包括儿童运动器材和儿童用品	0.5mg/kg

（2）ZEK01.4-08 PAHs 新规（18 项）

德国在对消费品安全要求进行审核后，在 GS 安全认证控制列表中增加了两种多环芳烃（PAH）致癌物质，苯并［j］荧蒽和苯并［e］芘，使 GS 标志列表管控的多环芳烃总数达到 18 个，新的方案于 2012 年 7 月 1 日起实施。

为适应 PAHs 要求，德国安全技术认证中心（ZLS）于 2011 年 11 月 29 日公布了新版的 ZEK01.4-08 文件，过渡期从公布日起至 2012 年 7 月 1 日，要求如下：

① 对于已取得 GS 认证的产品，于 2013 年 6 月 30 日起强制要求实行 18 项的 PAHs 新规；

② 自 2012 年 7 月 1 日起所发行的 GS 认证证书必须符合新版 ZEK01.4-08 的规定。

依据 ZEK01.4-08，GS 认证对 PAHs 的限制要求如表 4-27 所列。

表 4-27　GS 认证对 PAHs 的限制要求

分类	产品	苯并芘限值	18 项 PAHs 总和限值
第一类	对 36 个月以下儿童会放入嘴中的材料和使用的玩具	<0.2mg/kg	<0.2mg/kg
第二类	a. 不属于第一类的材料； b. 与皮肤接触超过 30s（长期皮肤接触）	<1mg/kg	<10mg/kg
第三类	a. 不属于第一类及第二类的材料； b. 与皮肤接触不足 30s（短期皮肤接触）	<20mg/kg	<200mg/kg

4.2　美国玩具化学安全要求

美国是联邦制的国家结构形式，导致了美国法律体系的庞杂性，美国有关产品的技术法规分散于美国的联邦法律法规体系之中，既存在于国会制定的成文法——法案（ACT）中，也存在于联邦政府各部门制定的条例、要求、规范中。

在美国消费品安全领域，与玩具有关的法案有 4 个：《消费品安全法案》

（CONSUMER PRODUCT SAFETY ACT 简称：CPSA）及其《消费品改进法案》（简称 CPSIA）、《联邦危险品法案》（FEDERAL HAZARDOUS SUBSTANCES ACT 简称：FHSA）、《可燃纺织品法案》（FLAMMABLE FABRICS ACT 简称：FFA）、《有毒物质控制法》（简称 TSCA）和《联邦食品、药品和化妆品法案》（FEDERAL FOOD，DRUG，AND COSMETIC ACT 简称：FDCA）。这些法案对各自辖下产品的安全、环保和健康影响等方面提出了具体的规定和限量要求。针对不同商品不同的具体要求，消费品安全委员会和食品药品管理局根据上面 4 个法案制定了大量的属于技术法规范畴的具体规范、要求等。例如玩具产品方面的技术法规就分布在 16 CFR 的 1500、1505、1610、1303 等篇章中。

美国技术法规的另一个特点是数量众多，分布广泛，在不同的阶段，美国国会的众议院和参议院会根据民众的反映和政治需求通过一系列修正案来补充原有的技术法规。

4.2.1 美国消费品改进法 CPSIA

2007 年以来，美国国内频繁出现玩具等儿童消费品召回事件，引起美国媒体炒作和公众强烈的质疑。为此，美国国会 2007 年年底以来对 1972 年通过的《消费品安全法案》进行了修正，提出了一个称为 H.R.4040 的《消费品安全改进法案》，其内容大量涉及中国输美的儿童产品。该法案在 2008 年 7 月 31 日在美国国会获得通过，2008 年 8 月 14 日由美国总统布什正式签署并生效，称为美国《2008 消费品安全改进法案》（以下简称法案或 CPSIA）。

该法案针对儿童产品大幅度提高了安全要求，制定了更多更严格的安全规定，并且将产品质量和安全责任转移给了第三方检测机构及生产商、进口商。同时大大强化了美国消费品安全委员会（CPSC）的职能和权力。该法案的实施，将对我国出口儿童的消费品产生巨大影响。该法案的主要内容集中在儿童消费品所使用的材料中铅含量的要求，从 600mg/kg 大幅度降低到 100mg/kg。油漆油墨等涂层中铅含量的要求，从 600mg/kg 大幅度降低到 90mg/kg。增加了对 6 种邻苯二甲酸酯含量的限制，等等。同时，在对儿童产品包装及追溯标签的要求、对消费品进行检验监管的措施和对美国国内的消费品法律措施等方面也给出了自己的意见。以下对该法案内容执行的要求做如下介绍。

4.2.1.1 儿童产品中的铅含量（总铅）（101 条）

该要求规定所有玩具和任何儿童产品上的材料中不应含有铅。目前规定：儿童产品中铅的含量应低于 100mg/kg。

该限量仅仅是目前的规定，CPSC 会根据检测技术的发展，将这一限量进一步调低。

该条款对一些特定材料给出了豁免：包括儿童不可触及的或由于封装，甚至在正常使用和滥用条件下的零件或部件，以及不可触及的油漆、涂层或电子部件。

CPSIA 规定的儿童产品及其所使用的材料在可预见正常使用和滥用情况下会导致铅在人体内被吸收或对公众健康及安全有影响。某些电子设备——如果技术水平不能确定限量的符合性，CPSC 将签署法规来消除电子设备中铅的可接触性并使其对人的影响最小化。

4.2.1.2　涂料和表面涂层中的铅（101 条 f 款）

本条款规定儿童产品中所使用的涂料和表面涂层中的铅含量从之前的 0.06%（600mg/kg）下降到 0.009%（90mg/kg）。

该法案允许考虑采用 X 射线荧光法（XRF）测试质量不超过 10mg 或面积不超过 $1cm^2$ 的油漆或表面涂层。但该法案要求 CPSC 评估 XRF 方法的有效性、精密度和可靠性，研究其是否如其他表面涂层的测试方法一样具有有效、精密及可靠性并公布法规以监管和控制这些方法的使用。法案允许将这些变通的测试方法作为初筛测试以决定是否采取进一步的测试或行动。

4.2.1.3　禁止销售某些含有邻苯二甲酸酯的产品（108 条）

（1）适用范围

儿童玩具和儿童产品的材料中的六种邻苯二甲酸酯。

（2）定义

① 玩具：由 12 岁及 12 岁以下儿童玩耍时使用的消费产品。

② 儿童护理产品：为 3 岁或以下幼儿生产，是用于促进睡眠、食物摄取或帮助吸吮、磨牙的产品。

③ 规定产品的年龄组根据产品的要素和资源确定。

④ "可入口玩具"——假如玩具的任何部分可入口、可留在嘴里，以便吸吮和咀嚼（如果产品仅仅可以舔，不被认为是可入口玩具）。入嘴的玩具或者一部分在一维方向必须小于 5cm。

（3）要求

① 永久禁止——制定后 180 天，禁止含有浓度高于 0.1% 的邻苯二酸二-(2-乙基己基)酯（DEHP），邻苯二甲酸二丁酯（DBP）和邻苯二甲酸丁苄酯（BBP）的玩具或者儿童护理品进入市场。

② 临时禁止——制定后 180 天直至宣布最终规则，一项有关儿童玩具或保健品的临时禁令，禁止含有高于 0.1% 的 DINP、邻苯二甲酸二异癸酯（DIDP）或者邻苯二甲酸二正辛酯（DnOP 的玩具或者儿童保健品进入市场）。

③ 研究——号召美国消费品安全委员会指定慢性危险性咨询小组（CHAP），研究和评估所有邻苯二甲酸酯（游离的和化合的）和邻苯二甲酸酯替代品对儿童健康的潜在影响。

④ 最终规则——呼吁美国消费品安全委员会，在慢性危险性咨询小组

（CHAP）评估、报告以及建议结果的基础上，根据结果发布一项最终规则。

4.2.2　美国玩具安全标准 ASTM F963

ASTM F963 是由美国商务部国家标准局主持制定的美国玩具检测标准，最早版本号为 ASTM F963-08，于 2009 年 2 月 10 日正式强制执行。目前最新版本号为 ASTM F963—2011，已于 2011 年 12 月 15 日出版。ASTM F963 对出口美国市场的玩具产品有普遍要求。从材料品质、易燃性、毒性、电/热能、脉冲噪声、稳定性和超载要求等方面进行了要求，其中，条款 1.3 的毒性要求涉及化学方面的要求。

毒性要求中规定玩具或用于玩具的材料必须符合 FHSA 以及根据 FHSA 所颁布的有关规定。16 CFR 1500.85 中列出了不属 FHSA 规定的某些种类的玩具。上述有关规定对有毒、腐蚀性的、刺激性的、敏化的、产生压力的、放射性的、易燃的和可燃性物质规定了限量。5.2 为测定有毒物质含量的参考方法。应注意的是，有些州对有毒物质的规定可能比联邦规定更严格。

用于玩具的油漆和其他类似的表面涂层材料必须符合根据消费者产品安全条例（CPSA）颁发的关于铅含量的规定 16 CFR 1303。禁止使用铅含量（计算成金属 Pb）超过油漆总的非挥发性重量或干油漆膜重量的 0.06%（600mg/kg）的含铅或铅化量的油漆或类似的表面涂层。此外，表面涂层材料中锑、砷、钡、镉、铬、铅、汞和硒的化合物中可溶物质的金属含量与其固体物质（包括颜料和膜固化材料及干燥材料）总量的比值不应超过表 4-28 所给出的相应数值。

表 4-28　玩具材料中转移元素的最高可溶含量　　　　单位：mg/kg

元素	铅(Pb)	砷(As)	锑(Sb)	钡(Ba)	镉(Cb)	铬(Cr)	汞(Hg)	硒(Se)
限值	90	25	60	1000	75	60	60	500

增塑剂的规定：奶嘴、摇铃和咬圈中不能有目的地含有 2-（2-乙基己基）苯二甲酸酯（也叫做邻苯二甲酸二辛酯，DEHP）。为了避免痕量 DEHP（DOP）影响分析结果，当按照 D3421 进行测试时，在测试结果中可接受的含量最高可达到固体物质总量的 3%。

4.2.3　美国其他涉及玩具化学安全要求的法规

4.2.3.1　美国联邦法律第 16 部分（US 16CFR）

1303 部分：关于含铅油漆和某些含铅油漆消费品的禁令条款

① 在 1303 部分，消费品产品安全委员会根据消费品安全条例（CPSA）15U.S.C.2057，2058 第 8.9 章公布，供消费者使用的油漆和类似的涂层材料含铅或铅化合物（以金属铅计）不得超过不挥发油漆总重或干漆层重量的 0.009%，否则判定为危险品，禁止使用。下列消费品被宣布为禁止使用的危险品。

a. 用于儿童使用的，含有"含铅油漆"的玩具和其他制品。

b. 供消费者使用的，含有"含铅油漆"的家具制品。

② 本禁令适用于（a）段所述的 1978 年 2 月 27 日后制造的产品，这些产品称为"消费品"，该术语已在 CPSA 第 3（a）（1）中作了定义。法规包括上文述及的习惯用于销售、使用、消费或家庭内外、学校、娱乐场等供消费者观赏的产品和分发的消费品。摩托车、轮船所用的油漆不包括在本禁令的范围内，因为它们超出了"消费品"的定义。除了直接销售给消费者的产品外，本禁令还适用于售后被消费者使用的产品，如用于住宅、学校、医院、公园、运动场、公共建筑或其他消费者可能直接接触油漆表面的区域。

③ 根据①发现儿童触及的油漆、涂层含铅量超过 0.009%，则有铅中毒的极大的危险。

注：本指标已在美国《消费品安全改进法案》中被修改，详细内容在《消费品安全改进法案》中介绍。

4.2.3.2　美国各州州立法规

美国有一些州对填充玩具等的化学性质作出了专门的规定，应引起玩具生产厂的注意。

（1）宾夕法尼亚州关于填充玩具填充物的规定

"宾夕法尼亚州关于填充玩具的规定"对于填充物的要求非常全面。无论是天然的还是合成的纤维填充料都应满足"宾夕法尼亚州关于填充玩具的规定"的第 47 章第 317 小节的要求。填充物不能有来自昆虫、鸟、啮齿动物或其他动物寄生虫侵扰的不良材料，也不能有在良好操作规范中可能产生的污物，例如碎片和金属屑等。宾州对于填充玩具法规的具体要求项目如表 4-29 所列。确定不良材料的测试方法见"法定分析化学家协会的法定分析方法"的第 16 章。

表 4-29　宾夕法尼亚州填充玩具清洁性条例的法规要求项目

序号	项目	限量
1	油和油脂含量	1.0%
2	铅（Pb）含量	20mg/kg
3	三氧化二砷（As_2O_3）含量	2mg/kg
4	氨含量	5.0%（质量分数）
5	尿素含量	1.0%（质量分数）
6	材料体现已经用过或以前制造的特征	不允许
7	肮脏或其他外来物体	1%（质量分数）
8	鼻或眼睛等塑料或金属部件非安全设计或固定不牢	不允许
9	石头或其他硬物有锯齿或锋利的边缘	不允许
10	有可能附着于气管、耳孔、鼻孔的带静电材料	不允许
11	填充材料的表面燃烧速度	$3s/12in^2$

该法规是有关玩具的美国地方性法规中影响较大的一个，是专门针对填充玩具制定的法规。中国是软体填充玩具的出口大国，在江苏、浙江、广东等地有大量的软体填充玩具生产企业，了解并遵守该法令是填充玩具产品进入美国市场的重要条件。

（2）华盛顿州儿童安全产品法

华盛顿州儿童安全产品法（Children's Safety Product Act，CSPA）于 2008 年颁布，该法案包含以下两个重要部分。

第一部分规定了 2009 年 7 月 1 日后在华盛顿州销售的儿童产品中铅、镉、邻苯二甲酸酯增塑剂的限制值；该标准限量随着 CPSIA 的颁布被其相关规定所取代。

第二部分由生态部门和卫生部门共同协商制定了一份高关注度的化学物质清单——CHCC，并要求儿童产品生产商（包括品牌所有者和进口商）向生态部门申报产品中对儿童具有风险的化学品（CHCCs）的存在情况。第一批申报有效期至 2012 年 8 月 31 日，任何意图放入儿童口中、应用于儿童身体或皮肤，或供 3 岁及以下儿童使用的儿童产品的最大规模生产商都需要对其进行申报。

与欧盟 REACH 法规 SVHC 清单相比，CHCC 清单与之有部分物质相同；同时与 REACH 附件 XVII（限制物质清单）中的部分物质（如镉及其化合物）也有相同的部分。

CSPA 下的 CHCC 清单于 2011 年 8 月 22 日施行，首次用途通报将始于 2012 年 8 月；在华盛顿州，企业若将 CHCC 清单上的物质用于儿童产品中，需要按照 CSPA 法规向生态环保部门通报物质在产品中的使用情况。表 4-30 所列为 CHCC 清单中的化学物质。

表 4-30　66 项 CHCC 清单中的化学物质

序号	化学物质名称	CAS 号
1	甲醛 formaldehyde	50-00-0
2	苯胺 aniline	62-53-3
3	二甲基亚硝胺 N-nitrosodimethylamine	62-75-9
4	正丁醇 n-butanol	71-36-3
5	苯 benzene	71-43-2
6	氯乙烯 vinyl chloride	1975-1-4
7	乙醛 acetaldehyde	75-07-0
8	二氯甲烷 methylene chloride	1975-9-2
9	二硫化碳 carbon disulfide	75-15-0
10	甲基乙基酮 methyl sthyl ketone	78-93-3
11	1,1,2,2-四氯乙烷 1,1,2,2-tetrachloroethane	79-34-5

序号	化学物质名称	CAS 号
12	四溴双酚 A tetrabromobisphenol A	79-94-7
13	双酚 A bisphenol A	1980-5-7
14	邻苯二甲酸二乙酯 diethyl phthalate	84-66-2
15	邻苯二甲酸二丁酯 DBP (dibuty phthalates)；di-*n*-butyl phthalate	84-74-2
16	邻苯二甲酸二己酯 di-*n*-hexyl phthalate	84-75-3
17	邻苯二甲酰胺 phthalic anhydride	85-44-9
18	邻苯二甲酸丁苄酯 benzyl butyl phthalate；butyl benzyl phthalate	85-68-7
19	*N*-亚硝基二苯胺 *N*-nitrosodiphenylamine	86-30-6
20	六氯丁二烯 hexachlorobutadiene	87-68-3
21	尼泊金丙酯 propyl paraben	94-13-3
22	丁酯 butyl paraben	94-26-8
23	邻甲基苯胺 2-aminotoluene	95-53-4
24	2,4-二氨基甲苯 2,4-diaminotoluene	95-80-7
25	对羟基苯甲酸甲酯 methy paraben	99-76-7
26	对羟基苯甲酸 *p*-hydroxybenzoic acid	99-96-7
27	乙苯 ethylbenzene	100-41-4
28	苯乙烯 styrene	100-42-4
29	4-壬基苯酚 4-nonylphenol；4-NP	104-40-5
30	4-氯苯胺 para—choroaniline	106-47-8
31	丙烯腈 acrylonitrile	107-13-1
32	乙二醇 ethylene glycol	107-21-1
33	甲苯 toluene	108-88-3
34	苯酚 phenol	108-95-2
35	乙二醇甲醚 2-methoxyethanol	109-86-4
36	乙二醇单乙醚 ethylene glycol monoethyl ester	110-80-5
37	磷酸三(2-氯乙基)酯 *tris*(2-chloroethyl)phosphate	115-96-8
38	邻苯二甲酸二辛酯 DEHP；*bis*(2-ethylhexyl)phthalate	117-81-7
39	邻苯二甲酸二正辛酯 DOP (di-*n*-octyl phthalata)	117-84-0
40	六氯苯 hexachlorobenzene	118-74-1
41	3,3′-二甲基联苯胺 3,3′—dimethylbenzidine	119-93-7
42	尼泊金乙酯 ethyl paraben	120-47-8
43	1,4-二氧六环 1,4-dioxane	123-91-1

续表

序号	化学物质名称	CAS 号
44	四氯乙烯 perchlororethylene；tetrachloroethylene	127-18-4
45	2,2′,4,4′-四羟基二苯甲酮 benzophenone-2	131-55-5
46	辛基酚 4-*tert*-octylphenol	140-66-9
47	4-烯丙基苯甲醚 estragole	140-67-0
48	异辛酸 2-ethylhexanoic acid	149-57-5
49	八甲基环四硅氧烷 octamethylcyclotetrasiloxane	556-67-2
50	五氯苯 pentachlorobenzene	608-93-5
51	苏丹红一号 C. I. Solvent Yellow 14	842-07-9
52	*N*-甲基吡咯烷酮 *N*-methylpyrrolidone	872-50-4
53	十溴联苯醚 2,2′,3,3′,4,4′,5,5′,6,6′,-decabromodlphenyl ether	1163-19-5
54	全氟辛烷磺酸盐 perfluorooctanyl sulphonic acid and its salts；PFOS	1763-23-1
55	对辛基苯酚 4-octyl phenol	1806-26-4
56	对甲氧基肉桂酸辛酯 2-ethyl-hexyl-4-methoxycinnamate	5466-77-3
57	汞及其化合物 mercury & mercury compounds	7439-97-6
58	钼及其化合物 molybdenum & molybdenum compound	7439-98-7
59	锑及其化合物 antimony & antimony compounds	7440-36-0
60	砷及其化合物 arsenic & arsenic compounds	7440-38-2
61	镉及其化合物 cadmium & cadmium compounds	7440-43-9
62	钴及其化合物 cobalt & cobalt compounds	7440-48-4
63	叔丁基-4-羟基苯甲醚 butyated hydroxyanisole	25013-16-5
64	六溴环十二烷 hexabromocyclododecane	25637-99-4
65	邻苯二甲酸二异癸酯 DIDP；di-*iso*-decyl phthalate	26761-40-0
66	邻苯二甲酸二异壬酯 DINP（di-*iso*-nonyl phthalate）	28553-12-0

（3）包装材料法 CONEG

美国东北州首长联合会（the Coalition Of North Eastern Governors，简称 CONEG）是于 1976 年由美国东北部 8 个州的行政长官成立的无党派地方组织。 CONEG 的资源节省委员会（Source Reduction Council）最早于 1989 年为了减少包装及包装材料中的重金属含量而制定了一个地方性法规，开始是在 CONEG 所属的 8 个州实行，到 2004 年已经逐渐被全美 19 个州所接受，现在其他一些州包括美国国会已经准备起草有关该方面内容的立法。该法规的内容现在已经被美国环保署制定为 US EPA：Solid Waste—846 Model Toxics in Packaging Legislation《包装用品之毒性要求》。这个法规就是在业界非常有影响力的（Toxics in Packaging Clearinghouse）TPCH，俗称 CONEG 包装测试。TPCH 的重金属控制模型也是欧盟包装物指令 94/62/EC 的立法参考的基础。

该法规限定包装中铅（Pb）、镉（Cd）、汞（Hg）、六价铬（Cr^{6+}）四种重金属的总和，具体限量如下：

① 法规通过的两年内，Pb、Cd、Hg、Cr^{6+} 总和不超过 600mg/kg；

② 法规通过的三年内，Pb、Cd、Hg、Cr^{6+} 总和不超过 250mg/kg；

③ 法规通过的四年内，Pb、Cd、Hg、Cr^{6+} 总和不超过 100mg/kg；

④ 现在对该法规的执行是按照 100mg/kg 的限量执行。

该法规虽然现在仍然还是一个地方性法规，而且它并非专门针对玩具产品，但它在美国却具有广泛的影响力，输美玩具产品的包装物大多被要求符合该法规的要求。

（4）加州 65 号法规

加州 65 号法规，即《1986 年饮用水安全与毒性物质强制执行法》，于 1986 年 11 月颁发，其宗旨是保护美国加州居民及该州的饮用水水资源，使水源不含已知可能导致癌症、出生缺陷或其他生殖发育危害的物质，并在出现该类物质时如实通知居民。

加州 65 号法规负责监管加州已知可能导致癌症或生殖毒性的化学品。目前已有 700 多种化学品被列为该类化学品受到监管。

根据该法规规定，化学品清单至少每年修订和再版一次。

其中 65 号法规针对玻璃器皿和陶瓷品的要求是：在加州任何会排出致癌或再生毒性化学物质的商品上标有警告。列出的化学物质中包括铅和镉含量。

这些商品包括：

① 用于食物或饮料储存、盛放的玻璃和陶瓷制品；

② 非食物或饮料用玻璃和陶瓷制品（日用品）。

而对于产品外部表面上着色的图形、设计及制作等，包括延伸到边缘区的设计只能使用符合铅和镉限量的再制作标准的材料。儿童产品必须符合一系列更严格的再制作标准。

对于使用不能达到再制作标准的材料，需在产品上标注符合 65 号法规要求的警告。

关于玻璃器皿和陶瓷器皿警告标识的指导方针已在美国相关的州达成了共识。

而对于所有儿童产品来讲：其外部装饰物，包括边缘区，只能使用含有 <0.06％铅和 <0.48％镉的装饰材料。

4.3 **中国、日本、加拿大玩具化学安全要求**

4.3.1 中国玩具化学安全要求

中国按法律的约束性分为强制性、推荐性标准和指导性技术文件，按标准化的对象和作用分为产品标准、方法标准、安全标准等。我国负责组织玩具产品相关标准起草工作的部门是全国玩具标准化技术委员会（SAC/TC 253）。我国已发布的强制性玩具安全标准主要包括 GB 6675 系列安全标准、电玩具安全标准（GB 19685）、GB 14746～14749 童车产品系列标准，除此以外，我国还发布了包括《木制玩具通用技术条件》、《充气玩具通用技术条件》等多个推荐性产品技术标准以及《弹射玩具动能测试方法》、《玩具及儿童用品　聚氯乙烯塑料中邻苯二甲酸酯增塑剂的测定》等多个方法标准，形成了从安全标准到产品标准以及方法标准的较完善的标准体系。

我国玩具标准化体系如图 4-1 所示。

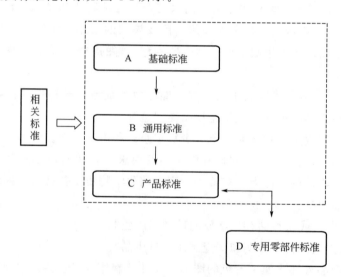

图 4-1　玩具标准体系图

玩具标准体系从层次上分为 3 层，自顶至下分别为"基础标准"、"通用标准"、"产品标准"，下层标准尽量引用上层标准。另外还包括"专业零部件标准"和"相关标准"。"专用零部件标准"与"产品标准"之间相互引用，"相关标准"对整个玩具标准体系起到支撑的作用。

GB 6675 系列安全标准是玩具的重要基本标准，该标准主要参照 ISO 8124 系列标准制定。在技术要求方面修改或等同采用了国际标准 ISO 8124-1、ISO 8124-2、ISO 8124-3、ISO 8124-4 的要求，企业生产的玩具只要符合了 GB 6675

系列安全标准的技术要求就基本符合了 ISO 8124 相关版本的要求。

具体为 GB 6675.4：2013 玩具安全　特定元素的迁移 ISO 8124-3：2010 玩具安全　第 3 部分　特定元素的迁移。GB 6675.4 中造型黏土和指画颜料可迁移元素限值要求不同；而 ISO 8124-3 中造型黏土和指画颜料可迁移元素限值要求相同。GB 6675.4 增加了资料性附录 D（测试试样的制备和提取中某些测试条件的建议）。

4.3.2　日本玩具化学安全要求

大多数玩具进入日本的时候是没有特别条例管制的。然而，一些婴儿的玩具需要遵守食品卫生法，而一些电动玩具和由马达驱动或带电灯的游戏机则需要遵守电器用品安全法的规定。

对于填充玩具的进口和销售至今没有法定限制。然而，描述卡通或其他人物角色的产品需要遵守版权法。除了对知识产权的考虑之外，某些动物受到濒危动植物物种的国际贸易条约的保护，使用这些动物的羽毛、皮革、兽皮等作为原料的填充玩具受到严格的限制，在某些情况下甚至是被禁止的。

日本与玩具有关的法律一般是分布在不同的法规中的，为帮助广大企业能对其有全方面的了解，在此我们分别予以介绍。

4.3.2.1　《食品卫生法》

（1）适用的玩具类别

厚生劳动省 1972 年颁布《食品卫生法》，适用于通过直接接触嘴部会对幼儿健康造成伤害的玩具类型（幼儿指六岁及六岁以下儿童）：

① 由纸、木材、竹子、橡胶、皮革、赛璐珞、塑胶、金属和瓷器等制成，并且在正常使用情况下会直接接触幼儿嘴部的玩具；

② 口动玩具；

③ 涂擦图画、折纸手工（折纸）和积木；

④ 由橡胶、塑料或金属制成的玩具，如不倒翁、面具、摇铃、玩具电话、动物、洋娃娃、黏土玩具、玩具车（不包括弹簧车或电动车）、气球、积木、球和家居玩具。

（2）相关技术要求

《食品卫生法》制定了相关玩具的"玩具规范"、"原料规范"和"生产标准"等，企业根据这些要求进行生产。

2010 年 9 月 6 日，日本厚生劳动省（Ministry of Health，Labour and Welfare，MHLW）宣布对《食品卫生法》（Food Sanitation Law）中的《对食品及食品添加剂等说明书和标准》作出修改（见 MHLW 公告 No.370，1959）。修订本将邻苯二甲酸盐的限制范围扩大至所有塑料材料，以及增加儿童玩具中须管制的邻苯二甲酸盐的数目。新要求于宣布日起生效，但容许一年的过渡期，即制成品或进口商品必须于 2011 年 9 月 6 日起符合此项新要求。

（3）合格评定

由厚生劳动省指定第三方机构进行评估，指定机构有日本文化用品安全试验所、化学技术战略推进机构等。

4.3.2.2 《家用产品有害物质控制法》

现在越来越多的化学物质广泛地应用于各式各样的家用产品，从而进入到消费者的日常生活。在这些家用产品带给人们日渐舒适、多姿多彩的生活的同时，它们所含有的化学物质对人体健康的危害也逐现端倪。在 20 世纪 60 年代末，家用产品的化学物质对人体健康的危害问题变得越来越明朗。为了防止这种危害，于 1973 年颁布了《家用产品有害物质控制法》，并于 1974 年开始实施。适用产品范围：食品、食品添加剂、药品及玩具等。

建立该法的目的正如《家用产品有害物质控制法》第一章所述，该法律旨在从健康和卫生的角度对家用产品有害物质加以控制以保护公众健康。

该法规定了适用范围；制定非官方的安全标准确保法律的实施；建立和实施家用产品有害物质限量标准；禁止销售的产品及其他；回收令及其他；定点检查；刑事条款；含有有害物质的家用产品的限制标准概要。

4.3.2.3 日本 ST 2012《玩具安全》标准

玩具安全标准是由日本玩具协会颁布的团体自愿性标准，适用于供 14 岁及以下儿童玩耍的玩具，包括 18 个月以下的儿童玩具要求，3 岁以下的儿童玩具要求和 10 岁以下的儿童玩具要求。

日本"玩具安全标准（ST）"。S 代表 Safety（安全），T 代表 Toy（玩具），首部日本玩具安全标准是在 1971 年由日本玩具业及日本政府、学者、消费者代表共同制定的。日本玩具标准委员会由厚生劳动省、日本玩具协会和化学技术战略推进机构组成。

现行的新版本日本玩具安全标准（ST2012）在 2012 年 10 月 3 日出版，并于 2013 年 1 月 1 日开始生效。现用版本 ST2002（第 11 次修订版）在 2014 年 12 月 31 日前的过渡期间仍然有效。新版本主要对第一部分（机械和物理属性）作出更改。ST2012 第一部分与 ISO8124 第一部分相协调，但在第一部分的基础上做了一些修订。第二部分（易燃性）与第二部分完全一致。而第三部分（化学属性）未作出任何更改；与 ST2002 第 11 次修订版的要求相同。

2002 年的修订版本（ST 2002）主要参照 EN71 及日本《食品卫生法》的要求。ST 2002 主要内容包括机械与物理性能、可燃性能和化学性能。化学测试部分不仅规定了玩具材料的表面油漆、涂料、油墨中 8 大重金属的限量；还要求测试染色物质的迁移、含聚乙烯和聚氯乙烯材料的要求、玩具中使用的纺织品的甲醛含量测试。

2009 年 2 月，日本发布了日本玩具安全标准 ST 2002 第八版本，新标准调整了玩具的使用范围、更改了化学测试方法、阐明了用于玩具的纺织品甲醛限量规定的适用年龄组以及修改了玩具的邻苯二甲酸的含量规定。

日本玩具安全标准作出了第十次修订，修订的内容为第三部分玩具化学性质。新修订的标准已于 2010 年 4 月 1 日生效。新版标准在第 1.2 条中明确规定，主要使用聚氯乙烯（PVC）生产的玩具或玩具部件应对成品进行测试，同时无论材料是否印刷，都应符合标准要求。对乙酸纤维素的测试要求已经取消，但是对于主要使用聚乙烯（PE）生产的玩具或玩具部件，这一要求保持不变。要求如表 4-31 所列。

表 4-31　ST 2002 第十版本 1.2 中对 PVC 个 PE 材料的规定

按材料分类	要求	
	高锰酸钾消耗	蒸发残渣
PVC	$50\mu g/mL$	$50\mu g/mL$
PE	$10\mu g/mL$	$30\mu g/mL$

第 1.4 条氯乙烯树脂涂层（PVC 涂层）要求也已更新，同时取消了重金属含量重复测试。任何用于玩具主体或玩具部件的油漆涂层，包括 PVC 涂层，都应符合第 1.5 条规定的重金属含量要求。

2011 年 8 月 23 日，ST 2002 第十版就玩具化学属性的内容做了新的修订，修订后指定玩具的塑化材料中邻苯二甲酸盐的含量与新的《食品卫生法》保持一致。

ST 标准对邻苯二甲酸盐含量的新要求概括如下：塑化材料包括聚氯乙烯（PVC）、聚氨基甲酸乙酯（PU）和橡胶；指定玩具中，DEHP、DBP 或 BBP 的含量不得超过塑化材料总量的 0.1%；（指定玩具的）直接与婴儿口部接触的部分，DINP、DIDP 或 DNOP 的含量不应超过塑化材料总量的 0.1%；（指定玩具的）不直接与婴儿口部接触的部分，DINP 的含量不应超过主要由 PVC 合成的人造树脂总量的 0.1%；含 PVC 的人造树脂不可用于橡皮奶头或咬牙胶；供 6 岁以下儿童使用的非指定玩具，DEHP 的含量不应超过 PVC 合成的人造树脂总量的 0.1%；玩具中直接与婴儿口部接触的部分，DINP 的含量不应超过主要由 PVC 合成的人造树脂总量的 0.1%。

邻苯二甲酸盐的测试方法也根据食品安全法中含 PVC 材料和不含 PVC 材料的不同测试方法做了修订。该修订对于 2011 年 8 月 23 日之后收到的 ST 申请已开始生效。对于 2011 年 9 月 5 日之前收到的申请，现行有效规定仍适用。2011 年 8 月 10 日采用的"临时措施"随着该 ST 标准修订条款的执行已作废。在"临时措施"作废后，已经收到的申请和目前正在进行测试的申请都仍然有效。STC 根据"临时措施"发行的测试报告，仍受 ST Mark 项目的认可。

就日本玩具标准的发展趋势来看，随着玩具材料类别增多，必然增加新材料测试。就 ST2002 而言，ST2002 化学分析测试方面严于 EN71 和《食品卫生法》，比《食品卫生法》增加了 8 个有害金属元素的测试等，与 EN71 相比增加了游泳圈的材料应检测 DDP/DINP 等。

就 ST2012 标准作用而言："《食品卫生法》大于标准"，ST2012 属于团体自愿性标准，如果玩具中 8 个有害金属元素超标，不符合 ST2012，但符合《食品卫生法》，在日本市场依然可销售。同样，玩具如果只通过 ST2012 测试，不符合《食品卫生法》，不能在日本市场上销售。

4.3.2.4 《食品、添加剂等的规范和标准》第四节玩具

按照《食品卫生法》第 18 条的要求，为了实施《食品卫生法》厚生劳动省必须制定相关的规范和标准，不符合该规范或标准要求的不准生产、进口或销售。厚生劳动省制订了与玩具有关的规范和标准：《食品、添加剂等的规范和标准》（被称为厚生劳动省告示第 370 号，1959），其第四节为玩具。

在 2008 年 3 月 31 日修订指定玩具范围的同时，厚生劳动省也对与玩具有关的规范和标准进行了修改，增加了金属玩具饰件的规范并修改了与涂层有关的规范要求。修改后的涂层是包括所有类型的涂层，而不是只针对氯乙烯涂层了。对迁移量的测试方法也进行了修改，全部改成 ISO 8124-3 的方法。2009 年 09 月 30 日后生产或进口的指定玩具必须符合该新要求。修改后的《食品、添加剂等的规范和标准》第四节玩具部分的内容如表 4-23 所列。

表 4-32 《食品、添加剂等的规范和标准》部分内容

A——玩具和部件材料的标准

条款	项目	要求
A1	移画印花图案	在 40℃ 的水中浸泡 30min 后，不能释放出超过 $1\mu g/mL$ 的铅或 $0.1\mu g/mL$ 的砷（以 As_2O_3 计算）
A2	折纸	与 A1 条款一样
A3	橡皮奶嘴	①每个样品中不能含有超过 $10\mu g/g$ 的铅(Pb)或镉(Cd)。 ②在 40℃ 的水中浸泡 24h 后，不能释放出超过 $5\mu g/mL$ 的苯酚或超过 $1\mu g/mL$ 的锌或任何甲醛。 ③在 40℃ 浓度为 4% 的醋酸中浸泡 24h 后，不能释放出超过 $1\mu g/mL$ 的铅(Pb)。 ④蒸发残渣（以水作为浸泡液）：不大于 $40\mu g/mL$
A4	涂层	在 37℃ 的 0.07mol/L 盐酸溶液中振荡 1h 和静置 1h 后，镉含量小于 $75\mu g/g$；铅含量小于 $90\mu g/g$；砷含量小于 $25\mu g/g$
A5	聚氯乙烯(PVC)涂层	满足上述涂层的要求； 在 40℃ 的水中浸泡 30min 后不能消耗超过 $50\mu g/mL$ $KMnO_4$ 以及蒸发残渣不大于 $50\mu g/mL$
A6	主要由聚氯乙烯(PVC)组成的部件	在 40℃ 的水中浸泡 30min 后不能消耗超过 $50\mu g/mL$ $KMnO_4$ 以及蒸发残渣不大于 $50\mu g/mL$。 在 40℃ 的水中浸泡 30min 后不能释放出超过 $1\mu g/mL$ 的铅(Pb)或 $0.5\mu g/mL$ 的镉或 $0.1\mu g/mL$ 的砷（以 As_2O_3 计算）

A——玩具和部件材料的标准

条款	项目	要求
A7	主要成分为 PVC 合成树脂的玩具	禁止将邻苯二甲酸二(2-乙基)己酯 DEHP[di(2-ethylhexyl)phthalate]作为 PVC 的塑化剂
A8	主要成分为 PVC 合成树脂的指定玩具	食品卫生法实施条例(Food Sanitation Law Enforcement Ordinances)的第 78 条给出的指定玩具,其主要成分为 PVC 合成树脂的,禁止将邻苯二甲酸二异壬酯 DINP (diisononyl phthalate)作为 PVC 的塑化剂
A9	主要由聚乙烯(PE)组成的部件(不包括涂层)	①在 40℃ 的水中浸泡 30min 后不能消耗超过 10μg/mL 的 $KMnO_4$ 以及蒸发残渣不大于 30μg/mL; ②在 40℃ 的水中浸泡 30min 后不能释放出超过 1μg/mL 的铅(Pb)或 0.1mg/kg 的砷(以 As_2O_3 计算)
A10	属于小物件(有误吞入危险)的金属饰件和玩具	在 37℃ 的 0.07mol/L 盐酸溶液中浸泡 1h 后,每 1g 样品不能释放出超过 90μg 的铅

B——生产标准

条款	项目	要求
B	着色剂	在制造玩具时,当使用基于合成树脂的着色剂时,必须使用食品卫生法实施条例附表 1 中所列的着色剂。否则需符合下列要求:将玩具的有色部分在 40℃ 的水(2mL/cm³)中浸泡 10min 后,着色剂不能溶出

2010 年 9 月 6 日厚生劳动省颁布 336 号通告,就指定玩具塑化部件的邻苯二甲酸酯问题,修订了《食品、添加剂等的规范和标准》,一年后生效,即 2011 年 9 月 6 日后生产或进口到日本的指定玩具必须符合新要求。修改内容包括将限制材料由原来的聚氯乙烯(PVC)塑料扩大至所有的塑化塑料,并增加了儿童玩具中受限邻苯二甲酸酯的数量,具体见表 4-33。

表 4-33　《食品、添加剂等的规范和标准》修订前后对比

条款	修订前	修订后
A7	合成树脂其主要成分为使用邻苯二甲酸二乙基己酯(DEHP)所制成的聚氯乙烯(PVC),不得用来制造玩具	玩具的塑化材料中的邻苯二甲酸二乙基己酯(DEHP)、邻苯二甲酸丁苄酯(BBP)及邻苯二甲酸二丁酯(DBP)的含量不得超过塑化材料质量的 0.1%
A8	合成树脂的其主要成分为使用邻苯二甲酸二异壬酯(DINP)所制成的聚氯乙烯(PVC),不得用作制造指定玩具	除下款规定所列的玩具部件外,合成树脂其主要成分为使用邻苯二甲酸二异壬酯(DINP)所制成的聚氯乙烯(PVC),不得用作制造指定玩具。 指定玩具中供与幼儿口部接触的由塑化材料制作的部件,其邻苯二甲酸二异癸酯(DIDP)、邻苯二甲酸二异壬酯(DINP)及邻苯二甲酸二正辛酯(DNOP)的含量不得超过塑化材料质量的 0.1%

4.3.2.5 家居用品中有害物质管制法 (Act on Control of Household Products Containing Harmful Substances)

在日本，一般家居用品的安全性由两部法律来约束：《消费品安全法》和《家居用品中有害物质管制法》。前者旨在防止消费品由于结构、强度等方面的不完善而造成的危害，而后者的目的则是防止家居用品由于含有有害化学物质而造成的对人体健康方面的危害。基于《家居用品中有害物质管制法》，建立了限制有害物质含量等方面指标的标准；凡是不符合该标准的产品都必须禁止投放市场。目前，该标准限制了 20 种不同物质，包括盐酸、氯乙烯和甲醛等。

该《家居用品中有害物质管制法》要求家居用品的生产、进口和销售者能很好地理解化学物质对人体健康的潜在影响，并在此基础上，消除其危害。为了实现此目标，相关行业应严格遵循相关标准以及规定以努力确保家居用品的安全性。

(1) 立法背景

现在越来越多的化学物质广泛地应用于各式各样的家居用品，从而进入到消费者的日常生活中。在这些家居用品带给人们日渐舒适、多姿多彩的生活时，它们所含有的化学物质对人体健康的危害也逐现端倪。在 20 世纪 60 年代末，家居用品的化学物质对人体健康的危害问题变得越来越明朗。为了防止这种危害，于1973 年颁布了《家居用品中有害物质管制法》，并于 1974 年开始实施。

(2)《家居用品中有害物质管制法》概述

《家居用品中有害物质管制法》定义"家居用品"为一般消费者的日常生活用品，不包括《药品法》所定义的药品和《食品卫生法》所定义的食品等。根据该《家居用品中有害物质管制法》，从卫生的角度出发，可以建立必要的标准来限制家居用品有害物质含量等各项指标。目前，该标准限制了 20 种不同物质，包括盐酸、氯乙烯和甲醛等。凡是不符合该标准的产品都必须禁止投放市场。

对不符合该标准的家居用品，为了防止其危害的扩大，在必要的情况下，厚生劳动省部长、辖区管理人员或市长有权依据相关法律下令回收，或要求提交相关报告、指派家居用品监督员进行实地考察。

对有家居用品监督员的辖区或城市，家居用品监督员的职责除了日常的行政事务，主要是根据限制标准对家居用品实行严格监管并对生产厂家在这方面给予指导。截至 2011 年 4 月 1 日，全国已有 3265 个这样的监督员。

另外，该《家居用品中有害物质管制法》还要求家居用品的生产、进口和销售者能很好地理解化学物质对人体健康的潜在影响，并在此基础上，消除其危害。

(3) 制定非官方的安全标准确保法律的实施

厚生劳动省通过完善关于产品安全卫生方面的非官方的标准，来努力提高对相关行业的监管，并建立适用的规定来确保生产安全，同时也能进一步提高产品质量。

目前已建立的这类非官方的标准包括《湿巾安全卫生标准》（日本清洁纸巾及棉产品生产者协会制定）、《家用杀虫剂标准》（日本家用杀虫剂联合会制定）、《普通消费用香料、除臭剂、空气清新剂标准》（香料、除臭剂、空气清新剂联合会制定）。

（4）立法目的

如《家居用品中有害物质管制法》第一章所述，该法律旨在从卫生的角度对家居用品有害物质加以控制以保护公众健康。

该法律为控制家居用品有害物质以保护公众健康的行政法规提供了依据。

随着近来化工技术的进步，化学物质广泛地应用于家居用品，例如纺织品。这些产品极大地方便了人们的生活，但是与此同时，越来越多的人也因为使用这些含有化学物质的家居用品而危害到自身的健康。人们越来越迫切地需要一部强制性的法规来防止出现这类健康危害。因此，这部法律也应运而生。

（5）家居用品的范围

①《家居用品中有害物质管制法》第二章定义了"家居用品"为一般消费者日常生活用品，不包括附录另外列举的产品。

"家用商品"和"家居用品"同样适用于《家用商品质量标示法》和《毒害物质控制法》。《消费产品安全法》中提到的"消费产品"同本《家居用品中有害物质管制法》中定义的"家居用品"本质上是相同的。

② 以下各项不属于《家居用品中有害物质管制法》管制的范畴，因为它们各有专门的法律进行约束。

a. 由《食品安全法》管制的各项如下：

（a）食品；

（b）食品添加剂；

（c）仪器设备（包括餐具、厨具、厨房用品等）；

（d）容器、包装（存放食品或食品添加剂的容器或包装）；

（e）玩具（健康安全省指出的对婴幼儿有潜在危害的玩具）；

（f）清洁剂（用于蔬菜、水果或餐具的清洁剂）。

b. 由《药品法》管制的各项如下：

（a）药品

（b）类似药品；

（c）化妆品；

（d）医学仪器。

③ 由于在这里家居用品被定义为一般消费者日常生活中使用的产品，所以那些主要用于商业目的的产品在这里不属于家居用品的范畴。例如，拖拉机，单

纯地用于商业目的，很明显则不属于家居用品的范畴。但是这种分类法很难应用于黏合剂类产品。问题在于，这样一些产品可以同时用于商业目的以及普通消费者。对于这个问题，在收集到足够的实例数据之前，可能没办法得到妥善的解决。在实际操作中，这类产品通常被视作家居用品，除非该产品根据其声明的用途等，可以明显判断出它是用于商业目的的，或者环境等因素使它不适合被划分为家居用品。有一点需注意的是，当一个产品它的次要用途是用于商业，但只要它主要是供一般消费者的日常生活之用，那么它就应该被划分为家居用品。例如主要卖给一般消费者用于日常生活的黏合剂，虽然有商业用途，但是也应该划分到家居用品的范围。

④ 因为家居用品都是成品，所以商品零部件或半成品，都是不属于家居用品范畴的。例如床内的填充物或者夹克衬里都不属于家居用品。

⑤ "有害物质"在这里指家居用品中含汞的化合物以及其他在国家法令中提到的可能对人体有害的物质。截止到 2012 年 3 月 28 日，以下 20 种物质被指出属于有害物质，其中二苯蒽、苯并 $[a]$ 蒽、苯并 $[a]$ 芘三种为新增的。

a. 盐酸；

b. 氯乙烯；

c. DTTB；

d. 二苯蒽；

e. 氢氧化钾；

f. 氢氧化钠；

g. 四氯乙烯；

h. 三氯乙烯；

i. 三-（1-吖丙啶基）氧化膦 APO；

j. 磷酸三（2,3-二溴丙基）酯［TDBPP］；

k. 三苯锡化合物；

l. 三丁基锡化合物；

m. 磷酸二（2,3-二溴丙基）酯［BDBPP］；

n. 狄氏剂；

o. 苯并 $[a]$ 蒽；

p. 苯并 $[a]$ 芘；

q. 甲醛；

r. 甲醇；

s. 有机汞化合物；

t. 硫酸。

含有有害物质的家居用品的限制标准概要如下。

依照第二章第二段（有害物质）以及第四章（家居用品限制标准）制定的标

准限制见表 4-34。

表 4-34　家居用品限制标准

有害物质	家居用品	标准
盐酸 硫酸	家用液体清洁剂(不包括含有盐酸或硫酸的有毒配方)	中和 1mL 样品中的 HCl 或 H_2SO_4 所需的 0.1mol/L NaOH 溶液不超过 30mL
氯乙烯	家用气雾剂	不能检出(用红外光谱)
DTTB	纺织品,例如尿布、内衣、睡衣、手套、短袜、长袜、外衣、帽子、被褥、床席 家用毛织品	不超过 30mg/kg(每克样本含量不超过 $30\mu g$)(用带电子捕获检测器的气相色谱)
KOH NaOH	家用液体清洁剂(不包括含有 KOH 或 NaOH 的有毒配方)	中和 1g 样品中的 NaOH 或 KOH 所需的 0.1mol/L HCl 溶液不超过 13mL
四氯乙烯	家用气雾剂,家用清洁剂	不超过 0.1%(用带电子捕获检测器的气相色谱)
三氯乙烯	家用气雾剂,家用清洁剂	不超过 0.1%(用带电子捕获检测器的气相色谱)
三-(1-吖丙啶基)氧化膦 APO	纺织品,例如睡衣窗帘、被褥、床席	不能检出(用带火焰光度检测器的气相色谱)
磷酸三(2,3-二溴丙基)酯〔TD-BPP〕	纺织品,例如睡衣、窗帘、被褥、床席	不能检出(用带火焰光度检测器的气相色谱)
三苯锡化合物; 三丁基锡化合物	纺织品,例如尿布、围兜、内衣、妇女卫生巾、妇女卫生裤、手套、短袜、长袜 家用黏合剂 家用涂料 家用蜡 鞋油	不能检出(无火焰原子吸收光谱,薄层色谱)
磷酸二(2,3-二溴丙基)酯〔BDB-PP〕	纺织品,例如睡衣、窗帘、被褥、床席	不能检出(用带火焰光度检测器的气相色谱)
狄氏剂	纺织品,例如尿布,内衣、睡衣、手套、短袜、长袜、外衣、帽子、被褥、床席 家用毛织品	不超过 30mg/kg(每克样本含量不超过 $30\mu g$)(用带电子捕获检测器的气相色谱)
甲醛	①纺织品,例如尿布,围兜、内衣、睡衣,手套、短袜、长袜、外衣、帽子、被褥,用于小于 24 个月的孩童; ②内衣、睡衣、手套、短袜、长袜、日本短袜,以及假发、假睫毛、假胡须、吊袜带等用的黏合剂	①乙酰丙酮法在扣除试剂空白后的吸光度不超过 0.05,或不超过 16mg/kg(每克样本含量不超过 $16\mu g$) ②不超过 75mg/kg(每克样本含量不超过 $75\mu g$)(用乙酰丙酮法)。
甲醇	家用气雾产品	不超过 5%(质量分数)(用带氢火焰离子化检测器的气相色谱)

有害物质	家居用品	标准
有机汞化合物	纺织品,例如尿布、围兜、内衣、妇女卫生巾、妇女卫生裤、手套、短袜、长袜 家用黏合剂 家用涂料 家用蜡 鞋油	不能检出(无火焰原子吸收光谱,背景值不超过1mg/kg)
二苯蒽 苯并[a]蒽 苯并[a]芘	①含有杂酚油家庭用的木头防腐剂和木头杀虫剂; ②使用杂酚油及其化合物处理的家居防腐木头和防虫木头	①不超过10mg/kg(每克样本含量不超过10μg)(用气-质联用仪); ②不超过3mg/kg(每克样本含量不超过3μg)(用气-质联用仪)

4.3.3　加拿大玩具化学安全要求

在加拿大,玩具安全在《危险产品法案》（Hazardous Products Act H-3,HPA）和《危险产品（玩具）条例》［Hazardous Products（toys）Regulation C.R.C., c.931]中有规定。这两个条例由加拿大健康产品安全局（其前身为产品安全局）管理和执行。涉及化学安全性能的主要有三个法规:加拿大消费品安全法（S.C.2010,c.21,CCPSA）、玩具法规 SOR/2011-17 和《表面涂料条例》。这些法案条例中对于重金属（如铅、汞）、邻苯二甲酸盐、有机溶剂等的限量做了相应的规定。

4.3.3.1　《危险产品法案》的主要内容

《危险产品法案》将产品分成两大类:"禁止和限制类产品"和"管制类产品"。相应地,玩具产品被分成两类:"禁止类产品"和"限制类产品"。《危险产品法案》针对不同类型的产品,规定相应的管制制度,包括禁止销售、可销售的条件、临时禁令、市场检查与分析、搜查、查封、没收、处罚等程序和方法。

（1）禁止类玩具产品

《危险产品法案》列出了严格禁止进口到加拿大或在加拿大境内做广告宣传、销售的玩具产品,详见法案 Part I of Schedule I。如:

① Yo-Yo 球;

② 噪声强度超过 100dB 的玩具;

③ 表面涂层材料的铅、汞、锑、砷、钡、镉、硒元素含量超过规定限量的玩具;

④ 表面涂层材料的铅含量超过 600mg/kg 的儿童家具、婴儿瓶、铅笔和画笔等;

⑤ 含有四氯化碳、甲醇、石油馏出物、苯、松脂、乙醚等有毒物质,同时这些物质可能被小孩接触到或可能从破裂处泄漏出来的产品,如充液的棒、项

链等；

⑥ 用植物种子作填充物的玩具；

⑦ 用植物种子作发声物的供 3 岁以下小孩玩耍或作填充材料的玩具；

⑧ 大块面积能导电的或风筝线是导电体的风筝；

⑨ 含有能分离石棉的玩具；

⑩ 含有活微生物的婴儿产品如出牙器和安抚奶嘴；

（2）限制类玩具产品

《危险产品法案》规定了限制类产品，相关政府部门可为限制类产品制定特别的安全条例。限制类产品只有满足条例中的安全要求才被允许进口到加拿大或在加拿大境内做广告宣传、销售。对限制类玩具产品而言，即需要达到《危险产品（玩具）条例》的要求。大部分的玩具是限制类产品，详见法案 Part Ⅱ of Schedule Ⅰ。

4.3.3.2　《危险产品(玩具)条例》

《危险产品（玩具）条例》是加拿大有关玩具产品市场准入的主要法规，它既有技术要求也有测试方法。其中与化学有关的是毒性危害部分。除了附录 1 中列举的毒性元素要求以外，玩具和儿童产品不能含有过量的毒性、腐蚀性或刺激性的物质和感光剂。

4.3.3.3　加拿大消费品安全法（CCPSA）及其相关条例

《加拿大消费品安全法案》（Canada Consumer Product Safety Act，简称 CCPSA）是一个关于消费品安全的法案。它取代加拿大危险品法（HPA）第 Ⅰ 部分和附录 1，建立了一个新的法律制度。新的《加拿大消费品安全法》于 2010 年 12 月 15 日由加拿大政府宣布通过，已于 2011 年 6 月 20 日正式生效。

CCPSA 主要内容如下：介绍消费品的安全义务；禁止制造、进口、宣传或销售任何不符合 CCPSA 法规要求的消费品；要求业界及时向加拿大卫生部汇报严重事故或缺陷；要求生产商或进口商在需要时提供相关产品的测试/研究结果；若发现危险的消费品，应及时有效地改进，包括允许加拿大卫生部回收危险的消费品；制定虚假或欺骗性健康或安全声明的消费品包装或标签行为属违法；要求企业保留相关档案，有助于在整条供应链中追踪产品；提高违规个案的惩罚及增加罚款。

CCPSA 包括 33 个与消费品相关的法案，涉及表面涂层材料、儿童睡衣、玩具、蜡烛、儿童首饰、婴儿哺乳瓶奶嘴、安慰奶嘴、纺织材料易燃性、婴儿车、婴儿床和摇篮、便携式围栏、与嘴接触的含铅消费品法规、邻苯二甲酸酯、上釉陶瓷和玻璃器皿、帐篷、科学教育用具、地毯、带绳窗帘（罗马帘）、玻璃门和隔断等。CCPSA 包括以下关于消费品的新规定：

① 全面禁止销售引起危险的产品；

② 禁止销售召回或其他未执行纠正措施的产品；

③ 禁止涉及健康及安全的错误或误导性包装、标签、广告，包括错误的认证标志；

④ 部长要求不合格指标检验报告或研究论文的规定；

⑤ 企业保留产品来源及分销记录要求；

⑥ 企业报告其产品严重事故要求；

⑦ 向其他消费品安全执行组织公开商业机密的规定（适当的保密协议）；

⑧ 加拿大卫生部检查员命令召回及采取纠正措施的规定；

⑨ 违反检查员命令的行政处罚制度。

还有某些特殊产品要求被认为应当增加到加拿大消费品安全法文本中，包括：

① 革新加拿大儿童玩具安全法提案第一部分：机电危险；

② 全球化学品分类和标注系统（GHS）提案；

③ 禁止包含双酚 A 的聚碳酸酯婴儿奶瓶提案；

④ 用于放入嘴中或可能放入嘴中的产品铅含量限制提案；

⑤ 软乙烯儿童玩具及儿童保育品邻苯二甲酸盐规定提案；

⑥ 危险产品（水壶）法规修订提案；

⑦ 滑雪和滑雪板头盔法律措施提案；

⑧ 危险产品（床垫）法规修订提案。

随着《加拿大消费品安全法案》的实施，原有《危险产品法案》下属的实施条例将逐渐转为 CCPSA 下属的实施条例。加拿大也制定了新的《玩具条例》（SOR/2011-17），以取代现有的《危险产品（玩具条例）》。在机械物理安全性能方面，新条例第 4 条规定了包装要求，第 7～18 条规定了通用的机械物理安全性能，第 19 条规定了噪声要求，第 28～43 条规定了特定玩具的要求。在玩具的化学安全方面，目前已制定的条例是《玩具条例》（SOR/2011-17）和《儿童珠宝条例》（SOR/2011-19）。

当前危险产品法（HPA）中的特殊产品规定（如消费化学品、玩具、婴儿床）在新法案中继续有效，如需要可根据新法案要求制定新的特殊产品规定以处理特殊产品危险。

下面对几个主要的条例进行介绍。

（1）《玩具条例》（Toys Regulations）（SOR/2011-17）

SOR/2011-17 是加拿大有关玩具产品市场准入的主要法规，它既有技术要求也有测试方法。主要内容包括标签要求、机械危害、燃烧危害、毒性危害、电/发热危害、微生物危害和特殊产品。新条例从 2011 年 6 月 20 日起实施。

新《玩具条例》第 22～27 条规定了玩具的化学安全要求，在第 28～43 条关于特定玩具的要求中，也涉及化学要求。

新条例第 22 条规定了玩具中不能含有的 7 类物质，这与原《危险产品法案》

附录Ⅰ第Ⅰ部分第 8 条是一致的。这 7 类物质是：四氯化碳；甲醇或含甲醇 1%
以上的物质；石油产品或含石油产品 10% 以上的物质；苯；松节油或含松节油
10% 以上的物质；硼酸或硼酸盐；乙醚。

第 23 条规定了玩具表面涂层材料中的重金属含量，与原《危险产品法案》
附录Ⅰ第Ⅰ部分第 9 条是一致的。即玩具表面涂层中的铅含量不得超过 90mg/
kg；锑、砷、镉、硒或钡元素的含量不得超标，即 20℃下在 5% 盐酸溶液中搅拌
10min 时有 0.1% 溶出；不能含有任何形式的汞。

第 24 条与原《危险产品法案》附录Ⅰ第Ⅰ部分第 24 条是一致的，规定用于
吹气的玩具等产品在正常使用过程中，不能含有可直接进入口中的芳香族化合
物、脂肪族化合物或其他有机溶剂。

第 25～27 条与旧《危险产品（玩具）条例》第 10～12 条是一致的。玩具中
含有的毒性物质应至少满足以下条件之一：应保证不会被吞食、吸入或被皮肤吸
收；以 10kg 体重的儿童来计算，玩具中毒性物质的总量应不超过急性口服或皮
肤平均致死量（取最小者）的 1%；毒性不超过附录 2 的规定。玩具中含有的腐
蚀性物质、易燃剂或过敏剂应至少满足以下条件之一：应保证不能接触皮肤；根
据附录 3 进行测试时，不能是强腐蚀性、极度易燃或强过敏剂。供 3 岁或以下儿
童使用的塑料食品包装材料或食品容器中，树脂、增塑剂、抗氧化剂、染料、色
素等物质的含量不得超过 1%；并且不能含有重金属、重金属化合物、第 22 或
23 条中规定的物质、邻苯二甲酸盐。

另外，CCPSA 中规定：含有任何状态的、能从产品中能分离出石棉（如铁
石棉、青石棉等）的玩具（如含石棉的蜡笔）；除乒乓球外，整体或部分由赛璐
珞或硝酸纤维制取或含有赛璐珞或硝酸纤维的玩具，均被禁止进口到加拿大或者
在加拿大境内进行广告宣传及销售。玩具法规要求玩具和儿童产品不能含有过量
毒性、腐蚀性和刺激性的物质和感光剂，但并未就具体的化学物质提出限制。

在对特定玩具的要求中，涉及化学安全的条款与旧玩具条例是一致的，即玩
具娃娃和软体玩具所用的填充材料应无毒无刺激；指画颜料必须是水基颜料。与
旧条例相比，不再要求指画颜料不能含有毒性物质、腐蚀性物质、易燃剂或过
敏剂。

对于玩具来说，不仅要符合 SOR/2011-17 条例，还需检查其是否符合
SOR/2010-273 的总铅要求、SOR/2010-298 邻苯二甲酸盐的测试以及其他相关
的法规要求。

（2）《儿童珠宝条例》（SOR/2011-19）

2011 年 2 月，加拿大发布了新的《儿童珠宝条例》（Children's Jewellery
Regulations）（SOR/2011-19）。新的条例将 HPA 附录Ⅰ第Ⅰ部分中的第 42 项
继续实施，以限制儿童珠宝首饰中的铅含量，规定从 2011 年 6 月 20 日起，供
15 岁以下儿童佩戴的珠宝首饰中，总铅含量不得超过 600mg/kg，可溶性铅不得

超过 90mg/kg。

（3）《邻苯二甲酸盐条例》SOR/2010-298

邻苯二甲酸盐是一类能起到软化作用的化学品，被普遍应用于玩具、食品包装材料、个人护理用品等。邻苯二甲酸盐在人体和动物体内发挥着类似雌性激素的作用，可干扰内分泌、影响人体的生殖系统。2010 年 12 月 22 日，加拿大邻苯二甲酸盐法规（SOR/2010—298）正式被提议成为法规并已于 2011 年 6 月 10 日生效。法规要求玩具及 4 岁以下儿童护理产品含的乙烯基材料中的 DEHP、DBP 和 BBP 含量需≤0.1%，另被儿童放入口的玩具及 4 岁以下儿童护理产品含有的乙烯基材料中的 DINP、DIDP 和 DNOP 含量也需≤0.1%。

（4）《表面涂料条例》（SOR/2005—109）

加拿大原来在其油漆油墨等涂料行业中执行的是《危险产品（液体涂料）法规》，该法规通过限制油漆和其他液体涂料的铅含量在 5000mg/kg 来保护公众特别是儿童免受铅毒的危害。该法规是基于 1976 年公布的旨在禁止或限制危险产品的进口、销售和广告宣传的《危险产品法案》。但后面的科学研究表明，先前认定"安全"的 5000mg/kg 铅含量给公众带来了很大风险，特别是对儿童和孕妇。

铅是一种具有神经毒性的重金属元素，暴露于有铅环境中，将影响儿童的脑发育和体格生长，能使婴幼儿身体矮小、智力低下；对于怀孕妇女会增加其流产、死胎和过早分娩的风险。2005 年 4 月 19 日，修订后的《表面涂料条例》（Surface Coating Materials Regulations）生效，同时原条例废除。新通过的条例明确规定：玩具表面涂层材料铅含量超过 600mg/kg，将被绝对禁止进口到加拿大或者在加拿大境内进行广告宣传及销售。这与之前在《危险产品（液体涂料）条例》中所允许的铅含量限值 5000mg/kg 相比，更加严格。2010 年 11 月 10 日，加拿大政府发布表面涂层材料修改法规，特定产品表面涂层铅含量的规定从 600mg/kg 降至 90mg/kg。

汞是另外一种神经毒素，对人的神经系统、肾脏、呼吸道、胃肠道等都有不良影响，对于儿童特别有害。在由 CPCA 于 1991 年 1 月实施的自愿性工业计划中，要求停止向加拿大产室内消费油漆中添加汞。自 2000 年 12 月起，根据加拿大有害物质管理局（PMRA）颁布的《有害物质控制产品法令》，汞基抗菌杀虫剂不再允许注册，不再允许向任何室内或室外油漆中故意加汞。加拿大消费品安全法（S. C. 2010，c. 21，CCPSA）中限定汞的含量为 0.1%（体积分数），后来《表面涂料条例》中将汞的限值定为 10mg/kg（此限值是加拿大所特有的）。

值得注意的是，加拿大关于重金属的测试方法不同于包括欧美在内的世界任何一个国家，其主要采用 OECD 制订的"GLP 原则"。测试方法可见《加拿大产品安全参考手册卷 5—实验室方针和程序—测试方法 B 部分》中的方法 C-02、C-03、C-07、C-10。

《表面涂料条例》新法规适用于涂料的广告宣传、销售和进口。要求容器标签必须符合以下几点要求：①同时使用英文和法文；②必须持久、明确和易读；③用无底线的大写字母，黑体或新闻字体；④高和长达到有关的最低要求。

《表面涂料条例》的主要内容包括：

① 对于用于儿童或孕妇的房屋或其他房屋、儿童用家具、玩具和其他物品、铅笔和美术画笔的表面涂料，要求其最大允许铅含量从 5000mg/kg 降低到 600mg/kg；

② 免除某些特殊用途、非住宅表面涂料最大允许铅含量要求，但应加贴预警标签；

③ 对于所有表面涂料规定其最大允许汞含量为 10mg/kg；

④ 对于再循环表面涂料，在其最大允许汞含量要求的过渡期，加贴预警标签；

⑤ 测试方法应符合经济合作和发展组织制定的良好实验室行为规范。

新法规的关键点是修改了铅和汞的最大允许含量值。采用了美国 CPSC 1303 的 600mg/kg 为最大允许铅含量，此限值是基于 1973 年美国国家科学研究院确认的毒物学评估。而 10mg/kg 最大允许汞含量则是加拿大独有的，是基于 1995 年加拿大卫生部的毒物学评估。此铅、汞含量值是可接受的本底含量或非有目的添加含量，它们不能从表面涂料中完全消除。加拿大评估结果表明，这些最大允许含量值能够有效地制止向涂料中故意添加铅和汞，因而能最大限度地起到保护儿童和孕妇的作用，使其避免暴露于铅和汞而发生中毒的可能性。

2006 年 4 月 16 日，中国宁波市某儿童用品有限公司生产的 1800 辆，价值 27900 美元出口加拿大的儿童卡丁车因表面油漆含铅量超过《危险产品法》（CHPA：CANADA HAZARDOUS PRODUCTS ACT）中有关表面涂料规定的 600mg/kg 而遭遇退货。

另外，随着美国 H. R. 4040《消费品安全改进法案》的实施，加拿大的有关部门将会再次修改其相关的法案，修改的方向与美国的《消费品安全改进法案》一致，油漆油墨等涂料中的含铅量将越来越低，同时对玩具上所使用的材料中的含铅量也会进一步加以限制。这一点也应引起我国玩具企业的重视。

4.4　玩具重金属元素、增塑剂测试方法与安全评价

4.4.1　玩具重金属元素测试方法与安全评价

（1）重金属元素测试背景

重金属是玩具产品中的主要污染物质，玩具重金属检测项目也是玩具化学检测中最重要的检测项目。玩具产品的制造材料中有可能含有铅（Pb）、镉（Cd）、

汞（Hg）、铬（Cr）、钡（Ba）、锑（Sb）、砷（As）、硒（Se）等有害重金属。由于儿童对重金属的吸收较强、耐受力却较弱，这些重金属元素在儿童体内累积到一定程度后，会产生毒性，就像一个无形的杀手，影响儿童发育，危害儿童健康甚至生命。而且重金属元素对人体的危害往往是不可逆的，对儿童的身心发育影响甚大，因此在玩具安全中控制有害重金属显得非常重要。八种玩具中常见的重金属元素的危害分别介绍如下。

① 砷　可从呼吸道、食物或皮肤接触进入人体，蓄积于肝脏、胃肠、头发、指甲、皮肤、骨骼中。砷能抑制酶的活性，干扰代谢过程，使中枢神经系统发生紊乱，也可引起癌症、胃溃疡、趾（指）甲断裂、脱发等。

② 汞　汞及其化合物毒性都很大，可通过呼吸道、皮肤或消化道等不同途径侵入人体。对人体的效应主要是影响中枢神经系统及肾脏，中毒会导致记忆力明显减退、注意力不集中、全身乏力甚至死亡。汞的毒性是累积性的，往往要几年或十几年才能反映出来。

③ 铅　铅是对人体危害极大的一种重金属，它对神经系统、骨骼造血机能、消化系统、男性生殖系统等均有危害。特别是大脑处于神经系统发育敏感期的儿童，对铅有特殊的敏感性，体内慢性铅蓄积的儿童会引起生长发育迟缓以及智力障碍，并有烦躁不安或冷漠厌动、食欲减退、恶心、腹痛或便秘、抵抗力下降等。研究表明儿童的智力低下发病率随铅污染程度的加大而升高，儿童体内血铅每上升 $10\mu g/100mL$，儿童智力则下降 $6\sim8$ 分。

④ 铬　铬的化合物主要以三价、六价形式存在，六价为铬酸及其盐。适量的三价铬对人体是有益的，如果过量则对人体有毒性，三价铬吸收到血液中，能夺取部分血中氧，使血红蛋白变成高铁血红蛋白，造成内窒息。六价铬具有很大的刺激和腐蚀作用及致癌性，干扰很多重要酶的活性，导致肺癌、鼻中隔充血、溃疡甚至穿孔，以及其他多种呼吸道并发症和皮肤病。

⑤ 镉　镉的化合物毒性很大，进入人体的镉主要蓄积在肝、肾、胰腺、甲状腺和骨骼中，使肾脏等器官发生病变，并影响人的正常活动，造成贫血、高血压、神经痛、骨质松软、肾炎和分泌失调等病症。

⑥ 锑　锑及其化合物对皮肤、黏膜有较强的刺激作用，可致充血、出血及糜烂；锑在体内可与含巯基的酶结合，抑制某些巯基酶如琥珀酸氧化酶等的活性，干扰体内蛋白质及糖的代谢，引起心、肝和神经系统等的损害。

⑦ 硒　正常人体中的硒含量很少，过量的硒被摄入人体后可引起慢性中毒，破坏胆碱酯酶、过氧化氢酶等一系列生物酶系统，对肝、肾、骨骼和中枢神经系统也有破坏作用，引起食欲缺乏、四肢无力、头皮瘙痒、癫皮、斑齿、毛发和指甲脱落等。

⑧ 钡　其化合物可溶性钡盐如氯化钡、硝酸钡等（碳酸钡遇胃酸形成氯化钡，可经消化道吸收），摄入后可发生严重中毒，出现消化道刺激症状、进行性

肌麻痹、心肌受损，低血钾等。而呼吸肌麻痹、心肌损害可导致死亡。吸入可溶性钡化合物的粉尘亦可引起急性钡中毒，表现为与口服相仿，但消化道反应较轻。长期接触钡化合物会出现流涎、无力、气促口腔黏膜肿胀及糜烂、鼻炎、心动过速、血压增高、脱发等。

　　玩具重金属检测标准虽然较多，而且不同国家玩具标准所规定的安全项目要求也不尽相同，但所涉及的测试项目种类主要包括可溶性重金属和总量重金属两大类，而欧盟限制的是可溶性重金属。

　　(2) 可溶性重金属

　　可溶重金属又称可迁移或可萃取重金属，是指玩具材料中可以在某一特定条件下迁移出来的那部分重金属。世界各国的玩具安全标准中对可溶重金属的限制要求及测试方法目前已趋于一致，基本上都是参考欧洲标准 EN71-3 的测试方法，主要涉及铅、铬、镉、钡、汞、锑、砷、硒八种元素。在 EN71-3：2013 中，可迁移元素限制由以前的 8 种增加到 19 种，新增了铝、硼、钴、铜、锰、镍、锡、锶和锌九种迁移元素。各主要玩具标准中如 EN71-3、ASTM F963-03、ISO 8124-3 及其同系标准的 GB6675、AS/NZS ISO 8124.3、NM300-3 等对可溶性重金属的要求及测试方法几乎完全相同。测试方法都是模拟玩具材料被儿童吞咽后在 0.07mol/L 的盐酸模拟胃液中萃取一定时间，然后分析迁移到该模拟胃液中的重金属浓度。也有部分国家如加拿大玩具标准中对涉及可溶性金属元素的数量和测试方法有所不同。主要差异是它采用 5% 的盐酸溶液对 5 种重金属元素进行萃取。

　　(3) 重金属检测的仪器

　　对于重金属元素的检测一般都是采用仪器分析方法。早期有分光光度法（即比色法），如：我国旧版玩具国家标准（GB 6675—86 标准）的附录就给出了可溶性铅、锑、六价铬等元素的比色法检测方法。由于比色法操作烦琐，灵敏度低，目前已较少采用。目前由于电感耦合等离子体原子发射光谱法（ICP-AES）灵敏度较高且可对多元素同时测定，已成为目前专业检测机构进行玩具重金属检测时最常用的仪器。原子吸收分光光度法（AAS）一般一次只能进行单元素测定，虽然操作较烦琐，但仪器设备价格相对低廉，光谱干扰小，灵敏度高，因此也广泛地被玩具企业及中小型检测机构所采用。原子荧光法（AFS）对某些用 ICP-AES 法难以检测的元素如 As、Hg 等有极好的灵敏度，克服了原子吸收光谱法的某些不足，因此也可以采用。电感耦合等离子体质谱（ICP-MS）法价格昂贵，操作成本较高，弥补了 ICP-AES 对某些元素灵敏度有时难以满足要求的缺点，同时还具有多元素同时测定的优点，目前也有实验室采用。

　　(4) 可溶性重金属元素的测试原理

　　① 测试原理概述　欧盟玩具安全标准 EN71-3 对于玩具材料中可迁移重金属元素的测试方法是通过玩具材料样品模拟被儿童吞咽后在消化道停留一定时间的

状况，以一定量的人工模拟胃液萃取，将玩具材料中可溶的重金属元素溶解至萃取溶液中，然后用电感耦合等离子体光谱仪在合适的工作参数下同时测定一定分析波长下的多种重金属元素的发射谱线强度，根据相应重金属标准溶液工作曲线确定各重金属元素在萃取溶液中的浓度，计算玩具中可溶重金属的含量。测定过程通常包括样品的前处理和重金属仪器检测两部分内容。

② 样品的前处理原理　采用 0.07mol/L 盐酸萃取处理样品的方法其原理主要是考虑到玩具在实际使用时可能对人体的危害而提出的。由于玩具一般是通过儿童放入口中或靠近嘴部，唾液或经口进入儿童胃中与胃液浸泡，胃液将玩具中的重金属溶解出来而对人体产生危害，因此，本方法正是模拟玩具与胃液接触，测定玩具中重金属溶解到胃液的重金属含量。方法采 0.07mol/L 的盐酸以及控制溶液的酸碱度（pH＜1.5），都是为了尽可能与人体胃液保持一致，萃取的温度条件也是规定人体正常体温的 37℃。此外，萃取时间以及避光要求等均是为了模拟玩具材料被儿童吞咽进入胃中的情况。

③ 重金属仪器检测原理　萃取后的溶液中微量或痕量重金属元素需用原子吸收分光光度法、电感耦合等离子体原子发射光谱法进行检测，这两种方法同属原子光谱法，其基本原理相近，即都是基于因原子外层电子的能级跃迁而产生的光谱称原子光谱。

原子光谱的产生原理为：在热能、电能或光能的作用下，待测元素的基态原子吸收了能量，最外层的电子产生跃迁，从低能态跃迁到高能态，成为激发态原子，当它回到基态时，这些能量以光的形式辐射出来，产生原子发射光谱。在一定的条件下，原子发射光谱谱线强度与基态原子数目成正比，而基态原子数与试样中该元素的浓度成正比。因此，与被测元素浓度成正比，这是原子发射光谱定量分析的依据。

④ 测试前的准备　玩具重金属测试作为一个完整的测试过程，包含很多测试步骤：制样、称样、样品的前处理、样品上机检测等，需要使用到很多仪器和试剂等。在实验前，必须做好多方面的准备工作，具体包括：各种仪器的准备、试剂溶液的配制。

⑤ 试剂及溶液的配制　需使用的试剂主要包括：浓盐酸（35％～37％），盐酸溶液 $c(HCl)=(0.07\pm0.005)mol/L$，盐酸溶液 $c(HCl)=(0.14\pm0.010)mol/L$，盐酸溶液 $c(HCl)=2.0mol/L$，盐酸溶液 $c(HCl)=6.0mol/L$，As、Pb、Cd、Cr、Se、Sb、Ba、Hg 标准溶液。需配制的溶液主要有 0.07mol/L 盐酸和仪器校准用的标准工作溶液。

（5）玩具样品的前处理

EN71-3 标准中测定的材料有许多种，不同玩具材料的可溶重金属元素测试方法有所不同，但原理和主要测试步骤相同，由于表面涂层材料是玩具可溶重金属元素测试最主要的材料，其他类型材料中可溶重金属元素测试方法也基本上是在其基础上有所差异，通常是在样品的制备和前处理这两个步骤中有所不同。因此，以下将详细介绍表面涂层材料可溶重金属测试样品的制备和前处理方法，其他材料则作简单说明。

① 玩具表面涂层中的可溶重金属元素前处理　油漆、清漆、硝基漆、油墨、聚合物涂层和类似的涂层均可按以下步骤进行。

a. 样品的制备　在室温下使用刀片从试样上刮削涂层，粉碎样品时不超过环境温度。从通过孔径为 0.5mm 的金属筛的材料中获取总质量一般约为 200mg 的测试样。如果样品量不够，需获得不少于 10mg 的测试样（小于 100mg 需在测试报告中注明其质量），否则不进行测试。

当涂层因为其特性而不能被粉碎（如弹性、塑性油漆）时，从样品上直接移取测试样而不用将涂层粉碎。

b. 样品的前处理　将准备好的测试部分放入一个 25mL 的三角烧瓶中，（如果测试部分的质量为 10～100mg，将其质量视同 100mg 进行以下操作，但要注明其实际质量），用加液器加入质量相当于测试部分 50 倍，温度为 $(37\pm2)℃$，c(HCl)$=0.07$mol/L 的水溶液与之混合，摇动 1min，然后检查混合液的酸度，若 pH 值大于 1.5，边摇动边滴加 c(HCl)$=2$mol/L 的盐酸溶液直至 pH 值达到 1.0～1.5。然后置于温度为 $(37\pm2)℃$ 的恒温振荡器中，避光，摇动 1h，再静置 1h。接着立刻使用滤膜过滤器将混合物中的固体物有效分离出来，溶液供分析各元素含量用。如果需要，可使用离心机分离，离心分离不能超过 10min，同时要在报告中说明。

② 玩具其他材料中的可溶性重金属元素前处理

a. 聚合材料和类似材料

包括用或不用纺织物增强的层压材料，但不包括其他纺织物。从聚合材料或类似材料上取样一般注意防止材料受热，具体方法如下。

从材料截面厚度最小处剪下测试样，以使测试样的表面积与测试样质量的比例尽可能大。每个试样的所有尺寸在不受压的状况下必须小于 6mm。如果样品不只有一种材料，必须对每种不同材料做样品测试。和涂层一样，如果样品量不够，需获得不少于 10mg 的测试样（小于 100mg 需在测试报告中注明其质量），否则不进行测试。样品的萃取方法同涂层。

b. 纸张和纸板

纸张或纸板样品的制备类似聚合材料，不同材料也必须单独取样，样品量要求等均同涂层材料。此外，如果要测试的纸张或纸板上有油漆、硝基漆、墨、胶黏剂或类似涂层，涂层的测试成分不能单独取下。此时测试样必需包括涂层的代表部分。这需在报告中注明。

样品的萃取方法与涂层有所不同。它首先将准备好的测试部分放入一个 25mL 的三角烧瓶中（如果测试部分的质量为 10～100mg，将其质量视同 100mg

进行以下操作，但要在报告中注明其实际质量），用加液器加入相当于测试部分质量 25 倍，温度为（37±2）℃的水将其浸渍，使混合物均匀。用加液器加入质量相当于测试部分的 25 倍，温度为（37±2）℃，$c(HCl)=0.14mol/L$ 的水溶液与之混合。随后的步骤同涂层样品。

c. 纺织物

纺织材料样品的制备方法同聚合材料。不同的材料或不同颜色的材料应分开单独作测试样，如果样品量要求等同涂层材料，其质量大于 100mg。如某种材料质量为 10～100mg，可与其邻近的一种主要材料混合制成一组测试样，从印花纺织物上取下的试样必须能代表整个材料。

样品的萃取方法同涂层。

d. 玻璃/陶瓷/金属材料

玻璃/陶瓷/金属材料一般是玩具上的一些小零件样品，先经小零件测试，应可以完全进入小物体测试圆筒，否则不必进行化学性能测试。如果玻璃/陶瓷/金属材料上有涂层，必须先移取玩具上的涂层，涂层单独测试。玻璃/陶瓷/金属材料测试样品一般直接测试，不应该粉碎。其萃取方法比较特殊，需用专用的容器，详细步骤如下。

将玩具或部件玻璃/陶瓷/金属材料小零件样品放入高 60mm、直径 40mm 的玻璃容器中，加入足量的温度为（37±2）℃，$c(HCl)=0.07mol/L$ 的水溶液，以能正好覆盖玩具或部件。将容器盖上，置于温度为（37±2）℃的恒温器中，避光，静置 2h，接着立刻使用滤膜过滤器将混合物中的固体物有效分离出来，溶液供分析各元素含量用。

e. 其他材料，不管是否大量着色，如木材、皮革等

根据材料的特点，按 2.5.2.1、2.5.2.2、2.5.2.3 和 2.5.2.4 最适合的程序制样和萃取，但必须在报告中列明采用的方法。如果要测试的材料上有油漆、清漆、硝基漆、油墨或类似的涂层，按相应涂层方法程序进行。

f. 供留下痕迹的材料

（a）不含油脂、油类、蜡或类似材料　供留下痕迹的不含油脂、油类、蜡或类似材料如是固体状，其制备方法同聚合材料。如是液体状材料样品，直接用于分析。

其样品萃取方法同涂层，但如果测试部分含有大量的碱性物质，如碳酸钙，用 $c(HCl)=6mol/L$ 的盐酸溶液调节 pH 值为 1.0～1.5，以免过度稀释。如果只有少量的碱性物质，仍用 $c(HCl)=2mol/L$ 的盐酸溶液调节 pH 值。

（b）含油脂、油类、蜡或类似材料　供留下痕迹的含油脂、油类、蜡或类似材料如是固体状，其制备方法同聚合材料。且在剪碎后还需用溶剂除油脂、油类、蜡。除油脂、油类、蜡的方法为：将测试部分包在硬质滤纸中，使用正庚烷或其他合适的溶剂通过溶解萃取将上述成分清除。使用的分析方法必须确保上述

成分的清除是定量的。可采用索氏抽提装置或有类似功能的仪器来实现。对于正常使用情况下会凝固且含有油脂、油类、蜡或类似材料，也应先使其凝固，然后按上述方法除油脂、油类、蜡。

除油脂、油类、蜡后的样品按纸张或纸板样品同样方法萃取，但如果测试部分含有大量的碱性物质，如碳酸钙，用 $c(HCl)=6mol/L$ 的盐酸溶液调节 pH 值为 1.0～1.5，以免过度稀释。注意：测试部分的质量是指除蜡前的质量。

（6）不同玩具材料中的可迁移重金属元素前处理方法比较

EN71-3 中不同玩具材料中的可迁移重金属元素测试方法比较见表 4-35。

表 4-35　不同玩具材料中可迁移重金属元素测试方法比较

序号	玩具材料类型	样品制备	样品前处理	注意事项
1	表面涂层	粉碎并通过 0.5mm 金属筛	50 倍样品质量体积的，温度为 37℃ 的 0.07mol/L 盐酸 2h	应检查 pH 值
2	聚合材料	剪碎小于 6mm，不需过筛	同 1	
3	纸张和纸板	同 2	先用一半水浸润，再用 0.14mol/L 盐酸萃取	纸上印刷油墨不单独取下
4	纺织物	同 2	同 1	
5	玻璃/陶瓷/金属材料	整体样品测试，不剪碎	用可浸没样品专用玻璃容器	涂层应单独测试，不摇动
6	木材，皮革等	选 1～4 中的最合适方法进行	选 1～4 中的最合适方法进行	
7	供留下痕迹的材料	对固体样品同 2；液体样品直接分析	对不含油脂样品同 1，对含油脂样品同 3	含油脂固体样品应首先除油脂
8	软性造型材料和凝胶	同 7	同 7	同 7
9	颜料	同 7	同 7	固体状颜料应粉碎并过筛

（7）仪器分析方法

玩具样品按前述方法完成制样和前处理后，对萃取后的溶液必须采用元素分析仪器进行检测。不同公司生产仪器硬件操作和软件操作均有所不同，即使同一公司生产的不同型号仪器或使用不同版本的操作软件，其操作步骤也可能有所不同。但同类仪器操作原理是一致的，操作内容及操作顺序也大同小异，应根据仪器公司提供的仪器软硬件操作说明书或相关作业指导书来操作。本部分将以美国 Perkin Elmer 公司生产的 OPTIMA 4300DV 等离子体原子发射光谱仪配以 Win-Lab32 ICP 操作软件测定玩具中可溶性汞、锑、砷、硒、铅、铬、镉、钡八种重金属含量的操作方法为例加以介绍。

现代 ICP 操作软件通常检测每一类样品都需首先建立其对应的分析方法，即在软件中设定各条件参数。ICP 方法主要条件参数有：待测元素、分析波长、等离子体工作条件、标准溶液的浓度、校正曲线的拟合方法等。ICP 谱线干扰比

AAS严重得多，一般需进行背景校正，而谱线干扰则需通过采用高分辨率模式或采用干扰系数校正法校正。建立好的方法应保存以便下次直接调用。不同仪器方法参数有所不同，其中分析波长一般可通用，表4-36为OPTIMA 4300DV等离子体原子发射光谱测定玩具中重金属的分析波长。

表4-36　玩具重金属ICP检测元素的分析线

元素	As	Ba	Cd	Cr	Hg	Pb	Sb	Se
分析波长/nm	193.696	233.507	214.438	267.716	194.168	220.306	206.833	196.026

ICP测试完成后，得到样品溶液中元素的浓度，然后根据样品质量、样品体积及稀释倍数等按式1-1计算样品中重金属元素的含量，并以mg（元素）/kg（材料）表示。

$$玩具重金属元素含量 = cvf/m \tag{4-1}$$

式中　c——测定样品溶液中汞、锑、砷、硒、铅、铬、镉、钡的浓度，$\mu g/mL$；

　　　V——样品溶液的总体积，mL；

　　　f——测试时稀释倍数；

　　　m——样品质量，g。

（8）结果评定

a. 分析数据的校正　按EN71-3测定的重金属可溶量只是针对测定一个相对于总量的迁移量，这样容易造成不同实验室间结果的较大差异。如果测试结果接近标准允许的限量，则不同检测机构间的不同测试结果容易使一个玩具是否合格产生争议。因此，目前大多数可溶元素测试方法标准均规定测试结果须经调整，并规定了八个元素各自不同的校正系数，这可以认为是一种测量不确定度的实际应用。只有经调整后的测试结果高于规定限量的材料才会判为不合格，否则为合格。

b. 结论判断　各国都规定了玩具材料中可溶性元素的最大限量，其中EN71-3，ASTM F963-03（只对表面涂层）、ISO 8124-3 1997、AS/NZS ISO 8124.3：2003、GB 6675—2003规定玩具材料中可溶性元素的限量也是一致的，可溶性元素的限量是根据每个元素的生物利用率及假设每个儿童每天平均摄入玩具材料的量（目前按8mg计）来确定的。其中由于造型黏土与儿童直接接触的特殊性，因此，其可溶性元素的限量更为严格，其他材料可溶性元素的限量要求相同。

c. 实例　若某涂层材料的Pb的直接分析测试结果为：120mg/kg，Pb的分析校正因子为：30%。

将分析结果减去Pb的分析校正值得到一个调整分析结果：调整分析结果：（120－120×30%）mg/kg＝（120－36）mg/kg＝84mg/kg。

查表可知，涂层材料的铅的限量为 90mg/kg。因此 84mg/kg 这个数字被认为符合 EN71-3 标准的要求。

由此例子可以看出，重金属元素的直接分析结果即使高于限量也并不一定是不合格的，还需要对结果进行调整计算才能得出最终的结论。

（9）分析注意事项

a. 样品制备 EN71-3 标准要求不允许对含一种以上材料或者一种以上颜色的材料进行分析，除非采用物理分离方法不能分离的样品。对一种玩具中总质量不足 10mg 的材料可以不进行测试。

在对玩具材料中的油脂、油类和蜡类的提取过程中，由于用正庚烷抽提时，不同的玩具材料、不同的抽提温度和抽提速度，对于抽提效果是不一样的，因此测试人员对于该类样品进行抽提处理时，要设法检查油脂、油类等成分是否被充分抽提完。

旧版的 EN71-3：1994 及 ISO8124 是采用 1，1，1-三氯乙烷（卤代烃类）提取油脂，但由于三氯乙烷对空气中的臭氧层有破坏作用及卤代烃对人体有毒并有累积作用，EN71-3：2000 标准修改后以正庚烷代替了 1.1.1-三氯乙烷。ISO8124 也拟修改采用正庚烷作溶剂。

b. 样品前处理 标准规定了 0.07mol/L 和 0.14mol/L 盐酸的浓度范围要求，所以必须要对其浓度进行标定。

由于玩具重金属检测属痕量检测，这对实验过程中所使用的玻璃器皿和其他仪器以及配制溶液的试剂和水等都提出了较高的要求。必须确保实验室的环境清洁，无尘，实验中所有使用的玻璃器皿和其他仪器在使用前均应用 5% 的硝酸溶液浸泡至少 24h，再用去离子水冲洗晾干。配制溶液的试剂必须为分析纯以上，测试中所有用水至少应该达到 GB 6682 规定的三级以上纯水要求。

c. 仪器分析 经萃取处理好的样品溶液应尽快用仪器测定，如果制备好的溶液在分析前的保存时间超过一个工作日，须加盐酸稳定，使保存的溶液盐酸浓度约为 c（HCl）=1mol/L。

一般用 ICP 测定玩具材料 As、Se、Sb、Ba、Pb、Cd、Cr、Hg 重金属元素。但由于 ICP 测 Hg 的准确性较差，因此建议用冷原子吸收法或其他合适的方法准确测定 Hg 元素含量。

批量样品的测定应注意样品间用稀酸或去离子水清洗，个别高含量的样品应稀释后重新测定，并注意清洗足够的时间，以避免污染下一个样品。仪器测量一定时间后应插入一些已知浓度的质量控制样品进行中间检查，检查测量结果是否在允许的结果范围内，如测量结果误差较大，应根据情况重新做工作曲线或停机检查。

d. 分析报告

在报告中须注意 "mg/kg" 和 "mg/L" 单位的区别，如果样品是固体材料，则以"mg/kg"为好，如样品为液体，则以"mg/L"为宜。

标准虽然没有规定用哪类（种）仪器，但规定要求仪器的检出限应能达到限量的 1/10，报告中应说明使用的仪器类型。对于未检出结果，应说明方法的检出限。

4.4.2　增塑剂测试方法与安全评价

对 PVC 塑料中增塑剂的检测的前处理方法在 2004 年以前一般是参照 ASTM D3421-75 方法来（该方法已经在 1987 年作废）进行，但是采用这种方法时间长，操作烦琐，强度大，不环保，仅前处理时间就长达 16h，整个测试周期往往长达 4 个工作日以上。因此采用这种方法进行测试很难满足要求。

2004 年，欧盟和美国都同时出台检测方法测试 PVC 中的增塑剂，分别是欧盟的 EN 14372：2004 和美国的 ASTM D7083-04 方法标准，但是前者只是针对儿童用品中的餐具和喂食的器具，而后者和 ASTM D3421-75 采用的 GC-FID 方法和 EPA 8061A 采用的电子捕获检测器-气相色谱（GC-ECD）方法，都只适合分析不含同分异构体的邻苯二甲酸酯；ASTM D7083-04 采用玩具 PVC 材料中多种增塑剂的分析，但检测到包含同分异构体的 DINP、DIDP 时无法准确定性，且方法检测限远大于 0.1%，无法满足"1999/815/EC 决议"要求 0.1% 的总量限定要求。

针对我国玩具及儿童产品的实际情况，我国 2006 年开始着手由广东出入境检验检疫局技术中心玩具实验室牵头制定了相应的玩具及儿童产品中增塑剂的检测方法国家标准，2008 年正式颁布了《GB/T 22048—2008 玩具及儿童产品聚氯乙烯塑料中邻苯二甲酸酯增塑剂的测定》的检测方法标准，测试对象为玩具及儿童产品中的聚氯乙烯中的邻苯二甲酸酯增塑剂。该方法操作简便，能较好地进行定性定量检测。

GB/T 22048—2008 的检测方法简述如下。

① 前处理　选取 10g 有代表性的样品，将其剪碎至 5mm×5mm 以下，混匀。准确称取 1g，可以任选以下两种方法中的一种进行提取：

a. 索式抽提法；

b. 快速溶剂萃取仪萃取法。

② 仪器检测　提取后的溶剂采用气相色谱质谱联用仪，进行全扫描或选择离子质谱定性及定量分析。

4.5　典型不合格案例分析

4.5.1　增塑剂危害

产品：狂欢面具玩具——蜘蛛侠（见图 4-2）。

时间：2012 年第 3 月。

通报国家：希腊。

危害：此款产品具有化学危害，因为它含 49.6％（质量分数）的 DEHP。根据 REACH 法规要求，禁止 DEHP、DBP 和 BBP 在所有玩具中使用，DINP、DIDP 和 DNOP 禁止在能放入儿童口中的玩具和儿童用品中使用。

图 4-2　狂欢面具玩具——蜘蛛侠

4.5.2　重金属危害

产品：喇叭。

时间：2010 年 10 月。

通报国家：芬兰。

危害：该喇叭的塑料材质中含铅量高达 130～160mg/kg，不符合欧洲标准 EN71-3：2013 对铅的要求。有令人化学品中毒的危险。

4.5.3　偶氮染料危害

产品：毛绒玩具。

时间：2013 年 2 月。

通报国家：德国。

危害：玩具产品中 4-氨基偶氮苯的含量为 67mg/kg，超出 REACH 法规对偶氮染料 30mg/kg 的限量要求，违反了 REACH 法规。

4.5.4　甲醛

产品：Kik 牌木质玩具。

时间：2010 年 2 月。

通报国家：德国。

危害：该玩具中含有 580mg/kg 的甲醛，对人有化学风险。该玩具不符合欧盟玩具指令和欧洲标准 EN71 的要求。

4.5.5　其他

产品：K. nail 牌假指甲套装。

时间：2012 年 11 月。

通报国家：捷克。

危害：产品的配套胶水中检出化妆品指令 76/768/EEC 禁用的 DBP，该物质对人体有害，会刺激皮肤，引起过敏症状。

参考文献

[1] http：//www.chinaqf.net/

[2] http：//10.44.0.102/toy/

[3] http：//www.cnas.org.cn/

[4] http：//www.wto-center.org/ecolabel

[5] http：//europa.eu/indexen.htm

[6] http：//www.cpsc.gov/

[7] 国家质量监督检验检疫总局检验监管司. 玩具安全测试及法规. 北京：中国标准出版社，2007.

[8] 广东检验检疫局. 欧盟非食品类消费品快速通报系统研究. 北京：中国标准出版社，2010.

[9] 葛志荣. 欧盟 REACH 法规法律文本. 北京：中国标准出版社，2007.

[10] 全国玩具标准化技术委员会等. GB 6675—2003＜国家玩具安全技术规范＞理解与实施. 北京：中国标准出版社，2004.

[11] 李小幼主编. 玩具安全与快速检测. 北京：化学工业出版社，2005.

[12] 国家质量监督检验检疫总局检验监管司，中国检验检验科学研究院. 欧盟新玩具安全指令解读. 第2版. 北京：化学工业出版社，2012.

[13] Chemical in Toys. RIVM report 2008. 玩具中的化学品. RIVM 报告，320003001/2008.

[14] 广东省质量技术监督局. 2009 年广东省中小学生校服产品质量专项监督抽查情况通报

[15] 卫生部. 中华人民共和国卫生部公告 2011 年第 15 号.

[16] 信息产业部. 电子信息产品污染控制管理办法.

[17] 中华人民共和国国家标准 GB/T 20385—2006，纺织品 有机锡化合物的测定.

[18] 中华人民共和国国家标准 GB 28482—2012，婴幼儿安抚奶嘴安全要求.

[19] 中华人民共和国国家标准 GB/T 20388—2006，纺织品 邻苯二甲酸酯的测定.

[20] 中华人民共和国国家标准 GB 6675.1—2014，玩具安全 第 1 部分：基本规范.

[21] 中华人民共和国国家标准 GB 6675.4—2014，玩具安全 第 4 部分：特定元素的迁移.

[22] 中华人民共和国国家标准 GB/T 22048—2008，玩具和儿童用品 聚氯乙烯塑料中邻苯二甲酸酯的测定.

[23] 中华人民共和国国家标准 GB 18401—2010，国家纺织产品基本安全技术规范.

[24] 中华人民共和国国家标准 GB 24613—2009，玩具用涂料中有害物质限量.

[25] The European Council Directive 88/378/EEC of 3 May 1988 on the Approximation of the Laws of the Member States Concerning the Safety of Toys. Official Journal of the European Union，L 187. 1988.

[26] The European Council Directive 2009/48/EC of 3 May 2009 on the Approximation of the Laws of the Member States Concerning the Safety of Toys. Official Journal of the European Union，L 187. 1988.

[27] Directive 2001/95/EC of the European Parliament and of the Council of 3 December 2001 on General Product Safety. OJ No L 11 of 15 January 2002.

[28] DIRECTIVE 2005/84/EC OF THE EUROPEAN PARLIAMENT AND OF THE COUNCIL of 14 December 2005，amending for the 22nd time Council Directive 76/769/EEC on the approximation of the laws，regulations and administrative provisions of the Member States relating to restrictions on the marketing and use of certain dangerous substances and preparations (phthalates in toys and childcare articles).

[29] Directive 2011/65/EU of the European Parliament and of the Council of 8 June 2011 on the Restriction of the Use of Certain Hazardous Substances in Electrical and Electronic Equipment.

[30] Commission Decision 2009/251/EC of 17 March 2009 requiring Member States to ensure that products containing the biocide dimethylfumarate are not placed or made available on the market.

[31] Commission Decision 2009/425/EC of 28 May 2009 amending Council Directive 76/769/EEC as regards restrictions on the marketing and use of organostannic compounds for the purpose of adapting its Annex I to technical progress.

[32] 欧洲标准 EN 71-1：2005 玩具安全 第 1 部分 玩具安全 第一部分：机械和物理性能.

[33] 欧洲标准 EN 71-2：2006 玩具安全 第 2 部分 玩具安全 第二部分：燃烧性能.

[34] 欧洲标准 EN 71-3：2013, Safety of Toys — Part 3：Migration of certain elements.

[35] 欧洲标准 EN 71-4：2013, Safety of Toys — Part 4：Experimental Sets for Chemistry and Related Activities.

[36] 欧洲标准 EN 71-5：2013, Safety of Toys — Part 5：Chemical Toys (sets) other than Experimental Sets.

[37] 欧洲标准 EN 71-9：2005＋A1：2007, Safety of Toys — Part 9：Organic Chemical Compounds—Requirements.

[38] 欧洲标准 EN 71-10：2005, Safety of Toys — Part 10：Organic Chemical Compounds—Sample Preparation and Extraction.

[39] 欧洲标准 EN 71-11：2005, Safety of Toys — Part 11：Organic Chemical Compounds — Methods of Analysis.

[40] 欧洲标准 EN 71-12：2013, Safety of Toys — Part 12：N—nitrosamines and N—nitrosatable Substances.

[41] 欧洲标准 EN 14372：2004 Child use and care articles. Cutlery and feeding utensils. Safety requirements and tests.

[42] 美国标准 ASTM F963-08, Standard Consumer Safety Specification for Toy Safety. 标准消费者安全规范：玩具安全.

[43] 美国联邦法规 CPSC 16 CFR 1303：含铅油漆和某些含铅油漆消费品的禁令.

[44] 美国联邦法规：美国危险艺术材料标签法（LHAMA）.

[45] 美国东北州首长联合会法规：CONEG 毒性物质管制法令.

[46] 美国宾夕法尼亚州法规：宾夕法尼亚州关于填充玩具的规定.

[47] 美国标准 ASTM F963-11, Standard Consumer Safety Specification for Toy Safety. 标准消费者安全规范：玩具安全.

[48] CPSIA 2008：Consumer Product Safety Improvement Act of 2008.

[49] 美国标准 ASTM D7083-04 气相色谱法测定聚氯乙烯中单体型增塑剂.

[50] CPSC—CH—C1001-09. 3 Standard Operating Procedure for Determination of Phthalates April 1st, 2010 美国消费品安全委员会（CPSC）2009.

[51] EPA 8270D：Semi—volatile organic compounds by gas chromatography/mass spectrometry（GC/MS）.

[52] S. 1660. Formaldehyde Standards for Composite Wood Act.

[53] 加拿大法规——危险产品法案.

[54] 加拿大法规——危险产品（玩具）条例.

[55] Canada Consumer Product Safety Act (CCPSA) 加拿大消费品法案（CCPSA）.

[56] CanadaProduct Safety laboratory Book 5-Laboratory Policies and Procedures Part B：Test methods section，Method C-34，Determination of phthalates in polyvinyl chloride consumer products.

[57] 日本法规——食品卫生法.

［58］ 日本法规——家用产品有害物质控制法.

［59］ 日本玩具协会标准 ST 2012：玩具安全标准.

［60］ 巴西——第 369 号管理法规.

［61］ IEC 62321—2008，Electrotechnical products-Determination of levels of six regulated substances
（lead，mercury，cadmium，hexavalent chromium，polybrominated biphenyls，polybrominated
diphenyl ethers）.

［62］ Oeko—Tex® Standard 100. General and special conditions.

［63］ ISO 8124-3：2010 Safety of toys—Part 3：Migration of certain elements.

［64］ CR 14379—2002 Classification of Toys-guidelines.

［65］ CEN/TR13387—2004 Child use and care articles - Safety guidelines.

［66］ 李信柱，杜娟. 方兴未艾的邻苯二甲酸酯限用法规，认证与实验室，2010，（2）：49—50.

［67］ 王明泰，刘志研，牟峻等. 采用 GC/MS 法测定纺织品中邻苯二甲酸酯类增塑剂含量的研究. 纺织
标准与质量，2005（6）：32-35.

［68］ 王成云，张绍文，张伟亚. PVC 玩具和儿童用品中 6 种限用邻苯二甲酸酯类增塑剂的同时测定. 分
析与测试，2008（2）：30-33.

［69］ Earls A O，Axford I P，Braybrook J H. Gas chromatography— mass spectrometry determination of
the migration of phthalate plasticizers from polyvinyl chloride toys and child-care articles. J Chroma
togr A，2003，983：237-246.

［70］ 张蕴晖，陈秉衡，郑力行等. 环境样品中邻苯二甲酸酯类物质的测定与分析. 环境与健康杂质，
2003（9）：283-286.

［71］ 房丽萍，牛增元，蔡发等. 邻苯二甲酸酯类增塑剂分析方法进展. 分析科学学报，2005，21（6）：
687-691.

［72］ 广东出入境检验检疫局技术中心玩具实验室，深圳市计量质量检测研究院. 玩具及儿童用品 聚氯
乙烯塑料中邻苯二甲酸酯增塑剂的测定，中华人民共和国国家标准编制说明. 2008.1

［73］ Third Party Testing for Certain Children's Products；Notice of Requirements for Accreditation of
Third Party Conformity Assessment Bodies To Assess Conformity With the Limits on Phthalates in
Children's Toys and Child Care Articles，Federal Register：Rules and Regulations，2011，76（154）：
49286-49291.

［74］ Lina Huang，Zhongyong Liu，Lezhou Yi，Determination of the Banned Phthalates in PVC Plastic of
Toys by Soxhlet Extraction and GC-MS，International Journal of Chemistry，2011. 3

［75］ 林彬. 中国玩具召回分析——欧盟篇. 玩具世界，2010，（5）：52-54.